专升本考试用书
ZHUANSHENGBEN KAOSHI YONGSHU

2025版

U0733112

计算机考点分析与题解

智博专升本考试研究院　组编

蔺永政　王　强　主编

电子工业出版社·
Publishing House of Electronics Industry
北京·BEIJING

内 容 简 介

本书根据最新普通高等教育专科升本科招生考试计算机的考试要求，并在总结多年专升本教学与辅导经验的基础上编写而成。本书主要内容包括计算机基础知识、算法和程序设计、Windows 10操作系统、文字处理 Word 2016、电子表格 Excel 2016、演示文稿 PowerPoint 2016、数据库管理系统、多媒体技术基础知识、计算机网络与信息安全、新一代信息技术。

本书将计算机考试要求的知识进行科学梳理并归纳成相应考点，每个考点均采取"知识点＋真题再现＋实战训练"的模式组织内容，以期使考生能够进行系统化的学习、巩固和提高，高效地掌握考试内容。

本书可作为专升本教学和培训的教材，亦可作为专升本考生的备考用书。

图书在版编目（CIP）数据

计算机考点分析与题解 / 智博专升本考试研究院组编；蔺永政，王强主编 . -- 北京：电子工业出版社，2024. 7. -- ISBN 978-7-121-48290-8

Ⅰ. TP3

中国国家版本馆 CIP 数据核字第 2024LV0242 号

责任编辑：朱怀永
印　　刷：济南金彩印刷有限公司
装　　订：济南金彩印刷有限公司
出版发行：电子工业出版社
　　　　　北京市海淀区万寿路 173 信箱　邮编 100036
开　　本：787×1092　1/16　印张：24.5　　字数：627.2 千字
版　　次：2024 年 7 月第 1 版
印　　次：2024 年 9 月第 2 次印刷
定　　价：84.00 元

凡所购买电子工业出版社图书有缺损问题，请向购买书店调换。若书店售缺，请与本社发行部联系，联系及邮购电话：（010）88254888，88258888。

质量投诉请发邮件至 zlts@phei.com.cn，盗版侵权举报请发邮件至 dbqq@phei.com.cn。

本书咨询联系方式：（010）88254608 或 zhy@phei.com.cn。

foreword 前言

近年来，普通高校应届（部分省份含往届）专科毕业生报名参加普通高等教育专科升本科（简称"专升本"）招生考试的比例一直保持在较高水平。通过考试，很多考生进入了自己心仪的大学继续深造。

为了满足广大专升本考生的备考需要，切实助力他们不断提升备考科目的学习效果，智博专升本考试研究院组织国内名师，在总结多年专升本教学辅导经验的基础上，通过剖析历年真题、探寻命题规律、研究考生基础及认知规律、创新考点讲解方式等科学细致的工作，精心编写和出版了"专升本考试用书"丛书，以期考生通过本套图书，快速提升解题方法和技巧，高效地掌握考试内容，成功上岸。

本书是"专升本考试用书"丛书之一，专门为山东省专升本计算机考生而编写，适合于山东省专升本计算机科目基础阶段的学习。教师可将其作为授课教材，考生亦可将该书作为备考用书。

1. 化繁为简。计算机这一学科的备考涉及的知识面非常广。为了让考生更好地把握重要知识点，我们按必备考点的顺序一一进行编排，将必须掌握的考点直接呈现在考生面前，这必将会节省众多考生的备考时间，大大提高复习的效率。

2. 推陈出新。面对近五年考试的新变化，我们对一些知识点进行了适当扩展，对一些难懂的知识点则通过举例子进行说明，真正做到让考生知其然还要知其所以然。

3. 有的放矢。在"真题再现"模块，我们着重选取近年典型真题进行剖析，旨在让更多的考生对最新的命题特点有一个直观的认识，做到有的放矢地进行备考复习。在"实战训练"模块，我们根据最新的真题及大纲要求，编写了一些更贴近考试实际的新题，希望让每一位考生通过训练做到扎根教材、查缺补漏、触类旁通。

本书由智博专升本考试研究院组编，蔺永政、王强担任主编，智博教育计算机教学团队参与本书的资料整理。

一花独放不是春，万紫千红春满园！我们希望这本书能帮助更多的考生提高计算机这一科目的复习质量与效率，最终圆梦本科，成功上岸！

当今计算机技术发展日新月异，加之时间有限，本书难免有疏漏或不妥之处，恳请使用本书的各位读者积极提出宝贵意见，以使其不断得到修订和完善。

编者

2024 年 5 月

Contents 目录

第一章　计算机基础知识

根据大纲要求，本章需要掌握的主要知识点：

- 信息、数据、信息技术、信息社会、计算机文化等基本知识。
- 计算机的起源、发展、特点、类型、应用及发展趋势。
- 有关进制的相关概念及二、八、十、十六进制数之间的相互转换。
- 数值、字符（西文、汉字）在计算机中的表示，计算机中数据的存储单位。
- 计算机工作原理，计算机硬件系统和软件系统的组成。
- 微型计算机的主要性能指标及常见微型计算机的硬件设备。

重点难点：

- 二、八、十、十六进制数之间的相互转换。
- ASCII码、汉字编码。

Part I　考点直击

考点1　信息与数据的含义及关系

信息无处不在，无时不有，如交通信息、天气信息、考试信息、上课信息等。

所谓信息是指在自然界、人类社会和人类思维活动中普遍存在的一切物质和事物的属性。信息的功能是消除事物的不确定性，把不确定性变成确定性。

计算机是一种基于二进制运算的信息处理机器，任何需要由计算机进行处理的信息，都必须进行一定程度的符号化，并表示成二进制编码的形式，这就引入了数据的概念。

所谓数据，是指存储在某种媒介上可加以鉴别的符号资料。这里所说的符号，不仅指文本、数字，也包括图形、图像、音频、视频等多媒体数据。

使用计算机处理信息时，必须将要处理的有关信息转换成计算机能识别的符号。信息的符号化就是数据。数据是信息的表现形式，是信息的载体。信息是对数据进行加工得到的结果，是抽象出来的逻辑意义。

1.（2023年判断题）信息是存储在某种介质上可加以鉴别的符号资料，是数据的载体。

　　A. 正确　　　　　　　　　　　　　　　　B. 错误

【答案】B

【解析】数据是指存储在某种媒介上可加以鉴别的符号资料，是信息的载体。信息是在自然界、人类社会和人类思维活动中普遍存在的一切物质和事物的属性。信息是对数据进行加工后的结果。

2.（2019年单项选择题）关于数据的描述中，错误的是＿＿＿＿＿。

　　A. 数据可以是数字、文字、声音、图像

　　B. 数据可以是数值型数据和非数值型数据

　　C. 数据是数值、概念或指令的一种表达形式

　　D. 数据就是指数值的大小

【答案】D

【解析】数据可以是数值型数据（如数字）和非数值型数据（如文字、声音、图像）。

考点2　信息技术和信息高速公路

　　信息技术（Information Technology，简写IT）主要是指人们获取、存储、传递、处理、开发和利用信息资源的各种技术。

　　人们利用信息技术可以扩展信息器官功能，协助人们进行信息处理。现代信息处理技术由传感技术、计算机技术、通信技术、网络技术等多种不同技术构成，其中计算机技术在其中起了关键的作用。

　　信息高速公路是由美国最早提出的国家信息基础设施（National Information Infrastructure，简称NII）的通俗说法。所谓信息高速公路，就是一个高速度、大容量、多媒体的信息传输网络。构成信息高速公路的核心是以光缆作为信息传输的主干线，采用支线光纤和多媒体终端，用交互方式传输数据、电视、语音、图像等多种形式信息的高速数据网络。

真题再现

1.（2017年单项选择题）下面关于信息技术的叙述正确的是＿＿＿＿＿。

　　A. 信息技术就是计算机技术

　　B. 信息技术就是通信技术

　　C. 信息技术就是传感技术

　　D. 信息技术是可以扩展人类信息功能的技术

【答案】D

【解析】现代信息处理技术由传感技术、计算机技术、通信技术、网络技术等多种不同技术构成，其中计算机技术在其中起了关键的作用。信息技术是可以扩展人类信息器官功能的技术，比如利用传感技术可以有效地扩展人类感觉器官的感知域、灵敏度、分辨力和作用范围。

2.（2015 年单项选择题）简单地讲，信息技术是指人们获取、存储、传递、处理、开发和利用_____的相关技术。

　　A. 多媒体数据　　　　　　　　　B. 信息资源

　　C. 网络资源　　　　　　　　　　D. 科学知识

【答案】B

【解析】信息技术主要是指人们获取、存储、传递、处理、开发和利用信息资源的各种技术。

3.（2017 年判断题）所谓信息高速公路是指利用高速铁路和公路传递电子邮件。

　　A. 正确　　　　　　　　　　　　B. 错误

【答案】B

【解析】所谓信息高速公路，就是一个高速度、大容量、多媒体的信息传输网络。

考点3　计算机的起源

　　电子计算机是 20 世纪最伟大的发明之一，七十多年来，电子计算机的飞速发展改变了人类的生产方式与生活方式，人类已经进入以计算机为基础的信息时代。

　　世界上第一台真正意义上的电子计算机 ENIAC（Electronic Numerical Integrator And Computer，电子数字积分计算机）于 1946 年 2 月 14 日诞生于美国。如图 1-1 所示，ENIAC 功率约 150 kW，含有 18 000 多只电子管、10 000 多只电容器、70 000 多只电阻、1 500 多个继电器，占地约 170 平方米，重约 30 吨，是名副其实的庞然大物。ENIAC 每秒能够完成 5 000 次加法运算或 400 次乘法运算，是手工计算的 20 万倍。但是 ENIAC 采用十进制运算，并没有采用目前普遍使用的"存储程序"工作原理。

图 1-1　第一台电子计算机 ENIAC

1.（2023年单项选择题）下列属于ENIAC采用的主要逻辑元件的是_____。

A. 芯片　　　　　　B. 晶体管　　　　　　C. 电子管　　　　　　D. 集成电路

【答案】C

【解析】根据计算机采用的主要元器件的不同划分，将电子计算机的发展分为了四代。ENIAC以电子管作为元器件，所以又被称为电子管计算机，属于第一代计算机。

2.（2018年填空题）世界上第一台计算机的名称是_____。

【答案】ENIAC

【解析】世界上第一台真正意义上的电子计算机名为ENIAC（Electronic Numerical Integrator And Computer，电子数字积分计算机）。

3.（2017年单项选择题）下列关于计算机的叙述中，错误的是_____。

A. 世界上第一台电子计算机是美国发明的ENIAC

B. ENIAC不是存储程序控制的计算机

C. ENIAC是1946年发明的，所以世界从1946年起就开始了计算机时代

D. 世界上第一台投入运行的具有存储程序控制的计算机是英国人设计并制造的EDSAC

【答案】C

【解析】1951年世界上第一台商用计算机UNIVAC交付美国统计局使用，标志着人类进入计算机时代。英国剑桥大学数学实验室的莫里斯·威尔克斯教授和他的团队在1946年以冯·诺依曼的EDVAC为蓝本，着手设计和建造了EDSAC。EDSAC在1949年5月6日正式运行，是世界上第一台投入运行的存储程序式电子计算机。

考点4　计算机的发展及其趋势

计算机发展的四个阶段

1. 计算机发展的四个阶段

人们根据计算机采用的主要元器件不同，将计算机的发展分为四个阶段（又称四代），见表1-1。

表1-1　计算机发展的四个阶段

阶段	名称	元件	语言	应用
第一 1946～1958	电子管计算机 （真空管计算机）	电子管	机器语言 汇编语言	科学计算
第二 1958～1964	晶体管计算机	晶体管	高级程序 设计语言	科学计算 数据处理
第三 1964～1971	集成电路计算机	中小规模 集成电路	操作系统和 会话式语言	开始应用到 各个领域
第四 1971年～现在	超大规模集成电路 计算机	大规模或超大 规模集成电路	面向对象的 高级语言	微型机在家庭得到了普 及，开启了网络时代

2. 我国计算机的研制历程

我国从 1956 年开始研制计算机，1958 年研制出第一台电子管计算机，1965 年研制成功晶体管计算机，1973 年研制成功集成电路计算机，1983 年研制成功每秒运算 1 亿次的银河巨型机。

我国先后自主开发了"银河"、"曙光"、"深腾"、"天河"和"神威"（见图 1-2）等系列高性能计算机，取得了令人瞩目的成就。

图 1-2　神威·太湖之光超级计算机

3. 计算机的发展趋势

（1）巨型化

巨型化是指研发计算速度更快、存储容量更大、功能更强、可靠性更高的计算机。巨型计算机的运算能力一般在每秒百亿次以上，内存容量在几百 GB 以上。巨型计算机主要用于尖端科学技术和军事国防领域的研究开发。巨型计算机的发展集中体现了计算机科学技术的发展水平。

（2）微型化

微型化是指发展体积更小、功能更强、可靠性更高、携带更方便、价格更便宜、适用范围更广的计算机系统。因为微型机可渗透到诸如仪表、家用电器、导弹弹头等中、小型机无法进入的领域，所以自 20 世纪 80 年代以来发展异常迅速。

（3）网络化

网络化是指利用通信技术，把分布在不同地点的计算机互联起来，按照网络协议相互通信，以达到所有用户都可共享软件、硬件和数据资源的目的。尽管计算机联网已经非常普遍，但仍有许多工作要做。例如：网络上资源虽多，利用却并不方便；联网的计算机虽多，但计算机特别是服务器的利用率并不高；计算机网络中面临诸多安全因素。计算机网络化在提供方便、及时、可靠、安全、高效的信息服务方面还有很多的工作要做。

（4）智能化

智能化是指让计算机具有模拟人的感觉和思维过程的能力。智能计算机具有解决问题和逻辑推理的功能，以及知识处理和知识库管理的功能等。人与计算机的联系是通过智能接口，用文字、声音、图像等与计算机对话。智能化研究领域中最有代表性的是专家系统和智能机器人。

> **▶真题再现◀**
>
> 1.（2022年单项选择题）下列关于计算机特点和发展趋势的说法，错误的是＿＿＿＿。
>
> A. 计算机具有强大的存储能力
>
> B. 计算机巨型化是指计算机体积越来越大
>
> C. 计算机具有运算速度快、自动执行、逻辑判断能力强等特点
>
> D. 计算机智能化，是指计算机向模拟人的感觉和思维过程方面发展
>
> 【答案】B
>
> 【解析】巨型化是指研发计算速度更快、存储容量更大、功能更强、可靠性更高的计算机。
>
> 2.（2021年单项选择题）下列关于计算机历史的说法，错误的是＿＿＿＿。
>
> A. 冯·诺依曼提出现代计算机体系结构
>
> B. 图灵提出计算机内部采用二进制
>
> C. 第一部电子计算机 ENIAC 内部采用十进制
>
> D. 第一代电子计算机的基本元件是电子管
>
> 【答案】B
>
> 【解析】冯·诺依曼在"存储程序"工作原理中提出采用二进制形式表示数据和指令。
>
> 3.（2019年单项选择题）第一代电子计算机采用的电子元器件是＿＿＿＿。
>
> A. 晶体管　　　　　　　　　　　B. 电子管
>
> C. 集成电路　　　　　　　　　　D. 大规模集成电路
>
> 【答案】B
>
> 【解析】第一代电子计算机采用的电子元器件是电子管。
>
> 4.（2018年单项选择题）计算机的发展趋势不包括＿＿＿＿。
>
> A. 巨型化　　　　B. 微型化　　　　C. 智能化　　　　D. 专业化
>
> 【答案】D
>
> 【解析】计算机的发展趋势：巨型化、微型化、网络化和智能化。

考点5　计算机的分类及特点

1. 计算机的分类

计算机的分类见表1-2。

表1-2　计算机的分类

划分依据	分类
根据处理的对象划分	模拟计算机、数字计算机和混合计算机
根据用途划分	专用计算机、通用计算机
根据规模划分（规模侧重指计算机的性能）	巨型机、大型机、小型机、微型机和工作站

模拟计算机是对电压、电流等连续的物理量进行处理的计算机，输出量仍是连续的物理量。模拟电子计算机精度较低，应用范围有限。

数字计算机是以电脉冲的个数或电位的阶变形式来实现计算机内部的数值计算和逻辑判断，输出量仍是数值。目前广泛应用的都是数字电子计算机。

巨型机是指运算速度在每秒亿次以上的计算机。巨型机运算速度快、存储容量大、结构复杂、价格昂贵，主要用于尖端科学研究领域，是衡量一个国家经济实力与科技水平的重要标志。我国研制的"神威"系列计算机就属于巨型机。

微型机也称为个人计算机（PC 机），是目前应用最广泛的机型。

工作站主要用于图形、图像处理和计算机辅助设计，它实际上是一台性能很高的微型机。

2. 计算机的特点

计算机作为一种通用的信息处理工具，其特点是运算速度快、计算精度高、存储容量大、具有逻辑判断能力、工作自动化、通用性强。

（1）运算速度快

第一台电子计算机的运算速度是每秒 5000 次；小型机：几百万次 / 秒；巨型机：几十亿次 / 秒甚至几百亿次 / 秒。

（2）计算精度高

计算机内部采用二进制进行运算，计算的精确度取决于字长。

（3）具有逻辑判断能力

由于采用二进制，使得计算机可以进行逻辑运算并做出判断和选择，使其在某种程度上更接近于"人脑"。

（4）存储容量大

计算机的存储器中可以存储海量的数据，是人脑所不能及的。

（5）工作自动化

计算机可以在无须人为干预的情况下自动按照程序设定完成既定任务。

（6）通用性强

计算机具有很强的通用性的主要原因是可根据需求编制相应的程序。同一台计算机，安装不同的应用软件或连接到不同的设备，就可完成不同的任务。

▶ **真题再现** ◀

1.（2019 年多项选择题）计算机的特点主要有_____。

　　A. 具有记忆和逻辑判断能力　　　　　　　B. 运算速度快，但精确度低
　　C. 可以进行科学计算，但不能处理数据　　D. 存储容量大、通用性强

【答案】AD

【解析】计算机运算精度高而不是低，既可以进行科学计算，又可以进行数据处理。

2.（2014年多项选择题）计算机的特点有运算速度快及_____。

A. 安全性高、网络通信能力强　　　　B. 工作自动化、通用性强

C. 可靠性高、适应性强　　　　　　　D. 存储容量大、计算精度高

【答案】BD

【解析】计算机作为一种通用的信息处理工具，其特点是运算速度快、计算精度高、存储能力大、具有逻辑判断能力、工作自动化、通用性强。

考点6 计算机的应用

1. 科学计算

科学计算也称为数值计算，主要是将计算机用于科学研究和工程实践中提出的数学问题的计算，是计算机最早的应用领域。气象预报、地震探测、导弹和卫星轨迹计算等都是计算机在科学计算方面的典型应用。

2. 信息管理

信息管理是对大量非数值数据（文字、符号、声音、图像等）进行加工处理，如编辑、排版、分析、检索、统计、传输等。信息管理广泛应用于办公自动化、情报检索、事务管理等领域。近年来，利用计算机来综合处理文字、图形、图像、声音等的多媒体数据处理技术，已成为计算机最重要的发展方向。信息管理已成为计算机应用的主流方向，也是计算机应用最广泛的领域。

3. 过程控制

过程控制又称实时控制，用计算机对工业生产过程中的某些信号自动进行检测，并把检测到的数据存入计算机，再根据需要对这些数据进行处理。实时控制不仅可提高生产自动化水平，同时也能提高产品的质量、降低成本、减轻劳动强度、提高生产效率。例如，仪器仪表引进计算机技术后形成智能化仪器仪表，将工业自动化推向了一个更高的水平。

4. 人工智能

人工智能（Artificial Intelligence，AI）是将人脑进行演绎推理的思维过程、规则和采取的策略、技巧等编制成程序，在计算机中存储一些公理和规则，然后让计算机自动进行求解。人工智能目前主要应用在机器人、专家系统、模拟识别、智能检索等方面，此外还在自然语言处理、机器翻译、定理证明等方面得到应用。

5. 计算机辅助系统

计算机辅助系统包括计算机辅助设计、计算机辅助制造、计算机辅助教育和计算机辅助测试等。

计算机辅助设计（CAD）：是指用计算机帮助各类设计人员进行工程或产品设计。例如，飞机、船舶、建筑、机械和大规模集成电路设计等。

计算机辅助制造（CAM）：是指用计算机进行生产设备的管理、控制和操作。

计算机辅助教育（CBE）：包括计算机辅助教学（CAI）和计算机管理教学（CMI），主要应用有网上教学和远程教学。

计算机辅助测试（CAT）：是指利用计算机协助进行测试。计算机辅助测试可以应用在不同的领域。例如，在教学领域，可以使用计算机对学生的学习效果进行测试和学习能力估量；在软件测试领域，可以使用计算机进行软件的测试，提高测试效率。

6. 计算机网络与通信

计算机网络是指把分布在不同地点且具有独立功能的多台计算机，通过通信设备和线路连接起来，在功能完善的网络软件运行环境下，以实现资源共享为目标的网络。

7. 多媒体技术应用

多媒体技术是指利用计算机获取、处理、编辑、存储和显示多种媒体信息，实现通过图形、图像、声音、视频、文本的组合交互进行沟通、交流、传递信息的一整套技术。多媒体技术的应用领域有电子出版、视频会议、教育培训、影视动画、视频点播、家庭娱乐等。

8. 嵌入式系统

嵌入式系统是以应用为中心、以计算机技术为基础，软、硬件可裁剪，适应于应用系统对功能、可靠性、成本、体积、功耗等方面有特殊要求的专用计算机系统。日常生活中水、电、煤气表的远程自动抄表都是嵌入式系统的典型应用。远程自动抄表时，水、电、煤气表中嵌入的专用控制芯片将代替传统的人工检查，并具有更准确和更安全的性能。

真题再现

1.（2019 年多项选择题）下列选项中能够体现人工智能应用的有_____。

A. 无人驾驶   B. 语音输入

C. 人脸识别   D. 人机对弈

【答案】ABCD

【解析】人工智能主要研究智能机器所执行的通常与人类智能有关的功能，如判断、推理、证明、识别、感知、学习和问题求解等思维活动。

2.（2019 年判断题）事务处理、情报检索和知识系统等是计算机在科学计算领域的应用。

A. 正确   B. 错误

【答案】B

【解析】事务处理、情报检索和知识系统等是计算机在信息管理领域的应用。

3.（2018 年单项选择题）在计算机辅助技术中，CAM 的含义是_____。

A. 计算机辅助设计   B. 计算机辅助制造

C. 计算机辅助教学   D. 计算机辅助测试

【答案】B

【解析】CAM（Computer Aided Manufacturing）计算机辅助制造。

考点7　数制及其转换

计算机只能接收和处理二进制信息，原因是二进制数采用两个数字符号来表示，即0和1，这样就简单许多，易于物理实现，除此之外还具有可靠性高、通用性强的特点。

在日常生活中，人们习惯于用十进制计数，同时还使用其他的计数制，如十二进制（十二瓶酒为一打）、二十四进制（一天24小时）、六十进制（60秒为一分，60分为一小时）、十六进制（古代的一斤为十六两）等等。

1. 数制的基本概念

数码：一组用来表示某种数制的符号。例如，十进制的数码为0、1、2、3、4、5、6、7、8和9。

基数：数制所使用的数码个数称为"基数"或"基"，常用"R"表示，称为R进制。例如，十进制的基数为10。

位权：指数码在不同位置上的权值。对于R进制数，小数点右边第N位的位权为R^{-N}，小数点左侧第N位的位权为R^{N-1}。

2. 计算机中常用进制的特点

二进制、八进制、十进制和十六进制的特点见表1-3。

表1-3　二进制、八进制、十进制和十六进制的特点

特点 ＼ 进位制	二进制 Binary System	八进制 Octal System	十进制 Decimal System	十六进制 Hexadecimal System
数码	0、1	0、1、2、3、4、5、6、7	0、1、2、3、4、5、6、7、8、9	0、1、2、3、4、5、6、7、8、9、A、B、C、D、E、F
基数	2	8	10	16
位权	各位的权是以2为底的幂	各位的权是以8为底的幂	各位的权是以10为底的幂	各位的权是以16为底的幂
特点	逢二进一借一当二	逢八进一借一当八	逢十进一借一当十	逢十六进一借一当十六
表示方法（下标法或后缀法）	例如，二进制数101可以表示为（101）$_2$或101B	例如，八进制数234可以表示为（234）$_8$或234O	常省略	例如，十六进制数12A可以表示为（12A）$_{16}$或12AH

3. 二进制、八进制、十进制和十六进制之间的对应关系

二进制、八进制、十进制和十六进制之间的对应关系见表1-4。

表1-4　二进制、八进制、十进制和十六进制之间的对应关系

二进制（B）	八进制（O）	十进制（D）	十六进制（H）	
0	0	0	0	$2^0=1$
1	1	1	1	$2^1=2$
10	2	2	2	$2^2=4$
11	3	3	3	$2^3=8$
100	4	4	4	$2^4=16$
101	5	5	5	$2^5=32$
110	6	6	6	$2^6=64$
111	7	7	7	$2^7=128$
1000	10	8	8	$2^8=256$
1001	11	9	9	$2^9=512$
1010	12	10	A	$2^{10}=1024$
1011	13	11	B	$2^{12}=4096$
1100	14	12	C	$2^{16}=65536$
1101	15	13	D	
1110	16	14	E	
1111	17	15	F	

4. 常用不同数制间的转换

（1）二进制、八进制、十六进制数转换为十进制数

方法：按位权展开求和。

要点：对于任何一个二进制数、八进制数、十六进制数，均可以先写出它的位权展开式，然后再按十进制进行计算即可将其转换为十进制数。

例题1：将二进制数101.1转换为十进制数。

$(101.1)_2=1\times2^{3-1}+0\times2^{2-1}+1\times2^{1-1}+1\times2^{-1}=4+0+1+0.5=5.5$。

例题2：将八进制数25.6转换为十进制数。

$(25.6)_8=2\times8^{2-1}+5\times8^{1-1}+6\times8^{-1}=16+5+0.75=21.75$。

例题3：将十六进制数1A.C转换为十进制数。

$(1A.C)_{16}=1\times16^{2-1}+10\times16^{1-1}+12\times16^{-1}=16+10+0.75=26.75$。

◆注：并不是所有的十进制小数都能精确地转换为二进制小数，但是任何二进制小数都可以精确地转换为十进制小数。同学们可以将十进制数0.1转换为二进制小数进行验证。

（2）十进制数转换为二进制数、八进制数、十六进制数

方法：整数部分采用除基取余的方法，逆序排列；小数部分采用乘基取整的方法，顺序排列。

要点：十进制数的整数部分和小数部分在转换时需做不同的运算，分别求值后再

常用不同数制间的转换一

组合。

例题 1：将十进制数 11.25 转换为二进制数。

①整数部分采用除基取余法转换，即逐次除以基数 2，直至商为 0，得出的余数倒排，即为二进制各位的数码。

将十进制数 11 转换为二进制数。

```
2 | 11      ... ...1
  2 | 5     ... ...1
    2 | 2   ... ...0
      2 | 1 ... ...1
        0   ........商数为零转换结束
```

即十进制数 11 转换为二进制数为 1011。

②小数部分采用乘基取整法，即逐次乘以基数 2，从每次乘积的整数部分得到相应二进制数各位的数码。

将十进制数 0.25 转换为二进制数。

$$0.25 \times 2 = 0.5 ...... 0$$
$$0.5 \times 2 = 1.0 ...... 1$$

即十进制数 0.25 转换为二进制数为 0.01。

将整数和小数部分结合，所以十进制数 11.25 转换为二进制数为 1011.01。

例题 2：将十进制数 87.75 转换为八进制数。

①将十进制数 87 转换为八进制数。

```
8 | 87  ......7
  8 | 10 ......2
    8 | 1 ........1
        0
```

②将十进制数 0.75 转化为八进制数。

$$0.75 \times 8 = 6.0 ...... 6$$

将整数和小数部分结合，所以十进制数 87.75 转换为八进制数为 127.6。

例题 3：将十进制数 90.5 转换为十六进制数。

①将十进制数 90 转换为十六进制数。

```
16 | 90  ......A      （注意此处不能写10, 10对应的十六进制数为A）
  16 | 5 ......5
       0
```

②将十进制数 0.5 转化为十六进制数。

$0.5 \times 16 = 8.0 \cdots\cdots 8$

将整数和小数部分结合，所以十进制数 90.5 转换为十六进制数为 5A.8。

（3）二进制数转换成八进制数或十六进制数

方法：二进制转八进制是三位合一，即每 3 位二进制数对应 1 位八进制数；二进制转十六进制是四位合一，即每 4 位二进制数对应 1 位十六进制数。

例题 1：将二进制数 1010.11 转换为八进制数。

要点：整数部分按右至左的顺序，每 3 位二进制数对应 1 位八进制数，不足 3 位的向高位补 0；小数部分按左至右的顺序，每 3 位二进制数对应 1 位八进制数，不足 3 位的向低位补 0 凑成 3 位，详见表 1-5。

表 1-5 二进制数 1010.11 转换为八进制数

二进制数	001	010.	110
八进制数	1	2.	6

所以将二进制数 1010.11 转换为八进制数为 12.6。

例题 2：将二进制数 11001.101 转换为十六进制数。

要点：整数部分按右至左的顺序，每 4 位二进制数对应 1 位十六进制数，不足 4 位的向高位补 0；小数部分按左至右的顺序，每 4 位二进制数对应 1 位十六进制数，不足 4 位的向低位补 0 凑成 4 位，详见表 1-6。

表 1-6 二进制数 11001.101 转换为十六进制数

二进制数	0001	1001.	1010
十六进制数	1	9.	A

所以将二进制数 11001.101 转换为十六进制数为 19.A

（4）将八进制数或十六进制数转换成二进制数

方法：八进制转二进制时一位拆三位，即每 1 位八进制数对应 3 位二进制数；十六进制转二进制时一位拆四位，即每 1 位十六进制数对应 4 位二进制数。

例题 1：将八进制数 21.45 转换为二进制数。

要点：每 1 位八进制数对应 3 位二进制数，不够 3 位在前面添 0，详见表 1-7。

表 1-7 八进制数 21.45 转换为二进制数

八进制数	2	1.	4	5
二进制数	010	001.	100	101

所以将八进制数 21.45 转换为二进制数为 10001.100101。

例题 2：将十六进制数 37.B 转换为二进制数。

要点：每 1 位十六进制数对应 4 位二进制数，不够 4 位在前面添 0，详见表 1-8。

表 1-8　十六进制数 37.B 转换为二进制数

十六进制数	3	7.	B
二进制数	0011	0111.	1011

所以将十六进制数 37.B 转换为二进制数为 110111.1011。

（5）八进制数和十六进制数之间的相互转换

八进制数和十六进制数之间的相互转换可以以二进制或十进制为桥梁进行计算，具体方法此处不再一一赘述。

◢ 真题再现 ◣

1.（2019 年单项选择题）将十进制数 56 转换成二进制数是_____。

　　A. 111000　　　　　B. 000111　　　　　C. 101010　　　　　D. 100111

【答案】A

【解析】十进制数 56 只有整数部分，直接采用"除基取余"的方法，逆序排列即可。

2.（2018 年填空题）二进制数"1100011"对应的十进制数是_____。

【答案】99

【解析】方法：按位权展开求和。$(1100011)_2 = 1 \times 2^{7-1} + 1 \times 2^{6-1} + 0 \times 2^{5-1} + 0 \times 2^{4-1} + 0 \times 2^{3-1} + 1 \times 2^{2-1} + 1 \times 2^{1-1} = 64+32+0+0+0+2+1=99$。

3.（2018 年单项选择题）8 位无符号二进制数可以表示的最大十进制整数是_____。

　　A.127　　　　　　　B.128　　　　　　　C.255　　　　　　　D.256

【答案】C

【解析】8 位无符号二进制数可以表示的最大二进制整数是 11111111，将二进制数 11111111 转换为十进制数即可。因为二进制数 11111111+1=100000000 则二进制数 $11111111 = 100000000 - 1 = 1 \times 2^{9-1} - 1 = 2^8 - 1 = (255)_{10}$。同理 N 位无符号二进制数可以表示的最大十进制数是 $2^N - 1$。这个重要的结论需要牢记。

4.（2017 年填空题）将八进制数 473 转换成二进制数是_____。

【答案】100111011

【解析】每 1 位八进制数对应 3 位二进制数。八进制数 473 转换成二进制数见表 1-9。

表 1-9　八进制数 473 转换成二进制数

八进制数	4	7	3
二进制数	100	111	011

5.（2017 年多项选择题）在下列数据中，数值相等的数据有_____。

　　A.（1001101.01）$_2$　　B.（77.5）$_{10}$　　C.（4D.1）$_{16}$　　D.（77.25）$_{10}$

【答案】AD

【解析】将二进制数 1001101.01 转换为十进制数为 $1 \times 2^{7-1} + 0 \times 2^{6-1} + 0 \times 2^{5-1} + 1 \times 2^{4-1} + 1 \times 2^{3-1} + 0 \times 2^{2-1} + 1 \times 2^{1-1} + 0 \times 2^{-1} + 1 \times 2^{-2} = 64+0+0+8+4+0+1+0+0.25 = (77.25)_{10}$。

6. （2017年单项选择题）人们通常用十六进制，而不用二进制书写计算机中的数，是因为_____。

    A.十六进制的书写比二进制方便   B.十六进制的运算规则比二进制简单

    C.十六进制数表达的范围比二进制大   D.计算机内部采用的是十六进制

【答案】A

【解析】四位二进制可以用1位十六进制表示，书写方便。

7. （2016年填空题）二进制数110110.11的等值八进制数是_____。

【答案】66.6

【解析】首先进行分组，每3位二进制数对应1位八进制数。二进制数110110.11的等值八进制数见表1-10.

表 1-10　二进制数 110110.11 的等值八进制数

二进制数 3 位分组	110	110.	110
八进制数	6	6.	6

考点 8　二进制的运算规则

1. 算术运算规则

加法运算规则：0+0 = 0，0+1 = 1，1+0 = 1，1+ 1 = 10（产生进位）。

减法运算规则：0-0 = 0，10-1=1（产生借位），1-0=1，1-1 = 0。

乘法运算规则：0×0=0，0×1=0，1×0=0，1×1=1。

除法运算规则：0/1=0，1/1=1。

2. 逻辑运算规则

逻辑运算是指对因果关系进行分析的一种运算。逻辑运算的结果并不表示数值大小，而是表示一种逻辑概念。

（1）与运算（AND）

"与"运算用符号"∧"表示。运算规则为：同位都为1时相"与"的结果才为1，只要有一个为0其结果都为0。

与运算的四种类型：0∧0＝0，0∧1＝0，1∧0＝0，1∧1＝1。

（2）或运算（OR）

"或"运算用符号"∨"表示。运算规则为：当两个参与运算的数的相应码位只要有一个数为1，则运算结果为1，只有两码位对应的数均为0，结果才为0。

或运算的四种类型：0∨0＝0，0∨1＝1，1∨0＝1，1∨1＝1。

（3）异或运算（XOR）

"异或"运算用符号"⊕"表示。运算规则为：当两个参与运算的数的相应码位相同时该位结果为0，否则为1。

异或运算的四种类型：0⊕0=0，0⊕1=1，1⊕0=1，1⊕1=0。

（4）非运算（NOT）

$\overline{1} = 0$，$\overline{0} = 1$。

◆注意：非运算的实质就是取反，如"10111101"进行"非"运算后就得到"01000010"。

3. 逻辑运算举例

例1：二进制数01010101和二进制数10010010进行逻辑与运算，其结果为 _____ 。

解题时首先将二进制数01010101和二进制数10010010每一位上下对齐，然后分别进行逻辑与运算。

$$
\begin{array}{r}
01010101 \\
\wedge\ 10010010 \\
\hline
00010000
\end{array}
$$

例2：二进制数01010101和二进制数10010010进行逻辑或运算，其结果为 _____ 。

解题时首先将二进制数01010101和二进制数10010010每一位上下对齐，然后分别进行逻辑或运算。

$$
\begin{array}{r}
01010101 \\
\vee\ 10010010 \\
\hline
11010111
\end{array}
$$

例3：二进制数01010101和二进制数10010010进行逻辑异或运算，其结果为 _____ 。

解题时首先将二进制数01010101和二进制数10010010每一位上下对齐，然后分别进行逻辑异或运算。

$$
\begin{array}{r}
01010101 \\
\oplus\ 10010010 \\
\hline
11000111
\end{array}
$$

真题再现

1.（2020年填空题）二进制运算：$(1001)_2-(111)_2=$ _____ 。

【答案】0010 或 10

【解析】二进制减法的运算规则：借1当2。

2.（2011年单项选择题）执行逻辑与运算 10101110 $\wedge$ 10110001，其运算结果为 _____ 。

【答案】10100000

【解析】解答此类题一定注意两个二进制数的上下各位对齐。

$$
\begin{array}{r}
10101110 \\
\wedge\ 10110001 \\
\hline
10100000
\end{array}
$$

3.（2009年单项选择题）进行下列二进制逻辑乘法运算（即逻辑与运算）01011001 $\wedge$ 10100111 其运算结果是 _____ 。

A.00000000   B. 11111111

C.00000001   D. 11111110

【答案】C

【解析】方法参见本考点下例 1。同位都为 1 时相"与"的结果才为 1，只要有一个为 0 其结果都为 0。

考点9 计算机中数据的单位

计算机中
数据的单位

1.位

位（bit）简记为 b，也称为比特，是计算机存储数据的最小单位。一个二进制位只能表示 0 或 1。

2.字节

字节（Byte）简记为 B，是计算机存储容量的基本单位。一个字节由 8 位二进制数组成，即 1Byte=8bit。微型机的存储器是由一个个存储单元构成的，每个存储单元的大小就是一个字节。

计算机以字节为单位来表示存储容量，经常使用的单位有：

K（千）字节　1KB =1024 B=2^{10}B；

M（兆）字节　1MB = 1024 KB=2^{20}B；

G（吉）字节　1GB = 1024 MB=2^{30}B；

T（太）字节　1TB = 1024 GB=2^{40}B。

3.字

计算机处理数据时，CPU 通过数据总线一次存取、加工和传送的数据称为字（Word）。一个字通常由一个字节或若干个字节组成。字长是计算机的运算部件一次所能处理的实际位数长度，是衡量计算机性能的一个重要指标。通常情况下，计算机字长越长其精度越高，速度也越快。字长是字节的整数倍，常见的微机字长有 32 位和 64 位。

▶ 真题再现 ◀

1.（2020 年填空题）内存容量为 8GB，其中 B 指＿＿＿＿。

【答案】字节或 Byte

【解析】字节（Byte）简记为 B，是计算机存储容量的基本单位。一个字节由 8 位二进制数组成，即 1Byte=8bit。

2.（2018 年单项选择题）下列描述中，正确的是＿＿＿＿。

A.1KB=1000B   B.1KB=1024×1024B

C.1MB=1024B   D.1MB=1024×1024B

【答案】D

【解析】不同存储单位间的换算规则需要牢记。1MB = 1024 KB=1024×1024B=2^{20}B。

3.（2018 年单项选择题）计算机中，通常用英文字母"bit"表示＿＿＿＿。

A.字　　　　　　B.字节　　　　　　C.二进制位　　　　　　D.字长

考点10　数值的表示

1. 带符号数的表示方法

在计算机中，所有数据都以二进制的形式表示，数的正负号也用"0"和"1"表示。通常规定一个数的最高位作为符号位，"0"表示正，"1"表示负。连同符号位一起数值化了的数，称为机器数。机器数分为原码、反码、补码三类。机器数所表示的真实的数值，称为真值。N 位编码的原码、反码和补码的编码规则见表 1-11。

表 1-11　N 位编码的原码、反码和补码的编码规则

类别	原码	反码	补码
正数	符号位（0）+ 数字部分（如果数字部分不足 N-1 位，在高位补 0）	同原码	同原码
负数	符号位（1）+ 数字部分（如果数字部分不足 N-1 位，在高位补 0）	在原码的基础上，符号位不变，其余各位取反	在反码的基础上 +1

以十进制数 +21 和 –21 的 8 位编码为例，它们的二进制数真值、原码、反码和补码见表 1-12 所示。

表 1-12　+21 和 –21 的二进制数真值、原码、反码和补码

十进制真值	二进制真值	机器数		
		原码	反码	补码
+21	+10101	00010101	00010101	00010101
–21	-10101	10010101	11101010	11101011

2. 无符号二进制数

无符号二进制数使用所有位来表示数值，但是只能表示正数，不能表示负数。

3. 8421 码

用 4 位二进制代码来表示 1 位十进制数，称为二-十进制编码，简称 BCD（Binary Coded Decimal）码。二-十进制编码的方法有很多，8421 码是最常见的一种，即每 1 位十进制数用 4 位二进制编码来表示。

例如，十进制数 2816 的 8421 码见表 1-13。

表 1-13　十进制数 2816 的 8421 码

十进制数	2	8	1	6
8421 码	0010	1000	0001	0110

8421 码在形式上变成了 0 和 1 组成的二进制形式，而实际上它表示的是十进制数，只不过是每位十进制数是用 4 位二进制编码表示。

真题再现

（2015 年填空题）通常规定一个数的_____作为符号位，"0"表示正，"1"表示负。

【答案】最高位

【解析】对于有符号的数，通常规定一个数的最高位作为符号位，"0"表示正，"1"表示负。

考点11 ASCII码

由于计算机只能处理二进制数，这就需要用二进制的 0 和 1 按照一定的规则对各种字符进行编码。

目前采用的字符编码主要是 ASCII 码。ASCII 码（American Standard Code for Information Interchange，美国标准信息交换代码）是国际通用的信息交换标准代码。ASCII 码是一种西文机内码，有 7 位 ASCII 码（标准 ASCII 码）和 8 位 ASCII 码（扩展 ASCII 码）两种。

标准 ASCII 码是一种用 7 位二进制数表示 1 个西文字符的字符编码，一共可以表示 128 种不同字符（$2^7=128$）。计算机内部用一个字节（8 位二进制位）存放一个标准 ASCII 码，并规定其最高位为 0。

标准 ASCII 码中包括数字、大小写字母、标点符号、运算符号、控制命令符号等。从表 1-14 中可以看出，ASCII 码中字符对应数值的大小关系是：小写字母 > 大写字母 > 数字字符。其中相邻字母标准 ASCII 码值相差 1，同一个字母的 ASCII 码值小写字母比大写字母大十进制数 32（十六进制数为 20H）。例如，大写字母 A 的标准 ASCII 码值为二进制数 01000001，对应十进制数为 65，十六进制数为 41H；小写字母 a 的标准 ASCII 码值为二进制数 01100001，对应十进制数为 97，十六进制数为 61H。由以上规律我们可以在已知一个字母的 ASCII 码值的情况下，推导出其他字母的 ASCII 码值。希望同学们牢记此规律。

表 1-14　标准 ASCII 码表

高4位 低4位	0000	0001	0010	0011	0100	0101	0110	0111
0000	NULL	DLE	空格	0	@	P	`	p
0001	SOH	DC1	!	1	A	Q	a	q
0010	STX	DC2	"	2	B	R	b	r
0011	ETX	DC3	#	3	C	S	c	s
0100	EOT	DC4	$	4	D	T	d	t
0101	ENQ	NAK	%	5	E	U	e	u
0110	ACK	SYN	&	6	F	V	f	v
0111	BELL	ETB	'	7	G	W	g	w

高4位 低4位	0000	0001	0010	0011	0100	0101	0110	0111
1000	BS	CAN	(	8	H	X	h	x
1001	HT	EM	)	9	I	Y	i	y
1010	LF	SUB	*	:	J	Z	j	z
1011	VT	ESC	+	;	K	[	k	{
1100	FF	FS	,	<	L	\	l	|
1101	CR	GS	-	=	M	]	m	}
1110	SO	RS	.	>	N	^	n	~
1111	SI	US	/	?	O	_	o	DEL

▶ 真题再现 ◀

1.（2021年填空题）已知字母 G 的 ASCII 码对应的十六进制数为 47H，则字母 J 的 ASCII 码对应的十六进制数为＿＿＿＿＿。

【答案】4AH

【解析】相邻字母的 ASCII 码值相差 1。字母 J 和字母 G 相差 3，所以有 47H+3=4AH。

2.（2019年填空题）计算机中英文字符的最常用编码是＿＿＿＿＿码。

【答案】ASCII

【解析】目前采用的字符编码主要是 ASCII 码（American Standard Code for Information Interchange，美国标准信息交换码），它已被国际标准化组织（ISO）采纳，作为国际通用的信息交换标准代码。ASCII 码是一种西文机内码。

3.（2018年填空题）计算机中采用＿＿＿＿＿个字节存储一个 ASCII 码。

【答案】1

【解析】ASCII 码中包括数字、大小写字母、标点符号、运算符号、控制命令符号等。计算机内部用一个字节（8 位二进制位）存放一个标准 ASCII 码，并规定其最高位为 0。

4.（2017年填空题）当采用 ASCII 编码时，在计算机中存储一个标点符号要占用＿＿＿＿＿个字节。

【答案】1

【解析】计算机内部用一个字节（8 位二进制位）存放一个标准 ASCII 码，并规定其最高位为 0。

考点12 汉字编码

汉字与西文字符一样，也是一种字符，在计算机内同样是以二进制代码表示的。由于汉字数量极多，一般用连续的两个字节（16 个二进制位）来表示一个汉字。

用计算机处理汉字需要解决以下几个问题：怎样将汉字输入计算机？在计算机内部怎样处理汉字？计算机怎样实现汉字信息的输出（显示）。汉字的输入、处理和输出分别对应着不同的汉字编码。

1. 汉字输入码

汉字输入码（外码）：为将汉字输入计算机而编制的代码。一套高质量的输入编码应该编码短、重码少、好学好记。汉字输入码分为流水码、音码、形码和音形结合码。电报码、区位码都属于流水码（数字码），无重码。我们经常使用的搜狗拼音、微软拼音都属于音码，音码尽管简单易学，但是重码很多，输入汉字时要选字。五笔字型属于形码。

2. 汉字交换码

汉字交换码是指用于不同的具有汉字处理功能的计算机系统间交换汉字信息时使用的编码。1980 年，我国颁布了第一个汉字编码字符集标准，即《信息交换用汉字编码字符集基本集》（GB2312—1980），该标准编码简称国标码。国标码 GB2312 用两个字节来表示一个汉字，每个字节最高位为 0。

国标码 GB2312 不能直接在计算机中使用，因为它没有考虑与基本的信息交换代码 ASCII 码的冲突。例如，汉字"啊"的国标码以十六进制形式书写为 3021H，而字符组合"0！"的 ASCII 码值十六进制表示形式也为 3021H。

3. 汉字机内码

在计算机内表示汉字时，将汉字的交换码（国标码）的两个字节的最高位改为 1，此时得到的编码称为机内码。汉字机内码是为在计算机内部对汉字进行存储、处理的汉字编码。一个汉字的机内码用 2 个字节存储，每个字节的最高位置"1"作为汉字机内码的标识。

4. 汉字字形码

汉字字形码用于汉字在显示屏或打印机输出，有两种表示方式：点阵码和矢量码。所有的不同字体、字号的汉字字形构成汉字库。

点阵码中显示一个汉字需要多少个点阵，就需要有多少位（bit）的存储空间来存储它。例如，如图 7-3 所示，存储一个 16×16 点阵的汉字字形码，需要的存储空间为 16×16 bit=256 bit，即 $256 \div 8 = 32B$。点阵规模越大，字形越清晰美观，所占存储空间也越大，而且点阵码缩放困难且容易失真。

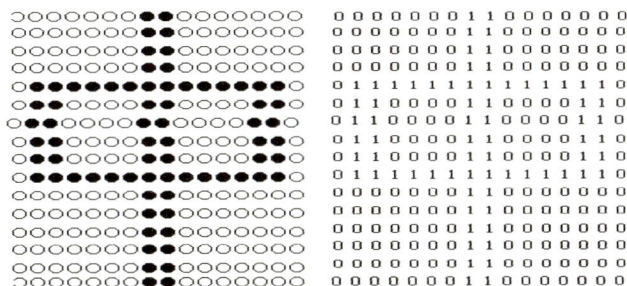

(a) 16×16点阵字形表示　　　(b) 16×16点阵字形编码表示

图 1-3　16×16 点阵字形表示和编码表示

矢量码表示存储的是描述汉字字形的轮廓特征。矢量码很容易放大和缩小且不会出现锯齿状边缘，屏幕上看到的字形和打印出来的效果完全一致。

5. 区位码、国标码和机内码的关系

国标 GB2312—1980 规定，所有的国标汉字及符号分配在一个 94 行、94 列的方阵中，方阵的每一行称为一个"区"，编号为 01 区到 94 区，每一列称为一个"位"，编号为 01 位到 94 位，方阵中的每一个汉字和符号所在的区号和位号组合在一起形成的四个阿拉伯数字就是它们的"区位码"。区位码是一个 4 位十进制数，它是一种汉字输入码，前两位是它的区号，后两位是它的位号。用区位码就可以唯一地确定一个汉字或符号，反过来说，任何一个汉字或符号也都对应着一个唯一的区位码。如表 1-15 所示，汉字"啊"的区号为 16，位号为 01，则"啊"的区位码为 1601。

表 1-15　区位码表示

区码＼位码	01	……	21	22	……	94
……	……	……	……	……	……	……
16	阿	……	暗	岸	……	剥
17	薄	……	钡	位	……	炳
……	……	……	……	……	……	……
40	取	……	鹊	榷	……	叁
……	……	……	……	……	……	……
94	……	……	……	……	……	……

注：……表示省略的汉字。

区位码（十进制）的区号和位号分别转换为十六进制数后再分别加 20H 即可得到该汉字或符号对应的国标码。以汉字"啊"为例，通过其区位码得出其国标码的过程如下：

①区号为 16，位号为 01。

②区号、位号分别转换为十六进制数表示为 1001H。

③ 1001H+2020H=3021H，得到国标码 3021H。

而汉字机内码＝汉字国标码＋8080H。

例如，上述"啊"字的国标码是 3021H，其汉字机内码则是 3021H +8080H=B0A1H。

总结：汉字机内码、国标码和区位码三者之间的关系为，区位码（十进制）的两个字节分别转换为十六进制数后再分别加 20H 得到对应的国标码；机内码是汉字交换码（国标码）两个字节的最高位分别加 1，即汉字交换码（国标码）的两个字节分别加 80H 得到对应的机内码。

▶ **真题再现** ◀

1.（2022 年多项选择题）下列关于计算机中字符编码的说法，正确的是＿＿＿＿。

A. 机内码用 2 个字节编码，国标码用 1 个字节编码

B. 计算机使用的中文字符编码包括输入码、国标码、机内码和字形码等

C. 汉字的字形码具有唯一性

D. ASCII 码最多可表示 256 种字符

【答案】BD

【解析】国标码用 2 个字节编码，每个字节的最高位为 0。汉字的字形码并不是唯一的。同一个汉字的字形码可以采用矢量码，也可以采用点阵码，即使采用点阵码也有 16×16 点阵、24×24 点阵等类型。

2.（2019 年单项选择题）汉字信息交换码_____是我国颁布的国家标准。

A. GB2312—1980　　　　B. UTF-8　　　　C. 原码　　　　D. 补码

【答案】A

【解析】1980 年，我国颁布了第一个汉字编码字符集标准，即《信息交换用汉字编码字符集基本集》（GB2312—1980），该标准编码简称国标码。UTF-8 是一种用以解决国际上字符的多字节编码，它对英文使用 8 位（即一个字节）、中文使用 24 位（三个字节）来编码。原码、反码、补码是计算机中数值数据的编码。

3.（2017 年判断题）汉字在计算机内部表示时采用的是国标码。

A. 正确　　　　　　　　B. 错误

【答案】B

【解析】国标码 GB2312 不能直接在计算机中使用，因为它没有考虑与基本的信息交换代码 ASCII 码的冲突。在计算机内表示汉字时，将汉字的交换码（国标码）的两个字节的最高位改为 1，此时得到的编码称为机内码。汉字机内码是为在计算机内部对汉字进行存储、处理的汉字编码。

考点13　计算机工作原理

1. 计算机的指令和指令系统

指令是指示计算机执行某种操作的命令，它由一串二进制数码组成，这串二进制数码包括操作码和地址码两部分。操作码规定了操作的类型，即进行什么样的操作，如取数、做加法或输出数据等；地址码规定了操作的数据（操作对象）的存放地址，以及操作结果的存放地址。

一台计算机有许多指令，作用也各不相同。所有指令的集合称为计算机指令系统。计算机系统不同，指令系统也不同。

2. "存储程序"工作原理

计算机能够自动完成运算或处理过程的基础是"存储程序"工作原理。"存储程序"工作原理是由美籍匈牙利数学家冯·诺依曼提出的，所以又称为冯·诺依曼原理，其基本思想是存储程序与程序控制。该原理确立了现代计算机的基本组成和工作方式，直到现在，计算机的设计与制造依然沿着"冯·诺依曼"体系结构。"存储程序"工作原理的基本内容有：①将程序（指令序列）预先存放在内存储器中，即存储程序；②当计算机在工作时能够自动高速地从主存储器中取出指令并加以执行，即程序控制；③在计算机中采用二进制；④由运算器、控制器、存储器、输入设备、输出设备五大基本部件组成计算机硬件体系结构。

3. 计算机工作过程

计算机每执行一条指令都可分为三个阶段进行，即取指令——分析指令——执行指令。

取指令和分析指令的任务是按照程序规定的次序，从内存储器取出当前执行的指令，并送到控制器的指令寄存器中，对所取的指令进行分析，即根据指令中的操作码确定计算机应进行什么操作。

执行指令的任务是根据指令分析结果，由控制器发出完成操作所需的一系列控制电位，以便指挥计算机有关部件完成这一操作，同时，还为取下一条指令做好准备。

真题再现

1.（2023 年单项选择题）下列关于计算机指令的说法，错误的是_____。
   A. 指令是指示计算机执行某种操作的命令
   B. 指令和硬件有关
   C. 指令一般包括操作码和地址码两部分
   D. 指令必须经过编译后才能被计算机理解和执行
   【答案】D
   【解析】指令是指计算机执行某种操作的命令，由一串二进制数码组成，包括了操作码和地址码两部分。操作码规定了进行什么样的操作。地址码规定了操作的数据的存放地址。不同的计算机系统，其指令系统并不完全相同，这主要取决于所使用的 CPU。

2.（2022 年单项选择题）"存储程序和程序控制"原理的提出者是_____。
   A. 比尔·盖茨　　　　　　　　　　B. 史蒂夫·乔布斯
   C. 艾伦·图灵　　　　　　　　　　D. 冯·诺依曼
   【答案】D
   【解析】"存储程序"工作原理是由美籍匈牙利数学家冯·诺依曼提出的，所以又称为冯·诺依曼原理，其基本思想是存储程序与程序控制。该原理确立了现代计算机的基本组成和工作方式，直到现在，计算机的设计与制造依然沿着"冯·诺依曼"体系结构。

3.（2021 年单项选择题）下列关于计算机历史的说法，错误的是_____。
   A. 冯·诺依曼提出现代计算机体系结构
   B. 图灵提出计算机内部采用二进制
   C. 第一台电子计算机 ENIAC 内部采用十进制
   D. 第一代电子计算机的基本元件是电子管
   【答案】B
   【解析】冯·诺依曼提出现代计算机体系结构，在计算机内部采用二进制。

4. （2020 年多项选择题）关于冯·诺依曼计算机体系结构，下列说法正确的是_____。

    A. 计算机硬件系统由五大部分组成   B. 控制器完成各种算术运算和逻辑运算

    C. 程序可以像数据那样存放在运算器中   D. 采用二进制形式表示数据和指令

【答案】AD

【解析】运算器完成各种算术运算和逻辑运算，故选项 B 是错误的。程序可以像数据那样存放在存储器中，故选项 C 是错误的。

5. （2018 年多项选择题）冯·诺依曼原理的基本思想是_____。

    A. 存储程序   B. 程序控制   C. 科学计算   D. 人工智能

【答案】AB

【解析】"存储程序"工作原理是由美籍匈牙利数学家冯·诺依曼提出的，所以又称为冯·诺依曼原理，其基本思想是存储程序与程序控制。

考点14　计算机硬件系统

一个完整的计算机系统由计算机硬件系统及软件系统两大部分构成。没有安装任何软件的计算机通常称为"裸机"，裸机是无法工作的。如果计算机硬件脱离了计算机软件，那么它就成为了一台无用的机器。如果计算机软件脱离了计算机硬件就失去了它运行的物质基础。所以，二者相互依存，缺一不可，共同构成一个完整的计算机系统。

计算机硬件是计算机系统中由电子、机械和光电元件组成的各种计算机部件和设备的总称，是计算机完成各项工作的物质基础。计算机硬件是指计算机系统中的实际装置，是构成计算机的看得见、摸得着的物理部件，它是计算机的"躯壳"。

计算机硬件系统五大组成部分如图 1-4 所示。

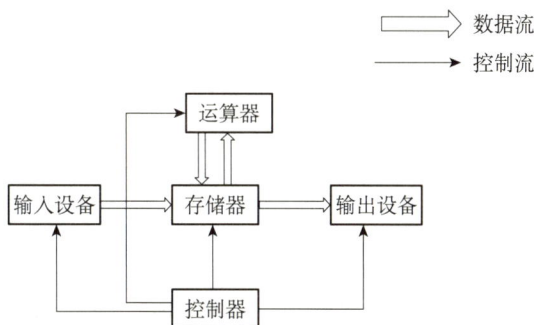

图 1-4　计算机硬件系统五大组成部分

1. 输入设备

输入设备是从计算机外部向计算机内部传送信息的装置。其功能是将数据、程序及其他信息，从人们熟悉的形式转换为计算机能够识别和处理的形式输入到计算机内部。

常用的输入设备有键盘、鼠标、光笔、扫描仪、数字化仪、条形码阅读器等。

2. 运算器

运算器由算术逻辑单元（ALU，Arithmetic Logic Unit）和寄存器等组成。运算器的功能是完成算术运算和逻辑运算。算术运算是指加、减、乘、除及它们的复合运算。而逻辑运算是指"与""或""非"等逻辑比较和逻辑判断等操作。在计算机中，任何复杂运算都转化为基本的算术与逻辑运算，然后在运算器中完成。

3. 控制器

控制器是计算机的指挥中心，它的基本功能是从内存储器取指令和执行指令。控制器通过地址访问内存储器，逐条取出选中单元的指令，分析指令，并根据指令产生的控制信号作用于其他各部件来完成指令要求的动作。上述工作周而复始，保证了计算机能自动连续地工作。

通常将运算器和控制器统称为中央处理器，即 CPU（Central Processing Unit），它是整个计算机的核心部件，是计算机的"大脑"。它控制了计算机的运算、处理、输入和输出等工作。

4. 存储器

存储器是计算机的记忆装置，它的主要功能是存放程序和数据。其中程序是计算机操作的依据，数据是计算机操作的对象。注：此部分知识点比较重要，在考点 15 着重讲解。

5. 输出设备

输出设备的主要作用是把运算结果或工作过程以人们要求的直观形式表现出来。常用的输出设备有显示器、打印机、绘图仪、音箱等。

通常我们把输入设备和输出设备合称输入/输出（I/O）设备，它是计算机系统与外界进行信息交流的工具。有的设备既具有输入功能又具有输出功能，如磁盘驱动器和磁带机。

计算机硬件系统如图 1-5 所示。

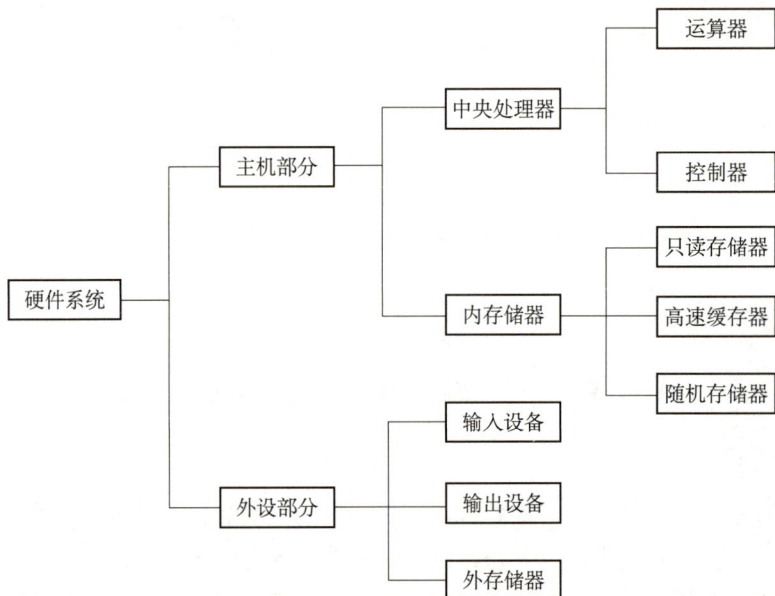

图 1-5　计算机硬件系统

真题再现

1.（2023 年填空题）冯 · 诺依曼计算机的硬件系统由五大部分组成，其中整个计算机的指挥中心是_____。

【答案】控制器

【解析】控制器是计算机的指挥中心，用于控制计算机各个部件按照指令的功能要求协同工作。其基本功能是从内存储器取指令、分析指令和向其他部件发出控制信号。

2.（2022 年多项选择题）下列可作为计算机输出设备的是_____。

A.扫描仪　　　　　B.触摸屏　　　　　C.音箱　　　　　D.U 盘

【答案】BCD

【解析】扫描仪属于输入设备。触摸屏、U 盘既属于输入设备，也属于输出设备。

3.（2020 年多项选择题）下列选项中可以作为输入设备的有_____。

A.手写板　　　　　B.麦克风　　　　　C.投影仪　　　　　D.硬盘

【答案】ABD

【解析】投影仪属于输出设备。硬盘既属于输入设备，也属于输出设备。

4.（2020 年单项选择题）如图 1-6 所示的计算机部件是下列选项中的_____。

A.CPU　　　　　B.内存　　　　　C.网卡　　　　　D.主板

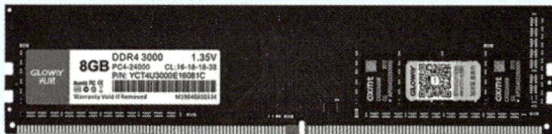

图 1-6　计算机部件

【答案】B

【解析】根据外观及图中的 DDR4 可以判断出该计算机部件为内存条。DDR4 是第四代双倍数据速率（Double Data Rate）同步动态随机存取存储器，是计算机内存储器的一种类型。

5.（2018 年多项选择题）下列属于输出设备的是_____。

A.键盘　　　　　B.打印机　　　　　C.显示器　　　　　D.扫描仪

【答案】BC

【解析】输出设备是指把主机处理后的信息向外输出的设备。微机常用的输出设备有显示器、打印机、绘图仪、音响等。

考点15　存储器

1. 存储器的分类

根据存储器与 CPU 联系的密切程度可分为内存储器（简称内存，主存储器）和外存储器（简称外存，辅助存储器）两大类。内存在计算机主机内，它直接与 CPU 交换信息，容量虽小，但存取速度快，一般只存放那些正在运行的程序和待处理的数据。人们将 CPU 与主存储器合称为主机。为了扩大内的容量，引入了外存，外存作为内存的延伸和后援，间接和 CPU 联系，用来存放一些系统必须使用，但又不急于使用的程序和数据。外存存取速度慢，但存储容量大，可以长时间地保存大量信息，可靠性较高，价格相对较低。外存中的程序必须调入内存方可执行。

计算机存储器的分类见表 1-16，

表 1-16　计算机存储器的分类

分类		特点
内存 （主存储器）	只读存储器 （ROM）	信息由厂家确定，一般用来存放基本输入输出系统（BIOS）等。通常只能读取而不能写入，断电后信息不会丢失
	随机存储器 （RAM）	CPU 从 RAM 中既可读取信息又可写入信息，但断电后所保存的信息就会丢失。微机中的内存一般指随机存储器
	Cache	是内存与 CPU 交换数据的缓冲区，是为解决内存与 CPU 速度不匹配的问题而设计的一种存储设备
外存 （辅助存储器）	软盘	其直径为 3.5 英寸，容量为 1.44 MB。软盘上有写保护口，当写保护口处于保护状态（即写保护口打开）时，只能读取盘中信息，而不能写入，用于防止擦除或重写数据，也能防止病毒侵入
	硬盘	安装在主机箱内，是微机上最重要的外存储器，它由多个质地较硬的涂有磁性材料的金属盘片组成，每个盘片的每一面都有一个读写磁头，用于磁盘信息的读写。硬盘是目前存取速度最快的外存储器。但是硬盘并不是主机的必备部分。没有硬盘，计算机仍旧可以运行，如我们可以通过利用软盘、光盘或者 U 盘启动来使用计算机
	闪存	是目前常用的一种利用闪存（Flash Memory）作为存储介质的半导体集成电路制成的电子盘，已成为主流的可移动外存。电子盘又称为 U 盘
	光盘存储器	是利用激光技术存储信息的装置。目前用于计算机系统的光盘可分为只读光盘（CD-ROM、DVD）、追记型光盘（CD-R、WORM）、可改写型光盘（CD-RW、MO）等

2. 存储器工作原理

为了更好地存放程序和数据，存储器通常被分为许多等长的存储单元，每个单元可以存放一个适当单位的信息。全部存储单元按一定顺序编号，这个编号被称为存储单元的地址，简称地址。存储单元与地址的关系是一一对应的。应注意存储单元的地址和它里面存放的内容完全是两回事。

3. 存取速度

存取速度就是向存储器储存数据和从存储器中读取数据的速度，这个速度越快，等待的时间就越短。不同存储器存取速度的排序为 CPU > Cache > RAM > ROM > 硬盘 > 光盘 > 软盘。

1.（2021年多项选择题）计算机重启后数据会丢失的有＿＿＿＿＿＿。

A. 只读存储器　　　　　　　　B. 随机存储器

C. 剪贴板　　　　　　　　　　D. 回收站

【答案】BC

【解析】只读存储器（ROM）中的信息由厂家确定，一般用来存放基本输入输出系统（BIOS）等。通常只能读取而不能写入，断电后信息不会丢失。回收站属于硬盘上的一个特殊文件夹，其中的内容断电后不会丢失。

2.（2018年单项选择题）下列属于存储器且断电后信息全部丢失的是＿＿＿＿＿＿。

A. ROM　　　　　B. EPROM　　　　　C. RAM　　　　　D. CD-ROM

【答案】C

【解析】RAM是指随机存储器，断电后其中的内容会丢失。EPROM就是Erasable Programmable Read Only Memory，中文含义为"可擦除可编程只读存储器"。它是一种可重写的存储器芯片，被广泛用作需要经常擦除的BIOS芯片及闪存芯片，其内容在断电的时候不会丢失。CD-ROM是只读光盘，是一种外存储器，其中的信息断电后不会丢失。

3.（2016年多项选择题）下列说法中，哪两句是不正确的＿＿＿＿＿＿。

A. ROM是只读存储器，其中的内容只能读取一次，下次再读取就读不出来了

B. 硬盘通常安装在主机箱内，所以硬盘属于内存

C. CPU不能直接与外存打交道

D. 计算机突然停电，则RAM中的数据会全部丢失

【答案】AB

【解析】ROM是只读存储器，通常只能读取而不能写入，而不是只能读取一次。硬盘不能和CPU直接交换信息，属于外存。

4.（2016年填空题）内存中的每一个存储单元都被赋予一个唯一的序号，该序号称为＿＿＿＿＿＿。

【答案】存储单元的地址

【解析】每个存储单元的位置都有一个地址编号，地址编号与存储内容无关，是存储器中一系列连续的编码。

考点16　计算机软件系统

1. 程序和软件

计算机系统层次结构如图1-7所示。计算机软件是指能指示计算机完成任务的程序、相关数据，以及开发、使用和维护程序所需要的相关文档的集合。解决某一种具体问题的

指令序列称为程序；数据是程序处理的对象；文档则是对程序的解释和说明。

2. 计算机软件系统的组成

计算机软件系统是运行、管理和维护计算机的各种软件的总称，它由系统软件和应用软件两个部分组成。系统软件一般由软件厂商提供，应用软件是为解决某一问题而由用户或软件公司开发的。

1）系统软件

系统软件是指那些服务于计算机本身的软件，它主要包括操作系统、语言处理程序、数据库管理系统、支撑服务软件（系统支撑和服务程序）等。

（1）操作系统（OS）

操作系统用来控制计算机整体运行，管理计算机资源并为用户使用计算机提供帮助，是用户和计算机硬件系统之间的接口，同时也是计算机硬件和其他软件的接口，是必不可少的系统软件。

Microsoft Windows、MacOS、Linux 和 UNIX 等都是当今流行的操作系统。近年来，各种手持计算机（或称为手持移动设备，如智能手机、平板电脑等）及在家电和汽车中所使用的嵌入式计算机开始成为时尚，涌现了以 Android、iOS 代表的操作系统。

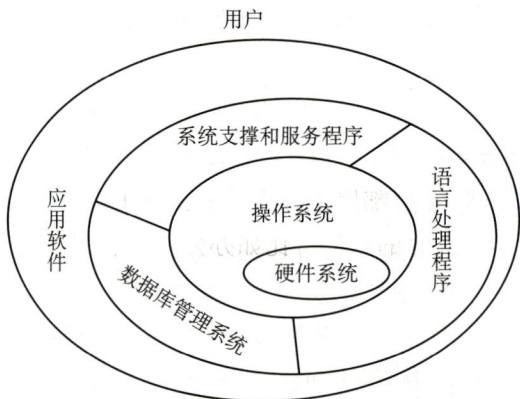

图 1-7　计算机系统层次结构

（2）语言处理程序

因为计算机只能执行二进制的指令，所以用各种程序设计语言编写的源程序必须转换成二进制的指令后才能被计算机执行。完成源程序到 0、1 代码组成的二进制指令的转换的过程称为翻译。我们把具有翻译功能的程序称为翻译程序。目前有三种翻译程序：汇编程序、编译程序、解释程序。

（3）系统支撑和服务程序

系统支撑和服务程序是指为了帮助用户使用与维护计算机，提供服务性手段，支持其他软件开发而编制的一类程序。例如，系统诊断程序、调试程序、排错程序、编辑程序、查杀病毒程序等，都是为维护计算机系统的正常运行或支持系统开发所配置的软件系统。

（4）数据库管理系统

数据库管理系统主要用来建立存储各种数据资料的数据库，并进行操作和维护。常用的数据库管理系统有 FoxPro、FoxBASE+、Access、Oracle、DB2、Sybase、SQL Server 等，它们都是关系型数据库管理系统。

2）应用软件

应用软件是为解决实际问题而编写的软件，具有很强的实用性和针对性。常见的应用软件见表 1-17。

表 1-17　常见的应用软件

分类	常见应用软件
文字处理类	记事本、写字板、WPS、office 2010
文字输入类	智能 ABC、微软拼音、搜狗拼音
网页浏览类	IE、火狐浏览器、谷歌浏览器、360 浏览器
解压缩类	WinRAR、WinZip
媒体播放类	暴风影音、迅雷看看
图片处理类	光影魔术手、PhotoShop、美图秀秀

1.（2023 年多项选择题）下列软件中，属于应用软件的是_____。

A. 鸿蒙操作系统　　　　B. 微信　　　　　　　　C. 支付宝　　　　　　　D. Linux

【答案】BC

【解析】系统软件主要包括操作系统、语言处理程序、系统支撑和服务程序、数据库管理系统等。选项 A 和 D 都属于操作系统，属于系统软件。应用软件是为解决计算机各类应用问题而编写的软件。比如办公软件、图形处理软件、通信软件等，选项 B 和 C 属于应用软件。

2.（2021 年多项选择题）下列属于系统软件的有_____。

A. Linux　　　　　　　B. PhotoShop　　　　　C. WPS　　　　　　　　D. DOS

【答案】AD

【解析】Linux 和 DOS 都是操作系统，属于系统软件。

3.（2019 年单项选择题）下列不属于系统软件的是_____。

A. 数据库管理系统　　　　　　　　　　　B. 操作系统

C. 程序语言处理系统　　　　　　　　　　D. 电子表格处理软件

【答案】D

【解析】电子表格处理软件属于典型的应用软件。

4.（2019 年单项选择题）计算机软件系统中，最核心的软件是_____。

A. 操作系统　　　　　　　　　　　　　　B. 数据库管理系统

C. 语言处理程序　　　　　　　　　　　　D. 诊断程序

【答案】A

【解析】操作系统是管理和控制计算机硬件与软件资源的计算机程序，是直接运行在"裸机"上的最基本的系统软件，任何其他软件都必须在操作系统的支持下才能运行。

1. 主频

主频即时钟频率，是指计算机 CPU 在单位时间内发出的脉冲数，它在很大程度上决定了计算机的运算速度。主频的基本单位是赫兹（Hz），目前使用的主要单位是 GHz。现在个人计算机和高端智能手机的 CPU 的主频都在 1GHz ～ 4GHz 之间。

2. 字长

字长是指计算机的运算部件能同时处理的二进制数据的位数，它与计算机的功能和用途有很大的关系。字长越长，计算机运算速度越快，运算精度越高，功能就越强。现在的计算机字长大多是 32 位或 64 位，也有 128 位或更大字长。

3. 内核数

CPU 内核数指 CPU 内执行指令的运算器和控制器的数量。所谓多核处理器，简单地说就是在一块 CPU 基板上集成两个或两个以上的处理器，并通过并行总线将各处理器连接起来。多核处理技术的推出，大大地提高了 CPU 的多任务处理性能，并已成为市场的主流。

4. 内存容量

内存容量是指内存储器中能存储信息的总字节数。一般来说，内存容量越大，计算机的处理速度越快。随着更高性能的操作系统的推出，计算机的内存容量会继续增加。我们平常所说的内存容量指的是 RAM 的容量，而不包括 ROM 的容量。

5. 运算速度

运算速度是指单位时间内执行的计算机指令数。

运算速度的单位有 MIPS（Million Instructions Per Second，每秒 10^6 条指令）和 BIPS（Billion Instructions Per Second，每秒 10^9 条指令）。

6. 存取周期（存储周期）

存储器进行一次"读"或"写"操作所需的时间称为存储器的访问时间（或读写时间），而连续进行两次独立的"读"或"写"操作（如连续的两次"读"操作）所需的最短时间，称为存取周期（或存储周期）。

影响机器运算速度的因素很多，一般来说，主频越高，运算速度越快；字长越长，运算速度越快；内存容量越大，运算速度越快；存取周期越小，运算速度越快。

衡量一台计算机系统的性能指标很多，除了上面列举的主要指标外，还应该考虑机器的兼容性（包括数据和文件的兼容、程序兼容、系统兼容和设备兼容）、系统的可靠性（平均无故障工作时间 MTBF）、系统的可维护性（平均修复时间 MTTR）等。

另外，性能价格比也是一项综合性的评价计算机性能的指标。

1. （2023年多项选择题）下列选项中，可以用于衡量计算机性能的有＿＿＿＿＿。

A. 主频　　　　　　B. 进制　　　　　　C. 内核数　　　　　　D. 运算速度

【答案】ACD

【解析】计算机的性能指标主要有主频、字长、内核数、内存容量、运算速度等。

（1）主频。主频即时钟频率，是指计算机CPU在单位时间内发出的脉冲数，它在很大程度上决定了计算机的运算速度。

（2）字长。字长是指计算机的运算部件能同时处理的二进制数据的位数。字长越长，计算机运算速度越快，运算精度越高，功能就越强。

（3）内核数。所谓多核处理器，简单地说就是在一块CPU基板上集成两个或两个以上的处理器，并通过并行总线将各处理器连接起来。多核处理技术的推出，大大地提高了CPU的多任务处理性能。

（4）内存容量。内存容量是指内存储器中能存储信息的总字节数。一般来说，内存容量越大，计算机的处理速度越快。我们平常所说的内存容量指的是RAM的容量，而不包括ROM的容量。

（5）运算速度。运算速度是指单位时间内执行的计算机指令数，单位有MIPS和BIPS。

2. （2022年判断题）BIPS是描述计算机存储容量的指标。

A. 正确　　　　　　　　　　　　B. 错误

【答案】B

【解析】BIPS是描述运算速度的单位。1BIPS表示每秒钟执行10^9条指令。

3. （2019年多项选择题）下列选项中，属于计算机主要性能指标的有＿＿＿＿＿。

A. 运算速度　　　　　　　　　　B. 内存容量

C. 能配备的设备数　　　　　　　D. 接口数

【答案】AB

【解析】计算机的主要性能指标有主频、内核数、字长、内存容量、运算速度和存取周期。

4. （2019年填空题）＿＿＿＿＿＿表示CPU每次处理数据的能力，常见有32位CPU、64位CPU。

【答案】字长

【解析】CPU的字长表示CPU每次处理数据的能力，其总是以8的倍数为单位，如16位、32位、64位等。

5. （2018年单项选择题）计算机的主频是指＿＿＿＿＿。

A. 硬盘的读写速度　　　　　　　B. 显示器的刷新速度

C. CPU的时钟频率　　　　　　　D. 内存的读写速度

【答案】C

【解析】主频即时钟频率，是指计算机CPU在单位时间内发出的脉冲数。

1. 微处理器

微型计算机的 CPU 也称"微处理器"（见图 1-8），是将运算器、控制器和高速缓冲存储器集成在一起的超大规模集成电路芯片，是计算机的核心部件。在计算机系统中，微处理器的发展速度是最快的，其集成电路芯片上所集成的电路的数量，每隔 18 个月就翻一番，这就是著名的摩尔定律。目前，微处理的生产厂家主要有 Intel 公司、AMD 公司等。

图 1-8　微型计算机的 CPU

2. 计算机常见总线标准

总线（Bus）是计算机各种功能部件之间传送信息的公共通信干线，它是由导线组成的传输线束。微型计算机总线结构如图 1-9 所示。按照计算机所传输的信息种类，计算机的总线可以分为数据总线、地址总线和控制总线，分别用来传输数据、数据地址和控制信号。

地址总线是计算机用来传送地址信息的信号线。地址总线的位数决定了 CPU 可以直接寻址的内存空间的大小。因为地址总是从 CPU 发出的，地址总线是单向的。

数据总线是 CPU 用来传送数据信息的信号线。数据总线是双向总线，即数据既可以从 CPU 传送到其他部件，也可以从其他部件传送给 CPU。

控制总线是用来传送控制信号的一组总线。这组信号线比较复杂，由它来实现 CPU 对外部功能部件（包括存储器和 I/O 接口）的控制及接收外部传送给 CPU 的状态信号，不同的微处理器采用不同的控制信号。

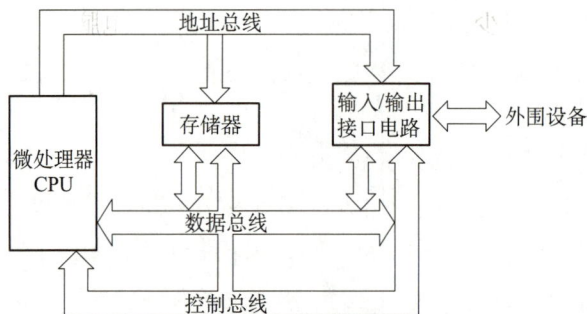

图 1-9　微型计算机总线结构

3. 主板

主板也称母板，是微型计算机中最大的一块集成电路板，也是其他部件和设备的连接载体。CPU、内存条、显卡等部件通过插槽（或插座）安装在主板上，硬盘、光驱等外部设备在主板上也有各自的接口，有些主板甚至还集成了声卡、显卡、网卡等部件。在微型计算机中，所有的部件和设备通过主板有机连接起来，构成完整的系统。

主板（见图 1-10）主要由下列两部分组成。

①芯片。主要有芯片组、BIOS 芯片、集成芯片（如声卡、网卡）等。

②插槽 / 接口。主要有 CPU 插座、内存条插槽、PCI 插槽、SATA 接口、USB 接口、音频接口、HDMI 接口等。

图 1-10　主板

4. 显示系统

显示系统是微型计算机最基本，也是必备的输出设备，计算机显示系统由显示器（监视器）和显示卡（显示适配器）组成。

（1）显示器

显示器通常也被称为监视器。它可以分为 CRT、LCD 等多种类型。显示器是一种将一定格式的电子文件通过特定的传输设备显示到屏幕上再反射到人眼的显示工具。

阴极射线管（CRT）显示器，多用于台式计算机。液晶（LCD）显示器，一般体积小、重量轻、功耗小、辐射少，主要用于移动 PC 和笔记本电脑。

显示系统的特性主要用分辨率、颜色质量和刷新速度等指标来衡量。

分辨率是指单位面积显示像素的数量。液晶显示器的物理分辨率是固定不变的，对于 CRT 显示器而言，只要调整电子束的偏转电压，就可以得到不同的分辨率。每帧的线数和每线的点数的乘积（整个屏幕上像素的数目（列 × 行））就是显示器的分辨率，该乘积越大，分辨率就越高，是衡量显示器的一个常用指标。如某显示器的水平方向可排列 640 个像素，垂直方向可排列 480 个像素。这时，则称该种显示器的分辨率为 640×480。常用的分辨率有 640×480、1024×768、1280×1024 等。

颜色质量是指在某一分辨率下，每一个像素点可以由多少种色彩来描述，它的单位是位（bit）。

具体地说，8 位所能表示的颜色数最多是 256 种（00000000、00000001、11100001 等各表示一种颜色，即 2^8 个不同二进制数），每一个像素点就可以取这 256 种颜色中的一种来描述。

（2）显示卡

显示卡又称显示适配器或显卡，它是插在微型计算机主机箱内扩展槽上的一块电路板，显卡在显示驱动程序的控制下，负责接收 CPU 输出的显示数据，按照显示格式进行变换并存储在显存中，再把显存中的数据按照显示器要求的方式输出到显示器。

5. 打印机

打印机（见图 1-11）是计算机的输出设备之一，用于将计算机处理结果打印在相关介质上。

一般把打印机分为针式打印机（又称点阵式打印机，属于击打式打印机）、喷墨打印机和激光打印机（非击打式打印机）

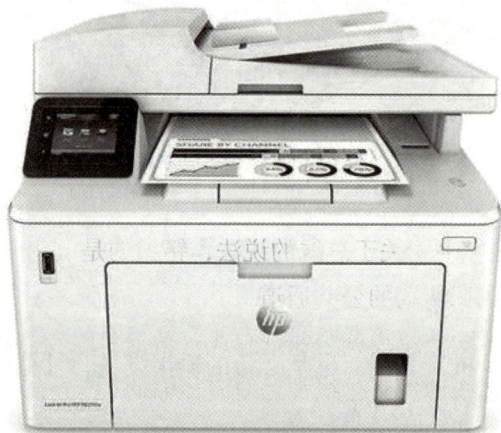

图 1-11　打印机

针式打印机的主要耗材为色带，价格便宜但分辨率低，在复写打印方面占有较大优势。目前针式打印机主要应用于银行、税务、商店等的票据打印。

喷墨打印机可分黑白和彩色两类，耗材主要为墨水，打印效果较好，虽然打印机价格低廉，但品牌打印机的墨水价格较高，所以说"买着便宜用着贵"，适于家用。

激光打印机也分为黑白和彩色两类，耗材主要为炭粉。

以上几种打印机中，激光打印机的打印速度最快，效果最好，关键元件为硒鼓。彩色激光打印机最为昂贵。

6. 声音系统

声音系统的硬件主要包括声卡、麦克风和音响等。麦克风的作用是将声波转换为电信号，然后由声卡进行数字化。声卡（见图 1-12）既负责音频信号的获取，也负责音频信号的重建，它控制并完成声音的输入与输出。声卡主要功能包括音频信号的获取与数字化、音频信号的重建与播放、MIDI 声音的输入、MIDI 声音的合成与播放等。随着 PC 主板技术的发展及 CPU 性能的提高，为了降低整机成本，缩小机器体积，现在大多数中低档声卡几乎都已经集成在主板上。平时人们所说的"声卡"，指的多半是这种"集成声卡"，只有少数专业用的高档声卡才制作成独立的插卡形式。

图 1-12　声卡

真题再现

1.（2022 年单项选择题）下列关于总线的说法，错误的是＿＿＿＿＿。
  A. 总线是计算机中数据传输的公共通道
  B. 按照传输信号的不同，总线分为地址总线、数据总线和控制总线
  C. 地址总线、数据总线和控制总线都是双向传输的
  D. 总线的数据传输方式包括串行和并行
  【答案】C
  【解析】数据总是双向传输的总线，既可以把 CPU 的数据传送到存储器或 I/O 接口等其他部件，也可以将其他部件的数据传送到 CPU。地址总线是专门用来传送地址的，由于地址只能从 CPU 传向外部存储器或 I/O 接口，所以地址总线总是单向传输的。控制总线的传送方向由具体控制信号而定，一般是双向传输。

2.（2021 年填空题）计算机各功能部件之间传递信息的公共通信干线称为＿＿＿＿＿。
  【答案】总线或 Bus
  【解析】总线（Bus）是计算机各种功能部件之间传送信息的公共通信干线，它是由导线组成的传输线束，按照计算机所传输的信息种类，计算机的总线可以划分为数据总线、地址总线和控制总线，分别用来传输数据、数据地址和控制信号。

Part II 实战训练

一、单项选择题（在每小题列出的四个备选项中只有一个是符合题目要求的）

1.（考点1）关于计算机中的数据，不正确的是_____。

　　A. 数据分为数值型数据和非数值型数据

　　B. 信息的符号化就是数据

　　C. 音频、视频等不是数据

　　D. 数据包括文字、声音、图像、视频等，是信息的具体形式

2.（考点5）关于电子计算机的主要特点，以下论述错误的是_____。

　　A. 具有记忆与逻辑判断功能　　　　　　　　B. 处理速度快

　　C. 运行需人工干预不能自动连续　　　　　　D. 运算精度高

3.（考点3、4）关于计算机的发展过程，正确的有_____。

　　A. 世界上第一台电子计算机ENIAC诞生于1946年

　　B. 布尔最先提出了通用数字计算机的基本设计思想

　　C. 按照计算机的规模，人们把计算机的发展过程划分为四个阶段

　　D. 计算机诞生后不久，就迅速地应用于社会生活的各个领域

4.（考点13）目前计算机仍采用"存储程序"工作原理，该原理的提出者是_____。

　　A. 约翰·莫克利　　　　　　　　　　　　　B. 查尔斯·巴贝奇

　　C. 图灵　　　　　　　　　　　　　　　　　D. 冯·诺依曼

5.（附加题）一般用高级语言编写的应用程序称为_____。

　　A. 编译程序　　　　　　　　　　　　　　　B. 编辑程序

　　C. 连接程序　　　　　　　　　　　　　　　D. 源程序

6.（考点2）"信息高速公路"是指_____。

　　A. 邮政信件高速传递网

　　B. 采用数字程控交换机的电话通信网

　　C. 高速度、大容量、多媒体的信息传输干线

　　D. 传真通信网

7.（附加题）计算机能够直接识别和处理的语言是_____。

　　A. 汇编语言　　　　　　　　　　　　　　　B. 机器语言

　　C. C语言　　　　　　　　　　　　　　　　D. BASIC语言

8.（考点9）计算机进行数据存储的基本单位是_____。

　　A. 二进制位　　　　B. 字节　　　　C. 字　　　　D. 字长

9.（考点18）显示器分辨率是衡量显示器性能的一个重要指标，它指的是整屏可显示多少_____。

　　A. 颜色　　　　B. ASCII字符　　　　C. 中文字符　　　　D. 像素

10.（考点 4）目前，制造计算机所用的主要电子元件是_____。

    A. 电子管
    B. 晶体管

    C. 中小规模集成电路
    D. 大规模或超大规模集成电路

11.（考点 14）一个完整的计算机系统应包括_____。

    A. 主机、键盘、显示器、软盘
    B. 计算机及外部设备

    C. 系统硬件和系统软件
    D. 硬件系统和软件系统

12.（考点 14）指挥协调计算机工作的设备是_____。

    A. 输入设备
    B. 存储器
    C. 输出设备
    D. 控制器

13.（考点 7）将八进制数 670 转换为二进制数为_____。

    A. 110101011
    B. 101111000
    C. 110111000
    D. 110110000

14.（考点 16）操作系统是_____的接口。

    A. 软件和程序
    B. 计算机和外设

    C. 用户和计算机
    D. 高级语言与机器语言

15.（考点 9）计算机的存储器的容量是以 KB 为单位的，这里 1KB 表示_____。

    A. 100 个字节
    B. 1024 个字节

    C. 1000 个二进制信息位
    D. 1024 个二进制位

16.（考点 15）RAM 具有的特点是_____。

    A. 存储在其上的数据不能改写
    B. 存储在其上的信息可以永久保存

    C. 存储在其上的信息断电后将全部消失
    D. 海量存储

17.（考点 7）十进制数 68 转换成二进制数是_____。

    A. 1010000
    B. 1000101
    C. 1000100
    D. 1000001

18.（考点 17）16 位微型计算机中的"16"指的是_____。

    A. 微机型号
    B. 机器字长
    C. 内存容量
    D. 存储单位

19.（考点 7）二进制数 101101.11 对应的八进制数为_____。

    A. 61.6
    B. 61.3
    C. 55.3
    D. 55.6

20.（考点 9）计算机系统中，"位（bit）"的描述性定义是_____。

    A. 计算机系统中，在存储、传送或操作时，作为一个单元的一组字符或一组二进制位

    B. 度量信息的最小单位，是一位二进制位所包含的信息量

    C. 进位计数制中的"位"，也就是"凑够"多少个"1"就进一位的意思

    D. 通常用 8 位二进制位组成，可代表一个数字、一个字母或一个特殊符号，也常用来度量计算机存储容量的大小

21.（考点 4）我们一般根据_____将计算机的发展分为四个阶段。

    A. 体积的大小
    B. 速度的快慢

    C. 价格的高低
    D. 使用元器件的不同

22.（考点 7）二进制数 11011011 转换成十进制数为_____。

    A. 218
    B. 220
    C. 219
    D. 192

23.（考点 15）将一张软盘设置写保护后，则对该软盘来说，下列说法正确的是_____。

    A. 不能读出盘上的信息，也不能将信息写入这张盘

    B. 能读出盘上的信息，但不能将信息写入这张盘

    C. 能读出盘上的信息，也能将信息写入这张盘

    D. 不能读出盘上的信息，但能将信息写入这张盘

单选-23讲解

24.（考点 14）下列设备中，属于计算机外部设备的是_____。

    A. 控制器　　　　　B. 运算器　　　　　C. 主存储器　　　　　D. CD—ROM

25.（考点 7）十进制数 59.125 转换成八进制数是_____。

    A. 73.1　　　　　B. 75.1　　　　　C. 79.125　　　　　D. 73.12

26.（考点 6）"一线联五洲""地球村"是计算机在_____方面的应用。

    A. 人工智能　　　　B. 网络与通信　　　　C. 信息管理　　　　D. 科学计算

27.（考点 3）第一台真正意义上的电子计算机 ENIAC 于 1946 年 2 月在_____正式投入运行。

    A. 法国　　　　　B. 英国　　　　　C. 美国　　　　　D. 瑞士

28.（考点 9）在计算机领域中，通常用英文单词"Byte"表示_____。

    A. 字　　　　　B. 字长　　　　　C. 二进制位　　　　　D. 字节

29.（考点 14）对 CPU 的描述不正确的是_____。

    A. CPU 主要包括存储器和控制器

    B. 计算机的性能主要取决于 CPU

    C. CPU 用来解释和执行计算机的指令

    D. CPU 是计算机硬件的核心，控制整个计算机系统的操作

30.（考点 4）电子计算机的发展已经历了 4 代，第二代计算机采用的主要逻辑部件是_____。

    A. 电子管　　　　　B. 真空管　　　　　C. 晶体管　　　　　D. 光电管

31.（考点 7）与十六进制数 AD 等值的二进制数是_____。

    A.10101010　　　　B.10101110　　　　C.10101111　　　　D.10101101

32.（考点 6）微型计算机中使用的学生档案管理系统，属于下列计算机应用中的_____。

    A. 人工智能　　　　B. 过程控制　　　　C. 科学计算　　　　D. 信息管理

33.（考点 16）系统软件中最重要的是_____。

    A. 数据库管理系统　　　　　　　　B. 语言处理程序

    C. 工具软件　　　　　　　　　　　D. 操作系统

34.（考点 14）扫描仪属于_____。

    A.CPU　　　　　B. 存储器　　　　　C. 输入设备　　　　　D. 输出设备

35.（考点 5）同一台计算机，安装不同的应用软件或连接到不同的设备，就可完成不同的任务，这是指计算机具有_____。

    A. 高速运算能力　　　B. 自动控制能力　　　C. 逻辑判断能力　　　D. 通用性

36.（附加题）为方便记忆、阅读和编程，把机器语言进行符号化，相应的语言
称为_____。

  A. 高级语言   B. 汇编语言   C. C 语言   D. VB 语言

37.（附加题）在计算机中设有某进制数2+7=10，根据这个运算规则，那么4+8=_____。

  A. 14   B. 13   C. 12   D. 11

38.（考点12）用户通过键盘输入的汉字编码被称为_____。

  A. 输入码   B. 国标码   C. 字形码   D. 区位码

39.（考点18、9、16、13）下列叙述中，错误的是_____。

  A. 微型计算机由 CPU 和输入 / 输出设备两部分组成

  B. CPU 通过数据总线一次存取、加工和传送的数据称为字

  C. 软件由程序、数据及有关的文档所组成

  D. 计算机的指令和数据都可以统一存储在存储器中

单选-37讲解

40.（考点15）在下列存储器中，只能读取，不能写入的是_____。

  A. 磁带   B. 软磁盘   C. 硬磁盘   D. ROM

41.（考点5）计算机的分类方法有多种，按照计算机的性能、用途和价格分，台式机和便
携机属于_____。

  A. 巨型计算机 B. 大型计算机 C. 小型计算机 D. 微型计算机

42.（考点6）计算机当前的应用领域广泛，但据统计其应用最广泛的领域是_____。

  A. 信息管理 B. 科学计算   C. 辅助设计   D. 人工智能

43.（考点7）按照数的进位制概念，下列各数中正确的八进制数是_____。

  A. 8707   B. 1101   C. 4109   D. 10BF

44.（考点6）在计算机的应用领域中，计算机辅助设计指的是_____。

  A. CAM   B. CAI   C. CAT   D. CAD

45.（附加题）若在一个非零的无符号二进制整数右边加两个零形成一个新的数，则其数
值是原数值的_____。

  A. 四倍   B. 二倍   C. 四分之一   D. 二分之一

46.（考点4）未来计算机的发展趋势，不包括_____。

  A. 巨型化   B. 自动化   C. 智能化   D. 网络化

47.（考点18）下列关于微型计算机的叙述正确的是_____。

  A. 键盘是输入设备，打印机是输出设备，它们都是计算机的外部设备

  B. 当显示器显示键盘输入的字符时，它属于输入设备；当显示器显示程序的运行结果
时，它属于输出设备

  C. 通常的彩色显示器都有 7 种颜色

  D. 打印机只能打印字符和表格，不能打印图形

单选-45讲解

48.（考点6）在下列计算机应用领域中，属于科学计算应用领域的是_____。

  A. 专家系统   B. 气象预报

C. 文字编辑系统   D. 运输行李调度

49. （考点 11）以下字符中，ASCII 码值最大的是_____。

    A. 字符 9   B. 字符 A   C. 空格   D. 字符 m

50. （考点 6）计算机辅助系统是计算机的一个主要应用领域，其中 CMI 的全称是_____。

    A. 计算机辅助设计   B. 计算机辅助制造

    C. 计算机管理教学   D. 计算机辅助测试

51. （考点 7）下列数据中，最小数是_____。

    A. 10111100B   B. 162O   C. 264   D. CDH

52. （考点 7）在计算机内，一切信息存取、传输都是以_____形式进行的。

    A. BCD 码   B. 二进制   C. 十六进制   D. ASCII 码

53. （考点 7）最大的 10 位无符号二进制整数转换成十进制数是_____。

    A. 511   B. 512   C. 1023   D. 1024

54. （考点 15）下列有关存储器的叙述中，正确的是_____。

    A. 内存储器不能与 CPU 直接交换数据

    B. 计算机断电后，ROM 中的信息将全部消失

    C. 计算机断电后，U 盘中的信息将全部消失

    D. 外存储器不能与 CPU 直接交换数据

55. （考点 7）某编码方案用 10 位二进制数进行编码，最多可编_____个码。

    A. 1000   B. 10   C. 1024   D. 256

56. （考点 12）国标码 GB2312—1980，也称为汉字的_____。

    A. 交换码   B. 机内码   C. 字形码   D. 输入码

57. （考点 8）二进制数 00100100 和 00010101 的和是_____。

    A. 00101000   B. 001010100   C. 01000101   D. 00111001

58. （考点 9）字长是 CPU 的主要技术性能指标之一，它表示的是_____。

    A. CPU 的计算结果的有效数字长度

    B. CPU 一次能处理的二进制数据的位数

    C. CPU 能表示的最大的有效数字位数

    D. CPU 能表示的十进制整数的位数

59. （考点 11）在计算机存储器中，存储英文字母"A"时，存储的是它的_____。

    A. 输入码   B. ASCII 码   C. 输出码   D. 字形码

60. （考点 7）若要表示 0～999 中的任意一个十进制数，最少需_____位二进制数。

    A. 6   B. 8   C. 10   D. 12

61. （考点 14）CPU 是由_____组成的。

    A. 存储器和控制器   B. 控制器、运算器和存储器

    C. 控制器和运算器   D. 运算器和存储器

62. （考点 7）二进制数 110101 中，右起第五位数字是"1"，它的权值是十进制数_____。

    A. 64   B. 32   C. 16   D. 8

63. （考点 11）已知字符 "H" 的 ASCII 码的二进制值是 1001000，如果某字符的 ASCII 码的十进制值为 71，那么这个字符是_____。

    A. J   B. F   C. G   D. I

64. （考点 13）组成计算机指令的两个部分是_____。

    A. 数据和字符   B. 操作码和地址码

    C. 运算符和运算数   D. 运算符和运算结果

单选–63讲解

65. （附加题）在 PC 机中，PENTIUM（奔腾）、酷睿、赛扬等是指_____。

    A. 生产厂家的名称   B. 硬盘的型号

    C. CPU 的型号   D. 显示器的型号

66. （考点 11）已知英文字符 "d" 的 ASCII 码值是 100，英文字母 "D" 的 ASCII 码值是_____。

    A. 84   B. 68   C. 52   D. 32

67. （考点 18）按照总线上传输信息类型的不同，总线可分为多种类型，以下不属于总线的是_____。

    A. 交换总线   B. 数据总线   C. 地址总线   D. 控制总线

68. （考点 8）执行逻辑或运算 10101010 OR 01001010，其结果是_____。

    A. 11110100   B. 11101010   C. 10001010   D. 11100000

69. （考点 9）计算机处理数据时，CPU 通过数据总线一次存取、加工和传送的数据称为_____。

    A. 字   B. 位   C. 字节   D. 字长

70. （考点 12）计算机内，存储一个汉字占_____字节。

    A. 1 个   B. 2 个   C. 4 个   D. 8 个

71. （考点 13、14）计算机硬件的五大基本构件包括运算器、存储器、输入设备、输出设备和_____。

    A. 显示器   B. 控制器   C. 硬盘存储器   D. 鼠标器

72. （考点 12）设一个汉字的点阵为 24×24，则 600 个汉字的点阵所占用的字节数是_____。

    A. 400×600   B. 72×600   C. 192×600   D. 576×600

73. （考点 18）微型计算机中的中央处理器又称为_____。

    A. 控制器   B. 微处理器   C. 主机   D. 运算器

74. （考点 14）在微型计算机的各种设备中，既用于输入又可用于输出的设备是_____。

    A. 磁盘驱动器   B. 键盘   C. 鼠标   D. 绘图仪

75. （考点 11）7 位二进制编码的 ASCII 码可表示的字符个数为_____。

    A. 127   B. 255   C. 256   D. 128

76. （考点 15）以下关于 CPU 缓存（Cache）的说法不正确的是_____。

    A. CPU 缓存的作用是存储一些常用的或即将用到的数据或指令

B. CPU 缓存的读写速度比内存快

C. CPU 缓存的容量比内存大、价格比内存高

D. CPU 缓存能提高 CPU 对指令的处理速度

单选–77 讲解

77. （附加题）某种计算机内存地址为 00000H 至 7FFFFH，其存储容量为_____。

    A. 512KB   B. 128KB   C. 4MB   D. 2MB

78. （考点 12）下列汉字输入方法中，没有重码的是_____输入法。

    A. 区位码   B. 智能拼音   C. 五笔字型   D. 微软拼音

79. （考点 14）以下不属于输入设备的是_____。

    A. 光笔   B. 打印机   C. 键盘   D. 鼠标

80. （考点 12）以下关于汉字编码的叙述中，错误的是_____。

    A. 采用矢量法表示汉字时，若两个汉字的笔画和字形不同，则它们的矢量编码一定不同

    B. 采用点阵法表示汉字时，若两个汉字的笔画和字形不同，则它们的点阵信息量一定不同

    C. 汉字的输入、存储和输出采用不同的编码，拼音码属于输入码

    D. 汉字在计算机内存储时，其编码长度不能少于两个字节

81. （考点 15）内存与外存相比，其主要特点是_____。

    A. 能存储大量信息   B. 能长期保存信息

    C. 存取速度快   D. 能同时存储程序和数据

82. （考点 12）计算机系统在打印汉字时，使用汉字的_____。

    A. 机内码   B. 字形码   C. 输入码   D. 国标码

83. （考点 15）光盘是一种已广泛使用的外存储器，英文缩写 CD-ROM 指的是_____。

    A. 只读型光盘   B. 一次写入光盘

    C. 追记型读写光盘   D. 可抹型光盘

84. （考点 9）一片容量为 8GB 的 SD 卡能存储大约_____张大小为 2MB 的数码照片。

    A. 1600   B. 2000   C. 4000   D. 16000

85. （考点 12）国标码与机内码之间的区别是_____。

    A. 在机器内所占存储单元不同

    B. 机内码是 ASCII 码，国标码为非 ASCII 码

    C. 国标码每个字节最高位为 1，机内码每个字节最高位为 1

    D. 机内码每个字节最高位为 1，国标码则为 0

86. （考点 7）对于不同数制之间关系的描述，正确的是_____。

    A. 任意的二进制有限小数，必定也是十进制有限小数

    B. 任意的八进制有限小数，未必也是二进制有限小数

    C. 任意的十六进制有限小数，不一定是十进制有限小数

    D. 任意的十进制有限小数，必然也是八进制有限小数

87. （考点 15）在下列三种存储介质中，读取速度由快到慢的排列顺序为_____。

    A. 高速缓存、随机存储器、硬盘   B. 随机存储器、高速缓存、硬盘

C. 硬盘、高速缓存、随机存储器　　　　　D. 高速缓存、硬盘、随机存储器

88.（考点16）各种应用软件都必须在＿＿＿＿＿＿的支持下运行。

    A. 编程程序　　　　　　　　　　　　　　B. 计算机语言程序

    C. 字处理程序　　　　　　　　　　　　　D. 操作系统

89.（考点14）所谓"裸机"是指＿＿＿＿＿＿。

    A. 单片机　　　　　　　　　　　　　　　B. 单板机

    C. 不装备任何软件的计算机　　　　　　　D. 只装备操作系统的计算机

90.（考点16）下列软件中属于系统软件的是＿＿＿＿＿＿。

    A. 人事管理软件　　　　　　　　　　　　B. Excel 电子表格

    C. Linux　　　　　　　　　　　　　　　　D. IE 浏览器

91.（附加题）下列关于计算机机器语言的叙述，错误的是＿＿＿＿＿＿。

    A. 机器语言是用二进制编码表示的指令集合

    B. 用机器语言编制的某个程序，可以在不同类型的计算机上直接执行

    C. 用机器语言编制的程序难以维护和修改

    D. 用机器语言编制的程序难以理解和记忆

92.（附加题）地址总线的位数决定了CPU可直接寻址的内存空间大小，例如地址总线为16位，其最大的可寻址空间为64KB。如果地址总线是32位，则理论上最大可寻址的内存空间为＿＿＿＿＿＿。

    A. 128KB　　　　　B. 1MB　　　　　　C. 1GB　　　　　　D. 4GB

93.（考点7）下面哪一项不是计算机采用二进制的主要原因＿＿＿＿＿＿。

    A. 二进制只有0和1两个状态，技术上容易实现

    B. 二进制运算规则简单

    C. 二进制数的0和1与逻辑代数的"真"和"假"相吻合，适合于计算机进行逻辑运算

    D. 二进制可与十进制直接进行算术运算

94.（考点9）在计算机领域中，1KB 存储容量最多可以存储的汉字有＿＿＿＿＿＿。

    A. 500 个　　　　　B. 495 个　　　　　C. 512 个　　　　　D. 1024 个

95.（考点18）下列计算机外部设备中，使用"分辨率"作为性能指标的是＿＿＿＿＿＿。

    A. 控制器　　　　　　　　　　　　　　　B. 寄存器

    C. 显示器　　　　　　　　　　　　　　　D. 调制解调器

96.（考点17）若某台微型计算机的参数标识为"Intel 酷睿 i7/2.4GHz/4GB（4GBx1），DDR3L/1TB（5400 转）"，其中参数 2.4GHz 指的是＿＿＿＿＿＿。

    A. 硬盘容量　　　　　　　　　　　　　　B. 内存容量

    C.CPU 的内核数　　　　　　　　　　　　D. CPU 的主频

97.（考点15）微机系统中 BIOS（基本输入输出系统）保存在＿＿＿＿＿＿中。

    A. 主板上的 ROM　　　　　　　　　　　B. 硬盘

    C. 主板上的 RAM　　　　　　　　　　　D. CD-ROM

98.（附加题）以下说法中，错误的是 _____ 。

A. 计算机可直接执行高级语言编写的源程序

B. 编译程序把高级语言源程序全部转换成机器指令并产生目标程序

C. 解释程序不形成目标程序

D. 各种高级语言有其专用的编译或解释程序

99.（附加题）有一个 16KB 的内存储器，用十六进制数对它的地址进行编码，则编号可从 3000H 到 _____ 。

A. 4000H　　　　B. 6FFFH　　　　C. 3FFFH　　　　D. 7000H

100.（附加题）一个算法必须保证它的执行步骤是有限的，即它是能够终止的。这体现了算法特征中的 _____ 。

A. 可行性　　　　B. 确定性　　　　C. 唯一性　　　　D. 有穷性

101.（附加题）已知 R 进制数 165 与十六进制数 A5 相等，那么 R 进制数 85 转换为八进制数为 _____ 。

A. 125　　　　B. 25　　　　C. 85　　　　D. 205

102.（考点 15）下列关于计算机内存储器的说法，正确的是 _____ 。

A. 内存储器可以长期保存信息

B. CPU 不能直接对内存储器进行操作

C. 内存储器包括软盘和硬盘

D. 内存储器中的只读存储器称为 ROM

103.（考点 7、9、12、15）下列叙述中，正确的是 _____ 。

A. 汉字的计算机内码就是汉字输入码

B. 存储器具有记忆功能，其中的信息任何时候都不会丢失

C. 所有十进制小数都能准确地转换为有限位二进制小数

D. 计算机中用 0 表示正

104.（考点 18）CRT 显示器代表 _____ 。

A. 阴极射线管显示器　　　　　　　　B. 液晶显示器

C. 等离子显示器　　　　　　　　　　D. 中央处理器

105.（考点 17）下列选项中衡量计算机运算速度的单位是 _____ 。

A. MHz　　　　B. MIPS　　　　C. Mbps　　　　D. KB/S

二、多项选择题（在每小题给出的四个备选项中至少有两个是符合题目要求的）

1.（考点 14）下列全部属于输入设备的是 _____ 。

A. 音箱、喷墨打印机　　　　　　　　B. 摄像头、条形码阅读器

C. U 盘、数码相机　　　　　　　　　D. 扫描仪、键盘

2.（附加题）下列程序设计语言中，属于高级语言的有 _____ 。

A. C 语言　　　　B. Basic 语言　　　　C. Java 语言　　　　D. 汇编语言

3.（考点 4）计算机发展过程按使用的电子器件可划分为四代，其中第二代和第三代计

算机使用的器件分别为_____。

  A. 电子管   B. 晶体管

  C. 中小规模集成电路   D. 大规模或超大规模集成电路

4.（考点 15）下列存储器，断电后信息将会丢失的是_____。

  A. U 盘   B. RAM   C. CD-ROM   D. Cache

5.（考点 7）在下列不同进制的数中，其数值与十进制数 43.75 相等的是_____。

  A. A3.3H   B. 53.4O

  C. 101011.11B   D. 2B.CH

多选-5讲解

6.（考点 4）当前计算机正在向_____、智能化方向发展。

  A. 巨型化   B. 微型化   C. 网络化   D. 多样化

7.（考点 18）微处理器是将_____和高速内部缓存集成在一起的超大规模集成电路芯片，是计算机中最重要的核心部件。

  A. 系统总线   B. 控制器   C. 对外接口   D. 运算器

8.（考点 15、16）下列叙述中正确的是_____。

  A. 存储在 ROM 中的信息，断电后不会丢失   B. 操作系统是最主要的系统软件

  C. 硬盘装在主机箱内，因此硬盘属于主存   D. 磁盘驱动器属于外部设备

9.（考点 5、13、4）关于计算机，下列说法不正确的是_____。

  A. 笔记本电脑属于小型计算机

  B. 计算机虽然经过多年的发展，但仍然采用"存储程序"工作原理

  C. 计算机程序必须装载到内存中才能执行

  D. 世界上第一台电子计算机诞生于美国，主要元件是晶体管

10.（考点 16）下列软件中，属于系统软件的是_____。

  A. C++ 编译程序   B. PhotoShop

  C. WPS Office   D. Windows 10

11.（考点 17）下列属于微型计算机主要技术指标的是_____。

  A. 内核数   B. 硬盘容量   C. 字长   D. 时钟频率

12.（考点 9）关于计算机中数据的单位，以下描述正确的是_____。

  A. 一个字由若干个字节组成

  B. 一个字长为 8 位的存储单元可以存放 0 至 256 之间的任意一个无符号整数

  C. 一个二进制位称为比特，通常用大写字母 B 表示

  D. 微型计算机的字长取决于数据总线的宽度

13.（考点 11）下列关于 ASCII 编码的叙述中，错误的是_____。

  A. 一个字符的标准 ASCII 码占一个字节，其最高二进制位为 0

  B. 所有大写英文字母的 ASCII 码值都小于小写英文字母"a"的 ASCII 码值

  C. 每个字符都是可以打印（或显示）的

  D. 标准 ASCII 码表有 256 个不同的字符编码

第一章

计算机基础知识

14.（考点13）冯·诺依曼原理的基本思想是_____。

    A. 存储程序   B. 程序控制

    C. 嵌入式系统   D. 过程控制

15.（考点12）下列关于汉字编码的叙述中，正确的是_____。

    A. 汉字信息交换码指的是国标码

    B. 采用搜狗输入法和智能ABC输入法输入同一个汉字"中"，输入码不同

    C. 采用点阵形式的字形码，点阵规模越小，字形越清晰美观，所占存储空间越小

    D. 汉字和西文字符在计算机内部都是采用二进制进行编码的，即都用ASCII码进行编码

16.（附加题）以下关于计算机程序设计语言的说法中，正确的有_____。

    A. 计算机只能直接执行机器语言程序和汇编语言程序

    B. 高级语言程序的执行速度比低级语言程序慢

    C. 机器语言通用性和可移植性较差

    D. 机器语言和汇编语言合称为低级语言

17.（考点15）下列存储器中属于辅助存储器的是_____。

    A. 软盘   B. RAM   C. CD-ROM   D. U盘

18.（考点3）关于世界上第一台电子计算机，说法正确的是_____。

    A. 世界上第一台电子计算机诞生于1946年，名字叫ENIAC

    B. 世界上第一台电子计算机是由美国研制的

    C. 世界上第一台电子计算机使用的逻辑元件是电子管

    D. 世界上第一台电子计算机采用了"存储程序"工作原理

19.（考点18）显示系统的主要性能指标有_____。

    A. 字长   B. 显示分辨率   C. 刷新速率   D. CPU的主频

20.（考点14）关于计算机硬件系统的组成，说法正确的是_____。

    A. 磁盘驱动器属于主机，CD-ROM属于外设

    B. 键盘和显示器都是计算机的I/O设备

    C. 计算机的运算器可以完成加减乘除运算

    D. 一般情况下ROM中的数据可以改写，但断电后不会丢失

三、判断题

1.（考点17）不同的计算机其字长可能是不相同的。

    A. 正确   B. 错误

2.（考点2）信息技术就是计算机技术。

    A. 正确   B. 错误

3.（考点7）任意一个十进制整数都可以精确转换成二进制数。

    A. 正确   B. 错误

4.（考点18）总线有不同的标准，其速度是不相同的。

    A. 正确   B. 错误

5.（考点 14）在计算机中，用来解析、执行程序中指令的部件是控制器。

    A. 正确   B. 错误

6.（考点 18）计算机的显示系统指的就是显示器。

    A. 正确   B. 错误

7.（考点 18）在微型计算机中，数据总线可以传输地址信息和数据信息。

    A. 正确   B. 错误

8.（考点 11）ASCII 码是一种字符编码标准，它的全称是美国标准信息交换代码，它的每个字符用一个二进制位表示。

    A. 正确   B. 错误

9.（考点 1）任何的数字、符号、字母、汉字在计算机内都是以二进制代码形式存储和处理的。

    A. 正确   B. 错误

10.（考点 16）编译程序会产生目标程序，解释程序不会产生目标程序。

    A. 正确   B. 错误

11.（考点 4）在计算机发展的过程中，人们先后发明的计算机依次是微型机—小型机—大型机—巨型机。

    A. 正确   B. 错误

12.（考点 7）表示十六进制的最大数码是"E"，相当于十进制数的"15"。

    A. 正确   B. 错误

13.（考点 15）微机在使用过程中突然断电，正在编辑的文件即使在此前已经存盘，该文件的所有信息也会全部丢失。

    A. 正确   B. 错误

14.（考点 12）汉字输入码又称外码。

    A. 正确   B. 错误

15.（考点 16）能使计算机完成特定任务的一组有序指令集合称为程序。

    A. 正确   B. 错误

16.（考点 16）应用软件的编制及运行，需要在系统软件的支持下进行。

    A. 正确   B. 错误

17.（考点 12）由于汉字结构复杂，一般用连续的两个字节来表示一个汉字。

    A. 正确   B. 错误

18.（考点 8）逻辑异或运算时，只有当两个逻辑值不相同时，结果才为 1。

    A. 正确   B. 错误

19.（考点 15）将磁盘上的信息调入内存时，信息写入内存储器的是 ROM。

    A. 正确   B. 错误

20.（考点 12）机内码是真正在计算机内部用来存储和处理汉字信息的代码。

    A. 正确   B. 错误

四、填空题

1.（考点 1）从信息科学的角度来看，信息的符号化就是_____。

2.（考点 4）根据计算机采用的主要元器件不同，将计算机的发展分为_____代。

3.（考点 3）第一台电子计算机是 1946 年在美国研制的，该机的英文缩写为_____。

4.（考点 6）计算机应用最广泛的领域是_____。

5.（考点 6）计算机辅助系统中，CBE 是指_____。

6.（考点 7）数制所使用的数码个数称为_____。

7.（考点 7）与二进制数 1111.11 相等的十进制数是_____。

8（考点 9）1TB =_____GB。

9.（考点 16）软件是指使计算机运行所需的_____、数据和有关文档的总和。

10.（考点 15）存储器是由成千上万个"存储单元"构成的，每个存储单元都有唯一的编号，称为_____。

11.（考点 9）计算机存储数据的最小单位是_____。

12.（附加题）8 位二进制数最多能表示_____种不同状态。

13.（考点 9、11）一个 1GB 的硬盘，最多可存放_____个 ASCII 字符。

14.（考点 10）某十进制数在计算机中用 8421 码表示为 011110001001，其值是_____。

15.（考点 9）计算机处理数据时，CPU 通过数据总线一次存取、加工和传送的数据称为_____。

16.（考点 11）已知大写字符 K 的 ASCII 码的十六进制数是 4B，则 ASCII 码的二进制数是 1001000 对应的字符应为_____。

17.（考点 12）设汉字点阵为 32×32，那么 100 个汉字的字形码信息所占的字节数是_____B。

18.（考点 14）一个完整的计算机系统由_____和软件系统两大部分组成，并按照"存储程序"的方式工作。

19.（考点 7）十进制数 100.625 等值于二进制数_____。

20.（考点 14）通常把控制器和运算器合称为_____。

21.（考点 9）一个字节作为一个存储单元，则 64KB 存储的单元个数是_____。

22.（考点 17）微机中的内存一般指_____。

23.（考点 8）对二进制数 10111001 执行逻辑非运算后，其结果是_____。

24.（附加题）高级语言有两类，分别是_____和编译型。

25.（附加题）若在内存首地址为 1000H 的存储空间中连续存储了 1KB 的信息，则其末地址为_____H。

26.（考点 18）_____是微型计算机系统中最大的一块电路板，有时又称为母板或系统板，是一块带有各种插口的大型印制电路板。

27.（考点 8）执行逻辑与运算 10111001 ∧ 11110011，其结果是_____。

28.（考点 18）分辨率简单地说就是屏幕每行每列的_____。

29.（考点 15）介于内存和 CPU 之间的高速小容量存储器称作_____。

30.（附加题）计算机系统唯一能识别的、不需要翻译直接供机器使用的程序设计语言是_____。

31.（附加题）将用汇编语言编制的源程序转换成等价的目标程序的过程称为_____。

32.（考点 7）将二进制数 101101101.111101 转换成十六进制数为_____。

33.（考点 8）执行逻辑或运算 01010100∨10010011，其运算结果是_____。

34.（考点 11）在微型计算机中应用最普遍的字符编码是_____。

35.（考点 14）CPU 的运算器具有逻辑运算和_____功能。

36.（考点 10）带符号整数最高位使用"0""1"表示该数的符号，其中用_____表示负数。

37.（附加题）若编号为 4000H ～ 4FFFH 的地址中，包含的单元数的存储量为_____KB。

38.（考点 18）_____是计算机各功能部件之间传送信息的公共通信干线，它是由导线组成的传输线束。

39.（考点 12）汉字国标码和区位码有如下关系：汉字国标码每个字节的十进制数减去 32，即可得到该汉字的区位码。已知汉字"阿"的国标码为 00110000 00100010，则该字相应的区位码为_____。

40.（考点 11）国际通用的 ASCII 码是 7 位编码，即一个 ASCII 码字符用 1 个字节来存储，其最高位为_____。

41.（考点 6）CAM 是计算机应用的一个重要方面，它是指_____。

42.（考点 4）第四代计算机所使用的元器件是_____。

43.（考点 14）未配置任何软件的计算机叫_____。

44.（考点 7）十进制数 1770.625 对应的八进制数是_____。

45.（附加题）计算机的算法具有有穷性、确定性、_____、_____和_____的性质。

46.（考点 13）指令是指示计算机执行某种操作的命令，它由一串二进制数码组成，这串二进制数码包括操作码和_____两部分。

47.（考点 5）计算机按照用途不同分为通用计算机和_____。

48.（考点 7）二进制数 1101101.11 转换为十六进制数为_____。

49.（考点 16）_____是直接运行在裸机上的最基本的系统软件。

50.（考点 7）十六进制数 2F.D 转换为二进制数为_____。

51.（考点 7）二进制数 1010111.11 转换为八进制数为_____。

52.（考点 7）用 8 位无符号二进制数来表示十进制数，则能表示的最大正整数是_____。

53.（附加题）数据结构和_____是程序最主要的两个方面。

54.（考点 8）二进制减法运算 1010111-0101101 的结果是_____。

55.（考点 16）为解决某一问题而设计的指令序列称为_____。

Part III 参考答案

一、单项选择题

1	2	3	4	5	6	7	8	9	10	11	12	13	14	15
C	C	A	D	D	C	B	B	D	D	D	D	C	C	B
16	17	18	19	20	21	22	23	24	25	26	27	28	29	30
C	C	B	D	B	D	C	B	C	A	B	C	D	A	C
31	32	33	34	35	36	37	38	39	40	41	42	43	44	45
D	D	D	C	D	B	B	A	A	D	D	A	B	D	A
46	47	48	49	50	51	52	53	54	55	56	57	58	59	60
B	A	B	D	C	B	B	C	D	C	A	D	B	B	C
61	62	63	64	65	66	67	68	69	70	71	72	73	74	75
C	C	C	B	C	B	A	B	A	B	B	B	B	A	D
76	77	78	79	80	81	82	83	84	85	86	87	88	89	90
C	A	A	B	B	C	B	A	C	D	A	A	D	C	C
91	92	93	94	95	96	97	98	99	100	101	102	103	104	105
B	D	D	C	C	D	A	A	B	D	A	D	D	A	B

二、多项选择题

1	2	3	4	5	6	7	8	9	10
BCD	ABC	BC	BD	CD	ABC	BD	ABD	AD	AD
11	12	13	14	15	16	17	18	19	20
ACD	AD	CD	AB	AB	BCD	ACD	ABC	BC	BC

三、判断题

1	2	3	4	5	6	7	8	9	10
A	B	A	A	A	B	B	B	A	A
11	12	13	14	15	16	17	18	19	20
B	B	B	A	A	A	B	A	B	A

四、填空题

1. 数据   2. 四   3. ENIAC   4. 信息管理

5. 计算机辅助教育   6. 基数或基   7. 15.75   8. 1024 或 2^{10}

9. 程序   10. 存储单元地址   11. 位或 bit   12. 256

13. 2^{30} 14. 789   15. 字   16. H

17. 12800　　18. 硬件系统　　19. 1100100.101　　20. 中央处理器或 CPU

21. 65536　　22. 随机存储器或 RAM　23. 01000110　　24. 解释型

25. 13FF　　26. 主板　　27. 10110001　　28. 像素数

29. 高速缓冲存储器或 Cache　　30. 机器语言　　31. 汇编

32. 16D.F4　　33. 11010111　　34. ASCII 码　　35. 算术运算

36. 1　　37. 4　　38. 总线　　39. 1602

40. 0　　41. 计算机辅助制造　　42. 大规模或超大规模集成电路

43. 裸机　　44. 3352.5　　45. 可行性、零个或多个输入、至少有一个输出

46. 地址码　　47. 专用计算机　　48. 6D.C　　49. 操作系统

50. 101111.1101　51. 127.6　　52. 255　　53. 算法

54. 0101010　　55. 程序

第二章

算法和程序设计

根据大纲要求，本章需要掌握的主要知识点：

- 计算思维的概念和特征。
- 计算机算法的概念和特征。
- 计算机算法的评价。
- 计算机算法的表示方法和基本控制结构（顺序结构、分支结构、循环结构）。
- 数据结构。
- 典型问题求解策略。
- 面向对象的程序设计的思想与方法。
- 程序设计语言。

重点难点：

- 计算机算法的表示方法。
- 程序设计语言。

Part I 考点直击

考点 1 计算思维

1. 计算思维的概念

科学界一般认为，科学方法分为理论、实验和计算三大类。与三大科学方法相对应的三大科学思维分别是理论思维、实验思维和计算思维，详见表 2-1。

表 2-1 三大科学思维

分类	内容
理论思维	又称逻辑思维，以推理和演绎为特征，以数学学科为代表。定义是理论思维的灵魂，定理和证明是其精髓，公理化方法是其思维方法
实验思维	又称实证思维，以观察和总结自然规律为特征，以物理学为代表。实验思维往往需要借助特定设备获取数据以供分析
计算思维	又称构造思维，以设计和构造为特征，以计算机科学为代表。计算思维研究的目的是提供适当的方法，使人们借助计算机，逐步实现人工智能的较高目标

目前，广泛使用的计算思维概念是由美国卡内基·梅隆大学周以真教授提出的，即计算思维是运用计算机科学的基础概念去求解问题、设计系统和理解人类行为等涵盖计算机科学之广度的一系列思维活动。

上述定义主要有以下三点内涵：

①求解问题中的计算思维。利用计算机求解问题的过程是：首先要把实际的应用问题转换为数学问题；其次建立模型、设计算法；第三，编程实现；最后，在计算机中运行并求解。前两步是计算思维中的抽象，后两步是计算思维中的自动化。

②设计系统中的计算思维。任何自然系统和社会系统都可视为一个动态演化系统，当动态演化系统抽象为离散符号系统后，就可以采用形式化的规范来描述，通过建立模型、设计算法和开发软件来揭示演化的规律，实时控制系统的演化并自动执行。

③理解人类行为中的计算思维。计算思维是基于可计算的手段，以定量化的方式进行的思维过程。利用计算手段来研究人类的行为，可视为社会计算，即通过各种信息技术手段，设计、实施和评估人与环境之间的交互。社会计算涉及人们的交互方式、社会群体的形态及其演化规律等问题。研究生命的起源与繁衍、理解人类的认识能力、了解人类与环境的交互等，都属于社会计算的范畴，这些都与计算思维密切相关。

2. 计算思维的本质

计算思维的本质是抽象和自动化。它反映了计算的根本问题，即什么能被有效地自动执行。计算是抽象的自动执行，自动化需要某种计算机去解释抽象。

从操作层面上讲，计算就是如何寻找一台计算机去求解问题，即确定合适的抽象；自动化是最终目标，即选择合适的计算机去解释和执行该抽象，让机器去做计算的工作，把人脑解放出来。

3. 计算思维的基本特征

（1）是概念化的，不是程序化的

像计算机科学家那样去思维意味着远不止能为计算机编程，还要求能够在抽象的多个层次上思维。

（2）是根本的，不是刻板的技能

计算思维是一种根本技能，是每一个人为了在现代社会中发挥职能所必须掌握的。刻板技能意味着机械地重复。

（3）是人的，不是计算机的思维方式

计算思维是人类求解问题的一条途径，但决非要使人类像计算机那样地思考。

（4）是数学和工程思维的互补与融合

计算机科学在本质上源自数学思维，因为像所有的科学一样，其形式化的基础建筑于数学之上。计算机科学又从本质上源自工程思维，因为我们建造的是能够与实际世界互动的系统，基于计算设备的限制迫使计算机科学家必须计算性地思考，而不能只是数学性地思考。构建虚拟世界的自由使我们能够设计超越物理世界的各种系统。

（5）是思想，不是人造物

计算思维不只是我们生产的软硬件等人造物将以物理形式到处呈现并时时刻刻触及我们的生活，更重要的是还将有我们用以接近和求解问题、管理日常生活、与他人交流和互动的计算概念。

（6）面向所有的人，所有地方

当计算思维真正融入人类活动的整体时，它将成为人们的一种普遍的认知和一类普适的能力，人们像运用读写算能力一样，在需要的时候自然运用计算思维这一解决问题的有效工具。

▶ 真题再现 ◀

1.（2023年单项选择题）下列关于计算思维的说法，正确的是_____。

A. 计算思维就是程序设计的思维

B. 计算思维是让人去模拟计算机的思维

C. 理论上可以计算的问题都可以用计算机解决

D. 计算思维是面向所有人的思维，而不是计算机科学家的专属思维

【答案】D

【解析】计算思维是人类求解问题的一条途径，属于人的思维方式。计算思维是概念化的，不是程序化的。计算机科学并不仅仅是计算机编程。可以计算的问题用计算机解决的前提是在有限步骤内解决。

2.（2021年多项选择题）下列关于计算思维的描述，正确的有_____。

A. 计算思维是运用计算机科学的基础概念进行问题求解、系统设计及人类行为理解等涵盖计算机科学之广度的一系列思维活动

B. 计算思维的本质是抽象与自动化

C. 计算思维是人的思维，不是计算机的思维

D. 计算思维是分析和解决问题的能力，而不是刻板的操作技能

【答案】ABCD

【解析】本题重点考查计算思维的概念、本质和特征。尤其注意计算思维是人的思维，不是计算机的思维。

考点2 算法的概念和特征

1. 算法的概念

算法是程序设计的"灵魂"，世界著名计算机科学家尼克劳斯·沃斯指出：算法＋数据结构＝程序。可见，算法在程序设计中具有多么重要的地位。简单地说，算法就是解决问题的方法和步骤。其实，我们在日常生活中也经常使用算法，只是你没有意识到。

例如，我们到商店购物，首先确定要购买的商品，然后进行挑选、比较，最后到收银

台付款，这一系列活动实际上就包含着算法。解决问题的过程，就是实现算法的过程。

2. 算法的特征

①有穷性。一个算法应包含有限的操作步骤，而不能是无限的。

②确定性。算法中的每一个步骤都必须明确地定义，不应该在理解时产生二义性。

③可行性。算法中的每一个步骤必须可以实现，并能得到确定的结果。

④有零个或多个输入，所谓输入是指在执行算法时需要从外界取得必要的信息。一个算法也可以没有输入。

⑤有一个或多个输出。算法的目的是求解，"解"就是输出。没有输出的算法是没有意义的。

> **真题再现**
>
> （2022 年单项选择题）下列关于算法特征的描述，错误的是_____。
> A. 算法的有穷性是指算法必须在执行有限个操作步骤后终止
> B. 算法的确定性是指每一步的含义都不能有二义性
> C. 算法的可行性是指算法描述的步骤在计算机上是可行的
> D. 算法可以没有输出，但至少要有一个输入
> 【答案】D
> 【解析】所谓输入是指在执行算法时需要从外界取得必要的信息。一个算法也可以没有输入。算法的目的是为了求解，"解"就是输出。没有输出的算法是没有意义的。

考点3 算法的表示方法

当我们找到算法之后，需要准确、具体地将它表示出来。表示算法可以有多种方法，常用的有自然语言、流程图、伪代码、N-S 图、PAD 和计算机语言。

1. 自然语言

用自然语言表示算法，就是用人们日常所用的语言，如汉语、英语等来表示算法。用自然语言表示算法通俗易懂，但文字冗长，容易出现歧义。当算法循环和分支较多时，使用自然语言很难清晰地表示出来。自然语言表示的算法也不容易翻译成计算机程序设计语言。

例如，用自然语言表示求 200 ～ 500 之间被 5 整除的所有正整数的算法如下：

①令 I=200；

②如果 I 能被 5 整除，则输出 I；

③I=I+1；

④如果 I<=500，则返回②；

⑤结束。

2. 流程图

1）基本图形及功能

流程图也称为程序框图，它是算法的一种图形化表示方法。用流程图表示算法比自然语言形象、直观，更容易理解。流程图的基本图形及其功能见表 2-2。

表 2-2　流程图的基本图形及其功能

图形	名称	功能
▭	开始 / 结束	表示算法的开始或结束
▱	输入 / 输出	表示算法中变量的输入或输出
▭	处理	表示算法中变量的计算与赋值
◇	判断	表示算法中的条件判断
→	流程线	表示算法中的数据流向

2）三种结构

任何复杂的算法都可以用顺序结构、选择结构和循环结构三种基本结构组合来表示。

（1）顺序结构

如图 2-1 所示，A 和 B 两个操作是顺序执行的，即在执行完 A 操作后，接着执行 B 操作。顺序结构是最简单的一种基本结构。

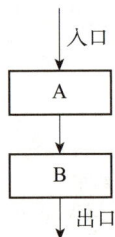

入口
↓
A
↓
B
↓ 出口

图 2-1　顺序结构

（2）选择结构

选择结构又称分支结构，如图 2-2 所示，根据判定的条件 P 是否成立而选择执行 A 操作或 B 操作。选择结构有单选择、双选择和多选择三种。

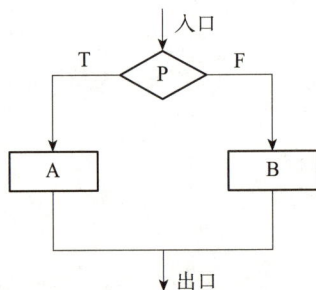

入口
↓
T ◇ P F
A　　　B
↓ 出口

图 2-2　选择结构

（3）循环结构

循环结构表示反复执行某个或某些操作，直到判断条件为假（或为真）时才可以终止循环。循环结构有两类：当型循环结构和直到型循环结构。

①当型循环结构。如图 2-3（a）所示，执行流程是：当给定的条件 P 成立时，执行 A 操作，执行完 A 操作后，再判断条件 P 是否成立，如果仍然成立，再执行 A 操作，如此反复执行 A 操作，直到某一次 P 条件不成立为止。

②直到型循环结构。如图 2-3（b）所示，执行流程是：先执行 A 操作，然后判断给定的条件 P 是否成立，如果 P 条件不成立，再执行 A 操作，然后再对 P 条件做判断，如果 P 条件仍然不成立，又执行 A 操作，如此反复执行 A 操作，直到给定的 P 条件成立为止。

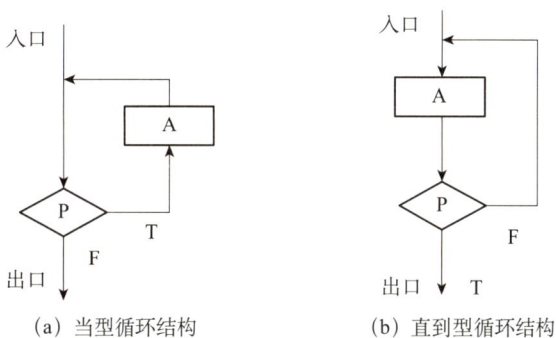

（a）当型循环结构   （b）直到型循环结构

图 2-3　循环结构

3. 伪代码

伪代码是介于自然语言和计算机程序语言之间的一种算法表示方法。在伪代码中，关键词一般用英文单词，其他语句可以用英语语句，也可以用汉语语句。使用伪代码表示算法没有严格的语法限制，书写格式也比较自由，易于理解，便于向计算机程序设计语言过渡。

例如，利用伪代码表示求圆面积的算法如图 2-4 所示。

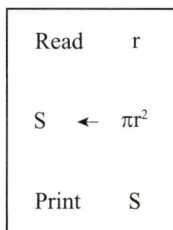

Read   r

S ← πr^2

Print   S

图 2-4　利用伪代码表示求圆面积的算法

4. N-S 图

1973 年，美国学者 I. 纳斯（I.Nassi）和 B. 施内德曼（B.Shneiderman）提出了一种在

流程图中完全去掉流程线，全部算法写在一个矩形框内，在框内还可以包含其他框的流程图形式，即由一些基本的框组成一个大的框，这种流程图被称为 N-S 图或盒图，如图 2-5 所示。

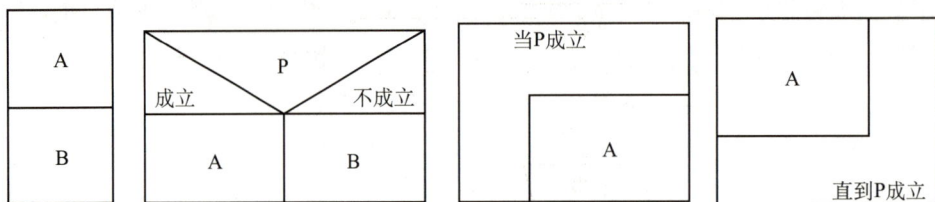

图 2-5　N-S 图

5. PAD

PAD（Problem Analysis Diagram，问题分析图）是由日本日立公司发明的。它用二维树形结构的图表示程序的控制流（如图 2-6 所示），最大的特点是层次结构清晰，转换为程序代码比较容易。

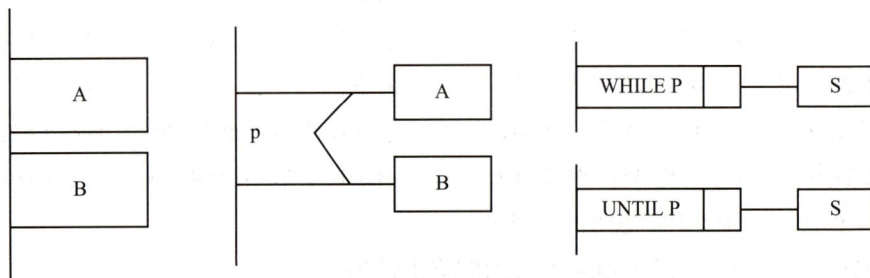

图 2-6　PAD

6. 计算机语言

采用前面介绍的流程图、伪代码等表示算法后，还需要将它转换成计算机语言程序。用计算机语言表示的算法是计算机能够执行的算法。

真题再现

1.（2022 年单项选择题）下列不属于算法表达方式的是_____。

A. 流程图　　　　　　　　　　　　B. 伪代码

C. 自然语言　　　　　　　　　　　D. E-R 图

【答案】D

【解析】算法的表示方法主要有自然语言、流程图、伪代码、N-S 图等。E-R 图不属于算法的表示方法。E-R 图是用实体 - 联系方法建立的概念模型，是对现实世界的一种抽象。在数据库设计的概念设计阶段的主要任务是绘制 E-R 图。

2.（2022 年填空题）图 2-7 所示流程图的输出结果是_____。

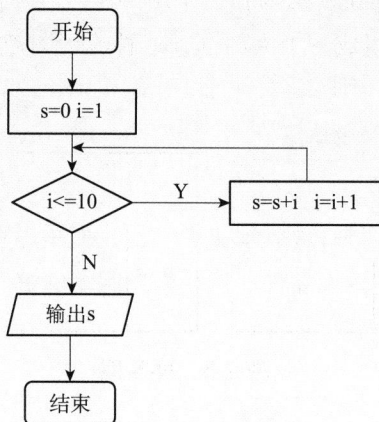

图 2-7　流程图 1

【答案】55

【解析】该流程图为当型循环结构。

第 1 次循环：s=0+1=1　i=1+1=2；　　　第 2 次循环：s=1+2=3　i=2+1=3；

第 3 次循环：s=3+3=6　i=3+1=4；　　　第 4 次循环：s=6+4=10　i=4+1=5；

第 5 次循环：s=10+5=15　i=5+1=6；　　第 6 次循环：s=15+6=21　i=6+1=7；

第 7 次循环：s=21+7=28　i=7+1=8；　　第 8 次循环：s=28+8=36　i=8+1=9；

第 9 次循环：s=36+9=45　i=9+1=10；　　第 10 次循环：s=45+10=55　i=10+1=11；

此时 i>10，结束循环，输出 s 为 55。

3.（2021 年填空题）图 2-8 所示流程图的输出结果是_____。

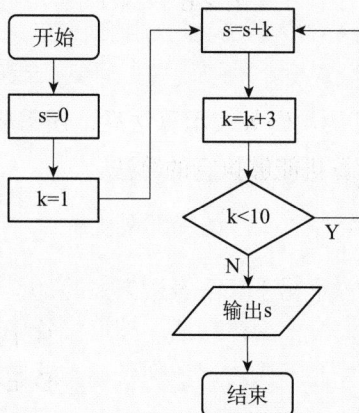

图 2-8　流程图 2

【答案】12

【解析】本题考查了流程图的基本结构和运算，关键应掌握循环结构在何时退出循环。

计算过程如下：① s=0+1=1，k=1+3=4；② s=1+4=5，k=4+3=7；③ s=5+7，k=7+3=10。

结束循环输出 s 的值 12。

考点4　算法设计策略

算法策略就是在问题空间中搜索所有可能的解决问题的方法，直至选择一种有效的方法解决问题。经典的算法策略主要包括枚举法、递推法、递归法、分治法、贪心法和回溯法等。

1. 枚举法

枚举法又名穷举法，是一种针对要解决的问题，列举出它的所有可能的情况，逐个判断有哪些是符合问题所要求的约束条件，从而得到问题的解。算法思路就是对问题所有的解逐一尝试，从而找出问题的真正解。

2. 递推法

递推法是指通过已知条件，利用特定关系得出中间推论，直至得到结果的方法。递推法分为顺推法和逆推法两种。所谓顺推法是从已知条件出发，逐步推算出要解决的问题的方法。所谓逆推法是从已知问题的结果出发，用迭代表达式逐步推算出问题的开始条件，即顺推法的逆过程。

3. 递归法

如果一个函数在定义时，直接或间接地调用了自己，这种方法在程序设计中统称为递归法。递归的过程包括递推和回归两个阶段。递推阶段是将原问题不断地分解为新的子问题，逐渐从未知的到已知的方向推进，最终得到已知的条件，即结束递归的边界条件，这时递推阶段结束。回归阶段是从已知条件出发，按照递推的逆过程，逐一求值回归，最终到达递推的开始处，结束回归阶段，完成递归调用。

4. 分治法

将一个规模为 N 的问题分解为 K 个规模较小的问题，这些较小问题相互独立且与原问题性质相同，再把较小问题分成更小的子问题，直到最后问题可以简单地直接求解。

5. 贪心法

在对问题求解时，总是做出在当前看来是最好的选择。也就是说，不从整体最优上加以考虑，它所做出的仅仅是在某种意义上的局部最优解。

6. 回溯法

回溯法是一种选优搜索法，又称为试探法，按选优条件向前搜索，以达到目标。但当探索到某一步时，发现原先选择并不优或达不到目标，就退回一步重新选择，这种走不通就退回再走的方法称为回溯法。

考点5　算法的评价

一个好的算法应该达到以下目标：

①正确性。算法应当能正确地求解问题。正确性是评价算法的首要条件。一个正确的

算法是指在合理地输入数据后，能在有限的运行时间内得到正确的结果。

②**可读性**。算法应当具有良好的可读性，以帮助人们理解。

③**健壮性**。当输入非法的数据时，算法也能适当地做出反应或进行处理，而不会产生莫名其妙的输出结果。

④**复杂度/复杂性**。算法的复杂度分为时间复杂度和空间复杂度。通常我们把算法中所包含的简单操作的次数的多少称为算法的时间复杂度。算法在运行过程中所占用的存储空间的大小被称为算法的空间复杂度。从主观上讲，人们希望设计或选用一个时间复杂度和空间复杂度都小，其他性能也好的算法，然而，实际的算法设计不可能做到十全十美，因为这些要求往往会相互抵触。例如，一个运行时间较短的算法，却往往占用存储空间较大。因此，在不同情况下应有不同的选择。

> ◤ **真题再现** ◢
>
> （2022年判断题）算法的时间复杂度和空间复杂度成正比。
>
> 【答案】错
>
> 【解析】时间复杂度是指执行算法所需要计算的工作量；而空间复杂度指执行这个算法所需要的内存空间。时间复杂度和空间复杂度两者之间不存在一定的关系，例如一个运行时间较短的算法，可能占用较大的存储空间。

考点6　数据结构

数据结构指的是数据之间的相互关系，即数据的组织形式。通常数据结构包括以下三方面内容：数据元素之间的逻辑关系，即数据的逻辑结构；数据元素及其关系在计算机存储器内的表示，即数据的存储结构；数据的运算，即对数据施加的操作。

本书主要研究的是数据的逻辑结构，数据的逻辑结构主要有两类：线性结构和非线性结构。

1. 线性结构

线性结构的逻辑特征是，若结构是非空集，则有且仅有一个开始节点和一个终端节点，并且所有节点都最多只有一个直接前趋和一个直接后继。在线性结构中，数据之间的关系是一对一的。

线性表是典型的线性结构。栈和队列属于特殊的线性表。

（1）栈

栈中的元素只能从线性表的一端进出（另一端封死），且要遵循"先进后出"的原则，即先进栈的元素后出栈。在栈中，允许插入与删除的一端称为栈顶，而不允许插入与删除的另一端称为栈底。栈示意图如图2-9所示。

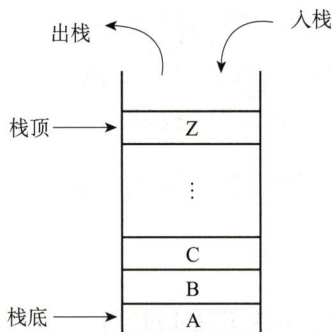

图 2-9　栈示意图

（2）队列

队列中的元素只能从线性表的一端进，从另一端出，且要遵循"先进先出"的原则，即先进队列的元素也要先出队列。队列示意图如图 2-10 所示。

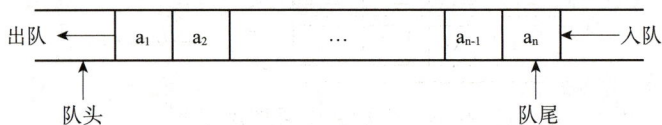

图 2-10　队列示意图

2. 非线性结构

非线性结构中一个节点可能有多个直接前趋和直接后继。树和图等数据结构都是非线性结构。

（1）树形结构

在树形结构中，除根节点外，其余所有节点都有且仅有一个父节点。树形结构中的元素存在一对多的层次关系。树形数据结构在客观世界中广泛存在，如家族族谱和各种社会组织结构都可以用树形数据结构来形象表示。树形结构示意图如图 2-11 所示。

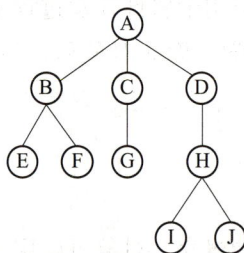

图 2-11　树形结构示意图

（2）图结构

图结构中没有根节点的概念，各个节点的位置是平等的，相互之间没有层次关系。图结构中的元素是多对多的关系。现实生活中的很多事物都可以抽象为图，如世界各地接入 Internet 的计算机通过网线连接在一起、各个城市和城市之间的公路交通网等。图结构示意图如图 2-12 所示。

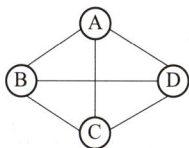

图 2-12　图结构示意图

真题再现

（2021年单项选择题）两个车道的车辆通过窄桥，如图2-13所示。不可能出现的通过顺序是_____。

A. ABEFCDGH　　　B. EABFGCDH　　　C. AFEBCDGH　　　D. ABCDEFGH

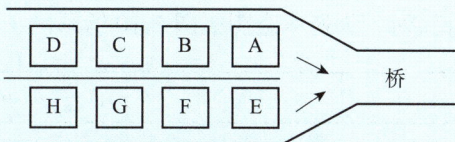

图 2-13　车辆通过窄桥示意图

【答案】C

【解析】本题考查数据结构中队列的知识。队列具有"先进先出"的特点。当车辆通过窄桥时，排在前面的车辆先通过窄桥，后面的车辆才能依次通过。图中 F 车辆在 E 车辆之后，不可能先于车辆 E 通过窄桥。故选项 C 的通过顺序是不可能的。

考点7　面向对象程序设计

自 20 世纪 80 年代中期开始，面向对象方法已经发展成为主流的软件开发方法。面向对象设计是一种把面向对象的思想应用于软件开发过程中，指导开发活动的系统方法，是建立在"对象"概念基础上的方法学。面向对象程序设计围绕真实世界的概念来组织模型，将事物看成一个个对象，采用对象来描述客观实体，与人类的思维习惯一致。

1. 面向对象方法的基本概念

（1）对象

对象是面向对象方法中最基本的概念。对象可以用来表示客观世界中的任何实体。对象是由数据（描述事物的属性）和作用于数据的操作（体现事物的行为）组成的封装体。例如，计算机中的一个窗口是一个对象，它包含了窗口的属性（如大小、颜色、位置等）及其操作（如打开、关闭等）。

（2）类

类是一组具有共同属性、共同操作的对象的集合。类是在对象之上的抽象，对象则是类的具体化，是类的实例。例如，在计算机中我们说"对话框"，指的是对话框类；当我们说"查找和替换"对话框的时候，指的是对话框类的一个实例。类可以有子类，也可以有父类，类与类之间形成层次关系。例如，动物—鸟—天鹅。

（3）消息

面向对象的世界是通过对象与对象之间彼此的相互合作来推动的，对象间的这种相互合作需要一个机制协助进行，这样的机制称为"消息"。对象通过发送消息的方式请求另一对象为其服务。在消息传递过程中，由发送消息的对象（发送对象）的触发操作产生输出结果，作为消息传送至接收消息的对象（接收对象），引发接收消息的对象一系列的操作。

2. 面向对象程序设计的基本特征

（1）封装性

封装是一种信息隐蔽技术。封装使数据和操作该数据的方法（函数）封装为一个整体，使得用户只能见到对象的外特性（对象能接收哪些消息、具有哪些处理能力），而对象的内特性（保存内部状态的私有数据和实现加工能力的算法）对用户是隐蔽的。封装的目的是把对象的设计者和对象的使用者分开，使用者不必知晓行为实现的细节，只须用设计者提供的消息来访问该对象。

（2）继承性

继承是类与类之间共享数据和方法的一种机制，被继承的类称为父类，也叫基类；继承的类称为子类，也叫派生类。在面向对象程序设计中，继承意味着"自动拥有"，即子类中不必从头定义父类中定义过的属性和方法，它自动地拥有父类的属性和方法，这大大增加了程序的重用性（如果没继承性机制，则类中的数据、方法就会出现大量重复），同时也使得程序更容易维护。

（3）多态性

多态性是指不同的对象收到同一消息，可以产生完全不同的行为。利用多态性，用户只须发送一般形式的消息，而将所有的实现留给接收消息的对象，接收对象根据收到的消息做出相应的动作。例如，在 Windows 中，分别右击 C 盘和控制面板对象，尽管都是右击，但由于接收消息的对象不同，显示的快捷菜单也是不同的。

▶ **真题再现** ◀

（2022 年多项选择题）下列关于面向对象程序设计的说法，正确的是_____。

A. 类和对象是面向对象程序设计的核心概念

B. 类是对象的抽象，对象是类的实例

C. 面向对象程序设计具有封装、继承和多态等特点

D. 在面向对象程序设计中，类与类之间可以继承

【答案】ABCD

【解析】对象是由数据（描述事物的属性）和作用于数据的操作（体现事物的行为）组成的封装体。类是一组具有共同属性、共同操作的对象的集合。类是在对象之上的抽象，对象则是类的具体化，是类的实例。类之间具有继承关系，子类可以自动共享父类中定义的数据及操作。

考点8 程序设计语言

在用计算机解决问题时，用自然语言、流程图或伪代码所描述的解决问题的算法都不能被计算机直接执行，还必须将算法使用程序设计语言编写成计算机能够识别和运行的程序。计算机程序设计语言的发展，经历了机器语言、汇编语言、高级语言三个主要阶段。

（1）机器语言

机器语言是由"0"和"1"所表示的二进制指令代码表示的，因此由它编写的计算机程序不需要翻译就可以被计算机直接识别并执行。用机器语言编写的程序最大的优点是执行速度快、执行效率高。但是，机器语言编写的程序通用性和可移植性差。由于每台计算机的指令系统往往各不相同，所以在一台计算机上执行的机器语言程序，如果需要在另一台计算机上执行，就必须另编程序。机器语言还存在着其他一些缺点，如很难掌握、编程繁琐、可读性差、易出错等。

用 Intel 80386 机器指令完成"9+8"的加法运算表见表 2-3。

表 2-3 用 Intel 80386 机器指令完成"9+8"的加法运算表

指令序号	机器指令	指令功能
1	10110000 00001001	把加数 9 送到累加器 AL 中
2	00000100 00001000	把累加器 AL 中的内容与另一个数 8 相加，结果存在 AL 中（即完成 9+8 的运算）
3	11110100	停止操作

（2）汇编语言

汇编语言采用一定的助记符号表示机器语言中的指令和数据，是符号化了的机器语言。汇编语言程序指令的操作码和操作数全都用符号表示（例如用 ADD 代表相加，用 MOV 代表数据传递等），大大方便了人们的理解和记忆。尽管汇编语言采用了助记符号，它与机器语言归根到底是一一对应的关系，都依赖于具体的计算机，因此都是低级语言。汇编语言具有与机器语言相似的缺点，如缺乏通用性、编程繁琐、易出错等，只是程度上不同而已。用汇编语言编写的程序不能在计算机上直接运行，必须由汇编程序"翻译"成机器语言程序，才能由计算机执行。把汇编语言编写的源程序翻译成机器语言程序的过程称为汇编。在此提醒同学们需注意区分"汇编语言"、"汇编"和"汇编程序"这三个不同的概念。

用汇编语言实现"9+8"运算的有关指令表见表 2-4。

表 2-4 用汇编语言实现"9+8"运算的有关指令表

指令序号	汇编语言指令	指令功能
1	MOV AL，9	把加数 9 送到累加器 AL 中
2	ADD AL，8	把累加器 AL 中的内容与另一个数 8 相加，结果存在累加器 AL 中（即完成 9+8 的运算）
3	HTL	停止操作

（3）高级语言

高级语言在 20 世纪 50 年代后期开始出现，是近似于人类自然语言或数学公式的计算机语言。高级语言易学易用、可读性好。例如，在计算"9+8"问题时，若使用高级语言 Python，则只需要语句"print（9+8）"就能完成，既简单又易于理解。高级语言抽象度高，源代码无须与硬件、系统底层操作对应，所以移植性非常好。但是，高级语言编写的程序并不能被计算机直接执行，它也必须经过某种转换才能执行。高级语言有编译型和解释型两种类型。对于解释型高级语言编写的程序，由解释程序对源程序一边翻译，一边执行，不产生目标程序，其翻译过程称为解释。对于编译型高级语言编写的程序，由编译程序将其翻译成等价的用机器语言表示的目标程序，然后再执行，其翻译过程称为编译。

常用的高级语言，包括面向过程的 Basic、用于科学计算的 Fortran、支持结构化程序设计的 Pascal、用于商务处理的 COBOL 和支持现代软件开发的 C 语言；同时还包括面向对象的 VB（Visual Basic）、VC++（Visual C++）、Delphi、Java、Python 等语言。这些语言的出现，使得使用计算机语言解决实际问题的能力得到了很大的提高。

▶ 真题再现 ◀

1.（2022 年单项选择题）直接用二进制代码指令表达的计算机语言是 _____。
　A. 机器语言　　　　　　　　　　B. 汇编语言
　C. 智能语言　　　　　　　　　　D. 高级语言
【答案】A
【解析】机器语言中的每个语句（称为指令）都是二进制形式的指令代码。

2.（2020 年多项选择题）下列程序设计语言中属于高级语言的有 _____。
　A. 机器语言　　　　　　　　　　B. 汇编语言
　C. C 语言　　　　　　　　　　　D. C++ 语言
【答案】CD
【解析】机器语言和汇编语言属于低级语言。C 语言是一种面向过程的高级程序设计语言。

C++ 是一种由 C 语言扩展升级而产生的高级程序设计语言，既擅长面向对象的程序设计，还可以进行基于过程的程序设计。

3.（2019 年单项选择题）下列关于计算机语言的描述中，错误的是 _____。
　A. 计算机可以直接执行的是机器语言程序
　B. 汇编语言是一种依赖于计算机的低级语言
　C. 高级语言可读性好、数据结构丰富
　D. 与低级语言相比，高级语言程序的执行效率高
【答案】D
【解析】机器语言是直接由机器指令（二进制）构成的，因此由它编写的计算机程序不需要翻译就可直接被计算机系统识别并运行，执行效率高。

一、单项选择题（在每小题列出的四个备选项中只有一个是符合题目要求的）

1.（考点1）以下关于计算思维的叙述，错误的是_____。

A. 计算思维是运用计算机科学的基础概念进行问题求解、系统设计及人类行为理解等涵盖计算机科学之广度的一系列思维活动

B. 计算思维与逻辑思维、实验思维一起，都是现代人应该掌握的三大科学思维能力

C. 计算思维指的是学习计算机如何思维的

D. 计算思维不仅仅属于计算机专业人士，它是每个专业领域的人都应掌握的一项基本技能

2.（考点1）利用计算机解决问题的正确过程是_____。

A. 抽象与建模→编写程序→设计算法→调试运行

B. 抽象与建模→设计算法→编写程序→调试运行

C. 设计算法→抽象与建模→编写程序→调试运行

D. 抽象与建模→设计算法→调试运行→编写程序

3.（考点8）下列有关机器语言的叙述中，不正确的是_____。

A. 机器语言是最初级的计算机语言

B. 机器语言程序的形式是二进制代码

C. 机器语言需要编译后才可以被计算机执行

D. 用机器语言编写程序比较困难

4.（考点2）下列关于算法特征的描述不正确的是_____。

A. 有穷性：算法必须在有限步之内结束

B. 确定性：算法的每一步必须有确切的含义

C. 输入：算法至少有一个输入

D. 输出：算法至少有一个输出

5.（考点3）在流程图中，符号□表示_____。

A. 算法的开始或结束   B. 输入输出操作

C. 处理或运算的功能   D. 用来判断条件是否满足要求

6.（考点3）以下不属于算法表示方法的是_____。

A. 自然语言   B. 伪代码   C. 枚举法   D. 流程图

7.（考点8）下列不属于高级语言的是_____。

A. 汇编语言   B. JaVa   C. Basic   D. C++

8.（考点8）关于程序设计语言，以下描述中不正确的是_____。

A. 高级语言并不是特指的某一种具体的语言，而是包括很多编程语言

B. 高级语言与计算机的指令系统密切相关

C. 汇编语言与具体机器的指令系统密切相关

D. 汇编语言的实质和机器语言是相同的，只不过指令采用了英文缩写的标识符，更容易识别和记忆

9. （考点5）对一个算法的评价，不包括下列_____方面的内容。

  A. 健壮性和可读性   B. 并发性

  C. 正确性   D. 时间复杂度和空间复杂度

10. （考点7）在面向对象程序设计中，关于类和对象的描述错误的是_____。

  A. 对象是现实世界中的客观事物，对象具有确定的属性

  B. 类是具有相同属性和行为的一组对象的集合

  C. 对象是类的抽象，类是对象的实例

  D. 类是对象的抽象，对象是类的实例

11. （考点6）以下数据结构中不属于线性数据结构的是_____。

  A. 队列   B. 线性表   C. 树   D. 栈

12. （考点5）算法的健壮性是指_____。

  A. 算法对正常的输入都能得到正确的输出

  B. 算法具有一定程度的防病毒功能

  C. 算法具有足够多的备份

  D. 算法对非法的输入数据做出适当处理

13. （考点7）在面向对象程序设计中，关于对象概念的描述错误的是_____。

  A. 任何对象都必须具有继承性   B. 对象是属性和方法的封装体

  C. 对象间的通信靠消息传递   D. 操作是对象的动态属性

14. （考点6）使用导航软件规划交通线路时，要用一种数据结构来描述相关地点之间的关系，这种数据结构是_____。

  A. 树   B. 图   C. 队列   D. 线性表

15. （考点7）下列有关程序和程序设计语言的说法，不正确的是_____。

  A. 高级语言编写的程序不必编译或解释也能直接执行

  B. 只有用机器语言编写的程序才可以在计算机上直接执行

  C. 程序是一组能够被计算机理解并执行的指令序列

  D. 程序设计语言就是人们编写程序所使用的计算机语言

16. （考点5）算法的空间复杂度是指_____。

  A. 算法程序的长度

  B. 算法程序中的指令条数

  C. 算法执行过程中所需要的基本运算次数

  D. 算法执行过程中所需要的存储空间

17. （考点7）在面向对象方法中，一个对象请求另一个对象为其服务的方式是通过发送_____。

  A. 调用语句   B. 命令   C. 口令   D. 消息

18.（考点 6）下列关于数据结构的叙述正确的是_____。

A. 栈的特点是先进先出　　　　　　　　B. 队列的特点是后进先出

C. 栈属于线性结构，队列属于非线性结构　D. 树和图属于非线性结构

19.（考点 2）算法的有穷性是指_____。

A. 算法代码的长度有限　　　　　　　　B. 一个算法有 0 到有限个输入

C. 一个算法有 1 到有限个输入　　　　　D. 一个算法执行有限步骤后必须结束

20.（考点 6）一个栈的输入序列为 1、2、3，则下列序列中不可能是栈的输出序列的是

_____。

A. 2、3、1　　　　B. 3、2、1　　　　C. 3、1、2　　　　D. 1、2、3

21.（考点 7）下列不属于面向对象程序设计特点的是_____。

A. 冗余性　　　　B. 封装性　　　　C. 继承性　　　　D. 多态性

22.（考点 3）某算法的流程图如图 2-14 所示，若输入 a=4，b=2，c=6，则输出的结果为

_____。

A. 2　　　　　　B. 4　　　　　　C. 6　　　　　　D. 8

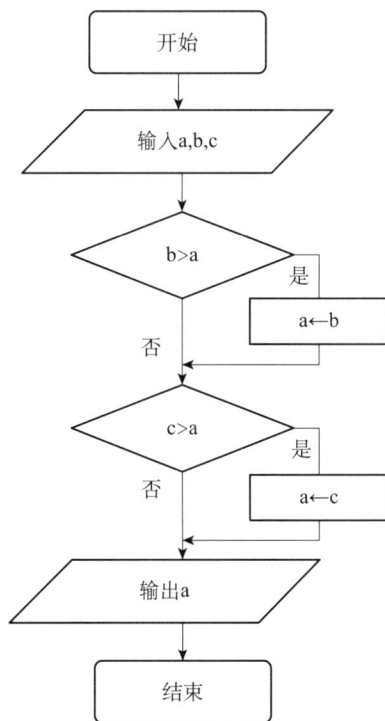

图 2-14　流程图 3

单选-20讲解

单选-22讲解

23.（考点 2、3、5）下列关于算法的叙述，错误的是_____。

A. 算法的表示应该能让计算机理解

B. 高级程序设计语言可用于算法的描述

C. 算法具有确定性、有穷性、可行性、输入输出等特性

D. 解决同一问题的不同算法，其时间复杂度可能存在较大差异

24.（考点 3）以下结构不属于算法基本结构的是_____。

    A. 顺序结构   B. 分支结构

    C. 循环结构   D. 树形结构

25.（考点 7）下面关于面向对象概念的描述，错误的是_____。

    A. 类是具有相同属性和行为的对象集合

    B. 对象与对象之间相互独立，无法通信

    C. 对象由属性和行为（操作）所组成

    D. 对象是所属类的一个具体实现，称为类的实例

26.（考点 8）程序设计语言的发展主要经历了三个阶段，其中不包括_____。

    A. 数学语言   B. 机器语言

    C. 汇编语言   D. 高级语言

27.（考点 3）下列关于描述算法的叙述中，正确的是_____。

    A. 用自然语言描述算法不容易产生歧义

    B. 同一问题选用不同的算法执行效率可能会有很大差别

    C. 使用流程图无法描述循环算法

    D. 用伪代码描述算法就是用某种程序设计语言来编写代码

28.（考点 4）算法设计中，直接或间接地调用函数自身的方法为_____。

    A. 枚举法   B. 递推法

    C. 递归法   D. 贪心法

29.（考点 7）面向对象的开发方法中，类与对象的关系是_____。

    A. 部分与整体   B. 抽象与具体

    C. 整体与部分   D. 具体与抽象

30.（考点 3）用介于自然语言和计算机语言之间的文字和符号来表示算法的是_____。

    A. N-S 图   B. 自然语言

    C. 流程图   D. 伪代码

31.（考点 7）关于面向对象的继承，以下选项中描述正确的是_____。

    A. 继承是指一个对象具有另一个对象的性质

    B. 继承是指一组对象所具有的相似性质

    C. 继承是指类之间共享属性和操作的机制

    D. 继承是指各对象之间的共同性质

32.（考点 1）下列关于计算思维特征的叙述中，错误的是_____。

    A. 计算思维是思想不是人造物

    B. 计算思维是人的思维方式

    C. 计算思维是让计算机具有人的思维逻辑能力

    D. 计算思维是数学和工程思维的互补和融合

33.（考点 2）用计算机解决实际问题的过程中，需要进行算法设计，算法指的是_____。

A. 实际问题描述   B. 最终结果

C. 解决问题的方法和步骤   D. 数值计算的方法

二、多项选择题（在每小题给出的四个选项中至少有两个是符合题目要求的）

1.（考点 1）关于计算思维的特点，下列说法正确的是_____。

A. 计算思维是概念化的，不是程序化的

B. 计算思维是计算机的思维方式

C. 计算思维是数学思维和工程思维的互补与融合

D. 计算思维是思想，不是人造物

2.（考点 2）关于算法的特征，下列说法正确的是_____。

A. 有穷性：算法必须在执行有限个步骤之后结束

B. 确定性：算法中的每一次运算都有明确的定义，也可具有二义性

C. 输入性和输出性：一个算法可以没有输入，但一定要有输出

D. 可行性：每个算法都可以有效地执行

3.（考点 3）下列关于描述算法的叙述中，错误的是_____。

A. 对于同一个问题，可以使用不同算法

B. 用自然语言描述算法不容易产生歧义

C. 使用流程图无法描述循环算法

D. 用伪代码描述算法就是用某种程序设计语言来编写代码

4.（考点 3）下列_____属于算法的表示方法。

A. 自然语言   B. 流程图

C. 伪代码   D. N-S 图

5.（考点 8）下列关于程序设计语言的叙述，正确的是_____。

A. 高级语言程序有解释与编译两种执行方式

B. 机器语言和汇编语言都属于低级语言

C. 机器语言与计算机硬件关系密切，用它编写的程序可移植性较差

D. 用于辅助编写汇编语言程序的编辑软件称为汇编程序

6.（考点 7）下列_____属于面向对象程序设计的主要特征。

A. 封装性   B. 继承性

C. 多态性   D. 集成性

三、填空题

1.（考点 1）计算思维的本质是抽象和_____。

2.（考点 2）算法必须在执行有限个步骤后结束，体现了算法的_____性。

3.（考点 8）程序设计语言主要经历了_____、汇编语言和高级语言三个阶段。

4.（考点 8）高级语言可以分为两类，分别是解释型和_____。

5.（考点 2）数据结构和_____是程序最主要的两个方面。

6.（考点 3）图 2-15 所示 N-S 图中，若输入的 n 为 4，则最终的输出结果是_____。

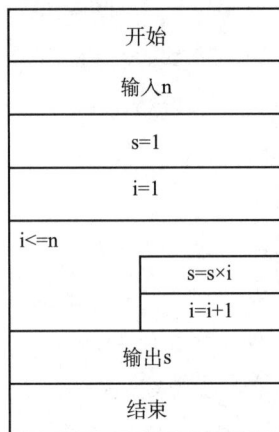

开始
输入n
s=1
i=1

填空–6讲解

图 2-15　N-S 图

7.（考点 3）一个算法的流程图如图 2-16 所示，则输出的 s 值为_____。

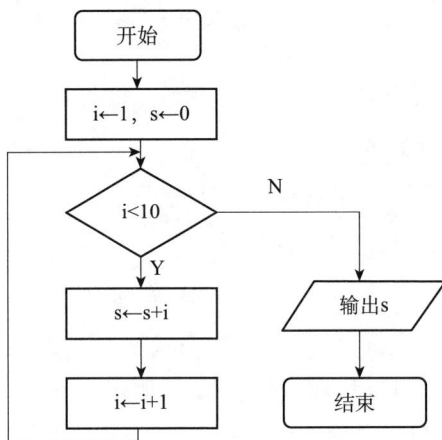

图 2-16　流程图 4

8.（考点 3）计算机程序的基本结构中，_____结构能够根据给定的条件判断是否需要反复执行某一段程序。

一、单项选择题

1	2	3	4	5	6	7	8	9	10
C	B	C	C	C	C	A	B	B	C
11	12	13	14	15	16	17	18	19	20
C	D	A	B	A	D	D	D	D	C
21	22	23	24	25	26	27	28	29	30
A	C	A	D	B	A	B	C	B	D
31	32	33							
C	C	C							

二、多项选择题

1	2	3	4	5	6
ACD	ACD	BCD	ABCD	ABC	ABC

三、填空题

1. 自动化   2. 有穷   3. 机器语言   4. 编译型

5. 算法   6. 24   7. 45   8. 循环

Windows 10 操作系统

根据大纲要求，本章需要掌握的主要知识点：

- 操作系统的概念、功能、特征及分类。
- Windows 10 桌面及桌面操作、窗口和对话框的使用。
- 文件和文件夹的概念及命名规则。
- 管理文件和文件夹的操作（包括创建、移动、复制、删除及恢复、重命名、查找、压缩和属性设置等）。
- 剪贴板的基本操作及回收站的使用。
- Windows 10 中控制面板的基本操作。
- Windows 10 中实用程序的使用。
- Windows 10 的系统维护，包括磁盘的格式化、磁盘的检查、磁盘的清理、磁盘的碎片整理等。

重点：

- 文件和文件夹的概念及其操作。
- 控制面板的基本操作。

Part I 考点直击

考点1 操作系统的概念及功能

1. 操作系统的概念

早期的计算机没有操作系统，人们使用各种不同的按钮控制计算机完成各种任务。这样的计算机只能由研制计算机的专家操作使用，一般用户无法使用。为了让一般用户也能使用计算机，专家们研制出了操作系统。

操作系统（Operating System，OS）是直接控制和管理计算机硬件与软件资源，合理地组织计算机工作流程的程序集合，是计算机软件系统中最主要、最基本的系统软件。操作系统是用户和计算机的接口，同时也是计算机硬件和其他软件的接口。

现在，无论是微型计算机，还是智能手机都安装有操作系统，其他软件都必须在操作系统的支持下才能运行。

2. 操作系统的功能

从操作计算机的角度来讲，操作系统的主要功能可以简单地理解为两点，第一是对内，管理计算机内部各种硬件和软件资源，使它们最大限度地发挥作用；第二是对外，提供给操作人员一个良好的操作界面，方便操作人员使用计算机。具体地说，操作系统有五个方面的功能：

①处理器管理。操作系统能合理有效地管理和调度中央处理器（或称处理器），使其发挥最大的功能。在多道程序运行时，操作系统的一个主要功能就是安排处理器的使用权，即在某个时刻处理器分配给哪个程序使用是由操作系统决定的。

②存储管理。存储管理主要是对内存的管理。操作系统根据用户程序的要求分配内存区域，保证各用户的程序和数据互不干扰。计算机的内存中有成千上万个存储单元，用来存放正在使用的程序和数据。操作系统负责安排与管理程序和数据的存放。

③设备管理。设备管理主要是指管理输入设备和输出设备等外部设备。操作系统的设备管理功能采用统一管理模式，自动处理内存和设备间的数据传递。

④文件管理。文件是指存放在存储设备上的一组相关信息的集合。操作系统的文件管理功能就是负责这些文件的存储、检索、更新、保护和共享，为用户提供文件操作的方便。

⑤作业管理。用户在一次应用业务处理过程中，从输入开始到输出结束，要求计算机所做的有关该次业务处理的全部工作称为一个作业。作业管理的主要功能是，把用户的作业装入内存并投入运行，一旦作业进入内存，就称为进程。操作系统为用户提供一个使用计算机的界面使其方便地运行自己的作业，并对所有进入系统的作业进行调度和控制，尽可能高效地利用整个系统的资源。

操作系统的
功能

真题再现

1.（2022 年填空题改编）Windows 10 中，运行在内存中的程序称为_____。

【答案】进程

【解析】进程是指一个具有独立功能的程序在一个数据集合上的一次执行过程。程序是指解决某一种具体问题的指令序列，是静态的。进程是程序的执行，是动态的。

2.（2017 年判断题）操作系统是最常用的一款应用软件。

A. 正确   B. 错误

【答案】B

【解析】操作系统是计算机软件系统中最主要、最基本的系统软件。

考点 2 操作系统的特征及分类

操作系统的
特征

1. 操作系统的特征

①并发性。并发性指两个或多个事件在同一时间间隔内发生。这些事件宏观上是同时

发生的，但微观上是交替发生的。采用并发技术的操作系统又称为多任务系统。

②共享性。共享性是指系统中并发执行的多个进程共享系统的软件和硬件资源。

③异步性。也叫随机性，是指在多道程序下，系统允许多个进程并发执行，但由于资源有限，进程的执行不是一贯到底的而是走走停停，以不可预知的速度向前推进。

④虚拟性。虚拟性是指一个物理上的实体变为若干个逻辑上的对应物。物理实体是实际存在的，而逻辑上的对应物是用户感受到的。

2. 操作系统的分类

1）按操作系统的功能特征分类

操作系统按功能特征可以分为批处理操作系统、分时操作系统和实时操作系统。

（1）批处理操作系统

批处理操作系统指用户将一批作业提交给操作系统后就不再干预，由操作系统控制它们自动运行。这种采用批量处理作业技术的操作系统称为批处理操作系统。批处理操作系统不具有交互性，而是为了提高 CPU 的利用率而设计的一种操作系统。

（2）分时操作系统

分时操作系统是指在一台主机上连接多个带有显示器和键盘的终端，同时允许多个用户通过终端，以交互方式使用计算机，共享主机中的资源。分时操作系统将 CPU 的时间划分成若干个片段，称为时间片，操作系统以时间片为单位，轮流为每个终端用户服务。比较典型的分时操作系统有 UNIX、Linux、Windows NT 等。

（3）实时操作系统

20 世纪 60 年代中期，计算机进入第三代，性能和可靠性有了很大提高，造价越来越低，应用越来越广泛。有些应用领域（如工业控制、军事实时控制等），要求对实时采样数据及时（立即）处理，做出快速反应。批处理操作系统和分时操作系统无法满足实时响应要求，于是引入了实时操作系统。实时操作系统即系统能够及时响应随机发生的外部事件，并在严格的时间范围内完成对该事件的处理。

2）按使用环境不同分类

根据使用环境不同操作系统可以分为嵌入式操作系统、个人计算机操作系统、网络操作系统、分布式操作系统。

（1）嵌入式操作系统

嵌入式操作系统是以应用为中心，以计算机技术为基础，并且软硬件可裁剪，主要适用于对功能、可靠性、成本、体积、功耗有严格要求的专用计算机。嵌入式操作系统主要应用于汽车导航、智能家居及医疗电子设备中。

（2）个人计算机操作系统

个人计算机操作系统主要是针对普通用户使用的个人计算机进行优化的操作系统。

（3）网络操作系统

网络操作系统是提供网络通信和网络服务功能的操作系统。

（4）分布式操作系统

分布式操作系统是以计算机网络为基础的，它的基本特征是处理上的分布性，即功能和任务上的分布性。分布式操作系统的所有系统任务可在系统中任何处理机上运行,自动实现全系统范围内的任务分配并自动调度各处理机的工作负载。

3)从用户使用角度分类

根据在同一时间使用计算机用户的多少,操作系统可分为单用户操作系统(又可分为单用户单任务操作系统和单用户多任务操作系统)和多用户操作系统,见表3-1。如果用户在同一时间内可以运行多个应用程序(每个应用程序被称作一个任务),这样的操作系统称为多任务操作系统;如果用户在同一时间内只能运行一个应用程序,对应的操作系统称为单任务操作系统。

表 3-1　从用户使用角度对操作系统分类

类型	代表性的操作系统
单用户单任务操作系统	DOS
单用户多任务操作系统	Windows XP
多用户多任务操作系统	UNIX、Linux、Windows 10

真题再现

1.(2021年单项选题改编)下列关于 Windows 10 的说法,错误的是_____。

A. Windows 10 是单用户操作系统,没有并发性

B. Windows 10 是多任务操作系统,各任务之间可以共享硬件

C. 在 Windows 10 中,可以运行大于主存的程序,体现了虚拟性

D. 在 Windows 10 中,可以响应用户随机单击鼠标,体现了异步性

【答案】A

【解析】Windows 10 是多用户多任务操作系统,具有并发性、共享性、异步性和虚拟性的特点。

2.(2019年填空题改编)从用户和任务角度考察,Windows 10 是_____操作系统。

【答案】多用户多任务

【解析】早期的 DOS 操作系统是单用户单任务操作系统,使用广泛的 Windows 10 是多用户多任务操作系统。UNIX、Linux 操作系统也属于多用户多任务操作系统。

3.(2018年判断题)分时操作系统可以接受多个用户的命令,采用时间片轮转方式处理服务请求。

A. 正确　　　　　　　　　　　　B. 错误

【答案】A

【解析】分时操作系统是指,在一台主机上连接多个带有显示器和键盘的终端,同时允许多个用户通过终端,以交互方式使用计算机,共享主机中的资源。分时操作系统将 CPU 的时间划分成若干个片段,称为时间片,操作系统以时间片为单位,轮流为每个终端用户服务。

考点3　常见操作系统

1.常见操作系统

常见操作系统见表 3-2.

表 3-2　常见操作系统

名称	主要特点
DOS	即磁盘操作系统，是微软公司研制的配置在 PC 上的单用户命令行界面操作系统，靠输入命令来进行人机对话，并通过命令的方式把指令传给计算机，让计算机实现操作
Windows	Windows 是微软开发的基于图形用户界面的操作系统，界面形象生动，操作简便，是目前装机普及率最高的操作系统
UNIX	支持多任务、多处理、多用户、网络管理和网络应用，但缺乏统一标准，应用程序功能强、复杂度高，不易学习
Linux	以网络为核心，性能稳定，多用户操作，支持多任务、多进程
Mac OS	苹果系列计算机上的专用操作系统，具有较强的图形处理能力，广泛应用于广告、印刷及影视制作等领域。与 Windows 相比缺乏较好的兼容性，影响了它的普及
Android	是一种基于 Linux 的自由及开放源代码的操作系统，主要用于移动设备，如智能手机和平板电脑
iOS	苹果公司开发的手持设备操作系统

2.认识 Windows 10 操作系统

Windows 10 是微软公司研发的跨平台操作系统，应用于计算机和平板电脑等设备，于 2015 年 7 月 29 日发行。

Windows 10 在易用性和安全性方面有了极大的提升，除了与云服务、智能移动设备、自然人机交互等新技术进行融合外，还对固态硬盘、生物识别、高分辨率屏幕等技术进行了优化和完善。

▲真题再现▲

1.（2018 年单项选择题）下列不属于操作系统的是_____。

A. Linux   B. Microsoft Office

C. Windows   D. Mac OS

【答案】B

【解析】Microsoft Office 是微软推出的办公软件套件。

考点 4 键盘和鼠标

1. 常用的键盘按键

常用的键盘按键及其功能一览表见表 3-3.

表 3-3 常用的键盘按键及其功能一览表

按键	名称	主要功能
Shift	上档键	输入英文字母时切换大小写
Ctrl	控制键	与其他键组合使用，能够完成一些特定的控制功能。如 Ctrl+C、Ctrl+V
Alt	转换键	与其他键组合使用，如 Alt+Tab、Alt+F4
Space	空格键	输入空格
Enter	回车键	启动执行命令或产生换行
Backspace	退格键	光标向左退回一个字符位，同时删掉位置上原有字符
Tab	制表键	控制光标右向跳格
⊞	Windows 键	快速打开 Windows 的"开始"菜单
Insert	插入 / 改写健	在编辑文本时，切换编辑模式。插入模式时输入内容追加到正文，改写模式时输入内容替换插入点后的正文
Del（Delete）	删除键	删除文件或文件夹、字符
Print Screen（prtsc）	屏幕复制键	Windows 环境下，整个屏幕的显示作为图形存入剪贴板；同 Alt 组合，复制当前窗口显示作为图形存入剪贴板
Esc	退出键	退出或放弃操作

2. 鼠标的使用

1）鼠标的基本操作

● 移动、指向：在不按任何键时移动鼠标，指针落在某个图标上。

● 单击：当鼠标指针指向某个对象时，快速按下左键并释放。通常用来选中某一对象。

● 双击：当鼠标指针指向某个对象时，快速按下左键两次并释放。通常用来打开某一对象。

● 右击：快速按下鼠标右键并释放，用于弹出快捷菜单。

● 拖动：按住鼠标左键或右键的同时移动鼠标。一般用来复制或移动文字或相关对象。

2）鼠标指针形状

鼠标操作过程中，在不同状态和界面下指针呈不同的形状。在图 3-1 列示了鼠标指针的形状和含义，仅供同学们做简单了解。

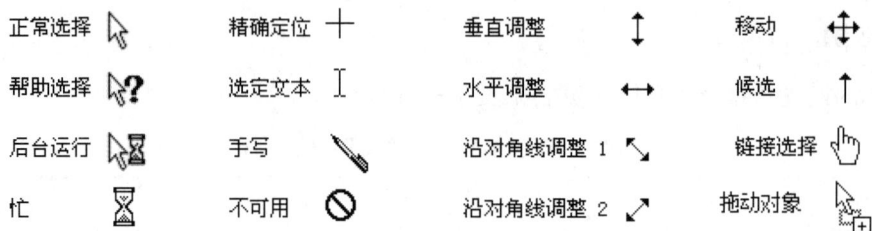

正常选择 ⬉	精确定位 ✛	垂直调整 ↕	移动 ✛
帮助选择 ⬉?	选定文本 I	水平调整 ↔	候选 ↑
后台运行 ⬉⌛	手写 ✎	沿对角线调整 1 ⬉	链接选择 ☝
忙 ⌛	不可用 ⊘	沿对角线调整 2 ⬈	拖动对象 ⬉

图 3-1　鼠标指针的形状和含义

考点5　设置Windows 10桌面

安装了 Windows 10 的计算机，开机后显示器上显示的整个屏幕区域称为桌面。桌面上的主要元素有图标、"开始"按钮和任务栏等。用户需要处理的文件和各种应用程序都可以从桌面并按照一定步骤找到并执行，丰富多彩的图形化界面还可以根据个人喜好自由设定。

1. 设置桌面背景

Windows 10 操作系统提供了很多个性化的桌面背景，用户可以选择其中之一作为桌面背景，也可以将自己拍摄、下载、绘制的图片自定义为桌面背景。

方法：在桌面空白处右击，在弹出的快捷菜单中选择"个性化"命令，打开个性化设置窗口（如图 3-2 所示），然后单击该窗口中的"背景"进行设置。用户在"背景"下拉列表中可以选择"图片"、"纯色"或"幻灯片放映"等来设置自己的桌面背景。

用户也可以单击"开始"按钮，在打开的"开始"菜单中选择"设置"选项，打开 Windows 设置窗口，然后选择"个性化"→"背景"，也可以打开图 3-2 所示窗口进行桌面背景设置。

图 3-2　个性化设置

2. 设置屏幕保护程序

屏幕保护程序指在开机状态下一段时间内没有使用鼠标或键盘操作时，屏幕上出现的动画或图案。屏幕保护程序可以起到保护信息安全、减少显示器的损耗、延长显示器寿命的作用。设置屏幕保护程序后，用户如果在设置的等待时间内既没有单击鼠标，也没有按动键盘按键就会启动屏幕保护程序，但是启动屏幕保护程序后不会关闭计算机上正在运行的程序。

设置屏幕保护程序的步骤如下：单击图 3-2 所示窗口左侧的"锁屏界面"，在窗口右侧单击"屏幕保护程序设置"，系统弹出"屏幕保护程序设置"对话框，按图 3-3 所示进行设置。

图 3-3 "屏幕保护程序设置"对话框

3. 设置显示器的分辨率

显示器分辨率是指显示器所能显示的像素数量。像素越多，画面越精细，同样的屏幕区域能显示的信息也越多。

设置显示器分辨率的方法：在桌面空白处右击，在弹出的快捷菜单中选择"显示设置"命令，打开如图 3-4 所示窗口并进行设置。用户也可以单击"开始"按钮，在打开的"开始"菜单中选择"设置"选项，打开 Windows 设置窗口，然后选择"系统"→"显示"，也可以打开如图 3-4 所示窗口设置显示器的分辨率。

图 3-4 显示设置

考点6　Windows 10桌面图标

在 Windows 10 中，图标（见图 3-5）是一个小的图像，它们的形状各异，代表不同的含义。所有的文件、文件夹和应用程序都用图标来形象地表示。用户双击这些图标可以快速地打开文件、文件夹或者应用程序。图标包含系统图标和快捷方式图标。系统自带的一些有特殊用途的图标被称为系统图标，如"此电脑""回收站"等。快捷方式图标的左下角有一个箭头。

图 3-5　各式各样的图标

Windows 10
桌面图标

1. 设置桌面图标

刚安装的 Windows 10 桌面上只有"回收站"图标。用户可以通过手动添加的方式将其他系统图标置于桌面上，以便进行操作。步骤是：在图 3-2 所示个性化设置窗口中选择"主题"选项，然后在"相关的设置"下单击"桌面图标设置"按钮，打开如图 3-6 所示对话框并进行设置。

2. 排列图标

当桌面上的图标杂乱无章地排列时，用户可以排列桌面图标。通常情况下，用户只要用鼠标拖动桌面上的图标，就可以将图标移动到自己希望放置的位置。

此外，系统还提供了四种图标排列方式：按名称、大小、项目类型和修改日期。操作方法：在桌面的任意空白处右击，在弹出的快捷菜单中选择"排序方式"，根据需要在下一级菜单中选择四种排列方式（如图 3-7 所示）之一即可。

用户还可以通过选择"自动排列图标"命令，使桌面图标始终保持整齐的状态。在图 3-7 所示菜单中，选择"查看"，然后在下一级菜单中选择"自动排列图标"命令即可，如图 3-8 所示。用户设置自动排列图标后，就不能将图标拖动到桌面任意位置了。用户如果不勾选"显示桌面图标"命令，则桌面上的图标会全部消失。

图 3-6 "桌面图标设置"对话框

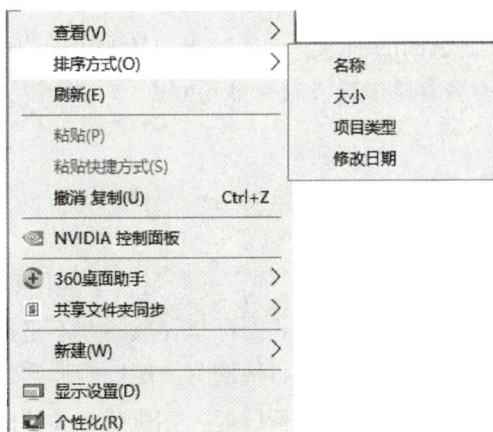

图 3-7 "排序方式"子菜单

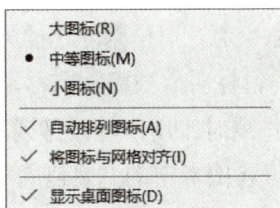

图 3-8 "自动排列图标"命令

3. 更改桌面图标样式

如果用户不喜欢系统默认的桌面图标样式，可以从 Windows 10 所提供的众多图标样式中进行选择，更改桌面图标。例如，用户想更改"此电脑"图标的样式，可以打开图3-6 所示"桌面图标设置"对话框，选中"此电脑"图标，单击"更改图标"按钮，在弹出的对话框中选中想要更改的样式并单击"确定"按钮即可。

文件夹图标和快捷方式图标的样式也可以更改，具体方法此处不再赘述，可以利用计算机实际操作一下。

另外，用户还可以根据自己的需要和喜好为桌面图标重新命名。一般来说，重命名的目的是让图标的意思表达得更明确，以方便用户使用。

▶ 真题再现 ▶

（2019 年单项选择题改编）在 Windows 10 中，按名称、大小等排列方式排列桌面上图标的正确操作是_____。

A. 在"开始"菜单上右击，将出现一个快捷菜单，然后选择"排序方式"

B. 在桌面的任意图标上右击，将出现一个快捷菜单，然后选择"排序方式"

C. 在任务栏上右击，将出现一个快捷菜单，然后选择"排序方式"

D. 桌面的任意空白处右击，将出现一个快捷菜单，然后选择"排序方式"

【答案】D

【解析】Windows 10 系统提供了四种图标排列方式：按名称、大小、项目类型和修改日期。其方法为：在桌面的任意空白处右击，在弹出的快捷菜单中选择"排序方式"，根据需要在下一级菜单中选择四种排列方式之一即可。

考点7 Windows 10快捷方式

快捷方式就是一个扩展名为 .lnk 的文件，一般与一个应用程序或文档关联，用来快速打开相关联的应用程序或文档。快捷方式图标里存放的并不是关联的应用软件程序或文档，而是应用程序或文档所在的路径。执行快捷方式图标时，实际上是指出图标文件的路径，系统知道路径后，会自动与原文件进行链接，并执行文件的内容。快捷方式图标的一个明显特征是其左下角有一个指向右上方的小箭头。

用户可以为 Windows 10 中一个对象（应用程序或文档）创建多个快捷方式，但是一个快捷方式关联的目标对象只能是一个。用户删除快捷方式后不会删除快捷方式指向的目标对象，但是如果快捷方式指向的目标对象被删除或移动则快捷方式失效。

假设 D 盘中有一个名为"123"的文件，为其在桌面上创建快捷方式的方法有：

①选中该文件，选择"主页"选项卡中的"复制"，然后在桌面上右击，在弹出的快捷菜单中选择"粘贴快捷方式"命令。

②右击该文件，在弹出的快捷菜单中选择"发送到"→"桌面快捷方式"命令。

③利用鼠标右键将该文件拖到桌面上，释放右键后在弹出的快捷菜单中选择"在当前位置创建快捷方式"命令。

用户在"开始"菜单的程序列表中选择要建立快捷方式的程序，可以为相应程序在桌面上创建快捷方式，但是需要注意的是删除应用程序的快捷方式后，并不会卸载该程序。

1.（2018 年单项选择题改编）在 Windows 10 中，关于快捷方式的说法正确的是_____。

A. 一个对象可以有多个快捷方式

B. 不允许为快捷方式创建快捷方式

C. 一个快捷方式可以指向多个目标对象

D. 只有文件和文件夹对象可以创建快捷方式

【答案】A

【解析】一个对象可以有多个快捷方式，但是一个快捷方式指向的目标对象只能是一个。

2.（2018 年单项选择题）快捷方式就是一个扩展名为_____的文件。

A. .bat　　　　　　　　　　　B. .exe

C. .lnk　　　　　　　　　　　D. .ini

【答案】C

【解析】快捷方式是一个扩展名为 .lnk 的文件。.bat 文件和 .exe 文件是可执行文件。.ini 是 initialization 的缩写，.ini 初始化文件是 Windows 系统存储配置信息的文件。

3.（2017 年单项选择题）在 Windows 10 中，可以创建快捷方式的情况是_____。

A. 只能是单个文件　　　　　　B. 任何文件或文件夹

C. 只能是可执行的程序或程序组　　D. 只能是程序文件或文档文件

【答案】B

【解析】文件、文件夹或应用程序均可以创建快捷方式。

4.（2017 年判断题改编）在 Windows 10 中可以用直接拖曳应用程序图标到桌面的方法来创建快捷方式。

A. 正确　　　　　　　　　　　B. 错误

【答案】A

【解析】用户在"开始"菜单的程序列表中选择要建立快捷方式的程序，直接将图标拖到桌面即可。

考点8　任务栏与"开始"菜单

1. 任务栏

Windows 10 桌面底部的条状区域叫任务栏，设置任务栏的主要目的是帮助用户快速启动常用的程序及方便地切换当前的程序。

1）任务栏的组成

任务栏从左到右分成"开始"按钮、搜索框、与 Cortana 交流、任务视图、快速启动工具栏、任务按钮栏、通知区域和显示桌面按钮八个部分，如图 3-9 所示。

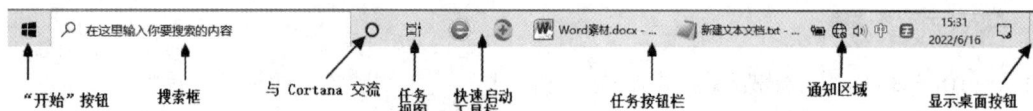

图 3-9 任务栏

①"开始"按钮：单击此按钮可以打开"开始"菜单。

②搜索框：用户可以在此输入想要搜索的内容，如计算机中的应用程序、文件、文件夹或网络信息。

③与 Cortana 交流：Windows 10 自带的智能助手，支持智能语音搜索，使用更方便。

④任务视图：又称为虚拟桌面。单击该按钮或按组合键"Windows+Tab"，可打开任务视图。利用任务视图用户可以将不同文件、文件夹及程序图标分类放置到不同"桌面"，每个桌面都是独立的。文件、文件夹及程序图标可以在桌面与桌面之间相互拖动，通过直接移动可以快速分担主桌面的压力。

⑤快速启动工具栏：该工具栏存放最常用程序的快捷方式，单击该工具栏中的图标可以快速启动相应的应用程序。在"开始"菜单的程序列表中选择应用程序并右击，在弹出的快捷菜单中选择"更多"→"固定到任务栏"命令，可以将该应用程序固定到任务栏，以便从桌面快速访问。如果已经打开某应用程序，则在任务栏上右击该应用程序图标，然后在快捷菜单中选择"固定到任务栏"命令即可。

⑥任务按钮栏：显示已打开的应用程序或文档窗口的缩略图，单击任务按钮可以快速地在这些应用程序或文档之间进行切换，也可以在任务按钮上右击，通过弹出的快捷菜单对应用程序或文档进行控制。

⑦通知区域：包括时钟、音量、网络、语言栏及其他一些显示特定程序和计算机设置状态的图标。单击通知区域中的图标通常会打开与其相关的程序或设置对话框，有的图标还能显示小的弹出窗口（也称为通知）以通知某些信息。

⑧显示桌面按钮：鼠标指针移动到该按钮上，可以预览桌面。用户若单击该按钮可以快速返回桌面，也可以使用组合键"Windows+D"快速返回桌面。

2）任务栏的设置

①改变任务栏的位置。桌面屏幕的四边（底部、顶部、左边、右边）都可以放置任务栏。用户可以通过拖动鼠标或在任务栏空白处右击，在弹出的快捷菜单中选择"任务栏设置"命令，打开任务栏设置窗口（如图 3-10 所示），进行设置。

③改变任务栏的高度。用鼠标拖动任务栏的上边沿可以改变任务栏的高度。任务栏的高度最高为桌面屏幕的一半。

③锁定任务栏。任务栏被锁定后，不能通过拖动鼠标改变任务栏的高度和位置。用户可以通过图 3-10 所示的任务栏设置窗口设置锁定任务栏，也可以右击任务栏空白处，在弹出的快捷菜单中选择"锁定任务栏"命令。

④自动隐藏任务栏。将任务栏设置为自动隐藏，可以扩大应用程序的窗口区域。当鼠标移到屏幕的下边沿时，任务栏将自动弹出。

⑤自定义通知区域。用户可以自定义通知区域中出现的图标和通知。

图 3-10　任务栏设置窗口

2."开始"菜单

在 Windows 10 中，几乎所有操作都可以通过"开始"菜单来实现。使用"开始"菜单可以快速启动程序、打开文档、改变系统设置等。Windows 10"开始"菜单的左侧区域列出了供用户快速访问的常用项目，右侧是用来固定应用磁贴或图标的区域，方便快速打开应用程序。

1）打开"开始"菜单的方式

①单击任务栏上的"开始"按钮，可以打开"开始"菜单。

②按键盘上的"Windows"键，可以打开"开始"菜单。

③使用组合键"Ctrl+Esc"，可以打开"开始"菜单。

2）"开始"菜单设置

在图 3-10 所示的任务栏设置窗口左侧选择"开始"选项，可以在打开的窗口对"开始"菜单进行设置，如图 3-11 所示。例如，可以设置在"开始"菜单上显示更多磁贴、在"开始"菜单中显示应用列表等。

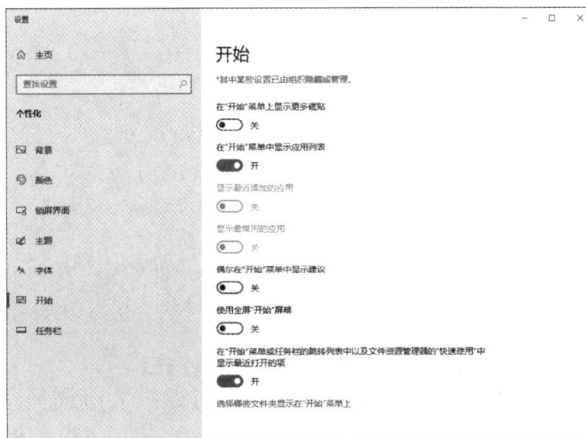

图 3-11　设置"开始"菜单

1.（2022 年单项选择题改编）下列关于 Windows 10 任务栏的说法，错误的是_____。

A.可以通过任务栏启动任务管理器

B.可以通过任务栏将打开的所有窗口最小化

C.可以通过任务栏设置已打开应用程序的属性

D.可以隐藏任务栏，也可以改变任务栏的位置

【答案】C

【解析】用户设置应用程序的属性，主要利用"此电脑"或"文件资源管理器"。

2.（2019 年判断题改编）Windows 10 的任务栏可以被拖动到桌面的任意位置。

A.正确　　　　　　　　　　　　　　B.错误

【答案】B

【解析】任务栏可以放在桌面屏幕的顶部、底部、左边、右边，但不是任意位置。

考点9　输入法设置

输入法设置主要包括添加与删除输入法、启动任务栏上的指示器和输入法的切换。

1. 添加与删除输入法

设置方法：单击"开始"菜单中的"设置"，打开 Windows 设置窗口→单击"时间和语言"选项→单击"语言"选项→选择"中文（中华人民共和国）"选项→单击"选项"按钮，可以在打开的语言选项设置窗口的"键盘"区域看到计算机上已经安装的输入法（如图 3-12 所示），选中不需要的输入法，单击"删除"按钮，即可删除该输入法。如果要添加内置输入法，在图 3-12 所示窗口中单击"添加键盘"按钮，在弹出的列表中选中要添加的输入法即可。

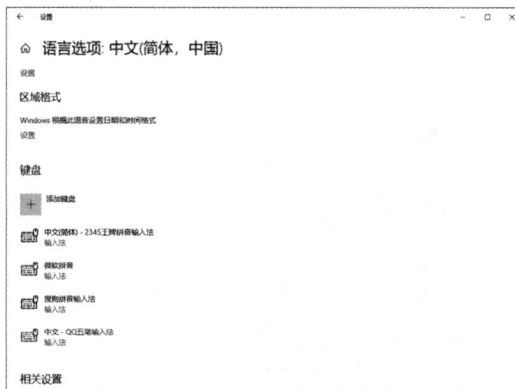

图 3-12　语言选项设置窗口

2. 启用任务栏上的指示器

方法：打开 Windows 设置窗口→单击"时间和语言"选项→单击"语言"选项→单

击"拼写、键入和键盘设置"→单击"高级键盘设置"→单击"语言栏选项"→打开"文本服务和输入语言"对话框（如图 3-13 所示）。在该对话框中可以设置语言栏悬浮于桌面上、停靠于任务栏或隐藏。

图 3-13　"文本服务和输入语言"对话框

3. 输入法的切换

用户可以通过任务栏上的输入法指示器来选择不同的输入法，也可以按"Ctrl+Shift"组合键在各输入法之间进行切换，按"Ctrl+Space"组合键进行中英文方式切换。

考点10　Windows 10窗口的基本组成

Windows 10 操作系统及其应用程序采用图形化界面，只要运行某个应用程序或打开某个文档，就会对应出现一个矩形区域，这个矩形区域称为窗口。Windows 10 操作系统中有应用程序窗口和文档窗口等。虽然各个窗口的内容和作用不同，但是其外观大同小异。标准的 Windows 10 窗口通常由标题栏、选项卡、功能区、地址栏、搜索框、导航窗格、详细信息面板、滚动条等组成。Windows 10 窗口如图 3-14 所示。

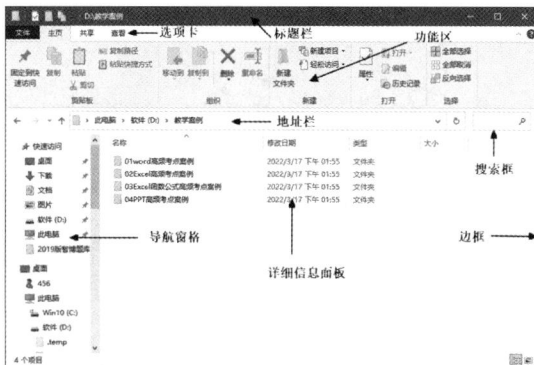

图 3-14　Windows 10 窗口

1. 标题栏

标题栏位于窗口的最上方，显示文档和程序的名称（对于文件夹窗口，则显示文件夹的名称）。标题栏的最右侧是最小化、最大化/还原和关闭按钮。需要注意的是，"最大化"按钮和"还原"按钮两者不能同时出现，即窗口处于最大化状态时显示"还原"按钮，而当窗口处于还原状态时显示"最大化"按钮。如果单击"最小化"按钮，窗口并没有关闭而是缩小为任务栏中的一个任务按钮，转为后台继续运行。若用户单击"关闭"按钮，则关闭窗口。

2. 选项卡

对于文件夹窗口，一般包含"文件""主页""共享""查看"四个选项卡，而对于驱动器窗口，则会增加"驱动器工具"选项卡。每一个选项卡中均包含一系列命令，通过执行这些命令可完成用户需要的操作任务。

3. 功能区

在 Windows 10 窗口中，把命令按钮放在一个带状、多行的工具栏中，称为功能区。

4. 地址栏

地址栏主要用于显示窗口内应用对象所在的路径，用户也可以在地址栏内输入地址以实现对目标对象的访问。

5. 搜索栏

搜索栏位于地址栏的右侧，用户可以在此搜索要查找的目标。如何利用搜索栏进行文件或文件夹的查找，在文件或文件夹管理的相关考点下会着重讲解。

6. 详细信息面板

详细信息面板显示当前路径下的文件和文件夹的详细信息，如文件或文件夹的名称、修改日期、类型、大小等。

7. 滚动条

用户可以利用滚动条滚动窗口查看当前视图之外的信息。Windows 10 中滚动条有水平滚动条和垂直滚动条两种，并不是每个窗口上都具有滚动条。当窗口区域显示内容的高度大于显示窗口的高度时，将在右侧出现垂直滚动条；当显示内容的宽度大于显示窗口的宽度时，将在底部出现水平滚动条。

真题再现

（2019年单项选择题改编）Windows 10 操作系统中，某窗口的大小占桌面的三分之二，该窗口标题栏最右侧存在的按钮分别是_____。

A. 最小化、还原、关闭　　　　　　　B. 最小化、最大化、还原

C. 最大化、还原、关闭　　　　　　　D. 最小化、最大化、关闭

【答案】D

【解析】根据题意"窗口的大小占桌面的三分之二",说明该窗口处于"还原"状态。用户可以将该窗口最小化、最大化和关闭。

考点11 Windows 10窗口的基本操作

1. 移动窗口

当窗口处于"还原"状态时,用户可以移动窗口。用户移动窗口时,首先将鼠标指针指向其标题栏,然后拖动标题栏可以将窗口移动到希望的位置。

2. 调整窗口大小

当窗口处于"还原"状态时,用户可以调整窗口的大小。用户调整窗口的大小时(使其变小或变大),应将鼠标指向窗口的任意边框或边角,当鼠标指针变成双箭头时(如图3-15所示),拖动边框或边角可以缩小或放大窗口。

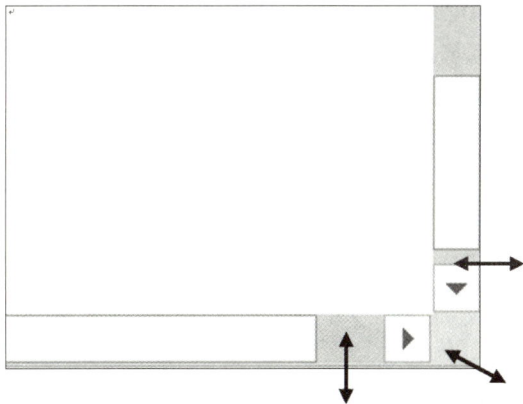

图 3-15 拖动窗口的边框或边角以调整其大小

3. 窗口的"最大化"或"还原"

①可以双击标题栏完成窗口的最大化和还原的切换。

②可以利用标题栏最右侧的"最大化(还原)"按钮实现窗口的最大化或还原。

③ Windows 10 提供了半自动化的窗口缩放功能。拖动"还原"状态下的窗口标题栏到屏幕最上方,窗口会自动最大化;如果将最大化的窗口稍微向下拖放,窗口会自动被还原;如果将窗口拖动到屏幕的左右边缘,窗口就会自动变为桌面的50%。

4. 切换窗口

Windows 10 是一个多任务操作系统,允许多个程序同时运行,但是在某一时刻,只能有一个窗口处于活动状态。所谓活动窗口是指该窗口可以接收用户的键盘和鼠标输入等操作,其显著特征是标题栏高亮显示。非活动窗口不会接收键盘和鼠标输入,但相应的应用程序仍在运行,称为后台运行。用户可以利用下列方法在打开的多个窗口间切换。

①使用任务栏。单击"任务栏"上代表该窗口的按钮,使之成为当前的活动窗口。

②利用组合键"Alt+Tab"可以在多个打开的程序或窗口间切换。按住 Alt 键的同时重复按 Tab 键，循环显示所有打开的窗口，释放 Alt 键即可显示所选窗口。

③使用组合键"Alt+Esc"可以在打开的非最小化窗口间循环切换。

5.排列窗口

右击任务栏的空白处，选择快捷菜单中的"层叠窗口"、"堆叠显示窗口"或"并排显示窗口"命令就可以在桌面实现相应的窗口排列方式。

6.关闭窗口

关闭窗口或程序的方法比较多，本章仅列出其中三种常用的方法：
①单击标题栏右侧"关闭"按钮，可以关闭当前窗口或退出程序。
②使用组合键"Alt+F4"，关闭当前应用程序或窗口。
③双击标题栏左侧的"控制菜单"图标。

真题再现

1.（2020 年单项选择题）下列有关窗口的描述中，错误的是_____。
　A.应用程序窗口最小化后转到后台执行　　　　B.Windows 10 窗口顶部通常是标题栏
　C.Windows 10 系统中显示的窗口都是是活动窗口　　D.拖曳窗口标题栏可以移动窗口
【答案】C
【解析】所谓活动窗口是指该窗口可以接收用户的键盘和鼠标输入等操作。Windows 10 是一个多任务操作系统，允许多个程序同时运行，但是在某一时刻，只能有一个窗口处于活动状态。

2.（2019 年判断题）双击文件资源管理器窗口标题栏可以完成窗口的最大化和还原的切换。
　A.正确　　　　　　　　　　　　　　　　　　B.错误
【答案】A
【解析】用户可通过双击文件资源管理器窗口或其他程序窗口的标题栏完成窗口的最大化和还原的切换。

3.（2019 年判断题）非活动窗口在后台运行，不能接收用户的键盘和鼠标输入等操作。
　A.正确　　　　　　　　　　　　　　　　　　B.错误
【答案】A
【解析】非活动窗口不能接收键盘和鼠标输入，但相应的应用程序仍在运行，称为后台运行。

考点12　Windows 10对话框

对话框是一种特殊的窗口，它可以把计算机的某些信息告诉用户，而用户通过操作对话框又能够把自己的选择告诉计算机，因此利用对话框可以完成比

Windows 10
对话框

较复杂的操作。Windows 10 操作系统中有许多不同的对话框，它一般都包含文本框、列表框、命令按钮、选择按钮等控件。与常规窗口不同，多数对话框没有菜单栏，无法最大化、最小化或调整大小，也不能缩成任务栏上的图标，但是它们可以被移动。用户将鼠标指针指向对话框的标题栏，拖曳鼠标即可移动对话框。

对话框分为模式对话框和非模式对话框。所谓模式对话框，是指当该种类型窗口打开时，主程序窗口被禁止，只有关闭该对话框，才能处理主程序窗口；而对于非模式对话框，即使在不关闭时仍可处理主程序窗口。

考点13　文件和文件夹

1. 文件和文件夹的概念

文件是指存放在存储设备器上的一组相关信息的集合。文件可以是一个程序，也可以是一篇文章、一首乐曲、一幅图画等。

文件夹是组织文件的一种方式。用户可以把同一类型的文件保存在一个文件夹中，也可以根据用途将文件保存在一个文件夹中。在 Windows 10 的许多文件夹中，有些是系统文件夹（如"回收站""控制面板""此电脑"等），有些是用户创建的文件夹。

2. 文件和文件夹的命名

计算机中每个文件都有一个名称，称为文件名。文件名是系统区分不同文件的唯一标志。文件名由主文件名和扩展名两部分组成，两者用"."隔开。常见文件的扩展名见表3-4。文件扩展名标识了文件的类型。操作系统根据文件扩展名建立了应用程序与文件的关联关系。文件可以没有扩展名。对于没有扩展名的文件，用户只能自己选择相应程序打开该文件。通常不建议用户随意修改扩展名，否则可能导致文件不能正常打开。文件夹一般不使用扩展名。

表 3-4 常见文件的扩展名

扩展名	文件类型	扩展名	文件类型
.txt	纯文本文件	.jpg、.bmp	图片文件
.docx	Word 文件	.wav、.mp3	音频文件
.xlsx	Excel 文件	.avi、.mov	视频文件
.pptx	PowerPoint 文件	.exe、.com	可执行文件
.htm、.html	网页文件	.rar、.zip	压缩文件

用户给文件命名时，最多包含255个字符。这些字符可以是英文字符、汉字、数字、下画线、空格及其他一些符号等组成，但不能使用"\""/"":"""*""?"""""<"">""|"等字符，如图3-16所示，因为这些符号在系统中另有其他用途。用户给文件命名时还要注意，同一文件夹下不能有重名的文件或文件夹；不能利用英文字母大小写来区分文件名。

图 3-16 文件名中不能包含的字符

3. 文件或文件夹的重命名

在 Windows 10 中，用户可以根据需要随时更改文件或文件夹的名称。使用的主要方法有：

①选中要改名的文件或文件夹，单击"主页"选项卡，在"组织"组中选择"重命名"命令，输入新名称后按回车键。

②右击要改名的文件或文件夹，在弹出的快捷菜单中选择"重命名"命令，输入新名称后按回车键。

③两次有间隔地单击文件或文件夹名称，输入新名称后按回车键。

④选定要改名的文件或文件夹，按 F2 键，输入新名称后按回车键。

Windows 10 默认情况下不显示已知文件类型的扩展名，以避免用户随意修改扩展名。用户如果确有必要修改文件的扩展名，必须显示文件的扩展名，用户可以单击"查看"选项卡，在"显示/隐藏"组中选中"文件扩展名"（选中后出现"√"），这样以后的文件列表将显示所有文件的扩展名。

真题再现

1.（2021 年多项选择题）下列关于计算机文件的命名，正确的是 _____。
   A. 同一文件夹中可以同时存在 my.txt 和 my 两个文件
   B. 在隐藏扩展名时，同一文件中不能同时存在命名为 my.txt 和 my 的文件
   C. 同一分区不同文件夹中可以同时存在命名为 my.txt 和 my 的文件
   D. 不同分区中可以同时存在命名为 my.txt 和 my 的文件
   【答案】ACD
   【解析】选项 B 中文件 my.txt，隐藏扩展名后显示为 my，但是其文件名仍为 my.txt，与文件 my 并不重名，可以同时存在于同一个文件夹中。

2.（2020 年填空题）文件名中标识文件类型的是 _____。
   【答案】扩展名
   【解析】文件扩展名标识了文件的类型。操作系统根据文件扩展名建立了应用程序与文件的关联关系。

3.（2019 年判断题改编）在 Windows 10 中，文件名可以包含空格。
   A. 正确   B. 错误
   【答案】A
   【解析】文件名可以使用英文字符、汉字、数字、下画线、空格。

考点14 文件资源管理器

文件资源管理器是 Windows 10 操作系统提供的资源管理工具，用户可以使用它查看计算机中的所有资源，特别是其提供的树形文件系统结构，能让用户更清楚、更直观地了解计算机中的文件和文件夹。文件资源管理器可以管理的项目很多，有"桌面""库""此电脑""网络"等。文件或文件夹的创建、打开、移动、复制、删除、重命名都可以使用"此电脑"和"文件资源管理器"实现。

1. 文件资源管理器

启动文件资源管理器的方法很多，下面是一些常用的方法：
①右击"开始"按钮，在弹出的快捷菜单中选择"文件资源管理器"命令。
②单击锁定在快速启动栏上的文件资源管理器图标。
③单击"开始"按钮→打开"开始"菜单→单击"Windows 系统"，在展开的 Windows 系统菜单中单击"文件资源管理器"。

④单击任务栏中的"搜索"按钮，在搜索框中输入"文件资源管理器"后进行搜索。

⑤使用组合键"Windows+E"。

Windows 文件资源管理器分左、右两个窗口，其中左侧导航窗格为一个树形控件视图窗口，右窗口为内容窗格。在左侧导航窗格中，当某个节点下还包含下级节点时，该节点的前面将带一个"＞"标记。单击节点前的"＞"可以展开该节点，单击展开节点前的"Ⅴ"可以收缩节点。节点展开后，在左侧的导航窗格中单击某项目，则右侧窗格将显示该项目的内容。

在文件资源管理器中单击"查看"选项卡，利用"布局"组中的命令，用户可以根据需要选择使用超大图标、大图标、中图标、小图标、列表、详细信息、平铺、内容等不同的视图模式来显示资源管理器中的内容。

2. 此电脑

双击桌面上的"此电脑"图标，可以打开"此电脑"窗口。

在"此电脑"窗口中用户可以进行打开、查找、复制、删除文件，以及文件重命名、创建新的文件及设置文件夹属性等操作。

3. 库

Windows 10 使用了"库"组件，方便对各类文件或文件夹进行管理。库可以收集不同位置的文件，并将其显示为一个集合，但库中并不真正存储文件。库存储的是文件或文件夹的快照（类似快捷方式），只提供一种更加快捷的管理方式。Windows 10 库中默认提供视频、图片、文档、音乐 4 种类型库，如不能满足需求用户可以根据需要对库进行操作，如创建新库、添加或删除库所管理的文件夹等。

考点 15　文件或文件夹的创建和选择

1. 新建文件夹

①在要建立新文件夹的磁盘或文件夹内右击→单击"新建"子菜单→选择"文件夹"命令→输入文件夹名→按回车键或用鼠标单击空白处。

②定位在要建立新文件夹的磁盘或文件夹→选择"主页"选项卡"新建"组中的"新建文件夹"命令→输入文件夹名→按回车键或用鼠标单击空白处。

2. 新建文件

用户可以建立一些已经在操作系统中注册了的文件类型，主要方法有两种：

①在要建立新文件的磁盘或文件夹内右击→单击"新建"子菜单→选择需要的文件类型→输入文件名→按回车键或用鼠标单击空白处。

②定位在要建立新文件的磁盘或文件夹→单击"主页"选项卡"新建"组中的"新建项目"→选择需要的文件类型→输入文件夹名→按回车键或用鼠标单击空白处。

用户若要编辑文件中的内容还需要调用文件关联的应用程序来完成。

3. 文件或文件夹的选择

在进行文件和文件夹的复制、移动、重命名和删除等操作时，需要先选中要操作的文件和文件夹。文件或文件夹的选择见表 3-5。

表 3-5　文件或文件夹的选择

选中对象	操作方法
单个文件或文件夹的选取	鼠标直接单击所要选中的对象
选取多个连续的文件或文件夹	鼠标左键单击第一个对象，按住 Shift 键，单击要选中的最后一个文件或文件夹
选取不连续的多个文件或文件夹	鼠标左键单击第一个对象，按住 Ctrl 键不放，逐个单击要选中的文件和文件夹
选取当前文件夹中的全部内容	单击"主页"选项卡中的"全部选择"命令，或用组合键"Ctrl+A"
取消一个被选中的文件或文件夹	按下 Ctrl 键不放，单击要取消的对象
取消所有被选中的文件或文件夹	在内容窗格的任意空白处单击

真题再现

（2017 年单项选择题改编）在 Windows 10 的"文件资源管理器"窗口中，如果想一次选中多个分散的文件或文件夹，正确的操作是 _____。

A. 按住 Shift 键，用鼠标右键逐个选取

B. 按住 Ctrl 键，用鼠标左键逐个选取

C. 按住 Alt 键，用鼠标右键逐个选取

D. 按住 Shift 键，用鼠标左键逐个选取

【答案】B

【解析】如果想一次选中多个分散的文件或文件夹，需要按住 Ctrl 键，用鼠标左键逐个单击要选取的对象。

考点 16　文件或文件夹的属性

一个文件或文件夹有很多属性，其中最重要的是"只读""存档""隐藏""压缩""加密"等属性，对于文件夹还可以设置"共享"属性，而文件不具有"共享"属性。

"隐藏"属性：设置"隐藏"属性后，该文件或文件夹将被隐藏起来，即不显示在"文件资源管理器"窗口中。若要显示具有"隐藏"属性的文件或文件夹可通过"查看"选项卡"显示 / 隐藏"组，选择"隐藏的项目"即可。

"只读"属性：表示这个文档只能打开观看，不能修改原内容。

"共享"属性：将文件夹设置为"共享"属性，则当计算机与某个网络连接后，在该网络中的其他计算机可以通过网络查看或使用该共享文件夹中的文件。

"加密"属性：对文件或文件夹设置"加密"属性，可以有效地保护它们免受未经许可的访问。

查看或设置文件属性主要有两种方法：

①右击文件或文件夹，选择"属性"命令，即可打开属性对话框，如图 3-17 所示。

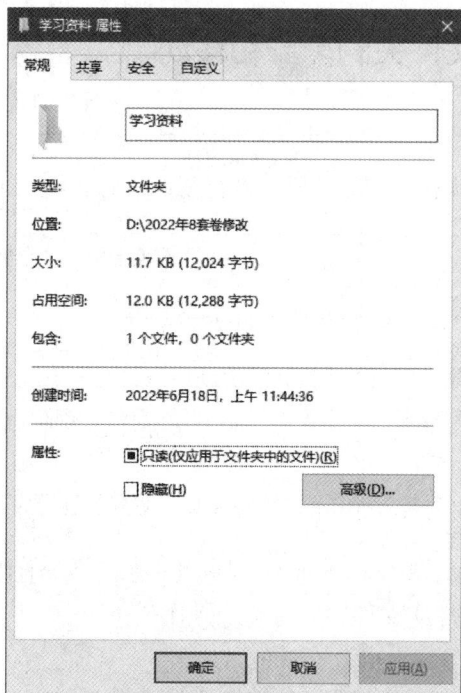

图 3-17　属性对话框

②选中文件或文件夹→单击"主页"选项卡，选择"打开"组中的"属性"，即可打开属性对话框进行设置。

真题再现

1.（2022 年单项选择题改编）在 Windows 10 中，下列属于文件和文件夹常规属性的是 _____。

A. 压缩　　　　　　　　　　　　B. 隐藏

C. 系统　　　　　　　　　　　　D. 共享

【答案】B

【解析】文件或文件夹最常规的两个属性是"只读"和"隐藏"。文件不可以设置"共享"属性。

将文件或文件夹属性设置为"隐藏"后，在操作系统的默认设置中，该文件或文件夹将被隐藏起来，即不显示在"文件资源管理器"窗口中。

2.（2018年单项选择题改编）在 Windows 10 中，文件的属性中不包含 _____。

    A. 隐藏　　　　　　　　　　B. 只读

    C. 共享　　　　　　　　　　D. 存档

【答案】C

【解析】文件不可以设置"共享"属性，而文件夹可以设置"共享"属性。

考点17　文件或文件夹的复制和移动

1. 文件或文件夹的复制和移动的不同方法

对文件和文件夹（以下统称源对象）进行复制、移动操作时，需要先选取要操作的文件或文件夹。

1）利用剪贴板

利用剪贴板移动或复制文件和文件夹见表 3-6。

表 3-6　利用剪贴板移动或复制文件和文件夹

方法	操作步骤
组合键	复制：选中源对象后使用组合键"Ctrl+C"复制，在目标位置使用组合键"Ctrl+V"粘贴
	移动：选中源对象后使用组合键"Ctrl+X"剪切，在目标位置使用组合键"Ctrl+V"粘贴
快捷菜单	复制：右击源对象，在弹出的快捷菜单中选择"复制"命令，到目标位置后右击，在弹出的快捷菜单中选择"粘贴"命令
	移动：右击源对象，在弹出的快捷菜单中选择"剪切"命令，到目标位置后右击，在弹出的快捷菜单中选择"粘贴"命令
选项卡	复制：选中源对象，使用"主页"选项卡"剪贴板"组中的"复制""粘贴"命令完成 移动：选中源对象，使用"主页"选项卡"剪贴板"组中的"剪切""粘贴"命令完成

2）使用鼠标左键拖动

使用鼠标左键拖动实现文件或文件夹的移动和复制见表 3-7。

表 3-7　使用鼠标左键拖动实现文件或文件夹的移动和复制

执行操作	位　　置	拖动方式
移动	源对象和目标位置在同一磁盘内	直接拖动鼠标左键
	源对象和目标位置不在同一磁盘内	按住 Shift 键的同时拖动鼠标左键
复制	源对象和目标位置在同一磁盘内	按住 Ctrl 键的同时拖动鼠标左键
	源对象和目标位置不在同一磁盘内	直接拖动鼠标左键

3）使用鼠标右键拖动

使用鼠标右键拖动实现文件或文件夹的移动和复制见表 3-8。

表 3-8　使用鼠标右键拖动实现文件或文件夹的移动和复制

执行操作	拖动方式
移动	选中要移动的源对象，按住右键拖动到目标位置后释放，在弹出的快捷菜单中选择"移动到当前位置"命令
复制	选中要复制的源对象，按住右键拖动到目标位置后释放，在弹出的快捷菜单中选择"复制到当前位置"命令

2. 认识"剪贴板"

剪贴板像一个中转站，可以实现不同位置不同程序间信息的共享。剪贴板能够共享或传送的信息可以是一段文字、数字或符号组合，也可以是图形、图像、声音等。剪贴板是在内存中开设的存储空间，所以当计算机关闭或重启时，保存在剪贴板中的信息会自动清除。

利用剪贴板传递信息，首先要将信息从信息源区域传到剪贴板，然后再将剪贴板内的信息粘贴到目标区域中。常用的组合键有 Ctrl+C（复制）、Ctrl+X（剪切）、Ctrl+V（粘贴）。

另外，Windows 可以将屏幕画面复制到剪贴板，要复制整个屏幕，按"PrintScreen"键；要复制活动窗口，按组合键"Alt+PrintScreen"。

真题再现

1.（2019 年单项选择题）通过按下键盘上的＿＿＿键可以将屏幕画面复制到剪贴板。

A. PrintScreen
B. Alt+PrintScreen
C. Ctrl+Delete
D. Shift+PrintScreen

【答案】A

【解析】Windows 可以将屏幕画面复制到剪贴板，要复制整个屏幕，按 PrintScreen 键；要复制活动窗口，按组合键 Alt+PrintScreen。

2.（2018 年多项选择题改编）在 Windows 10 中，下列描述，错误的是＿＿＿。

A. 剪贴板中的信息可以是一段文字、数字或符号组合，也可以是图形、图像、声音等
B. 当计算机关闭或重启时，存储在剪贴板中的内容不会丢失
C. 用鼠标拖动桌面上的图标，就可以将图标移动到自己希望放置的位置
D. 同一个文件夹中，文件与文件不能同名，文件与文件夹可以同名

【答案】BD

【解析】剪贴板是在内存中开设的存储空间，所以当计算机关闭或重启时，保存在剪贴板中的信息会自动清除。同一个文件夹中，文件与文件不能同名，文件与文件夹也不可以同名。

考点18 文件或文件夹的删除

用户删除的文件或文件夹通常被移到回收站中，以便将来需要时找回。用户也可以将文件或文件夹直接删除，而不移到回收站。

1. 删除文件或文件夹的方法

选中文件或文件夹后，通过下列方法可将删除的文件或文件夹移到回收站。

①按键盘上的 Delete 键。

②右击要删除的文件或文件夹，在弹出菜单中选"删除"命令。

③选择窗口"主页"选项卡"组织"组中的"删除"命令。

④鼠标左键拖动文件或文件夹到回收站。

若用户想直接删除文件或文件夹，而不把删除的源对象移至回收站，则按下 Shift 键不放的同时，再执行①、②、③、④的操作，被删除的文件或文件夹，不进入回收站，操作不可恢复。

U 盘、软盘、光盘、网盘上删除的文件或文件夹是不进入回收站的，删除后不可恢复。

2. 回收站的操作

回收站是一个位于硬盘的特殊文件夹，用于暂时存放硬盘上被删除的文件和文件夹。用户一旦误操作，还可以从"回收站"中恢复被误删的文件或文件夹。

1) 打开回收站

在桌面上双击"回收站"快捷图标或在桌面上右击"回收站"，在弹出的快捷菜单中选择"打开"命令均可打开回收站。

2) 恢复被删除的文件或文件夹

方法 1：在回收站窗口中，选中要恢复的对象，单击"管理 / 回收站工具"选项卡，选择"还原选定的项目"命令。

方法 2：在回收站窗口中，右击要恢复的对象，选择"还原"命令。

被"还原"的文件或文件夹回到原来被删除时的位置。

3) 删除回收站中的文件或文件夹

在回收站窗口中，用户可以按键盘上的 Delete 键或右击要删除的文件或文件夹，在弹出菜单中选择"删除"命令，或选择窗口"主页"选项卡中的"删除"命令，都可删除回收站中的文件或文件夹。

在回收站中删除文件或文件夹是彻底删除，不可恢复。

4) 清空回收站

方法 1：在回收站窗口中，单击"管理 / 回收站工具"选项卡，选择"清空回收站"命令。

方法 2：在桌面上右击"回收站"，选择"清空回收站"命令。

清空回收站后，回收站中的文件或文件夹全部被删除。

5) 设置回收站属性

右击桌面上的"回收站"快捷图标，选择"属性"命令，打开"回收站 属性"对话框（如图 3-18 所示）。利用该对话框可以设置回收站的位置及自定义大小，还可以设置不将文件移到回收站。

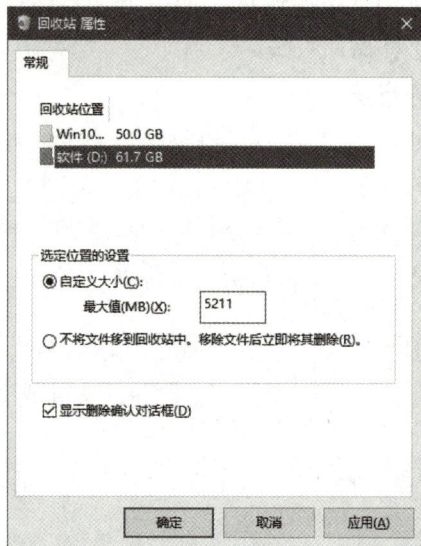

图 3-18 "回收站属性"对话框

> **真题再现**

1.（2022 年填空题）从文件夹中删除文件时，文件实际上暂时存储在 _____。

【答案】回收站

【解析】回收站是硬盘上的一个系统文件夹，主要用来存放用户临时删除的文档资料，用户删除的文件或文件夹通常被移到回收站中，以便将来需要时找回。

2.（2020 年单项选择题）在 Windows 系统中删除 U 盘中的文件，下列说法正确的是 _____。

A. 可通过回收站还原　　　　　　　　　B. 可通过撤消操作还原

C. 可通过剪贴板还原　　　　　　　　　D. 文件被彻底删除，无法还原

【答案】D

【解析】U 盘、光盘、软盘中的内容删除后不进入回收站，删除后不可恢复。

3.（2019 年单项选择题）若要永久删除文件或文件夹，使用的操作方法为 _____。

A. 直接将文件拖动到回收站中

B. 按住 Shift 键，将文件拖动进回收站中

C. 右击被删除的对象，选择"删除"命令

D. 使用组合键"Alt+ Delete"

【答案】B

【解析】如果用户在删除文件的同时按住了 Shift 键，或在"回收站属性"对话框中选中了"不将文件移到回收站中，移除文件后立即将其删除"单选按钮，则被删除文件不进入回收站，而是直接被删除了。

考点19　查找文件或文件夹

如果用户忘记了文件名或文件所在的位置，或用户想知道某个文件是否存在，则可以通过系统提供的搜索功能来查找文件。

主要方法有：

①使用"文件资源管理器"窗口右上角的搜索栏。

执行搜索操作，会增加"搜索工具/搜索"选项卡，提供了"修改日期""类型""大小"等条件，可以设置根据文件修改日期或大小对文件进行搜索。

在查找时，如果文件或文件夹的名称记得不大确切，或需要查找多个文件名类似的文件，则可以在要查找的文件或文件夹名中适当地插入一个或多个通配符进行模糊搜索。

Windows 10 的通配符有两个，即问号（？）和星号（＊），其中问号可以和一个任意字符匹配，而星号可以和多个任意字符匹配。例如，"*.txt"表示搜索当前位置所有记事本文件。"ABC?.docx"表示搜索文件名前 3 个字符为"ABC"，第四位是任何数字或字母的Word 文档，如"ABC1.docx"或"ABCD.docx"。

②用任务栏中的搜索框查找。

考点20　文件与文件夹的压缩

对文件或文件夹进行压缩，可改变其大小，减少其占用的空间，在网络传输过程中可以减少网络资源的占用，有利于存储和传输。Windows 10 操作系统植入了压缩文件程序，用户无须安装第三方压缩软件就可以对文件进行压缩和解压缩。

1. 创建压缩

用户利用"共享"选项卡中的"压缩"命令或右击要压缩的文件或文件夹，在弹出快捷菜单中选择"发送到"→"压缩（zipped）文件夹"命令，则系统自动进行压缩。

2. 添加和解压缩文件

双击压缩文件，然后从中选取目标文件。

真题再现

（2022 年综合运用题改编）小赵在 Windows 10 文件资源管理器中，把制作的各种文档保存在同一个文件夹内，希望将这个文件夹生成为一个压缩包，下列操作一定会达到目的的是　　　　。

A. 右击文件夹，利用快捷菜单中的"重命名"命令将扩展名改为压缩包文件扩展名

B. 右击文件夹，利用快捷菜单中的"添加到压缩文件"命令完成

C. 右击文件夹，利用快捷菜单中的"属性"命令完成

D. 右击文件夹，利用快捷菜单"发送到"子菜单中的命令完成

【答案】D

【解析】Windows 10 系统中内置了压缩文件程序，用户无须安装第三方压缩软件就可以对文件或文件夹进行压缩。创建压缩文件时最简单的方法是：右击要压缩的文件或文件夹，在弹出的快捷菜单中选择"发送到"→"压缩（zipped）文件夹"命令，则系统自动进行压缩。用户也可以使用"共享"选项卡中"发送"组中的"压缩"命令进行压缩。

考点21 控制面板的基本知识

利用 Windows 10 中的控制面板可以对计算机硬件和软件进行个性化的配置，以使计算机软件和硬件符合个人的需要。

打开控制面板的方法：

①若桌面上有控制面板图标，双击该图标可以打开控制面板。

②在键盘上按下 Windows+R 组合键打开"运行"对话框，输入 control，单击"确定"按钮。

③在任务栏的搜索框中输入"控制面板"并回车。

Windows 10 操作系统的控制面板默认以"类别"的形式显示功能菜单（如图 3-19 所示），包括"系统和安全""用户账户""网络和 Internet""外观和个性化""硬件和声音""时钟和区域""程序""轻松使用"八个类别。

图 3-19 "控制面板"窗口[①]

真题再现

（2021年填空题）用于更改 Windows 设置，几乎可以控制外观和工作方式所有设置的系统工具是 _____。

【答案】控制面板

【解析】控制面板是 Windows 图形用户界面一部分，通过控制面板提供的控制程序可以更改系统的外观和功能，对计算机的软硬件系统进行设置。

---

① 计算机窗口（界面）中的"帐户"应为"账户"。

考点22　时钟和区域

用户在"控制面板"窗口中单击"时钟和区域"链接，可打开如图 3-20 所示的窗口。

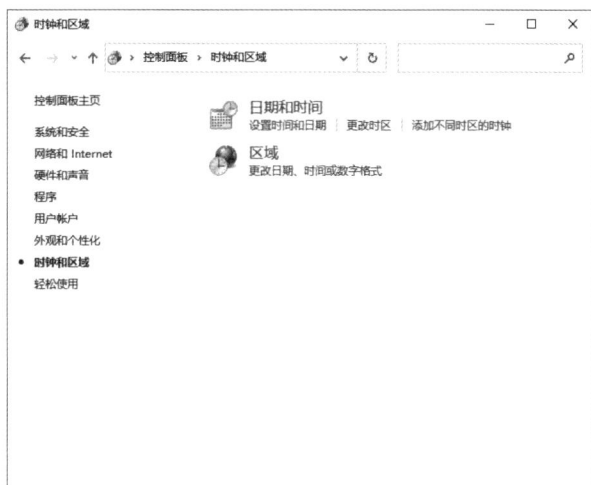

图 3-20　"时钟和区域"窗口

1. 设置日期和时间

在图 3-20 所示窗口中单击"日期和时间"，即可打开"日期和时间"对话框，如图 3-21 所示。利用"日期和时间"选项卡，可以调整系统日期、时间及时区。

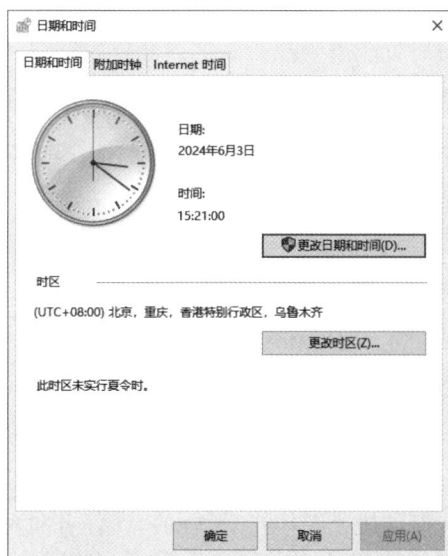

图 3-21　"日期和时间"对话框

2. 区域设置

在图 3-20 所示窗口中单击"区域"，即可打开"区域"对话框，如图 3-22 所示。
在"区域"对话框中，用户可以方便地设置日期、时间、数字等数据的显示格式。

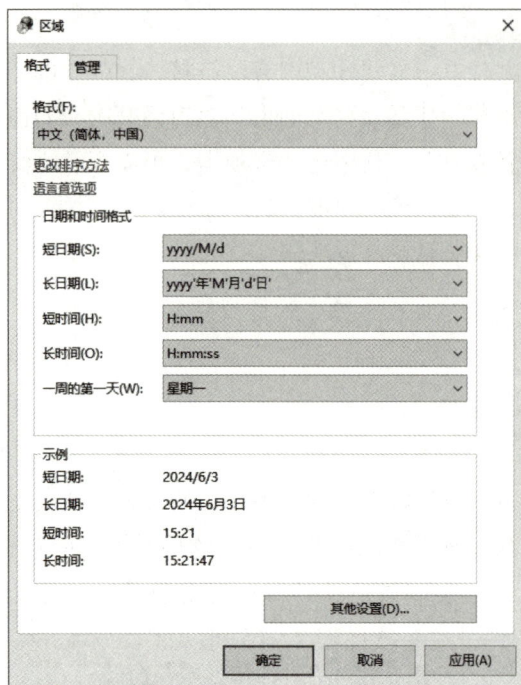

图 3-22 "区域"对话框

考点23 硬件和声音

在系统设置过程中，用户可能需要执行添加或删除打印机和其他硬件、更改系统声音及更新设备驱动程序等操作，这就需要使用控制面板中的"硬件和声音"功能。

1. 打印机设置

打印机是用户经常使用的设备之一，安装打印机和安装其他设备一样，必须安装打印机驱动程序。

1）添加打印机

单击"控制面板"窗口中的"硬件和声音"链接，在弹出的"硬件和声音"窗口中单击"设备和打印机"下的"高级打印机设置"，在窗口下部选择"我所需的打印机未列出"链接，即可打开"添加打印机"对话框。可以利用该对话框添加本地打印机、网络打印机等。

2）设置默认打印机

如果系统中安装了多台打印机，在执行具体的打印任务时可以选择打印机，或者将某台打印机设置为默认打印机。要设置默认打印机，需选中某台打印机图标并右击，在弹出的快捷菜单中选择"设置为默认打印机"命令即可。默认打印机的图标左下角会出现"√"标志。

3）取消或暂停文档打印

在打印过程中，用户可以取消正在打印或打印队列中的打印作业。

2. 鼠标设置

单击"控制面板"窗口中的"硬件和声音"链接，在弹出的"硬件和声音"窗口中单击"鼠标"链接，将打开"鼠标属性"对话框，该对话框中有"鼠标键""指针""指针选项""滚轮""硬件"五个选项卡，利用这些选项卡，可以查看或修改鼠标的常用属性，如切换主要和次要的按钮、设置双击的速度、启用单击锁定、设置鼠标指针形状、设置鼠标移动速度、设置鼠标滑轮滑动时屏幕滚动的行数等。

考点 24 程序

1. 绿色软件和非绿色软件

软件分为绿色软件和非绿色软件，这两种软件的安装和卸载完全不同。

安装程序时，对于绿色软件，只要将组成该软件系统的所有文件复制到本机的硬盘，然后双击主程序就可以运行。非绿色软件运行需要动态库，其文件必须安装在 Windows 10 的系统文件夹下，特别是这些软件需要向系统注册表写入一些信息才能运行。一般来说，大多数非绿色软件为了方便用户的安装，都专门编写了一个安装程序（通常安装程序取名为 setup.exe），这样，用户只要运行安装程序就可以安装。

2. 卸载程序

卸载程序时，对于绿色软件，只要将组成软件的所有文件删除即可；而对于非绿色软件，在安装时都会生成一个卸载程序，必须运行卸载程序才能将软件彻底删除。当然，Windows 10 也提供了卸载程序，可以帮助用户完成软件的卸载。具体操作的方法为：在"控制面板"窗口中单击"程序"下的"卸载程序"链接，打开"程序和功能"窗口。用户从列表框中选中程序，右击后选择"卸载"命令，即可实现对该程序的删除操作。

3. 打开或关闭 Windows 功能

Windows10 操作系统功能很多，但是如果全部启动的话就会降低计算机的运行速度，所以很多功能是可选启动或者关闭的。单击"程序和功能"窗口左侧的"启动或关闭 Windows 功能"链接，打开"Windows 功能"窗口，可以通过复选框设置打开或关闭 Windows 的某些功能。

考点 25 用户账户

Windows 10 中设立"用户账户"的目的是，便于对用户使用计算机的行为进行管理，以更好地保护每位用户的私有数据。利用"控制面板"窗口中的"用户账户"可以创建新账户、更改账户的名称、创建密码、更改账户类型或删除账户。

1. 用户账户

Windows 10 有三种类型的用户账户，分别是标准账户、管理员账户和来宾账户，每种账户类型为用户提供不同的控制级别。其中管理员账户和来宾账户是系统内置账户。计算机中应至少有一个管理员账户。

1）管理员账户（Administrator）

管理员账户拥有最高的权限，用户可以通过管理员账户管理计算机，如创建、更改、删除用户与组账户，设置安全原则、添加打印机、设置用户权限等。

2）标准账户

标准账户允许用户使用计算机的大多数功能，但是如果要进行的更改可能会影响计算机的其他用户或安全，则需要管理员的认可。建议用户创建一个标准账户。使用标准账户（而不是管理员账户）更安全，因为这样可以防止他人进行影响使用计算机的所有用户的更改。

3）来宾账户（Guest）

来宾账户允许用户使用计算机，但没有访问个人文件的权限，也无法安装软件或硬件，不能更改计算机的设置，也不能创建密码。来宾账户主要提供给临时需要访问计算机的用户使用。由于来宾账户允许用户登录到网络、浏览 Internet 及关闭计算机，因此应该在不使用时将其禁用。

2. 用户组

Window10 操作系统内置了许多本地组，这些组本身都已经被赋予一些权限，它们具有管理本地计算机或访问本地资源的权限。只要用户账户加入这些本地组，这些用户账户将具备该组所拥有的权限。以下列出几个较常用的本地组。

1）Administrators

此组内的用户具备系统管理员的权限，他们拥有对这台计算机最大的控制权，可以执行管理功能。内置的系统管理账户 Administrator 就是属于此组。

2）Guests

此组内的用户无法永久地改变其桌面的工作环境，当他们登录时，系统会为其创建一个临时的用户环境，而注销时相应配置文件就会删除。此组默认成员为用户账户 Guest。

3）Users

此组内的用户只拥有一些基本权限，如运行应用程序、使用本地与网络打印机等，但是他们不能将文件夹共享给网络上其他的用户、不能关闭计算机等。添加的所有本地用户账户自动属于此组。

4）Power Users

该组内的用户拥有比 Users 组更多的权限，但是比 Administrators 组拥有的权限更少一些。例如，可以创建、删除、更改本地用户账户；创建、删除、管理本地计算机内的共享文件夹与共享打印机；自定义系统设置，如更改计算机时间、关闭计算机等。

5）Remote Desktop Users

该组的成员可以远程登录计算机，例如，利用终端服务器从远程登录计算机。

1.（2021 年单项选择题改编）在 Windows10 中，下列有关用户账户的叙述错误的是 _____。

    A.Guest 账户无法安装软件或硬件

    B. 管理员账户无法更改自己的名称

    C. 其他管理员可以为 Administrator 重命名，也可以禁用该账户

    D. 每台装有 Windows 10 的计算机至少有一个管理员账户

【答案】B

【解析】管理员账户拥有最高的权限，用户可以通过该账户管理计算机，如创建、更改、删除用户与组账户，设置安全原则、添加打印机、设置用户权限等。

2.（2017 年单项选择题改编）以下关于用户账户的描述，不正确的是 _____。

    A. 要使用运行 Windows10 的计算机，用户必须有自己的账户

    B. 可以任何成员的身份登录到计算机，创建新的用户账户

    C. 使用控制面板中的"用户账户"可以创建新的用户

    D. 当将用户添加到某组后，可以将指派给该组的所有权限授予这个用户

【答案】B

【解析】Windows 10 中，不同账户具有不同的权限。例如，来宾账户就不能创建账户，也无法安装软件或硬件。

考点 26　Windows 10的实用工具

Windows 10 附件中为用户提供了画图、写字板、记事本、计算器等实用工具。

1. 画图

画图是 Windows 10 自带的一款实用程序，可用于在空白绘图区域或在现有图片上创建图形。用户可以在画图中打开现有图片并进行编辑，可以设置图片以便能够将其用作计算机的桌面背景。画图保存文件的默认扩展名为 .png。

2. 写字板和记事本

写字板和记事本是 Windows 10 自带的两个文字处理程序。

写字板是一个可用来创建和编辑文档的文本编辑程序。与记事本不同，写字板文档可以包括复杂的格式和图形，并且可以在写字板内链接或嵌入对象（如图片或其他文档）。写字板可以用来打开和保存文本文档（.txt）、富文本文件（.rtf）等。

记事本是一个基本的文本编辑程序，最常用于查看或编辑文本文件。文本文件是通常由 .txt 文件扩展名标识的文件类型。打开"记事本"后，会自动创建一个空文档，标题栏上将显示"无标题"。

写字板和记事本都是典型的单文档应用程序，在同一时间只能编辑一个文档，要编辑新的文档，则当前打开的文档将被关闭。

3. 计算器

用户可以使用计算器进行如加、减、乘、除这样简单的运算，同时还具有标准计算器、科学计算器、程序员计算器的高级功能等。

4. 截图工具

在 Windows 10 中，使用系统自带的截图工具就可以随心所欲地按任意形状截图。打开截图工具后，单击"模式"按钮右边的小三角按钮，从弹出的下拉列表中可选择"任意格式截图"、"矩形截图"、"窗口截图"或"全屏幕截图"，其中任意格式截图可以截取不规则图形。

5. 录音机

录音机是 Windows 10 提供给用户的一款具有语音录制功能的工具，使用它可以收录用户自己的声音，并以声音文件格式保存。录制完毕后单击"停止录制"按钮，声音文件就会保存在"录音机"窗口中，可以对其进行重命名，默认文件类型为 m4a。

6. 数学输入面板

利用 Windows 10 操作系统提供的数学输入面板可以在手写区域内用鼠标或手写板输入公式，公式输入完成后，单击右下角的"插入"按钮，即可直接输入至 Word 文档窗口或其他的编辑器窗口。

真题再现

（2022 年单项选择题）下列关于记事本应用的说法，错误的是 _____。

A. 可以复制 Word 文档中的一个表格到记事本

B. 可以复制 Excel 工作表中的文字到记事本

C. 网页内容中只有文字可以复制到记事本

D. 在记事本中可设置文字的字体和字号

【答案】A

【解析】记事本是一个纯文本编辑软件，不能在其中保存图形、表格或其他非字符类对象及特殊文本。

考点27 Windows 10的系统维护

1. 磁盘的格式化

方法：右击要操作的磁盘分区，在出现的快捷菜单中选择"格式化"命令，将出现磁盘格式化对话框（如图 3-23 所示），设置"容量""文件系统""分配单元大小"等选项后（建议使用默认值），单击"开始"按钮，即可对该磁盘进行格式化（一般称为完全格式化）。如果选中"快速格式化"复选框，则可以对该磁盘进行快速格式化。从用户使用角度来看，完全格式化不但清除了磁盘中的所有数据，还对磁盘进行扫描检查，将发现的坏道、坏区进行标注，而快速格式化只清除磁盘中的所有数据，相对来讲速度较快。

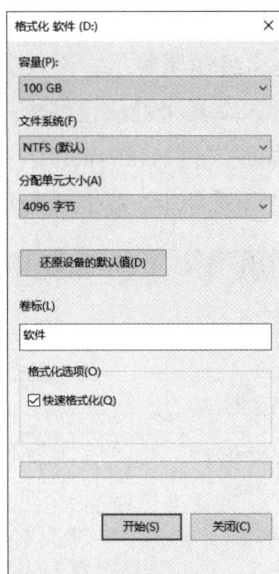

图 3-23　磁盘格式化对话框

2. 检查磁盘错误

当磁盘出现某种逻辑错误或不正常现象时，可以通过"检查磁盘"工具对磁盘进行扫描，并自动修复文件系统错误和坏扇区。具体操作步骤如下：右击要检查错误的磁盘分区，在出现的快捷菜单中选择"属性"命令，打开磁盘属性对话框（如图 3-24 所示），切换到"工具"选项卡，单击"检查"按钮即可。

图 3-24　磁盘属性对话框

3. 磁盘清理

在使用计算机和上网的过程中，我们要经常安装、删除、下载软件，会在系统中留下很多的临时文件和垃圾文件。这些文件越来越多，不仅会占用磁盘的空间，还会降低系统运行的速度。可以通过"磁盘清理"工具来释放这些无用文件所占的磁盘空间。Windows 10 的"磁盘清理"工具可以清理临时文件、Internet 缓存文件、回收站文件及其他无用文件。在图 3-24 对话框中单击"常规"选项卡，即可进行磁盘清理操作，如图 3-25 所示。

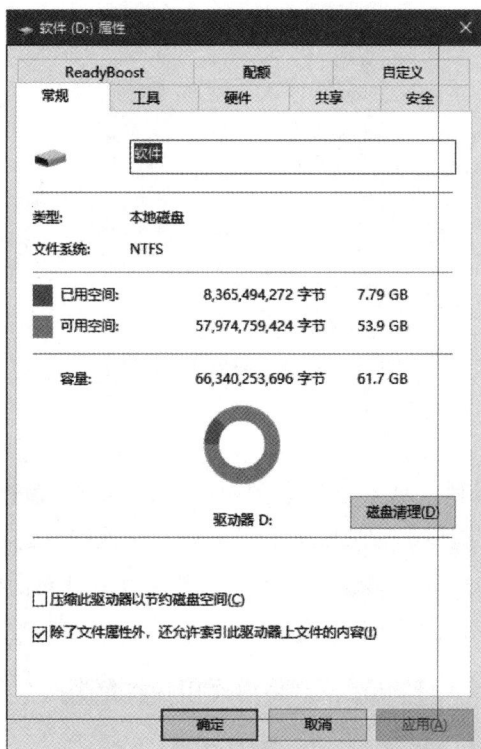

图 3-25　磁盘清理

4. 磁盘碎片整理

经过长期的添加、删除程序和文件操作，磁盘上可用存储空间变得支离破碎，结构混乱，称之为"磁盘碎片"。

当应用程序所需的物理内存不足时，通常操作系统会在硬盘中产生磁盘临时交换文件，将该文件所占用的硬盘空间虚拟成内存。虚拟内存管理程序会对硬盘频繁读写，产生大量的碎片，这是产生磁盘碎片的主要原因。另外，频繁地安装、卸载程序，或者复制、删除文件等也会产生大量的碎片。

磁盘碎片过多会使系统在访问文件的时候多次寻找，引起硬盘性能下降，降低磁盘的工作效率，严重的还会缩短硬盘寿命。建议用户及时进行磁盘碎片整理（碎片高于 10% 应该进行碎片整理）。磁盘碎片整理程序可以分析磁盘中碎片的比例，通过移动文件，合并碎片，使文件占用连续的空间，让系统可以有效地访问文件，提高访问效率。

用户在磁盘属性对话框（如图 3-24 所示）中，切换至"工具"选项卡，单击"优化"按钮，选择要整理碎片的磁盘分区，即可进行磁盘碎片整理。

真题再现

1.（2017 年多项选择题改编）确切地说，Windows 10 操作系统中所说的磁盘碎片指的是 _____。

A. 磁盘使用过程中，因磁盘频繁操作形成的磁盘物理碎片

B. 文件复制、删除等操作过程中，形成的一些小的分散在磁盘空间中的存储空间

C. 虚拟内存管理程序对磁盘的频繁读写，在磁盘中产生的大量碎片空间

D. 磁盘中所有没有使用的存储空间

【答案】BC

【解析】磁盘上可用存储空间变得支离破碎，结构混乱，称之为"磁盘碎片"。虚拟内存管理程序会对硬盘频繁读写，产生大量的碎片，这是产生磁盘碎片的主要原因。另外，频繁地安装、卸载程序，或者复制、删除文件等也会产生大量的碎片。

2.（2015 年单项选择题改编）在 Windows10 操作系统的工具中，磁盘碎片整理程序的功能是 _____。

A. 把不连续的文件变成连续存储，从而提高磁盘读写速度

B. 把磁盘上的文件进行压缩存储，从而提高磁盘利用率

C. 诊断和修复各种磁盘上的存储错误

D. 把磁盘上的碎片文件删除掉

【答案】A

【解析】进行磁盘碎片整理操作，其主要作用是将每个磁盘文件尽量保存到连续的区域，以利于提高文件访问速度。

Part II 实战训练

一、单项选择题（在每小题列出的四个备选项中只有一个是符合题目要求的）

1.（考点 2）Windows 10 是_____操作系统。

　A. 单用户多任务　　　　　　　　　B. 多用户多任务

　C. 多用户单任务　　　　　　　　　D. 单用户单任务

2.（考点 13）在 Windows 10 中，关于文件夹的描述不正确的是_____。

　A. 文件夹用来组织和管理文件　　　B. 可以重命名文件夹名称

　C. 文件夹中可以存放子文件夹　　　D. 文件夹名称可以使用所有字符

3.（考点 6）在 Windows 10 桌面空白处右击，在弹出的快捷菜单中选择"排序方式"命令，可以按_____排列桌面图标。

　A. 名称、项目类型、大小、修改日期　　B. 名称、类型、大小、自动排列

　C. 名称、类型、大小、内容　　　　　　D. 名称、大小、项目类型、属性

4.（考点 17）在 Windows 10 中选定文件后，若要将其移到不同磁盘的文件夹中，操作为_____。

　A. 按下空格键拖动鼠标　　　　　　B. 按下 Shift 键拖动鼠标

　C. 直接拖动鼠标　　　　　　　　　D. 按下 Alt 键拖动鼠标

5.（考点 9）Windows 10 中，在各种输入法之间进行切换使用的组合键是_____。

　A. Ctrl+Alt　　　　　　　　　　　B. Shift+Space

　C. Ctrl+Shift　　　　　　　　　　D. Ctrl+Space

6.（考点 26）下列关于 Windows 10 的实用工具，叙述正确的是_____。

　A. 用"写字板"创建的文件默认扩展名为 .txt

　B. 在"画图"工具中，不能输入文字

　C. 利用"计算器"不能进行数制转换

　D."记事本"中不能插入图片

7.（考点 10）以下不是 Windows 10 文件资源管理器窗口组成部分的是_____。

　A. 详细信息面板　　　　　　　　　B. 选项卡

　C. 任务栏　　　　　　　　　　　　D. 功能区

8.（考点 18）下列操作中，_____直接删除文件或文件夹而不送入回收站。

　A. 按下 Shift 键拖动文件或文件夹到回收站

　B. 选定文件或文件夹后，按 Del 键

　C. 选定文件或文件夹后，使用"主页"选项卡"组织"组中的"删除"→"回收"命令

　D. 选定文件或文件夹后，按 Alt 键

9.（考点 4）在 Windows 10 中，将整个屏幕全部复制到剪贴板中所使用的键是_____。

　A. Print Screen　　　　　　　　　B. Page Up

C. Alt+F4　　　　　　　　　　　　　　D. Ctrl+Space

10.（考点 1）操作系统的主要功能是_____。

A. 对用户的数据文件进行管理，为用户管理文件提供方便

B. 对计算机的软硬件资源进行统一控制和管理，为用户使用计算机提供方便

C. 对源程序进行编译和运行

D. 对汇编语言程序进行翻译

11.（考点 11）关于 Windows 10 窗口，以下叙述正确的是_____。

A. 活动窗口可以有多个

B. 可以打开多个窗口，但只有一个是活动窗口

C. 可以打开多个窗口，没有活动窗口

D. 不能打开多个窗口，但有一个活动窗口

12（考点 15）在 Windows 10 中，"全选"的组合键是_____。

A. Ctrl+Z　　　　　　　　　　　　　　B. Ctrl+X

C. Ctrl+V　　　　　　　　　　　　　　D. Ctrl+A

13.（考点 15）在 Windows 10 文件资源管理器窗口的某个文件夹中共有 28 个文件，其中有 18 个已被选定，按下 Ctrl 键依次单击先前选中的 5 个文件后，被选定的文件个数是_____。

A. 28　　　　　　　　　　　　　　　　B. 13

C. 10　　　　　　　　　　　　　　　　D. 46

14.（考点 10、11）下列关于 Windows 10 窗口的叙述中，正确的是_____。

A. 每个窗口都有滚动条　　　　　　　　B. 拖动标题栏可以移动窗口

C. 最大化和向下还原按钮可以同时出现　D. 双击标题栏可以关闭窗口

15.（考点 8）在 Windows 10 的任务栏中，一般不会出现的是_____。

A. "开始"按钮　　　　　　　　　　　　B. 应用程序窗口图标

C. 快速启动工具栏　　　　　　　　　　D. 对话框图标

16.（考点 14）在 Windows 10 中，显示文件的文件名、大小、类型、修改日期等内容，应选择的显示方式_____。

A. 大图标　　　　　　　　　　　　　　B. 详细信息

C. 列表　　　　　　　　　　　　　　　D. 小图标

17.（考点 1）下列关于操作系统的主要功能的描述中，不正确的是_____。

A. 处理器管理　　　　　　　　　　　　B. 作业管理

C. 文件管理　　　　　　　　　　　　　D. 信息管理

18.（考点 15）在 Windows 10 中，要选定多个不相邻的文件，应先按住_____键再单击其他待选文件。

A. Delete　　　　　　　　　　　　　　B. Ctrl

C. Tab　　　　　　　　　　　　　　　D. Alt

19.（考点 18）在 Windows 10 中，回收站是＿＿＿＿。

A.U 盘中的一块区域　　　　　　　　B. 硬盘的一块区域

C. 内存的一块区域　　　　　　　　　D. 软盘的一块区域

20.（考点 13）在 Windows 10 中，文件"123.RTF.DOC.EXE"的扩展名是＿＿＿＿。

A. .123　　　　　　　　　　　　　B. .DOC

C. .EXE　　　　　　　　　　　　　D. .RTF

21.（考点 7）Windows 10 中，下列关于快捷方式的描述，错误的选项是＿＿＿＿。

A. 一个对象可以有多个快捷方式

B. 可以为快捷方式创建快捷方式

C. 删除快捷方式不会影响其链接的文件或程序

D. 一个快捷方式可以指向多个目标对象

22.（考点 22）在 Windows 10 中，修改日期和时间可以通过＿＿＿＿。

A. 任务管理器　　　　　　　　　　B. 控制面板

C. 状态栏　　　　　　　　　　　　D. 文件资源管理器

23.（附加题）Windows 10 窗口功能区中，若某个菜单的颜色是灰色，则表示＿＿＿＿。

A. 双击便能起作用　　　　　　　　B. 右击便能起作用

C. 单击便能起作用　　　　　　　　D. 此时操作不起作用

24.（考点 10）在 Windows 10 窗口的标题栏中，不可能同时出现的按钮是＿＿＿＿。

A. 最小化和关闭　　　　　　　　　B. 最大化和最小化

C. 最大化和向下还原　　　　　　　D. 向下还原和最小化

25.（考点 7、16、5）下列关于 Windows 10 的叙述，正确的是＿＿＿＿。

A. 删除应用程序快捷图标后，其对应的应用程序就会无法运行

B. "属性"命令在"编辑"菜单中

C. 在文件资源管理器中删除某个文件夹后，该文件夹下所有文件及子文件夹一同被删掉

D. 桌面空白处右击，通过弹出的快捷菜单中的"显示设置"命令能设置"屏幕保护程序"

26.（考点 17）在 Windows 10 文件资源管理器中，"剪切"一个文件后，该文件被＿＿＿＿。

A. 删除　　　　　　　　　　　　　B. 放到"回收站"

C. 临时存放在桌面上　　　　　　　D. 临时存放在"剪贴板"中

27.（考点 18）在 Windows 10 中，将文件直接拖入"回收站"中，文件将＿＿＿＿。

A. 被删除　　　　　　　　　　　　B. 被删除但还可以还原

C. 没被删除　　　　　　　　　　　D. 被更改文件名

28.（考点 16）在 Windows 10 中，要查看一个图标所表示的文件类型、位置、大小等，可使用右键单击该文件，选择快捷菜单中的＿＿＿＿命令。

A. 打开　　　　　　　　　　　　　B. 发送到

C. 重命名　　　　　　　　　　　　D. 属性

29.（考点 13）在 Windows 10 中，关于文件和文件夹，下列说法错误的是_____。

A. 在同一文件夹下，可以有两个不同名称的文件

B. 在不同文件夹下，可以有两个相同名称的文件

C. 在同一文件夹下，可以有两个相同名称的文件

D. 在不同文件夹下，可以有两个不同名称的文件

30.（考点 13）在 Windows 10 中，文件的扩展名主要是用于_____。

A. 区别不同的文件　　　　　　　　B. 标识文件的类型

C. 方便保存　　　　　　　　　　　D. 表示文件的属性

31.（考点 27）在 Windows10 的系统工具中，磁盘碎片整理程序的功能是_____。

A. 把不连续的文件变成连续存储，从而提高磁盘读写速度

B. 把磁盘上的文件进行压缩存储，从而提高磁盘利用率

C. 诊断和修复各种磁盘上的存储错误

D. 把磁盘上的碎片文件删除掉

32.（考点 13）在 Windows 10 中，文件名中不能包含的字符是_____。

A. !　　　　　　　B. @　　　　　　　C. ?　　　　　　　D. %

33.（考点 13）在 Windows 10 中，不能更改文件名的操作是_____。

A. 选中该文件，单击"主页"选项卡"组织"组中的"重命名"命令

B. 双击该文件

C. 右击该文件，选择"属性"命令，在"属性"对话框的"常规"选项卡中更改

D. 右击文件，选择快捷菜单中的"重命名"命令

34.（考点 16）Windows 10 中，下列各项中_____不是文件的属性。

A. 隐藏　　　　　　　　　　　　　B. 备份

C. 存档　　　　　　　　　　　　　D. 只读

35.（考点 9、23、24、26）Windows 10 的控制面板中不能_____。

A. 添加打印机　　　　　　　　　　B. 删除输入法

C. 关闭 Windows 功能　　　　　　　D. 打开"录音机"

36.（附加题）对于 Windows 10，有关"任务管理器"不正确的说法是_____。

A. 计算机死机后，通过任务管理器关闭程序，有可能恢复计算机的正常运行

B. 同时按 Ctrl+Shift+Esc 键可启动任务管理器

C. 任务管理器窗口中不能看到 CPU 的使用情况

D. 右击任务栏空白处，通过弹出的快捷菜单也可以启动任务管理器

37.（考点 15）在 Windows 10 窗口中，选定多个连续文件的操作为_____。

A. 按住 Shift 键，右键单击每一个要选定的文件图标

B. 按住 Ctrl 键，右键单击每一个要选定的文件图标

C. 先选中第一个文件，按住 Shift 键，再左键单击最后一个要选定的文件图标

D. 先选中第一个文件，按住 Ctrl 键，再左键单击最后一个要选定的文件图标

38.（附加题）在 Windows 10 中，为获得相关软件的帮助信息一般按的键是_____。

    A. F1   B. F2

    C. F3   D. F4

39.（考点 8）在 Windows 10 中，对"任务栏"叙述不正确的是_____。

    A. 任务栏可以隐藏   B. 任务栏可以被锁定

    C. 可以改变任务栏的位置   D. 可以改变任务栏的长度

40.（考点 12）在 Windows 10 中，有的对话框右上角有"？"按钮，它的功能是_____。

    A. 关闭对话框   B. 获取帮助信息

    C. 便于用户输入问号   D. 将对话框最小化

41.（考点 10）在 Windows 10 中，要把文件资源管理器窗口中的文件图标设置成超大图标，应在_____选项卡中设置。

    A. 文件   B. 主页

    C. 查看   D. 共享

42.（考点 13）在 Windows 10 中，当一个文件被更名后，文件的内容_____。

    A. 完全消失   B. 完全不变

    C. 部分改变   D. 全部改变

43.（考点 6、13、14）在 Windows 10 中，下列关于鼠标操作功能的叙述，错误的是_____。

    A. 在文件夹图标上右击，可进行"重命名"操作

    B. 双击控制菜单图标可以关闭窗口

    C. 在"开始"按钮上右击，可选择打开文件资源管理器的操作

    D. 在桌面空白处右击，可选择对打开窗口的排列操作

44.（考点 11）在 Windows 10 中，为移动窗口的位置，用鼠标拖曳的对象是_____。

    A. 选项卡   B. 窗口边框

    C. 工具栏   D. 标题栏

45.（考点 11）在 Windows 10 中，如果想同时改变窗口的高度和宽度，可以通过拖放_____实现。

    A. 滚动条   B. 窗口边框

    C. 窗口边角   D. 标题栏

46.（考点 5）在 Windows 10 中，对桌面背景的设置可以通过_____。

    A. 右击"此电脑"，选择"属性"命令

    B. 右击"开始"按钮，选择"文件资源管理器"命令

    C. 右击"桌面"空白处，选择"个性化"命令

    D. 右击"任务栏"空白处，选择"属性"命令

47.（考点 4）在 Windows 10 中，对于鼠标操作叙述正确的是_____。

    A. 双击速度不能调   B. 右键不能单击

    C. 左右键功能可以交换   D. 可以设置单击的速度

48.（考点 7）在 Windows 10 中，下列有关快捷方式的叙述，正确的是_____。

A. 快捷方式图标指向的一定是一个应用程序

B. 快捷方式图标只能由系统创建，用户不能创建

C. 删除快捷方式图标等于删除了对应的应用程序

D. 快捷方式图标的左下角带有一个小箭头

49.（考点 8）在 Windows 10 中，"任务栏"的主要作用是_____。

A. 显示系统的所有功能　　　　　　　B. 只显示当前活动窗口名

C. 只显示正在后台工作的窗口名　　　D. 实现被打开的窗口之间的切换

50.（考点 12）在 Windows 10 对话框中，一般不可以进行的操作有_____。

A. 在对话框中输入信息　　　　　　　B. 使用对话框中的帮助信息

C. 使用对话框中的功能选项　　　　　D. 改变对话框的大小

51.（考点 11）在 Windows 10 操作系统中，将打开窗口拖动到屏幕顶端，窗口会_____。

A. 关闭　　　　　　　　　　　　　　B. 消失

C. 最大化　　　　　　　　　　　　　D. 最小化

52.（考点 3）在下列软件中，属于计算机操作系统的是_____。

A. UNIX　　　　　　　　　　　　　　B. Photoshop

C. WPS Office　　　　　　　　　　　D. Access

53.（考点 27）安装 Windows 10 操作系统时，系统磁盘分区必须为_____格式才能安装。

A. FAT　　　　　　　　　　　　　　 B. FAT16

C. FAT32　　　　　　　　　　　　　 D. NTFS

54.（考点 8）在 Windows 10 操作系统中，显示桌面的组合键是_____。

A. Windows+D　　　　　　　　　　　B. Windows+P

C. Windows+Tab　　　　　　　　　　D. Alt+Tab

55.（考点 10、14）Windows 10 的文件资源管理器窗口分为左右两个部分，_____。

A. 左边显示磁盘上的树形目录结构，右边显示指定目录里的文件信息

B. 左边显示指定目录里的文件信息，右边显示磁盘上的树形目录结构

C. 两边都可以显示磁盘上的树形目录结构或指定目录里的文件信息，由用户决定

D. 左边显示磁盘上的文件目录，右边显示指定文件的具体内容

56.（考点 10）在 Windows 10 中，当不小心对文件或文件夹的操作发生错误时，可以利用快速访问工具栏中的_____命令，取消原来的操作。

A. 剪切　　　　　　　　　　　　　　B. 粘贴

C. 复制　　　　　　　　　　　　　　D. 撤销

57.（考点 13）存放在磁盘上的信息，一般是以_____的形式存放的。

A. 字符　　　　　　　　　　　　　　B. 图标

C. 文件　　　　　　　　　　　　　　D. 文件夹

58.（考点 11）在 Windows 10 中，拖动窗口的边框，可以_____。

A. 显示应用程序的状态　　　　　　　B. 限制鼠标的应用范围

C. 调节窗口大小　　　　　　　　　　D. 关闭窗口

59.（考点 12）在 Windows 10 中，所谓复选框是指_____。

    A. 可以重复的对话框

    B. 提供多个选项，但每次只能选择其中的一项

    C. 提供多人同时选择的公共项目

    D. 提供多个选项，每次可以选择其中的多项

60.（考点 17）在 Windows 10 中，关于剪贴板，下列描述不正确的是_____。

    A. 剪贴板是内存中的某段区域

    B. 存放在剪贴板中的内容一旦关机，将不保留

    C. 剪贴板是硬盘的一块区域

    D. 剪贴板中存放的内容可被不同应用程序使用

61.（考点 7）在 Windows 10 中，关于快捷方式，下列描述不正确的是_____。

    A. 可以在回收站中建立   B. 可以在桌面上建立

    C. 可以在文件夹中建立   D. 可以在"开始"菜单中建立

62.（考点 9）在 Windows 10 的中文输入方式下，中英文输入方式之间切换应按的键是

_____。

    A. Ctrl+Alt   B. Ctrl+Shift

    C. Shift+Space   D. Ctrl+Space

63.（考点 2）计算机能及时响应外部事件的请求，在规定的严格时间内完成对该事件的处理，并控制所有实时设备和实时任务协调一致地工作的操作系统是_____。

    A. 分时操作系统   B. 实时操作系统

    C. 批处理操作系统   D. 分布式操作系统

64.（考点 13）下面是关于 Windows 文件名的叙述，错误的是_____。

    A. 文件名中允许使用汉字   B. 文件名中允许使用多个圆点分隔符

    C. 文件名中允许使用空格   D. 文件名中允许使用竖线（|）

65.（考点 4）在 Windows 10 操作系统下，鼠标的基本操作中的双击，一般指的是_____。

    A. 连续快速单击鼠标左键两次   B. 连续快速单击鼠标右键两次

    C. 间断的两次单击左键   D. 单击左键一次，再单击右键

66.（考点 2）下列关于操作系统的主要特性的说法错误的是_____。

    A. 并发性是指两个或两个以上的运行程序在同一时间间隔段内同时执行

    B. 共享是指操作系统中的资源可被多个并发执行的进程所使用

    C. 异步性（Asynchronism），也称随机性

    D. 采用了并发技术的系统称为单任务系统

67.（考点 19）在 Windows 10 中，当我们搜索文件或文件夹时，如果输入 A*.*，表示

_____。

    A. 搜索所有文件或文件夹

    B. 搜索扩展名为 A 的所有文件或文件夹

    C. 搜索主文件名为 A 的所有文件或文件夹

D. 搜索名字第一个字符为 A 的所有文件或文件夹

68.（考点 13）在 Windows 10 中，同一个文件夹中，下列说法正确的是_____。

A. 文件 MM.txt 和 mm.txt 可以同时存在

B. 文件 MM.txt 和 mm.pdf 不能同时存在

C. 隐藏扩展名后，文件 MM.txt 和 mm.pdf 不能同时存在

D. 文件 MM.txt 和 mm.txt 不能同时存在

69.（考点 17）在 Windows 10 的默认环境下，下列组合键_____能将选定的文档放入剪贴板中。

A. Ctrl+V   B. Ctrl+Z

C. Ctrl+X   D. Ctrl+A

70.（考点 13、16、27）在 Windows 10 中，关于文件的说法，正确的是_____。

A. 不同文件夹下的文件可以同名

B. 每个磁盘文件占用一个连续的存储区域

C. 用户不能修改文件的属性

D. 应用程序文件的扩展名可由用户修改，不影响其运行

71.（附加题）在 Windows 10 中，能弹出对话框的操作是_____。

A. 选择带 "…" 的菜单项   B. 选择带向右三角形箭头的菜单项

C. 选择颜色变灰的菜单项   D. 选择带 "√" 的菜单项

72.（考点 7）Windows 10 中，快捷方式是一个_____。

A. 按钮   B. 菜单

C. 程序   D. 文件

73.（考点 1）下述的各种功能中，_____不是操作系统的功能。

A. 对文件和作业进行管理   B. 对 CPU 进行管理

C. 对内存和外部设备进行管理   D. 对数据库中的数据进行各种运算

74.（考点 2）Windows 10 是一个多用户多任务操作系统，其中 "多任务" 指的是_____。

A. Windows 10 可运行多种类型各异的应用程序

B. Windows 10 可同时运行多个应用程序

C. Windows 10 可供多个用户同时使用

D. Windows 10 可同时管理多种资源

75.（考点 10）在 Windows 10 中，当一个应用程序窗口被最小化后，该应用程序将_____。

A. 终止运行   B. 继续运行

C. 暂停运行   D. 以上都不正确

76.（考点 18）在 Windows 10 中，在选定文件或文件夹后，将其彻底删除的操作是_____。

A. 按 "Shift+Delete" 键删除

B. 按 Delete 键删除

C. 用鼠标直接将文件或文件夹拖放到"回收站"中

D. 用窗口中"文件"菜单中的"删除"命令

77.（考点 14）在 Windows 10 文件资源管理器的左窗口中，带"＞"的文件夹图标表示该文件夹_____。

 A. 不能展开   B. 已经展开，可以折叠（即关闭）

 C. 包含文件   D. 包含子文件夹，可以展开

78.（考点 11）在 Windows 10 中，当一个窗口已经最大化后，下列叙述中错误的是_____。

 A. 该窗口可以被关闭   B. 该窗口可以移动

 C. 该窗口可以最小化   D. 该窗口可以还原

79.（考点 26）在 Windows 10 中，下列对"记事本"应用程序的说法，正确的是_____。

 A. 在"记事本"中能完成文档的编排、保存操作，但无法完成打印操作

 B. 在"记事本"中能编辑文件信息，也能插入图片、表格等信息

 C. 在"记事本"中，只能打开一个文件

 D. "记事本"与"写字板"完全一样，都是小型的纯文本编辑器

80.（考点 11）在 Windows 10 中，Alt+Tab 键的作用是_____。

 A. 关闭应用程序   B. 打开应用程序的控制菜单

 C. 应用程序之间相互切换   D. 打开"开始"菜单

81.（考点 25）关于计算机用户账户的描述，错误的是_____。

 A. 管理员账户可以更改其他用户的账户名、密码和账户类型。

 B. 管理员账户可以为计算机上其他用户账户创建账户密码。

 C. 一台计算机上至少有一个管理员账户

 D. 不允许有多个用户账户

82.（考点 21）在 Windows 10 中可以设置、控制计算机硬件配置和修改显示属性的应用程序是_____。

 A.Word 2016   B. Excel 2016

 C. 资源管理器   D. 控制面板

83.（考点 13）在 Windows 10 中，下列关于文件名的说法，正确的是_____。

 A. 给一个文件命名时必须使用扩展名

 B. 一个文件夹中可以有与该文件夹同名的文件

 C. 一个文件夹内 ABC.txt 文件和 abc.txt 文件可以作为两个文件同时存在

 D. 一个文件夹内 ABC.docx 文件和 abc.txt 文件不可以作为两个文件同时存在

单选-83讲解

84.（考点 2）对操作系统的说法中错误的是_____。

 A. 按功能特征，操作系统一般分为实时操作系统、分时操作系统和批处理操作系统

 B. 分时操作系统具有多个终端

 C. 实时操作系统是对外来信号及时做出反应的操作系统

 D. 批处理操作系统是利用 CPU 的空余时间处理成批作业的

85.（考点 17）下面是 Windows 10 中有关文件复制的叙述，错误的是_____。

 A. 使用文件资源管理器窗口"主页"选项卡"组织"组中的"复制到"命令实现复制

 B. 不允许将一文件夹中的文件复制到同一文件夹下

C. 可以用 Ctrl+ 鼠标左键拖放的方式实现文件的复制

D. 可以用鼠标右键拖放的方式实现文件的复制

86.（考点 11）在 Windows 10 中，当用鼠标单击窗口的"关闭"按钮时，则对应的程序_____。

A. 转入后台运行   B. 被终止运行

C. 继续运行   D. 被删除

87.（考点 14）在 Windows 10 中，下列方法中不能启动"文件资源管理器"的是_____。

A. 右击"开始"按钮，在弹出的快捷菜单中选择"文件资源管理器"命令

B. 单击锁定在任务栏上的文件资源管理器图标

C. 单击"开始"按钮→"Windows 系统"，在展开的 Windows 系统菜单中选择"文件资源管理器"

D. 右击桌面任一空白位置，在弹出的快捷菜单中选择"文件资源管理器"命令

88.（考点 2）以下操作系统中，不是多任务操作系统的是_____。

A. MS-DOS   B. Windows XP

C. Windows 10   D. Linux

89.（考点 23）在 Windows 10 中，关于打印机及其驱动程序，以下说法正确的是_____。

A. 改变默认打印机必须在重新启动后方能生效

B. 可以同时安装多种打印机驱动程序

C. 可以同时设置多个打印机为默认打印机

D. Windows 10 带有任何打印机的驱动程序

90.（考点 8）Windows 10 桌面的任务栏上不能显示的信息是_____。

A. 在前台运行的程序图标   B. 系统中安装的所有程序图标

C. 在后台运行的程序图标   D. 打开的文件夹窗口图标

二、多项选择题（在每小题列出的四个备选项中至少有两个是符合题目要求的）

1.（考点 13）在 Windows 10 中，下列正确的文件名是_____。

A. work：2020   B. work#2020

C. work[2020]   D. work&2020

2.（考点 18）在 Windows 10 中，关于删除文件，下列描述正确的是_____。

A. 用户可以一次删除多个文件

B. 按住 Shift 键删除，文件将直接删除而不进入回收站

C. 将回收站中的文件删除后，则文件不能恢复

D. 计算机重启后，回收站中的文件将不再存在

3.（考点 11）在 Windows 10 中，关于窗口，下列说法正确的是_____。

A. 双击窗口的标题栏相当于执行窗口右上角的最大化 / 向下还原命令

B. 同时打开的多个窗口可以层叠排列

C. 最大化的窗口不一定是活动窗口

D. 活动窗口是可以输入信息的窗口

4.（考点 11）在 Windows 10 中，用户切换同时打开的几个程序窗口的操作方法有_____。

A. 单击任务栏上的程序图标   B. Alt+F4

C. Ctrl+Esc　　　　　　　　　　　　　　　　D. Alt+Tab

5.（考点 8）在 Windows 10 中，下列关于"任务栏"的叙述，说法正确的是_____。

A. 可以将任务栏设置为自动隐藏

B. 任务栏可以移动

C. 通过任务栏上的按钮，可实现窗口之间的切换

D. 应用程序窗口被"最小化"后，任务栏中不会留有代表它的图标或名称的按钮

6.（考点 19）在 Windows 10 中，可以搜索到文件"abc.docx"的是_____。

A. abc.do?　　　　　B. *.doc?　　　　　C. ?c.docx　　　　　D. *c.?ocx

7.（考点 18）下列关于"回收站"的叙述中，正确的是_____。

A. "回收站"可以暂时存放硬盘上被删除的信息

B. 放入"回收站"的信息可以恢复

C. "回收站"所占据的空间可以调整

D. "回收站"存放 U 盘上删除的信息

8.（考点 7）在 Windows 10 中，下列有关快捷方式的说法中错误的是_____。

A. 快捷方式不是程序本身，但双击快捷方式图标却可执行该程序

B. 快捷方式可放在桌面上，而文件本身不可以放在桌面上

C. 针对一个文件可以创建多个快捷方式

D. 删除快捷方式就会删除程序本身

9.（考点 17）在 Windows 10 中，关于文件与文件夹的复制和移动操作，下列说法中正确的是 _____。

A. 在同一盘中复制，将选定对象左键拖放到目标文件夹即可

B. 在不同盘间复制，将选定对象左键拖放到目标文件夹即可

C. 在同一盘中复制，按住 Ctrl 键后将选定对象拖放到目标文件夹即可

D. 在不同盘间移动，按住 Ctrl 键后将选定对象拖放到目标文件夹即可

10.（考点 24）有关绿色软件和非绿色软件，下列说法不正确的是 _____。

A. 绿色软件是没有错误的软件　　　　　B. 绿色软件不需要安装就可以直接运行

C. 绿色软件不一定是免费软件　　　　　D. 非绿色软件必须购买使用

三、判断题

1.（考点 5）屏幕保护程序可以保护电脑显示器，延长显示器使用寿命。

A. 正确　　　　　　　　　　　　　　　　B. 错误

2.（考点 18）文件被删除进入回收站后，仍然占用磁盘空间。

A. 正确　　　　　　　　　　　　　　　　B. 错误

3.（考点 18）在回收站中执行"清空回收站"命令后，回收站中的全部文件和文件夹将被删除，并且不可还原。

A. 正确　　　　　　　　　　　　　　　　B. 错误

4.（考点 13）文件名由主文件名和扩展名两部分组成，主文件名和扩展名之间用"，"隔开。

A. 正确　　　　　　　　　　　　　　　　B. 错误

5.（考点 10）启动 Windows 10 后，展现在我们面前的是一个窗口。

A. 正确　　　　　　　　　　　　　　　　B. 错误

6.（考点 13）在同一个文件夹中，不能包含两个主文件名相同的文件。

    A. 正确　　　　　　　　　　　　　　　　B. 错误

7.（考点 8）单击 Windows 10 桌面的任务栏中"显示桌面"按钮，可以将打开的窗口全部最小化。

    A. 正确　　　　　　　　　　　　　　　　B. 错误

8.（考点 12）所谓模式对话框，是指当该种对话框打开时，主程序窗口被禁止，只有关闭该对话框，才能处理主程序窗口。

    A. 正确　　　　　　　　　　　　　　　　B. 错误

9.（考点 17）文件或文件夹的移动只能通过剪贴板进行。

    A. 正确　　　　　　　　　　　　　　　　B. 错误

10.（考点 13）在 Windows 10 中，一个文件只能由一种程序打开。

    A. 正确　　　　　　　　　　　　　　　　B. 错误

11.（考点 17）剪贴板中只能存放文字，不能存放图像。

    A. 正确　　　　　　　　　　　　　　　　B. 错误

12.（考点 18）Windows 10 的回收站实际上是一个文件夹。

    A. 正确　　　　　　　　　　　　　　　　B. 错误

13.（考点 26）Windows 10 的"记事本"和"写字板"都不能插入图像。

    A. 正确　　　　　　　　　　　　　　　　B. 错误

14.（考点 10）在 Windows 10 中，无论用户打开的是什么窗口，滚动条肯定出现。

    A. 正确　　　　　　　　　　　　　　　　B. 错误

15.（考点 13）在 Windows 10 中，如果某文件没有显示其扩展名，则其扩展名不能被修改。

    A. 正确　　　　　　　　　　　　　　　　B. 错误

16.（考点 6）按 Delete 键可以删除桌面上的"回收站"图标。

    A. 正确　　　　　　　　　　　　　　　　B. 错误

17.（考点 14）"库"只是"包含"不同文件夹的位置。

    A. 正确　　　　　　　　　　　　　　　　B. 错误

18.（考点 24）如果想卸载程序，只要找到相关文件和文件夹进行删除即可。

    A. 正确　　　　　　　　　　　　　　　　B. 错误

19.（考点 17）一旦断电，剪贴板中的内容不复存在。

    A. 正确　　　　　　　　　　　　　　　　B. 错误

20.（考点 17）复制文件可以通过"剪切""粘贴"的方法来完成。

    A. 正确　　　　　　　　　　　　　　　　B. 错误

四、填空题

1.（考点 5）计算机启动完成后，显示器上显示的整个屏幕区域称为_____。

2.（考点 7）快捷方式就是一个扩展名为_____的文件，一般与一个应用程序或文档关联。

3.（考点 14）Windows 10 中有 4 个默认的库，分别为视频、图片、_____和音乐。

4.（考点 18）在 Windows 10 中，选定文件夹后，按组合键_____可以直接删除文件而不进入回收站。

5.（考点 8）Windows 10____是位于桌面底部的条状区域，它包含"开始"按钮及所有已打开程序的任务栏按钮。

6.（考点 13）在 Windows 10 中，用户可以根据需要使用_____选项卡的"重命名"命令来更改文件或文件夹的名称。

7.（考点 14）在 Windows 10 中，文件或文件夹的管理可以使用"此电脑"或_____。

8.（考点 13）在 Windows 10 操作系统中，文件名的类型可以根据_____来识别。

9.（考点 25）Windows 10 中有三种不同类型的用户账户，它们是标准帐户、管理员帐户和_____。

10.（考点 26）在 Windows 10 中，用"记事本"创建的文件其默认扩展名是_____。

11.（考点 13）_____是指存放在外存储器上的一组相关信息的集合。

12.（考点 11）在 Windows 10 中，用户可以同时打开多个窗口，但只有一个窗口处于激活状态，该窗口叫作_____。

13.（考点 17）在 Windows 10 操作系统中，"Ctrl+C"是_____命令的组合键。

14.（考点 15）在"文件资源管理器"窗口中，如果想一次选定多个连续的文件，正确的操作是单击第一个文件，按住_____键，再单击最后一个文件。

15.（考点 1）从资源管理的观点来看，操作系统具有处理器管理、存储管理、设备管理、_____和作业管理的功能。

16.（考点 10）Windows 10 中只要运行某个应用程序或打开某个文档，就会对应出现一个矩形区域，这个矩形区域称为_____。

17.（考点 17）_____是 Windows 10 操作系统为了传递信息而在内存中开辟的临时存储区域，通过它可以实现 Windows 环境下运行的应用程序之间或应用程序内的数据传递和共享。

18.（考点 26）使用 Windows 10 中的"录音机"可以收录用户自己的声音，并以声音文件格式保存，默认文件类型为_____。

19.（考点 15）在 Windows 10 文件资源管理器中，如果要选定某个文件夹中的所有文件或文件夹，可以单击_____选项卡，然后选择"全部选择"。

20.（考点 21）_____是 Windows 10 操作系统自带的查看及修改系统设置的图形化工具，通过这些实用程序可以更改系统的外观和功能，对计算机的软硬件系统进行设置。

21.（考点 16）在 Windows 10 文件资源管理器中，当将文件属性设置为_____后，用户就不能修改该文件的内容。

22.（考点 15）在 Windows 10 文件资源管理器中，如果只取消一个被选定的文件或文件夹，则按住_____键不放，然后单击要取消的文件或文件夹。

23.（考点 14）Windows 10 文件资源管理器分左、右两个窗口，其中左窗口为一个_____形控件视图窗格。

24.（考点 4）在 Windows 10 中要复制活动窗口到剪贴板，应按组合键_____。

25.（考点 26）_____和"记事本"是 Windows 10 自带的两个文字处理程序，这两个应用程序都提供了基本的文本编辑功能。

Part III 参考答案

一、单项选择题

1	2	3	4	5	6	7	8	9	10	11	12	13	14	15
B	D	A	B	C	D	C	A	A	B	B	D	B	B	D
16	17	18	19	20	21	22	23	24	25	26	27	28	29	30
B	D	B	B	C	D	B	D	C	C	D	B	D	C	B
31	32	33	34	35	36	37	38	39	40	41	42	43	44	45
A	C	B	B	D	C	C	A	D	B	C	B	D	D	C
46	47	48	49	50	51	52	53	54	55	56	57	58	59	60
C	C	D	D	D	C	A	D	A	A	D	C	C	D	C
61	62	63	64	65	66	67	68	69	70	71	72	73	74	75
A	D	B	D	A	D	D	D	C	A	A	D	D	B	B
76	77	78	79	80	81	82	83	84	85	86	87	88	89	90
A	D	B	C	C	D	D	B	D	B	B	D	A	B	B

二、多项选择题

1	2	3	4	5	6	7	8	9	10
BCD	ABC	ABCD	AD	ABC	BD	ABC	BD	BC	AD

三、判断题

1	2	3	4	5	6	7	8	9	10
A	A	A	B	B	B	A	A	B	B
11	12	13	14	15	16	17	18	19	20
B	A	B	B	A	B	A	B	A	B

四、填空题

1. 桌面
2. .lnk
3. 文档
4. Shift+Delete
5. 任务栏
6. 主页
7. 文件资源管理器
8. 扩展名
9. 来宾帐户
10. .txt
11. 文件
12. 活动窗口
13. 复制
14. Shift
15. 文件管理
16. 窗口
17. 剪贴板
18. .m4a
19. 主页
20. 控制面板
21. 只读
22. Ctrl
23. 树
24. Alt+PrintScreen
25. 写字板

文字处理 Word 2016

根据大纲要求，本章需要掌握的主要知识点：

- Office 应用程序的启动与退出、界面结构。
- Office 应用程序文档的保存、打开。
- Word的文档视图，文本及符号的录入和编辑、查找与替换、撤消与恢复及文档校对。
- Word字符格式、段落格式、样式的基本操作，项目符号和编号的使用。
- Word的分节、分页和分栏，设置页眉、页脚和页码、边框和底纹。
- Word中插入封面、设置主题、设置背景及页面设置。
- Word表格的创建、表格编辑、表格的格式化，表格中数据的输入与编辑，文字与表格的转换，表格计算。
- 图文混排：屏幕截图，插入和编辑图片、艺术字、形状、数学公式、文本框等，插入SmartArt 图形。
- 在文档中插入脚注、尾注和题注，插入交叉引用、索引。
- 邮件合并，插入目录，审阅与修订文档。
- 文档的保护与打印。
- 文档的常见格式。
- 常见的文档协同编辑软件的使用方法。

重点难点：

- 常用选项卡的功能、文档的编辑、设置字符格式、段落格式和样式、表格制作、图文混排、Word的高级应用。

Part I 考点直击

考点1 Word 的启动和退出

1. Word 的启动

启动 Word 的常用方法有下列四种：

①通过"开始"菜单中的快捷方式启动。

②在桌面上如果有 Word 应用程序的快捷方式图标，则双击该快捷方式图标即可启动 Word 应用程序。

③双击相应的 Word 文档（文档扩展名为 .docx），则运行与之关联的 Word 应用程序。

④通过"运行"对话框启动。

2. Word 应用程序的退出

（1）退出 Word 应用程序的常用方法

①单击标题栏右上角的"关闭"按钮 ✕。

②右击标题栏，在弹出的快捷菜单中选择"关闭"命令。

③在应用程序窗口中按 Alt +F4 组合键。

（2）仅关闭相应的文档窗口而不退出应用程序的方法

①在应用程序窗口中按 Ctrl+W 组合键。

②执行"文件"选项卡→"关闭"命令。

退出 Word 操作时，若文档修改尚未保存，则 Word 将会给出一个对话框，询问是否要保存未保存的文档，若单击"保存"按钮，则保存当前文档后退出；若单击"不保存"按钮，则直接退出 Word；若单击"取消"按钮，则取消这次操作，继续编辑文档。

▶ 真题再现 ◀

1.（2018 年填空题）Microsoft Word 文档的扩展名是_____。

【答案】.docx（注：不区分大小写）

【解析】Word 文档的扩展名是 .docx；Excel 工作簿文件的扩展名是 .xlsx；PowerPoint 演示文稿文件的扩展名是 .pptx。

2.（2017 年单项选择题）Word 文档默认的文件扩展名是_____。

A. .txt   B. .xlsx   C. .docx   D. .accdb

【答案】C

【解析】参考上题。

考点2 Word 的窗口及其组成

启动 Word 2016 后，即可进入操作界面（窗口）。该操作界面主要由标题栏、功能区、文档编辑区、标尺和状态栏等部分组成，如图 4-1 所示。

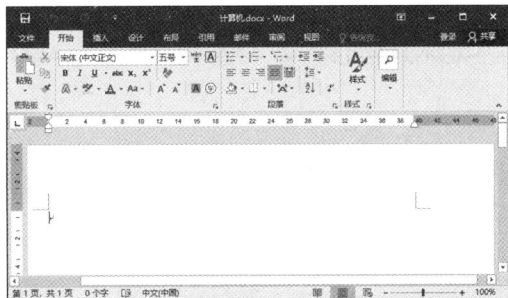

图 4-1 Word 2016 操作界面

1. 标题栏

标题栏位于窗口的最上方，从左到右依次为快速访问工具栏、正在操作的文档名称及程序名称、"功能区显示选项"按钮和窗口控制按钮。

快速访问工具栏默认位于 Word 窗口的功能区上方，用户也可以根据需要修改设置，使其位于功能区下方。快速访问工具栏的作用是使用户能快速启动经常使用的命令。默认情况下，显示的按钮有"保存"、"撤消"和"恢复"。对于编辑过程中的错误操作，用户可单击"撤消"按钮返回到原来的状态。对于所撤消的操作，用户还可以单击"恢复"按钮重新执行。

利用"功能区显示选项"按钮可以设置自动隐藏功能区、显示选项卡和命令。

窗口控制按钮：从左到右依次为最小化、最大化/向下还原和关闭。

2. 功能区

Word 2016 功能区默认包含有 9 个选项卡，分别是"文件""开始""插入""设计""布局""引用""邮件""审阅""视图"，它们的功能见表 4-1。每个选项卡由多个组组成，每个组中又可包含多个命令。

表 4-1 Word 功能区中的"选项卡"及主要功能

选项卡名称	主要功能	包含的主要组或命令
"文件"选项卡	打开 Backstage 视图；创建、保存、打开文档；改变 Word 系统设置	保存、打开、新建、另存为、打印、关闭
"开始"选项卡	对文档进行文字编辑和格式设置	剪贴板、字体、段落、样式和编辑
"插入"选项卡	在文档中插入各种元素	页面、表格、插图、链接、批注、页眉和页脚、文本、符号
"设计"选项卡	设置文档格式和页面背景	主题、文档格式、页面背景
"布局"选项卡	设置文档页面样式	页面设置、稿纸、段落、排列
"引用"选项卡	插入目录等比较高级的功能	目录、脚注、引文与书目、题注、索引和引文目录
"邮件"选项卡	实现文档中进行邮件合并方面的操作	创建、开始邮件合并、编写和插入域、预览结果和完成
"审阅"选项卡	用于对文档进行校对和修订等操作	校对、语言、中文简繁转换、批注、修订、更改、比较和保护
"视图"选项卡	设置操作窗口的视图类型	视图、显示、缩放、窗口和宏

3. 文档编辑区

位于窗口中央，以白色显示，是输入文字、编辑文本和处理图片的工作区域，在该区域显示文档内容。

4. 标尺

标尺有水平标尺和垂直标尺两种。Word 中，只有在页面视图下才能同时显示水平和垂直两种标尺。标尺可以用来设置制表位、段落的缩进、页边距及调整 Word 中表格的行高及列宽。

5. 状态栏

状态栏位于窗口底端（如图 4-2 所示），左侧显示当前文档的页数、总页数、字数、输入语言及输入状态等信息。状态栏的右侧有视图切换按钮和显示比例调节工具，其中视图切换按钮用于选择文档的视图方式，显示比例调节工具则用于调整文档的显示比例。

第1页，共1页　9个字　中文(中国)　　　　　　　　　　－　＋　100%

图 4-2　Word 状态栏

真题再现

1.（2019 年单项选择题）在 Word 中显示有当前文档页数、总页数、字数等信息的是_____。

A. 常用工具栏　　　　　　　　　B. 菜单栏

C. 标题栏　　　　　　　　　　　D. 状态栏

【答案】D

【解析】状态栏位于窗口底端，主要用于显示当前文档的页数、总页数、字数、输入语言及输入状态等信息。

2.（2018 年单项选择题）在 Word 中，如果操作出现失误，可以使用_____返回到原来的状态。

A. 撤消　　　　　　　　　　　　B. 恢复

C. 删除　　　　　　　　　　　　D. 重启应用程序

【答案】A

【解析】用户如果出现操作失误，可以使用快速访问工具栏中的"撤消"按钮或组合键"Ctrl+Z"返回到原来的状态。

3.（2017 年填空题）在 Word 中，双击标题栏可以使窗口在_____之间进行切换。

【答案】最大化和还原

【解析】用户双击标题栏可以使窗口在最大化和还原之间进行切换，而当窗口处于还原状态时，使用鼠标拖动标题栏可以移动窗口的位置。

考点 3　Word 文档的创建、打开和保存

1. 创建 Word 文档

1）创建空白文档

方法 1：单击"文件"选项卡，选择"新建"→"空白文档"命令。

方法 2：按组合捷键 Ctrl + N。

方法 3：单击快速访问工具栏中的"新建"按钮。

2）使用模板创建文档

用户如果需要创建特定格式的文档，如简历、报告或新闻稿等，则可以利用 Word 提供的丰富模板文档。方法：首先单击"文件"选项卡中的"新建"命令，然后根据要创建的文档类型，选择相应的模板创建文档即可。利用模板创建文档后，用户还可以根据自己的要求进行修改。

2. 打开 Word 文档

打开某个 Word 文档一般是指把该文档的内容从外存读入内存，并显示出来。

打开 Word 文档的常用方法有：

①在文件资源管理器中，双击带有 Word 文档图标的文件是打开 Word 文档最快捷的方式。

②单击"文件"选项卡→选择"打开"命令。

③使用组合键 Ctrl+O 或 Ctrl+F12 打开。

④若在快速访问工具栏中添加了"打开"按钮，则单击"打开"按钮。

⑤打开最近使用过的文档。单击"文件"选项卡→选择"打开"命令，在"打开"窗口中选择"最近"，则可打开用户近期使用过或编辑过的文档。

3. Word 文档的保存

1）保存文档的常用方法

方法 1：单击快速访问工具栏中的"保存"按钮。

方法 2：执行"文件"选项卡→"保存"命令。

方法 3：按组合键 Ctrl + S 或 Shift+F12。

用户保存新建文档时（新建文档初次保存时），使用上述三种方法均会弹出"另存为"对话框，此时，可设置文档的保存路径、文件名及保存类型，然后单击"保存"按钮即可。对已有的文件打开并修改后，同样可用上述方法将修改后的文档以原来的文件名保存在原来的文件夹中，此时不再出现"另存为"对话框。但是若对具有"只读"属性的文档进行编辑后，使用上述三种方法保存时，也会弹出"另存为"对话框。

2）另存文档

对于已有的旧文档，用户可直接将其另存为其他位置，相当于对文档进行备份。

用户还可以把一个正在编辑的已有文档以另一个不同的名字保存起来，而原来的旧文档内容不变，修改后的内容保存在另存为的新文档中。

3）自动保存（自动恢复）

单击"文件"选项卡中的"选项"命令→在系统弹出的"Word 选项"对话框的"保存"选项卡中勾选"保存自动恢复信息时间间隔"复选框并设置时间，则 Word 会定期自动保存文档内容。用户使用这种方法可以防止在编辑文档的过程中，由于停电、死机等意外情况而导致的当前编辑内容的丢失。 默认情况下，Office 应用程序会每隔 10 分钟自动保存一次文档。用户设置了自动保存并不意味着文档编辑完后不用进行保存，希望同学们认真区分。

真题再现

1.（2019 年单项选择题）在 Word 中，第一次保存某文件，出现的对话框为_____。

    A. 全部保存   B. 另存为

    C. 保存   D. 保存为

【答案】B

【解析】保存新建文档时，将会弹出"另存为"对话框，此时，可设置文档的保存路径、文件名及保存类型，然后单击"保存"按钮即可。

2.（2018 年判断题）默认情况下，Office 应用程序会每隔一段时间自动保存一次文档。

    A. 正确   B. 错误

【答案】A

【解析】在编辑文档的过程中，为了防止因停电、死机等意外情况导致当前编辑的内容丢失，用户可以使用自动保存功能，每隔一段时间自动保存一次文档，从而最大限度地避免文档内容的丢失。默认情况下，Office 应用程序会每隔 10 分钟自动保存一次文档。

3.（2014 年填空题改编）在 Word 中，按_____键可以保存文档。

【答案】Ctrl+S 或 Shift+F12（注：不区分大小写）

【解析】保存文档的组合键是 Ctrl + S 或 Shift+F12。

考点 4　Word 文档视图

    所谓视图，简单地说就是查看文档的方式。同一个文档可以在不同的视图下查看，虽然文档的显示方式不同，但是文档的内容是不变的。Word 有 5 种视图，即页面视图、阅读视图、Web 版式视图、大纲视图和草稿视图，用户可以根据对文档不同的操作需求使用不同的视图。视图之间的切换可以使用"视图"选项卡，也可以使用状态栏右侧的视图切换按钮。

1. 页面视图

    页面视图主要用于版面设计，显示文档的每一页面都与打印所得的页面相同，即"所见即所得"。用户在页面视图下可以查看页面的布局、编辑页眉和页脚、调整页边距、处理分栏及图形对象。新建一个 Word 文档时，其默认的视图方式为页面视图。

2. 阅读视图

    以图书的分栏样式显示 Word 文档，功能区等窗口元素被隐藏起来。在阅读视图下，用户还可以单击工具按钮选择各种阅读工具。

3. Web 版式视图

使用 Web 版式视图，可以查看文档在浏览器中的效果。Web 版式视图适用于发送电子邮件和创建网页。

4. 大纲视图

大纲视图可以将文档的标题分级显示，主要用于设置和显示标题的层级结构，并可以方便地折叠和展开各种层级的文档。大纲视图广泛用于 Word 长文档的快速浏览和设置。

5. 草稿视图

草稿视图取消了页面边距、分栏、页眉和页脚、图片等元素，仅显示标题和正文，适合于快速输入或编辑文字，是最节省计算机系统硬件资源的视图方式。

▶ **真题再现** ◀

1.（2020 年单项选择题）在 Word 中，要对文档的各级标题及正文进行顺序调整，最方便的视图是_____。

A. 大纲视图
B. 普通视图
C. 页面视图
D.web 版式视图

真题再现-1
讲解

【答案】A

【解析】大纲视图主要用于设置和显示标题的层级结构，并可以方便地折叠和展开各种层级的文档。

2.（2019 年单项选择题）在 Word 中，如果设置了页眉和页脚，那么页眉和页脚只能在_____看到。

A.Web 版式视图方式下
B. 页面视图或打印预览方式下
C. 大纲视图方式下
D. 普通视图方式下

【答案】B

【解析】页面视图按照文档的打印效果显示文档，具有"所见即所得"的效果。在页面视图中，可以直接看到文档的外观、图形、文字、页眉、页脚等在页面的位置，这样，在屏幕上就可以看到文档打印在纸上的样子，常用于对文本、段落、版面或者文档的外观进行修改。

3.（2018 年单项选择题）在 Word 中，主要用于设置和显示标题的层级结构的是_____。

A. 页面视图
B. 大纲视图
C. Web 版式视图
D. 阅读版式视图

【答案】B

【解析】大纲视图用于显示、修改或创建文档的大纲，它将所有的标题分级显示出来，层次分明，特别适合多层次文档，使得查看文档的结构变得很容易。

考点 5　Word 内容的输入

1. 插入点的移动

在 Word 窗口的文档编辑区中有一个闪烁着的黑色竖条"|"称为插入点，它表明输入字符将出现的位置。用户输入文本时，插入点自动后移，也可以利用键盘移动插入点的位置，详见表 4-2。

表 4-2　用键盘移动插入点

键名	功能	键名	功能
↑↓	向上、向下移动插入点	←→	向左、向右移动插入点
Page Up	移动插入点到前一页	Page Down	移动插入点到后一页
Home	移动插入点到行首	End	移动插入点到行尾
Ctrl + Page Up	移动插入点到上页的顶端	Ctrl+Page Down	移动插入点到下页的顶端
Ctrl + Home	移动插入点到文档首	Ctrl + End	移动插入点到文档尾

2. "即点即输"功能

将鼠标指针指向需要输入文本的位置，在有文字的地方，单击鼠标即可进行文字输入，如果在空白处双击鼠标左键，即可在当前位置定位光标插入点，输入相应的文本内容。

3. "插入"和"改写"状态

输入文本时，状态栏上会显示当前输入状态。在"插入"状态下，只要将插入点移到需要插入文本的位置，输入新文本就可以了。插入时，插入点右边的字符和文字随着新的文字的输入逐一向右移动。如在"改写"状态下，则插入点右边的字符或文字将被新输入的文字或字符所替代。

在 Word 中，默认是插入状态。用户若在"插入"和"改写"两种状态间切换，可在状态栏中单击"插入"按钮或"改写"按钮，或者按 Insert 键。

4. 在文档中插入符号

在输入文本时，一些键盘上没有的特殊符号（如俄、日、希腊文字符，数学符号，图形符号等），可以利用 Word "插入"选项卡"符号"组提供的插入符号命令进行输入。

真题再现

1.（2019 年单项选择题）利用 Word 编辑文档时，正在输入的文字添加在　　　　。
　　A. 文件末尾　　　　　　　　　　　B. 当前行的末尾
　　C. 鼠标光标处　　　　　　　　　　D. 插入点所在位置
【答案】D
【解析】在窗口文档编辑区中有一个闪烁着的黑色竖条"|"称为插入点，它表明输入字符将出现的位置。

2.（2019 年单项选择题）在 Word 中，按下_____组合键可以将光标定位到文档末尾。

A. Alt + Home

B. Ctrl + 向下箭头

C. Ctrl + Home

D. Ctrl + End

【答案】D

【解析】见表 4-2。

3.（2018 年判断题）在 Word 中，默认是插入状态，可以通过按 Insert 键转化为改写状态。

A. 正确

B. 错误

【答案】A

【解析】若在"插入"和"改写"两种状态间切换，用户可在状态栏中单击"插入"按钮或"改写"按钮，或者按 Insert 键。

考点 6　Word 中文本的选择

1. 选择连续的文本

首先将鼠标指针移动到所要选定文本区的开始处，然后拖动鼠标直到所选定的文本区的最后一个字符并松开鼠标左键，这样，鼠标所拖动过的区域被选定。若用户选择连续的大块文本，也可以用鼠标指针单击选定区域的开始处，然后按住 Shift 键，再配合滚动条将文本翻到选定区域的末尾，再单击选定区域的末尾，则两次单击范围内包含的文本就被选定。

2. 选择不连续的文本

先拖动鼠标选中第一个文本区域，再按住 Ctrl 键不放，然后拖动鼠标选择其他不相邻的文本，选择完成后释放 Ctrl 键即可。

3. 选择垂直（矩形区域）文本

将鼠标指针移动到所选区域的左上角，按住 Alt 键，拖动鼠标直到区域的右下角，放开鼠标。

4. 选择一行文本

将鼠标指针移到一行文本左端的文档选定区，当鼠标指针变成指向右上方的箭头时，单击一下就可以选定一行文本，如果拖动鼠标，则可选定若干行文本。

5. 选择一个句子

按住 Ctrl 键，将鼠标光标移动到所要选句子的任意处单击一下。

6. 选择一个段落

选择一个段落主要有以下两种方法：

①将鼠标指针移到所要选定段落的任意行处连击三下。

②将鼠标指针移到所要选定段落左侧选定区，当鼠标指针变成指向右上方的箭头时双

击也可以选中一个段落。

7. 选择整篇文档

选择整篇文档主要有以下四种方法：

①在"开始"选项卡"编辑"组中单击"选择"右侧的下拉按钮，在弹出的下拉列表中选择"全选"命令。

②按住 Ctrl 键，将鼠标指针移到文档左侧的选定区单击一下。

③将鼠标指针移到文档左侧的选定区并连续快速三击鼠标左键。

④直接按组合键 Ctrl + A 选定整篇文档。

8. 选定文本的常用快捷键

选定文本的常用快捷键（组合键）见表 4-3。

表 4-3　选定文本的常用快捷键

组合键	选择的文本范围
Shift+ →	选定插入点右边的一个字符或汉字
Shift+ ←	选定插入点左边的一个字符或汉字
Shift+Home	选定从插入点到所在行行首间的文本
Shift+End	选定从插入点到所在行行尾间的文本
Ctrl+Shift+Home	选定从插入点到文档首端之间的文本
Ctrl+Shift+End	选定从插入点到文档末尾之间的文本
Ctrl+A	选定整篇文档

◢ **真题再现** ◣

1.（2018 年填空题）在 Word 中，选择垂直文本时，首先按住 _____ 键不放，然后按住鼠标左键拖出一块矩形区域。

【答案】Alt

【解析】用户将鼠标指针移动到所选区域的左上角，按住 Alt 键，拖动鼠标直到区域的右下角，放开鼠标后即可拖出一块矩形区域。

2.（2017 年多项选择题改编）在 Word 中将鼠标指针移到文档选定区，下列操作正确的是 _____。

A. 单击鼠标左键可以选择一行文本　　　B. 单击鼠标左键可以选择一段文本

C. 双击鼠标右键可以选择一段文本　　　D. 三击鼠标左键可以选择整篇文本

【答案】AD

【解析】用户将鼠标指针移到文档选定区，单击鼠标左键可以选择一行文本；双击鼠标左键可以选择一段文本；三击鼠标左键可以选择整篇文档。

1. 使用剪贴板移动、复制文本

1）移动文本

方法1：选中需要移动的文本，选择"开始"选项卡"剪贴板"组中的"剪切"命令，在目标位置处"粘贴"，所选中的文本便移动到指定的位置。

方法2：选中需要移动的文本，右击并在弹出的快捷菜单中选择"剪切"命令，在目标位置处"粘贴"，所选中的文本便移动到指定的位置。

方法3：选中需要移动的文本，使用组合键"Ctrl+X"和"Ctrl+V"实现文本的移动。

2）复制文本

方法1：首先选中需要复制的文本，选择"开始"选项卡"剪贴板"组中的"复制"命令，在目标位置处"粘贴"，所选中的文本便复制到指定的位置。

方法2：选中需要复制的文本，右击并在弹出的快捷菜单中选择"复制"命令，在目标位置处"粘贴"，所选中的文本便复制到指定的位置。

方法3：选中需要复制的文本，使用组合键"Ctrl+C"和"Ctrl+V"实现文本的复制。

注：①进行"粘贴"时，用户可以利用"开始"选项卡"剪贴板"组的"粘贴选项"，或右击并在弹出的快捷菜单的"粘贴选项"中选择相关命令项进行有选择地粘贴。如图4-3所示，用户可以选择"保留源格式"、"合并格式"、"图片"或"只保留文本"。

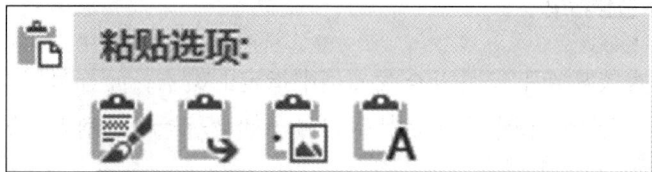

图 4-3　粘贴选项

② Word 提供的剪贴板默认存放 24 个最近"剪切"或"复制"的内容，用户可以根据需要选择其中之一粘贴到目标位置。

2. 使用鼠标左键拖动文本实现移动、复制文本

1）移动文本

选中所要移动的文本，按住鼠标左键拖动到新位置并松开鼠标左键，这样就完成了文本的移动。

2）复制文本

选中所要复制的文本，按下 Ctrl 键的同时按住鼠标左键拖动到新位置并松开鼠标左键，这样就完成了文本的复制。

3. 文本的删除

①按 Backspace 键可删除插入点左侧的字符。

②按 Delete 键可删除插入点右侧的字符。

③选中文本块，按 Delete 键或 Backspace 键都可删除文本块。

1.（2019 年单项选择题）在 Word 中，可以通过 _____ 键删除插入点后面的字符。

  A. Insert   B. Delete

  C. Enter   D. Backspace

【答案】B

【解析】按 Backspace 键可删除插入点左侧（即插入点前面）的字符，按 Delete 键可删除插入点右侧（即插入点后面）的字符。

2.（2019 年填空题）在 Word 中，同时按下 Ctrl 和 V 键的作用是 _____。

【答案】粘贴

【解析】用户使用组合键"Ctrl+X"可以将所选文本或图形剪切到 Office 剪贴板；组合键"Ctrl+C"可以将所选文本或图形复制到 Office 剪贴板；组合键"Ctrl+V"可以将 Office 剪贴板中的内容粘贴到插入点。

3.（2018 年填空题）Word 中，同时按下 Ctrl 和 X 键的作用是 _____。

【答案】剪切

【解析】同上题。

考点8 查找与替换

利用 Word 的查找功能不仅可以查找文档中指定的文本，而且可以查找设置了格式的文本内容（如字体、字号、颜色等）及特殊符号（如段落标记、制表符等）。

1. 利用"导航"窗格查找

打开"导航"窗格的方法主要有三种：

①打开"视图"选项卡，选择"显示"组中的"导航窗格"命令，在文档左侧就会出现相应的"导航"窗格。

②选择"开始"选项卡"编辑"组中的"查找"命令，可打开"导航"窗格。

③使用组合键"Ctrl+F"，打开"导航"窗格。

打开"导航"窗格后，在"搜索"文本框中直接输入所要查找的关键字，文档就会快速定位到包含该关键字的内容，并且以高亮显示。

2. 高级查找

在导航窗格中，单击"搜索"框右侧的下拉按钮，在弹出的下拉列表中选择"高级查找"命令，或者在"开始"选项卡"编辑"组中单击"查找"右侧的下拉按钮，在弹出的下拉列表中选择"高级查找"命令，都能打开"查找和替换"对话框（如图 4-4 所示）。

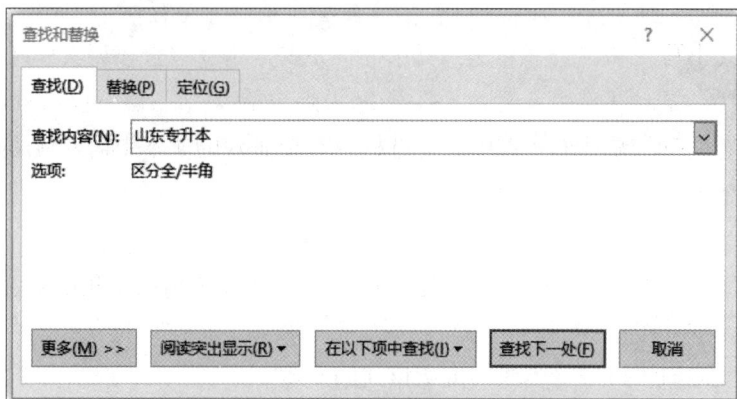

图 4-4　"查找和替换"对话框

例如，在"查找内容"文本框中输入要查找的文本"山东专升本"，单击"查找下一处"按钮即可开始查找。

在图4-4所示的"查找和替换"对话框中，单击"更多"按钮，此时的对话框如图4-5所示。

图 4-5　高级功能的"查找和替换"对话框

几个选项的功能如下。

①搜索：在"搜索"列表框中有"全部"、"向上"和"向下"三个选项，默认选择

"全部"。

②"区分大小写"和"全字匹配"复选框：主要用于高级查找英文单词。例如，若选中"区分大小写"复选框，如果搜索 AKA，结果则包括 AKA，但不包括 aka。

③"使用通配符"复选框：选中此复选框可在要查找的文本中输入通配符实现模糊查找。通配符主要有"？"和"*"两个，其中"？"代表一个字符，"*"代表零个或多个字符。例如，使用"s*d"将找到"sad"和"started"。

④"区分全 / 半角"复选框：选中此复选框，可区分全角或半角的英文字符和数字，否则不予区分。

⑤"格式"按钮：可以查找各种带有格式的文本。

⑥"特殊格式"按钮：如要查找特殊字符，则可单击"特殊格式"按钮，打开"特殊格式"列表，从中选择所需要的特殊格式字符。

3. 替换

用户有时需要将文档中的某个字或词替换为另一个字或词，如将"信息技术"替换成"IT"，就可以利用"查找和替换"功能实现，具体步骤如下。

①在图 4-4 所示"查找和替换"对话框中单击"替换"选项卡，如图 4-6 所示。此选项卡比"查找"选项卡多了一个"替换为"文本框。

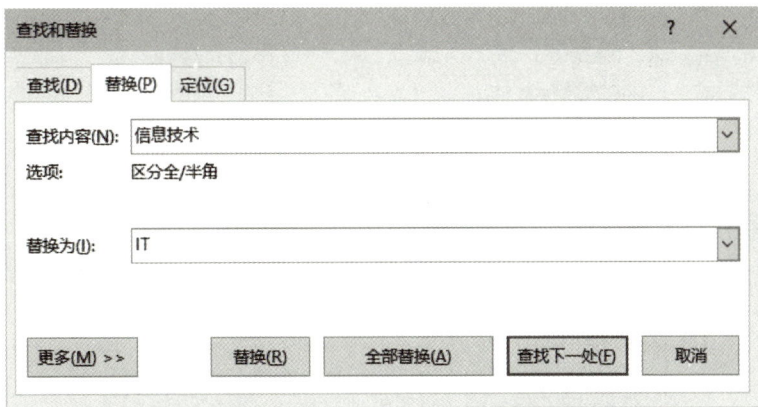

图 4-6 "查找和替换"对话框"替换"选项卡

②在"查找内容"文本框中输入要查找的内容，如输入"信息技术"。

③在"替换为"文本框中输入要替换的内容，如输入"IT"。

④在输入要查找和需要替换的文本和格式后，根据情况单击下列按钮之一。

- "替换"按钮：替换找到的文本，继续查找下一处并定位。
- "全部替换"按钮：替换所有找到的文本。
- "查找下一处"按钮：不替换找到的文本，继续查找下一处并定位。

◆注：

①替换操作不但可以将查找的内容替换为指定的内容，也可以替换为指定的格式。

②如果只输入查找内容未输入替换内容，执行替换操作可删除查找的内容。

考点9　设置字符格式

字符格式设置是指用户对字符的屏幕显示和打印输出形式的设定，包括字体、字形、字号、字符间距、颜色、特殊效果、下划线等。

在创建文档输入文字阶段，Word 按默认的格式显示中文字体为宋体、常规、五号字体。

设置字符格式的主要方法是，使用"开始"选项卡"字体"组中的命令或悬浮工具栏进行设置。若要对字符做较复杂的格式设置，则需要打开"字体"对话框（见图 4-7）进行设置。

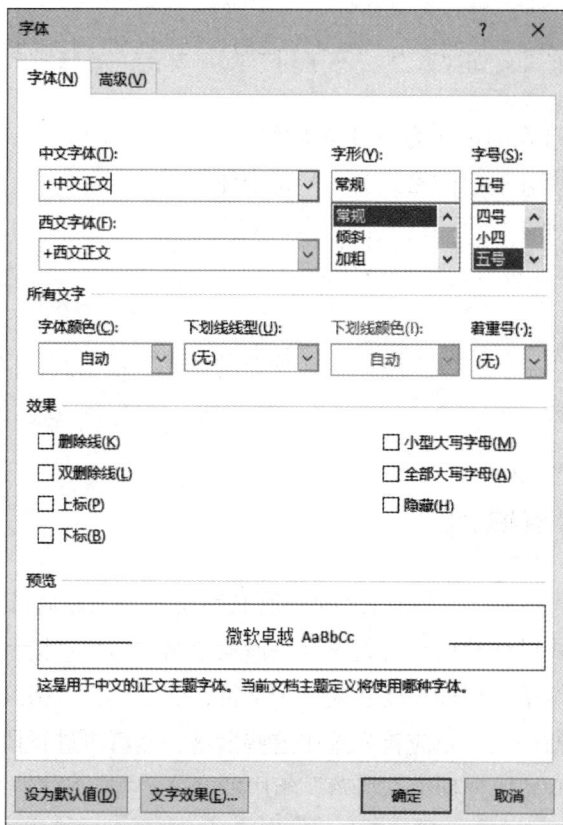

图 4-7 "字体"对话框

Word 对字体大小采用两种不同的单位，其中一种是以"号"为单位，如常用的初号、小初等；另一种是以国际上通用的"磅"为单位。当以"号"为单位时，数值越小、字体越大，当以"磅"为单位时，则是磅值越小字体越小。

字符间距是指相邻字符之间的距离，用户可在"字体"对话框的"高级"选项卡中设置字符间距。

如果对所设置的字符格式不满意，用户可以清除所设置的格式，恢复到 Word 默认的状态。清除格式的步骤为：选择需要清除格式的文本，然后单击"字体"组中"清除所有格式"命令，之前所设置的字体、颜色等格式即可被清除掉，并还原为默认格式。

真题再现

1. （2018 年多项选择题）在 Word 中，字体大小一般以＿＿＿和＿＿＿为单位。

   A. 磅　　　　　　　　　　　　B. 英寸

   C. 像素　　　　　　　　　　　D. 号

   【答案】AD

   【解析】Word 对字体大小采用两种不同的单位，其中一种是以"号"为单位，另一种是以国际上通用的"磅"为单位。

2. （2012 年单项选择题改编）在 Word 中，"开始"选项卡"字体"组有一个"字体"框、一个"字号"框，当选中了一段文字之后，这两个框内分别显示"仿宋体""三号"，这说明＿＿＿。

   A. 被选取的文本现在的格式为三号仿宋体

   B. 被选取的文本所在段落的格式为三号仿宋体

   C. 被编辑的文档现在总体的格式为三号仿宋体

   D. Word 默认的格式设定为三号仿宋体

   【答案】A

   【解析】"字体"框和"字号"框内显示的是选中字体的格式，同一段落中可以有不同的字体格式设置。

考点10 设置段落格式

段落是指文档中相邻两个回车符之间的所有字符，包括段后的回车符。段落格式是指以段落为单位的格式设置。用户要设置某一段段落格式，可直接将光标定位选定段落即可，而不用像设置字符格式那样，要首先选中字符，然后再进行格式设置。当然，用户若要同时设置多个段落的格式，则应首先选中这些段落，然后再进行段落格式设置。设置段落格式主要是利用"开始"选项卡"段落"组中的命令或在"段落"对话框中完成。

1. 设置对齐方式

段落对齐方式是指段落内容在文档左右边界之间的横向排列方式。Word 为用户提供了左对齐、居中、右对齐、两端对齐和分散对齐五种对齐方式。默认情况下，段落的对齐方式为两端对齐。

1）利用"开始"选项卡"段落"组中的命令设置对齐方式

该方式设置段落对齐是最方便快捷的方式，用户只需单击"段落"组中用于设置对齐方式的命令（具体介绍见表 4-4）即可。

表 4-4 "段落"组中各对齐方式命令的名称及功能表

命令对应按钮	名称	功能
≣	左对齐	将文字左对齐
≣	右对齐	将文字右对齐
≣	居中	将文字居中对齐
≣	两端对齐	将文字左右两端同时对齐，并根据需要增加字符间距
≣	分散对齐	将段落左右两端同时对齐，并根据需要增加字符间距

2）利用对话框设置对齐方式

若要利用对话框设置段落的对齐方式，只需单击"开始"选项卡"段落"组右下角的对话框启动器按钮，弹出"段落"对话框，在"对齐方式"列表框中，选择所需选项即可，如图 4-8 所示。用户也可以右击所选的段落文字，在快捷菜单中选择"段落"命令，打开"段落"对话框。

图 4-8 "段落"对话框

2. 段落缩进

段落缩进包括左缩进、右缩进、首行缩进和悬挂缩进四种。

左缩进指整个段落左端与页面左边距保持一定的距离。

右缩进指整个段落右端与页面右边距保持一定的距离。

首行缩进指将段落的第一行从左向右缩进一定的距离，而首行以外的各行都保持不变。

悬挂缩进与首行缩进相反，首行不改变，而除首行以外的其他行向右缩进一定距离。

设置段落缩进的方法主要有以下几种。

1）利用"段落"对话框精确设置

在图 4-8 所示"段落"对话框"缩进"栏下可以设置左缩进、右缩进，在"特殊"列表框中可选择"首行缩进"或"悬挂缩进"选项。

2）利用标尺快速设置

利用标尺设置段落缩进如图 4-9 所示。

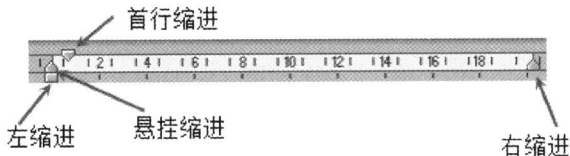

图 4-9　利用标尺设置段落缩进

3）利用缩进按钮

利用"开始"选项卡"段落"组中的"增加缩进量"命令或"减少缩进量"命令，可以完成缩进操作。

3. 设置行距和段间距

行距是指两行的距离，即指当前行底端和上一行底端的距离。

段间距是两段之间的距离。

设置行距和段间距，可以利用"段落"对话框，也可以利用"段落"组中的"行和段落间距"命令进行设置。

4. 给段落添加边框和底纹

有时，对文章的某些重要段落加上边框或底纹，使其更为突出和醒目。给段落添加边框和底纹的方法为：单击"开始"选项卡"段落"组中"边框"右侧的下拉按钮，在下拉列表中选择"边框和底纹"命令，打开如图 4-10 所示"边框和底纹"对话框。在该对话框的"边框"或"底纹"选项卡中完成设置后，然后在"应用于"列表框中选择"段落"选项即可。

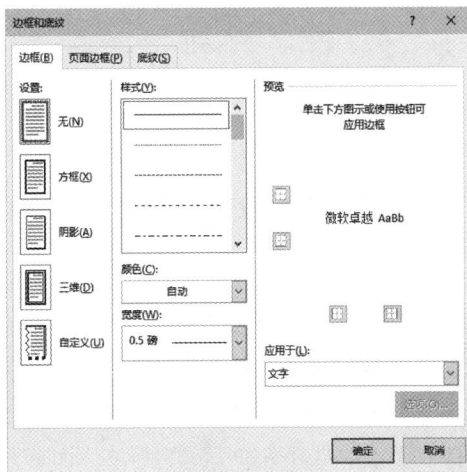

图 4-10　"边框和底纹"对话框

利用该对话框也可以设置字符的边框和底纹，只需在"应用于"列表框中选择"文字"选项即可。

5. 项目符号和编号

编排文档时，在某些段落前加上编号或某种特定的符号（称作项目符号），这样可以提高文档的可读性。

选中需要添加项目符号的段落，单击"开始"选项卡"段落"组中"项目符号"或"编号"右侧的下拉按钮，在弹出的下拉列表中，将鼠标指针指向需要的项目符号或编号时，对其单击即可应用到所选段落中。当按 Enter 键时，在新的一段开头处就会根据上一段的编号格式自动创建编号。如果要结束自动创建编号，可以按 Backspace 键删除插入点前的编号，或再按一次 Enter 键即可。根据操作需要，用户还可对段落添加自定义样式的项目符号或编号。

6. 多级列表

对于含有多个层次的段落，为了清晰地体现层次结构，可对其添加多级列表。选中需要添加多级列表的段落，然后单击"段落"组中"多级列表"右侧的下拉按钮，在弹出的下拉列表中选择需要的列表样式。设置多级列表后，在需要调整级别的段落中，将插入点定位在编号和文本之间，选择"段落"组中的"增加缩进量"命令，或按 Tab 键，可降低一个列表级别；选择"减少缩进量"命令，或按 Shift+Tab 组合键，可提升一个列表级别。

▶ **真题再现** ◀

1.（2022 年多项选择题）Word 文档页面视图中的标尺，除了能够迅速调整左缩进和右缩进外，还能调整的是 _____。

A. 左边距 　　　　　　　　　　　B. 首行缩进

C. 行间距 　　　　　　　　　　　D. 悬挂缩进

【答案】ABD

【解析】利用标尺可以调整页边距、段落缩进、表格的行高和列宽、分栏时的栏宽和间距。调整行间距可以使用"段落"对话框。

2.（2020 年单项选择题改编）关于 Word 2016 中的"项目符号和编号"，下列说法中错误的是 _____。

A. 可以使用"插入"选项卡插入项目符号和编号

B. 可以设置编号的起始号码与编号样式

C. 可以自定义项目符号为符号或图片

D. 可以自定义项目符号和编号的字体颜色

真题再现-2
讲解

【答案】A

【解析】插入项目符号和编号利用的是"开始"选项卡"段落"组中的"项目符号"和"编号"命令，不是"插入"选项卡。

3.（2019年单项选择题）在 Word 的文档编辑状态下，若要设置文档行间距，其命令位于 _____ 选项卡中。

A. 开始 　　　　　　　　　　　　B. 文件

C. 插入 　　　　　　　　　　　　D. 视图

【答案】A

【解析】利用"开始"选项卡"段落"组中的"行和段落间距"命令或"段落"对话框均可以设置行距。

4.（2019年多项选择题）下列选项中，属于 Word 缩进效果的是 _____。

A. 两端缩进 　　　　　　　　　　B. 分散缩进

C. 左缩进 　　　　　　　　　　　D. 右缩进

【答案】CD

【解析】Word 缩进效果包括左缩进、右缩进、首行缩进和悬挂缩进。

5.（2019年判断题）可以对 word 中所选定的段落设置项目符号和编号格式。

A. 正确 　　　　　　　　　　　　B. 错误

【答案】A

【解析】项目符号和编号是段落格式，可为选定段落设置此格式。设置的方法是使用"开始"选项卡"段落"组中的"项目符号"命令或"编号"命令。

6.（2018年填空题）在 Word 中，段落首行第 1 个字符的起始位置距离段落其他行左侧的缩进量叫作 _____。

【答案】首行缩进

【解析】段落的缩进方式有左缩进、右缩进、首行缩进和悬挂缩进 4 种。首行缩进是指段落首行第 1 个字符的起始位置距离段落其他行左侧的缩进量，大多数文档的首行缩进量为两个字符。

考点11　格式刷的使用

在使用 Word 编辑文档时，有时很多地方需要设置相同的格式，如文字大小、样式、行间距等，这时可以利用格式刷将某文本对象的格式复制到另一个对象上，从而避免重复设置格式的麻烦 。

使用格式刷时，首先选中设置好格式的文字，然后在"开始"选项卡"剪贴板"组中单击"格式刷"命令，光标将变成刷子形状，在需要应用相同格式的文字处，按住左键不放，拖动即可。若在使用格式刷复制格式时双击"格式刷"命令，则格式刷可无限次使用，若想取消，再次单击"格式刷"命令或按 Esc 键即可。

需要注意的是，在 Word 编辑状态下，格式刷可以用来复制段落、字符的格式，但不能复制字符的内容，如不能利用格式刷复制全半角、字母大小写等。

真题再现

1.（2021 年操作题）小文发现 word 文档中有较多的数字为全角，想改为半角，下列操作方式无法实现的是 ＿＿＿＿。

A. 手动将全角数字重新以半角输入

B. 使用"查找和替换"，替换每个全角数字为对应半角数字

C. 使用"字体"组 Aa 下拉列表中的"半角"命令，将全角数字转换为半角

D. 使用"格式刷"，将全角数字格式化为半角

【答案】D

【解析】格式刷可以用来复制段落、字符的格式，但不能复制字符的内容、全半角、字母大小写等。

2.（2018 年判断题）当需要把一种格式复制给多个文本对象时，需要连续使用格式刷，双击"格式刷"命令即可。

A. 正确 　　　　　　　　　　　　　B. 错误

【答案】A

【解析】通过双击"格式刷"命令，可以将选定格式复制到多个位置。若要关闭格式刷，按 ESC 键或再次单击"格式刷"命令即可。

考点12　样式

　　样式就是 Word 系统自带的或由用户自定义的一系列排版格式的总和，包括字符格式、段落格式等。通过运用样式来重复应用相同格式，可以快速为文本对象设置统一的格式，从而提高文档的排版效率。

　　选中需要应用样式的文本，在"开始"选项卡"样式"组中单击对话框启动器按钮，弹出"样式"窗口，选择需要的样式即可。对文档应用样式后，可以实现快速选定应用同一样式的所有文本。

　　除了使用系统提供的内置样式，用户还可以新建样式。新建的样式只能用于当前文档，如果经常要使用某种或某些样式，可以将其保存为模板。模板就是某种文档的样式和模型，利用模板可以生成一个具体的文档。模板是创建标准文档的工具。模板比样式所包含的内容丰富得多。

　　若样式的某些格式设置得不合理，用户可根据需要进行修改。若文档中有多个段落使用了某个样式，当修改了该样式后，即可改变文档中所有带有此样式的文本格式。

　　对于多余的样式，用户也可以将其删除。需要注意的是，用户无法删除内置样式。

真题再现

1.（2022 年单项选择题）在 Word 中，想要将"标题 1"样式的内容全部删除，最优的操作是 ＿＿＿＿。

A. 选中"标题 1"样式的某一内容，选择"选定所有格式类似的文本"命令，按 Delete 键删除

B. 在"查找和替换"对话框中，查找内容输入"标题1"，替换为空，单击"全部替换"按钮

C. 按住 Ctrl 键，逐一单击"标题1"样式的内容，按 Delete 键删除

D. 将"标题1"样式的内容手动逐一删除

【答案】A

【解析】对于使用同一样式的文本，可以通过"开始"选项卡"编辑"组"选择"下拉列表中的"选定所有格式类似的文本"命令来实现批量选择，然后批量删除。选项 B 可以实现批量删除，但是需要在"查找和替换"对话框进行设置，操作过程比选项 A 要复杂。

2. （2019年填空题）所谓 _____ 就是 Word 系统自带的或由用户自定义的一系列排版格式的总和，包括字符格式、段落格式等。

【答案】样式

【解析】样式就是 Word 系统自带的或由用户自定义的一系列排版格式的总和，包括字符格式、段落格式等。用户可以利用系统提供的内置样式，也可以新建、修改样式。

考点13 分页、分节和分栏

真题再现讲解

1. 插入分页符

Word 具有自动分页功能。有时为了将文档的某一部分内容单独形成一页，可以插入分页符进行人工分页。

插入分页符的步骤是：首先将插入点定位到新的一页的开始位置，然后选择"插入"选项卡"页面"组中的"分页"命令，或选择"布局"选项卡"页面设置"组"分隔符"右侧的下拉按钮，在打开的下拉列表（如图 4-11 所示）中选择"分页符"命令即可。也可以使用组合键 Ctrl+Enter 实现。

如果想删除人工分页符，只要把插入点移到人工分页符的前面，按 Delete 键即可。但是，用户不能删除自动分页符。

2. 插入分节符

在进行 Word 文档排版时，经常需要对同一个文档中的不同部分采用不同的版面设置，如设置不同的页面方向、页边距、页眉和页脚，或重新分栏排版等。这时，如果通过"布局"选项卡"页面设置"组中的命令直接来改变其设置，就会引起整个文档所有页面的改变。怎么办呢？这就需要对 Word 文档进行分节。

将插入点定位在需要插入分节符的位置，在图 4-11 所示下拉列表中选择需要的分节符类型即可。

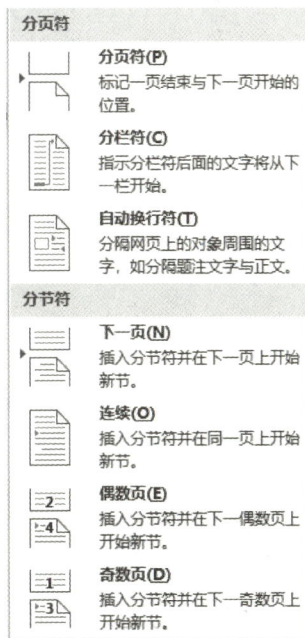

图 4-11 "分隔符"下拉列表

"下一页"：分节符后的文本从新的一页开始。

"连续"：新节与其前面一节同处于当前页中。

"偶数页"：分节符后面的内容转入下一个偶数页。

"奇数页"：分节符后面的内容转入下一个奇数页。

用户进行页面设置后，若使当前节的页面设置与其他节不同，在"页面设置"对话框"应用于"列表框中选择"本节"选项即可。

3. 分栏

分栏使得版面显得更为生动、活泼，增强可读性。使用"布局"选项卡"页面设置"组"分栏"下拉列表中的命令可以实现文档的分栏，具体操作如下：

①如要对整个文档分栏，则将插入点移到文本的任意处；如要对部分段落分栏，则应先选中这些段落。

②单击"布局"选项卡"页面设置"组"分栏"下方的下拉按钮，打开"分栏"下拉列表，选择所需命令即可。

③若"分栏"下拉列表中所提供的分栏格式不能满足要求，则可选择"更多分栏"命令，打开如图 4-12 所示的"分栏"对话框进行设置。用户可以根据需要设置分栏数、设置栏宽和间距，选中"分隔线"复选框，可以在各栏之间添加一分隔线，应用范围有"本节""整篇文档""插入点之后"等。

用户可在"页面视图"或"打印预览"下查看分栏效果。

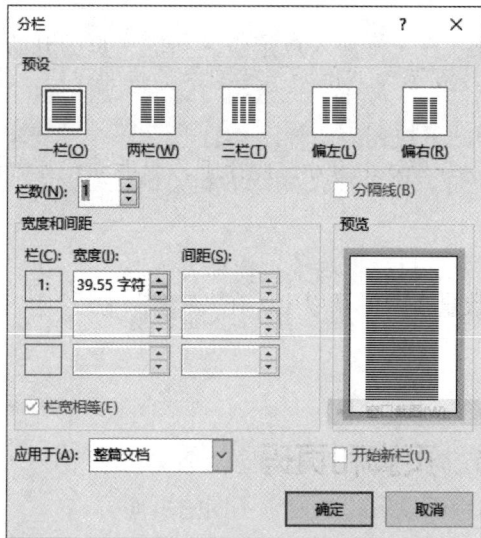

图 4-12 "分栏"对话框

4. 插入分栏符

对文档（或某些段落）进行分栏后，Word 文档会在适当的位置自动分栏，若希望某一内容出现在下一栏的顶部，则可用插入分栏符的方法实现，即在图 4-11 中所示"分隔符"下拉列表中选择"分栏符"命令即可。

1.（2020 年综合运用题）Word 中的表格超出了页面宽度，要设置表格所在页的纸张方向为横向，而其他页的纸张方向仍保持纵向，应使用的操作是 _____。

　　A. 直接将表格所在页的纸张方向设置为横向

　　B. 在打印预览下，设置表格所在页的纸张方向为横向

　　C. 在表格前后各插入一个分页符，并设置表格所在页方向为横向

　　D. 在表格前后各插入一个分节符，并设置表格所在页方向为横向

　　【答案】D

　　【解析】默认情况下，Word 将整个文档视为一节，设置纸张方向后会应用于整篇文档。当插入分节符后，每一节都是独立的编辑单位，可以设置不同的纸张方向。

2.（2019 年填空题）在 Word 中，插入分节符，应该选择"布局"选项卡，在 _____ 组中单击"分隔符"下拉列表中的"分节符"命令。

　　【答案】页面设置

　　【解析】"布局"选项卡"页面设置"组中包括文字方向、页边距、分栏、分隔符、纸张方向、纸张大小等命令。

3.（2018 年单项选择题）在 Word 中插入分节符，应该选择 _____ 选项卡"分隔符"下拉列表中的"分节符"命令。

　　A. 开始　　　　　　　　　　　　　B. 布局

　　C. 插入　　　　　　　　　　　　　D. 引用

　　【答案】B

　　【解析】插入分节符，应选择"布局"选项卡"页面设置"组"分隔符"下拉列表中的"分节符"命令。

4.（2016 年判断题改编）在 Word 的分栏操作中，只能等栏宽分栏。

　　A. 正确　　　　　　　　　　　　　B. 错误

　　【答案】B

　　【解析】若用户分栏数量在两栏及以上，在"分栏"对话框中可以根据需要设置栏宽，每栏的栏宽可以不同。

考点14　设置页眉、页脚和页码

1. 插入页眉、页脚

页眉和页脚是打印在一页顶部和底部的注释性文字或图形。插入页眉、页脚利用的是"插入"选项卡"页眉和页脚"组"页眉"和"页脚"下拉列表中的相关命令。插入页眉或页脚后，Word 窗口会自动添加一个"页眉和页脚工具 / 设计"选项卡。

由于文档内容和页眉、页脚不能同时编辑，用户可以通过双击在两者之间切换。在页眉 / 页脚编辑状态，利用"页眉和页脚工具 / 设计"选项卡，用户可以在页眉或页脚中插

入页码、日期和时间、图片等内容，还可以设置页眉和页脚距页面顶端或底端的距离。

用户可以为文档的奇数页、偶数页和首页分别设置不同的页眉和页脚。利用分节，用户可以为文档的不同页设置不同的页眉和页脚。需要注意的是，要将"页眉和页脚工具/设计"选项卡"导航"组中的"链接到前一条页眉"命令处于不选中状态。

2. 插入页码

用户既可以切换到"插入"选项卡，利用"页眉和页脚"组中的"页码"，插入页码，也可以当文档处于页眉/页脚编辑状态时，在"页眉和页脚工具/设计"选项卡中通过"页眉和页脚"组中的"页码"实现对页码的插入。

插入页码时，用户可以选择页码位置，也可以利用"页码格式"对话框设置页码的编号格式、起始页码等参数。

真题再现-1
讲解

▲ **真题再现** ▶

1.（2022 年操作题）小王在 Word 主文档中插入页眉后，发现下方显示一条横线，要删除这条横线，下列操作可行的是 _____。

A. 在页眉编辑状态，选定横线，按 Delete 键　　B. 调整纸张大小

C. 修改系统样式"页眉"　　　　　　　　　　　　D. 修改页眉顶端距离

【答案】C

【解析】"页眉"样式规定了页眉中文本内容、对齐、边框等各个元素的格式。用户可以根据需要对"页眉"样式中的格式进行修改，对"页眉"样式的修改将会反映到页眉中。在"页眉"样式中，将段落边框的框线设置为"无"，即可删除页眉下方的横线。

2.（2016 年多项选择题改编）在 Word 中，下列关于页眉、页脚描述正确的是 _____。

A. 页眉、页脚的字体、字号为固定值，不能够修改

B. 奇偶页、首页可以设置不同的页眉、页脚

C. 页眉、页脚可与文件的内容同时编辑

D. 用户可以根据需要改变页眉、页脚的对齐方式

【答案】BD

【解析】页眉、页脚的字体、字号可以利用"开始"选项卡"字体"组中的命令、悬浮工具栏或"字体"对话框进行修改。文档内容和页眉、页脚不能同时编辑，用户可以通过双击在两者之间切换。

考点15 版面设计

1. 页面设置

通常情况下，为了防止版式错乱，一般先进行页面设置，再编辑文档内容。页面设置

主要包括设置页边距、纸张大小和纸张方向等。

用户可以使用"布局"选项卡"页面设置"组中的命令设置纸张大小、页边距和纸张方向等，也可以通过"页面设置"对话框进行设置（如图 4-13 所示）。

"页面设置"对话框包含"页边距"、"纸张"、"版式"和"文档网格"四个选项卡。

①在"页边距"选项卡中，可自定义页边距大小、设置装订线、设置纸张的方向等。默认情况下，纸张方向为"纵向"。

②在"纸张"选项卡中，可选择纸张大小、纸张来源。默认情况下，纸张大小为"A4"。

③在"版式"选项卡中，可设置奇偶页、首页的页眉和页脚不同及页面的垂直对齐方式等。

④在"文档网格"选项卡中，可设置文字的排列方向、分栏数、每页的行数、每行的字符数等。

图 4-13 "页面设置"对话框

2. 设置主题

通过使用主题，用户可以更改整个文档的总体设计，主要包括字体、字体颜色和图形对象的效果。设置主题的方法为：切换到"设计"选项卡，在"文档格式"组中单击"主题"下拉按钮，在打开的下拉列表中选择合适的主题即可。

3. 插入封面

在"插入"选项卡的"页面"组中，单击"封面"下拉按钮，在下拉列表中选择一种封面版式即可在当前文档插入封面。插入封面后，可通过单击选择封面区域（如标题）并输入内容，将示例文本替换为自己的文本。如果在文档中又插入一个封面，新封面将替换插入的第一个封面。

1.（2019年多项选择题）在 Word 中，在"页面设置"组中可进行的设置包括 ＿＿＿＿。

　　A.纸张大小　　　　　　　　　　B.页边距

　　C.批注　　　　　　　　　　　　D.字数统计

　　【答案】AB

　　【解析】设置批注、进行字数统计利用的是"审阅"选项卡。批注是文档审阅者与作者的沟通渠道，审阅者可将自己的见解以批注的形式插入文档，供作者查看或参考。利用字数统计功能可以统计当前文档的页数、字数、段落数、行数等信息。

2（2017年多项选择题改编）在 Word 中，页面设置主要包括 ＿＿＿＿。

　　A.页边距　　　　　　　　　　　B.纸张

　　C.首行缩进　　　　　　　　　　D.字体大小

　　【答案】AB

　　【解析】"首行缩进"属于段落格式；"字体大小"属于字体格式。

3.（2016年单项选择题改编）Word 文本编辑中，＿＿＿＿实际上应该在文档的编辑、排版和打印等操作之前进行，因为它对许多操作都将产生影响。

　　A.页码设定　　　　　　　　　　B.打印预览

　　C.字体设置　　　　　　　　　　D.页面设置

　　【答案】D

　　【解析】通常情况下，为了防止版式错乱，一般先进行页面设置，再编辑文档内容。

考点16　设置页面背景

Word 2016 提供了丰富的页面背景设置功能，可以非常便捷地为文档应用页面颜色、水印和页面边框等效果。

1. 页面颜色

通过页面颜色设置，可以为页面添加单一的背景色，也可以应用渐变、图案、图片或纹理等填充效果。

1）设置单一的背景色

步骤如下：

①依次单击"设计"选项卡→"页面背景"组→"页面颜色"下拉按钮，弹出其下拉列表（如图 4-14 所示）。

②在下拉列表中，可以在"主题颜色"或"标准色"区域中选择所需颜色。

如果要选择其他颜色，可以在"页面颜色"下拉列表中选择"其他颜色"命令，在随后打开的"颜色"对话框中进行选择。

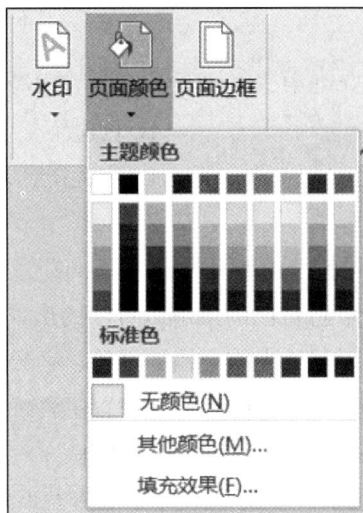

图 4-14 "页面颜色"下拉列表

2）设置填充效果

如果要应用渐变、图案、图片或纹理等填充效果，则可在"页面颜色"下拉列表中选择"填充效果"命令，打开"填充效果"对话框，如图 4-15 所示。在该对话框中有"渐变"、"纹理"、"图案"和"图片"4 个选项卡，用于设置页面的特殊填充效果。设置完成后，单击"确定"按钮，即可为整个文档中的所有页面应用美观的背景。

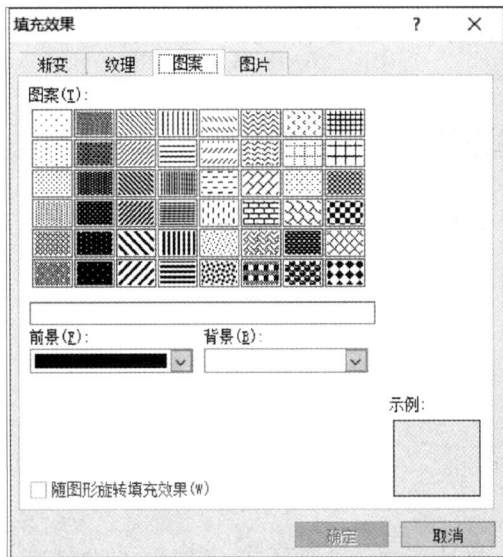

图 4-15 "填充效果"对话框

2. 水印效果

水印效果用于在文档内容的底层显示虚影效果。通常情况下，当文档有保密、版权保护等特殊要求时，可添加水印效果。水印效果可以是文字，也可以是图片。实现水印效果的操作方法是：

①单击"设计"选项卡→"页面背景"组→"水印"下拉按钮。

②在弹出的下拉列表中，用户可以选择一种水印效果，如图 4-16 所示。用户也可以自定义水印。在"水印"下拉列表中，选择"自定义水印"命令，打开如图 4-17 所示的"水印"对话框。在该对话框中可指定图片或文字作为文档的水印，设置完毕单击"确定"按钮即可。

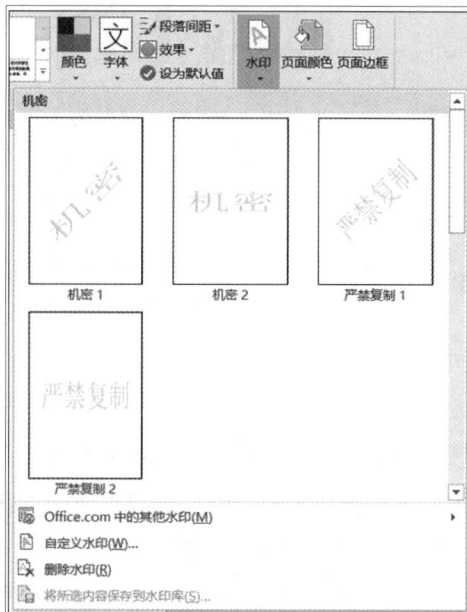

图 4-16　选择水印效果

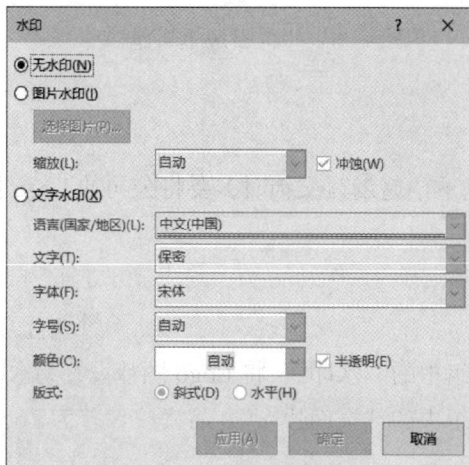

图 4-17　"水印"对话框

3. 页面边框

在使用 Word 2016 制作一些宣传页或报告类文档的时候，可以在页面四周添加边框，以达到吸引读者注意力并为文档增加时尚特色的目的。添加边框的操作方法是：

①单击"设计"选项卡→"页面背景"组→"页面边框"命令。

②在弹出的"边框和底纹"对话框中，切换到"页面边框"选项卡，如图 4-18 所示。

③首先在"设置"区域中选择边框的类型。

④在中间的"样式"列表框中选择一种样式，并设置颜色和宽度及艺术型。

⑤在右侧的"预览"区域选择边框在页面中的应用位置，可以应用于页面上、下、左、右 4 个方向，也可以应用于某一侧，并在"应用于"列表框中选择边框的应用范围，单击"确定"按钮完成边框的添加。

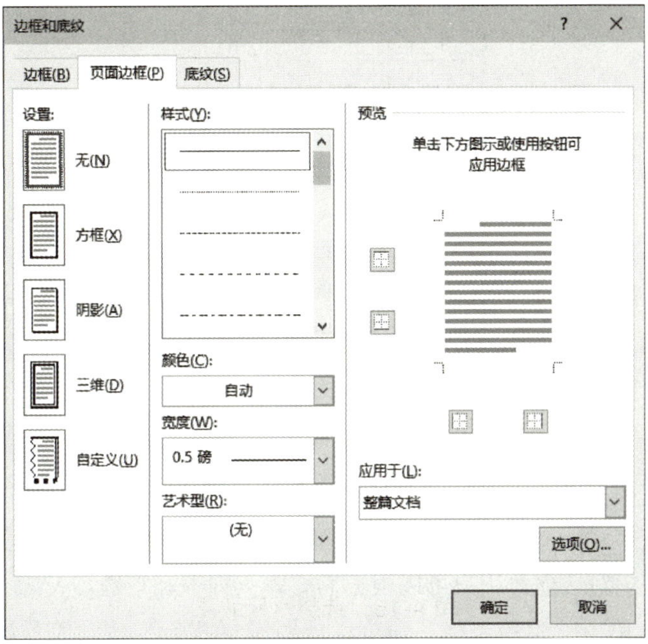

图 4-18 "页面边框"选项卡

真题再现

（2022 年综合运用题）小赵编写文档时，要将公司的 Logo 图片作为文档背景，下列操作可以实现的是 _____。

①插入 Logo 图片，将其环绕方式设置为"衬于文字下方"

②通过"页面背景"组中的"页面颜色"，将填充效果设置为 Logo 图片

③通过"页面背景"组中的"水印"，将 Logo 图片设置为水印

④通过"页面背景"组中的"页面边框"，将底纹设置为 Logo 图片

A.①②③   B.①③④

C.①②④   D.②③④

真题再现讲解

【答案】A

【解析】用户利用"底纹"只能设置颜色，而不能将图片设置为底纹。

单击"插入"选项卡"表格"组中的"表格"下拉按钮，弹出的下拉列表如图 4-19 所示。

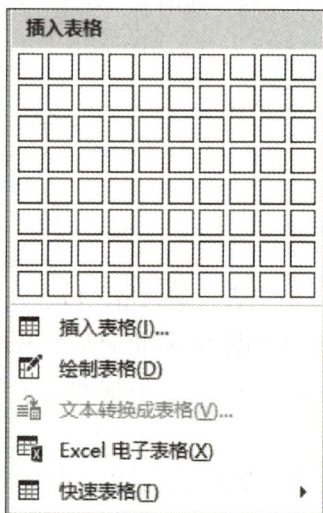

图 4-19　"表格"下拉列表

①虚拟表格。利用虚拟表格最多可创建一个 10 列 8 行的表格。

②"插入表格"对话框。如果表格的行列数较多，则可以选择"插入表格"命令，系统弹出"插入表格"对话框，用户可以根据需要输入列数和行数。

③绘制表格。单击"绘制表格"命令，此时鼠标指针变成"笔"状，表明鼠标处在"手动制表"状态。

④调用 Excel 电子表格。当表里面的内容有复杂的计算或逻辑关系时，可通过"Excel 电子表格"命令，引入 Excel 的功能创建表格。

⑤"快速表格"。系统将根据用户选择，为用户创建已经具有某些格式的表格。

⑥文字和表格相互转换。编辑表格的过程中，还可根据操作需要将表格转换成文字，或者将文字转换成表格。文字转换成表格利用"插入"选项卡，而表格转换成文本时利用"表格工具/布局"选项卡。

真题再现

1.（2019 年单项选择题）下列选项中，可用来在 Word 中创建表格的是 _____。

A. 利用"格式"选项卡创建

B. 使用"开始"选项卡"插入表格"命令创建

C. 使用"插入"选项卡"表格"组中的相关命令创建

D. 使用"设计"选项卡"表格"组中的"绘制表格"命令创建

【答案】C

【解析】使用"插入"选项卡"表格"组中的相关命令创建表格。

2.（2017 年判断题）在 Word 中把表格转化成文本，只有逐步地删除表格线。

    A. 正确　　　　　　　　　　　　B. 错误

【答案】B

【解析】可以利用"表格工具 / 布局"选项卡，单击"数据"组中的"转换为文本"命令，在弹出的"表格转换成文本"对话框中选择文字的分隔符，将表格转换成文本。

考点 18　表格的编辑

1. 选定表格

1）用鼠标选择单元格、行、列、表、单元格区域

①选定单元格或单元格区域：将鼠标指针指向某个单元格的左侧，当指针呈黑色箭头状时，单击鼠标选定单元格；向上、下、左、右拖动鼠标选定相邻多个单元格，即选定单元格区域。

②选定表格的行：鼠标指针指向要选定的行的左侧，单击鼠标选定一行；向下或向上拖动鼠标选定表中相邻的多行。

③选定表格的列：将鼠标指针指向某列的上边，待指针呈黑色箭头状时，单击鼠标左键可选中该列；向左或向右拖动鼠标选定表中相邻的多列。

④选择连续的单元格、行或列时，还可以配合 Shift 键使用。方法为：单击需要选择的起始单元格（行或列），按下 Shift 键不放，然后单击终止位置的单元格（行或列）即可。

⑤选择分散的单元格、行或列：选中第一个要选择的单元格（行或列），按住 Ctrl 键不放，然后依次选择其他分散的单元格（行或列）即可。

⑥选择整个表格：将鼠标指针指向表格时，单击表格左上角的移动控制点或单击右下角的缩放控制点，都可以选中整个表格，如图 4-20 所示。

用鼠标拖动表格左上角的移动控制点可以移动整个表格，拖动右下角的缩放控制点则可以改变整个表格的大小。

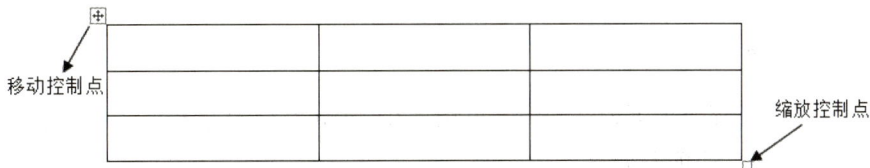

图 4-20　表格的"移动控制点"和"缩放控制点"

2）用"表格工具 / 布局"选项卡选择单元格、行、列和整个表格

用"表格工具 / 布局"选项卡"表"组"选择"下拉列表中的相关命令也可以选择单元格、行、列和整个表格。

2. 表格中输入文本

在 Word 中，默认情况下当输入的文字长度超过单元格宽度时，表格会自动扩展列宽。如果在单元格中要另起一行，则按 Enter 键。当单元格处于选中状态时，按 Tab 键可将插入点移到下一个单元格，按 Shift + Tab 组合键可将插入点移到上一个单元格，按上、下箭头键可将插入点移到上、下一行。

3. 修改行高和列宽

1）拖动鼠标修改表格的行高或列宽

将鼠标指针指向行或列框线上，当指针在表格线上变为双箭头形状时，按下鼠标左键并拖动，表格中将出现虚线，待虚线到达合适位置时释放鼠标即可。

2）用"表格属性"对话框设置行高或列宽

用户可以通过"表格工具 / 布局"选项卡"表"组中的"属性"命令，打开"表格属性"对话框；也可以选中需要调整的行或列，右击，从弹出的快捷菜单中选择"表格属性"命令，打开"表格属性"对话框，如图 4-21 所示。

图 4-21 "表格属性"对话框

3）用选项卡中的命令调整行高或列宽

将光标插入点定位到某个单元格内，切换到"表格工具 / 布局"选项卡，在"单元格大小"组中通过"高度"微调框可调整单元格所在行的行高，通过"宽度"微调框可调整单元格所在列的列宽。

4. 插入行、列或单元格

1）插入行或列

选定单元格、行或列，选择"表格工具/布局"选项卡"行和列"组中的相关命令。

"在上方插入"/"在下方插入"命令：在选定行的上方或下方插入与选定行等同数量的行。

"在左侧插入"/"在右侧插入"命令：在选定列的左侧或右侧插入与选定列等同数量的列。

2）插入行的快捷的方法

在表格每行最右边的单元格边框外，按回车键，则在当前行的下面插入一行；或将光标定位在表格最后一行最右边的单元格内或外，按 Tab 键追加一行。

3）插入单元格

选定单元格，单击"表格工具/布局"选项卡"行和列"组中右下角对话框启动器按钮，打开"插入单元格"对话框，选择下列操作之一。

①活动单元格右移：在选定的单元格的左侧插入数量相等的新单元格。

②活动单元格下移：在选定的单元格的上方插入数量相等的新单元格。

除上述方法之外，用户选中单元格、行或列后可以通过右击，在弹出的快捷菜单中选择"插入"子级菜单中的相关命令进行插入单元格、行或列的操作。

5. 删除表格、行、列或单元格

选择要删除的表格、行、列或单元格，单击"表格工具/布局"选项卡"行和列"组中"删除"下拉按钮，在弹出的下拉列表中单击相应命令即可。用户还可以用 Backspace 键删除表格、行、列或单元格。若用户选中表格、行、列或单元格后，按 Delete 键仅删除其中的内容。

6. 合并与拆分单元格

1）合并单元格

首先选定两个或两个以上相邻的单元格，然后单击"表格工具/布局"选项卡"合并"组的"合并单元格"命令，则选定的多个单元格合并为 1 个单元格。

2）拆分单元格

选定要拆分的单元格，单击"表格工具/布局"选项卡"合并"组中的"拆分单元格"命令，打开"拆分单元格"对话框，在对话框输入要拆分的列数和行数，单击"确定"按钮，则选定的所有单元格均被拆分为指定的行数和列数。

7. 合并与拆分表格

将光标置于拆分界限所在行的任意单元格中，单击"表格工具/布局"选项卡"合并"组中的"拆分表格"命令，则表格从该行处一分为二，该行成为新表格的第一行。需要注意：表格只能从行拆分，不能从列拆分。

将两个表格合并的关键是两个表格的文字环绕方式必须为"无"，然后将两个表格之间的段落标记删除，这样两个表格即可合并在一起。

1.（2017年单项选择题改编）在Word中，要改变表格的大小，可以_____。

A.使用图片编辑工具 　　　　　 B.使用字符缩放

C.拖动表格右下角的缩放手柄 　 D.拖动表格左上方的移动手柄

【答案】C

【解析】用户拖动表格左上角的移动手柄（移动控制点）可以移动表格，拖动表格右下角的缩放手柄（缩放控制点）可以改变表格大小。

2.（2016年单项选择题改编）在Word的表格操作中，改变表格的行高与列宽可用鼠标操作，方法是_____。

A.当鼠标指针在表格线上变为双箭头形状时拖动鼠标

B.双击表格线

C.单击表格线

D.单击"拆分单元格"按钮

【答案】A

【解析】将鼠标指针指向行或列框线上，待鼠标指针变为双向的箭头形状时，按下鼠标左键并拖动，表格中将出现虚线，待虚线到达合适位置时释放鼠标即可改变行高或列宽。

3.（2015年单项选择题改编）在Word中，选定整个表格后，按Delete键，可以_____。

A.删除整个表格 　　　　　　 B.清除整个表格的内容

C.删除整个表格的内框线 　　 D.删除整个表格的外框线

【答案】B

【解析】选定整个表格或某个单元格、行、列后，按Delete键仅清除其中的内容。

4.（2013年单项选择题改编）在Word中，若光标位于表格外右侧的行尾处，按Enter键，结果_____。

A.光标移到下一行 　　　　　　　　　 B.光标移到下一行，表格行数不变

C.插入一行，表格行数改变 　　　　　 D.在本单元格内换行，表格行数改变

【答案】C

【解析】若光标位于表格外右侧的行尾处，按Enter键，会插入新行；若在单元格内按Enter键则会增加行高。

考点19 格式化表格

1.表格中文本格式的设置

表格中的文字同样可以用对文档文本排版的方法进行诸如字体、字号、字形、颜色和左、中、右对齐方式等设置。

此外，还可以选择"表格工具/布局"选项卡"对齐方式"组中9种对齐方式中的一种。

2. 表格标题行的重复

当一个表格超过一页时，如果希望第二页以后的各页表格也含有同样的标题行，可使用重复标题行的操作。方法如下：选定第一页中表格的标题行，单击"表格工具/布局"选项卡"数据"组中的"重复标题行"命令。

3. 表格自动套用格式

表格创建后，可以使用"表格工具/设计"选项卡"表格样式"组中内置的表格样式对表格进行排版，使表格的排版变得轻松、容易。

4. 表格边框与底纹的设置

除了表格样式外，用户还可以使用"表格工具/设计"选项卡"表格样式"组中的"底纹"命令和"边框"组对表格的边框线的线型、粗细和颜色及底纹颜色等进行个性化设置。

真题再现

1.（2020年综合运用题）Word中表格占据了多页，为了能让表格在各页都显示标题行，应使用 ＿＿＿＿。

A."表格工具/布局"选项卡中的"插入标题行"命令

B."表格工具/布局"选项卡中的"重复标题行"命令

C."页面布局/布局"选项卡中的"插入标题行"命令

D."页面布局/布局"选项卡中的"重复标题行"命令

【答案】B

【解析】当一个表格超过一页时，如希望第二页以后的各页表格也含有同样的标题行，可使用重复标题行的操作。方法如下：选定第一页中表格的标题行，单击"表格工具/布局"选项卡"数据"组中的"重复标题行"命令。

2.（2020年综合运用题）下列操作中不能将 Word 中的整个表格设为页面居中的是 ＿＿＿＿。

A.通过在表格左侧拖动鼠标选中所有行，选择"段落"组中的"居中"命令

B.使用 ⊞ 选定整个表格，选择"段落"组中的"居中"命令

C.使用 ⊞ 选定整个表格，选择"表格工具/布局"选项卡中的"水平居中"命令

D.选中表格的任一单元格，通过"表格属性"对话框设置表格对齐方式为"居中"

【答案】C

【解析】选项 C 中的"水平居中"针对的是单元格中的文本，使之在单元格中水平居中对齐，而不是让整个表格在页面居中。

考点 20　表格数据的排序与计算

1. 单元格命名

Word 表格中，单元格是组成表格的基本单位。一张 Word 表格最多可有 32767×63 个单元格。单元格的命名规则同 Excel 相同，由行号和列标标识，列标在前，行号在后，如 C4 单元格，表示第 3 列第 4 行的单元格。单元格区域是由左上角单元格地址、右下角单元格地址及中间的英文冒号"："组成的，如"C4：D8""B2：E18"等。

2. 排序

Word 表格可以基于某一列或多列排序。排序方式包括升序和降序，用户最多可按照三个列（关键字）排序。用户将插入点置于要排序的表格中，选择"表格工具 / 布局"选项卡"数据"组中的"排序"命令，打开图 4-22 所示的"排序"对话框，设置完后，单击"确定"按钮即可。

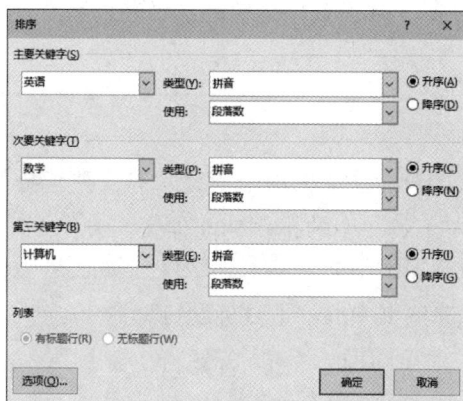

图 4-22　"排序"对话框

3. 数据计算

Word 提供公式计算功能，方法为：选中单元格，单击"表格工具 / 布局"选项卡"数据"组中的"公式"命令，弹出"公式"对话框（如图 4-23 所示），用户根据需要输入或者选择公式即可。

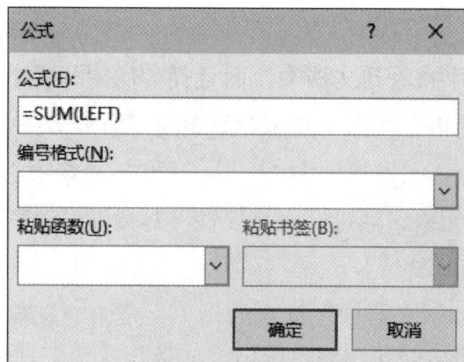

图 4-23　"公式"对话框

用户在使用公式时应注意：

①公式必须以"="开头，公式中可以采用的运算符有＋、－、*、/、^、%、=。

②公式应在英文半角状态下输入，字母不区分大小写。

③公式计算中的四个方向参数是 ABOVE、BELOW、LEFT、RIGHT，分别表示向上、向下、向左和向右运算的方向。

④公式所引用的数据源发生变化后，计算的结果并不会自动改变，需要用户手动进行公式更新。方法为：单击需要更新的公式数据，在右键弹出的快捷菜单中选择"更新域"命令即可。

> **■真题再现▲**
>
> （2017年多项选择题改编）在 Word 中，有关表格的说法错误的是 ＿＿＿＿。
> A. 通过"插入"选项卡可插入表格
> B. 利用"表格工具 / 布局"选项卡，可以进行边框及底纹的设计
> C. 表格中的单元格可以合并及拆分
> D. 表格中的数据不能排序
> 【答案】BD
> 【解析】利用"表格工具 / 设计"选项卡可以进行边框及底纹的设计；表格中的数据可以排序，但是不如 Excel 中的排序功能强大。

考点21 图文混排

在 Word 文档中可以插入各类图片、绘制各种形状等，以形成图文混排的效果。插入到 Word 中的图片可以进行各种处理以达到符合展示要求的效果。

1. 在文档中插入图片

1）插入来自文件的图片

插入来自文件的图片的具体方法：单击"插入"选项卡"插图"组中的"图片"命令，系统弹出"插入图片"对话框，用户选择所需图片，单击"插入"按钮即可。在 Word 文档中插入图片以后，图片就嵌入到了文档之中。借助 Word 提供的"插入和链接"功能，用户不仅可以将图片插入到文档中，而且在原始图片发生变化时，Word 文档中的图片可以自动进行更新。插入的图片文件其默认的文字环绕方式为嵌入型。

2）插入联机图片

当连接了 Internet 时，用户可以直接通过搜索引擎按照关键词搜索图片并插入到文档之中

3）插入屏幕截图

Word 2016 具有屏幕图片捕获功能，可以方便地在文档中直接插入已经在计算机中开启的屏幕画面，并且可以按照选定的范围截取屏幕内容。

2. 设置图片格式

在文档中插入图片并选中图片后，功能区中将自动出现"图片工具/格式"选项卡，如图 4-24 所示，利用该选项卡，可以对图片的大小、格式进行设置。

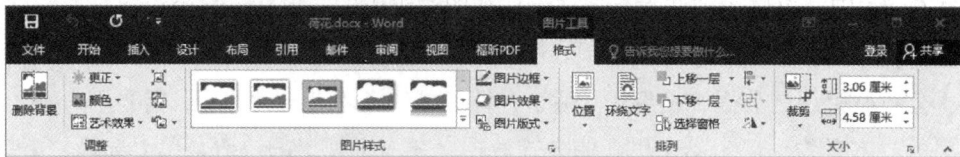

图 4-24 "图片工具/格式"选项卡

1) 调整图片样式

在"图片工具/格式"选项卡"图片样式"组中，列出了许多图片样式，选择其中的某一类型，即可将相应的样式快速应用到当前图片上。如果内置的图片样式不能满足实际需求，可以分别通过"图片样式"组中的"图片边框"、"图片效果"和"图片版式"进行多方面的图片属性设置。

进一步调整格式：在"图片工具/格式"选项卡上，通过"调整"选项组中的"校正""颜色""艺术效果"可以自由地调节图片的亮度、对比度、清晰度及艺术效果。

2) 设置图片的文字环绕方式

设置图片的文字环绕方式决定了图片和文本之间的位置关系。Word 中对插入图片提供了多种不同的文字环绕方式，主要包括嵌入型、四周型、紧密型、穿越型、上下型、衬于文字下方、浮于文字上方。用户可单击"图片工具/格式"选项卡"排列"组中的"环绕文字"下拉按钮，在下拉列表中选择一种环绕方式。用户也可以在"环绕文字"下拉列表中选择"其他布局选项"命令，打开如图 4-25 所示的"布局"对话框设置环绕方式。

图 4-25 "布局"对话框

3. 插入自选图形、艺术字和文本框

在 Word 中，插入自选图形、艺术字和文本框默认的文字环绕方式为浮于文字上方。

1）插入自选图形

在 Word 中，可以用"插入"选项卡"插图"组中的"形状"命令绘制基本图形。在绘制图形的过程中，配合 Shift 键的使用，可绘制出特殊图形，如绘制矩形时，同时按住 Shift 键不放，可绘制出一个正方形。

2）插入艺术字

艺术字的使用可以使打印出来的文档更加美观。艺术字默认的插入方式是浮动式，可以放置到页面的任意位置，可以实现与文字的环绕，还可以与其他浮动式对象进行组合。方法为：在"插入"选项卡"文本"组中，单击"艺术字"下拉按钮，即可根据需要选择艺术字。

3）插入文本框

文本框是一种特殊的带有边框的文本，通过它可以把文字放置在页面的任意位置，可以和其他图形实现重叠、环绕、组合等各种效果。方法为：在"插入"选项卡"文本"组中，单击"文本框"下拉按钮，用户可根据需要选择绘制横排文本框和竖排文本框等类型。

4. 组合对象

Word 可将多个图形对象组合成一个整体的图形对象。组合方法如下：选择要组合的所有图形（按下 Shift 键单击所有要组合的图形），选择"图片工具/格式"选项卡"排列"组中的"组合"命令。

用户也可将自选图形、艺术字等多个对象进行组合。将多个对象组合在一起后会形成一个新的操作对象，对其进行移动、调整大小等操作时，是对组合后的整体进行的，不会改变各对象的相对位置、大小等。但是需要用户注意的是，Word 中插入的自选图形、艺术字和文本框都是嵌入型以外的环绕方式，因此可直接对它们进行拖动、设置叠放次序及组合操作等。此外，如果要组合的对象中含有图片，需要先将图片设置为非嵌入型，才可对其设置叠放次序或组合操作等。

5. 插入数学公式

利用公式工具可在 Word 中插入复杂的数学公式。方法为：单击"插入"选项卡"符号"组中的"公式"下拉按钮，系统首先显示一些内置的编辑好的公式，用户可以直接选用。如果用户希望编辑公式，则单击"公式"命令，转入"公式工具/设计"选项卡，利用该选项卡可编辑新公式。

▸ **真题再现** ◂

1.（2021 年单项选择题）要实现如图 4-26 所示的图文混排效果，下列环绕方式中可行的是 _____。

A. 嵌入型   B. 四周型

C. 紧密型   D. 浮于文字上方

真题再现-1
讲解

【答案】C

【解析】紧密型环绕方式会在文本中放置图形的四周出现一个与图形轮廓相同的"洞"，使文字环绕在图形周围。

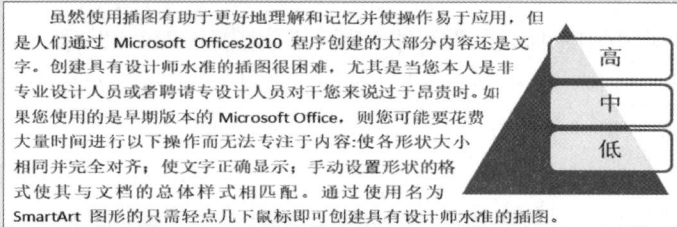

图 4-26　图文混排效果

2.（2019 年判断题）SmartArt 图形只能在 Powerpoint 中应用，而在 Word 不能使用。

  A. 正确   B. 错误

【答案】B

【解析】SmartArt 是一种图形创建功能，用于创建各种图形图案，帮助用户更轻松直观地展示和了解图形表达的信息和观点。在 Word 、Powerpoint 和 Excel 中都有这个功能。在 Word 中，在"插入"选项卡"插图"组中选择"SmartArt"命令，即可插入 SmartArt 图形。

3.（2018 年单项选择题）在 Word 中，插入图片时，默认的文字环绕方式是 _____。

  A. 嵌入型   B. 四周型   C. 紧密型   D. 浮于文字上方

【答案】A

【解析】在 Word 中，插入的图片文件和屏幕截图默认的文字环绕方式均为嵌入型。在 Word 中，插入的自选图形、艺术字和文本框默认的文字环绕方式为浮于文字上方。

考点 22　文档的保护与打印

1. 自动保存功能

默认情况下，Word 每 10 分钟自动保存一次用户的文档，用户可以根据需要调整时间间隔。方法为：单击功能区中的"文件"选项卡，选择"选项"命令，弹出"Word 选项"对话框，在该对话框中单击"保存"选项卡，选中"保存自动恢复信息时间间隔"复选框，然后在"分钟"文本框中输入或选择用于确定文件保存的时间间隔。

2. 自动备份功能

为避免因原文档损坏而带来损失，可以使用备份副本的方式。方法为：单击"文件"选项卡，选择"选项"命令，弹出"Word 选项"对话框，在该对话框中，单击"高级"选项卡，在"保存"区域选中"始终创建备份副本"复选框，然后单击"确定"按钮。每次保存文档时，系统自动创建一个备份副本，扩展名为 .wbk。备份副本保存位置同原始文档相同。原文件中会保存有当前所保存的信息，而备份副本中会保存有上次所保存的信息。每次保存文档，备份副本都将替换上一个备份副本。

3. 保护文档安全

1）设置打开密码

如果在文档保存时设置了打开权限密码，那么再打开它时，Word 首先要核对密码，只有在密码正确的情况下才能打开，否则拒绝打开。方法如下：

①打开文档，在"文件"选项卡中选择"信息"命令，在中间窗格中单击"保护文档"下拉按钮，在下拉列表中单击"用密码进行加密"选项，打开"加密文档"对话框。

②在"密码"文本框中输入密码，单击"确定"按钮，弹出"确认密码"对话框，在"重新输入密码"文本框中再次输入密码，单击"确定"按钮。再次打开文档时，系统会弹出"密码"对话框要求输入密码，此时需要输入正确的密码才能将其打开。如果要取消加密，则先用原密码打开该文档，然后在上述对话框中，把文本框中的密码删除即可。

2）设置修改密码

有些文档，允许用户打开查看内容，但不允许修改，此时就可设置修改密码。设置修改密码的方法如下：

①打开文档，在"文件"选项卡中选择"另存为"命令，弹出"另存为"对话框，在对话框中单击"工具"下拉按钮，然后在下拉列表中选择"常规选项"选项，弹出"常规选项"对话框。

②在"修改文件时的密码"文本框中输入密码，单击"确定"按钮，弹出"确认密码"对话框，再次输入密码，单击"确定"按钮，返回"另存为"对话框，单击"保存"按钮保存设置。再次打开文档时会弹出"密码"对话框，此时须在"密码"文本框中输入正确的密码才能打开并编辑文档。如果不知道密码，其他用户只能单击"只读"按钮以只读方式打开，从而在一定程度上保护了文档内容。

3）限制文档编辑

通过设置"限制编辑"，可以对其他使用者的编辑权限做出限制，如只允许浏览而不允许编辑。

设置方法：打开要保护的 Word 文档，单击"文件"选项卡中的"信息"命令，单击"保护文档"下拉按钮，在下拉列表中选择"限制编辑"选项，打开"限制编辑"窗格并进行设置。用户也可以单击"审阅"选项卡"保护"组中的"限制编辑"命令，打开"限制编辑"窗格并进行设置。

4. 文档打印

Word 采用"所见即所得"的处理方式，在页面视图模式下，窗体的页面与实际打印的页面是一致的。在打印之前，可以用"打印预览"命令，以了解页面的整体效果。

①单击"文件"选项卡中的"打印"命令或使用组合键 Ctrl+P，进入打印窗口界面。说明：若计算机没有安装打印机驱动程序，则无法执行"打印"命令，所以在打印文档之前，不仅要将打印机与计算机连接，而且还要确认已安装了打印机驱动程序。

②在"打印机"列表框中选择要使用的打印机型号。单击"打印机属性"按钮，还可以进一步设置打印机属性，如设置打印机的分辨率、打印纸等，一般情况下可采用默认设置。

③在"设置"列表框里，可以设置打印范围、打印方向、纸张大小、边距等。

在选择打印哪些页面时，有四个选择：打印所有页（整个文档）、打印所选内容、打印当前页面（光标插入点所在页），以及打印自定义页码范围。如果要打印连续的多页，如 5 页到 20 页，则在"页码范围"文本框中输入"5-20"，如果要打印不连续的多页，如 1、3、5、8 页，则在"页码范围"文本框中输入"1, 3, 5, 8"。注意页码之间的符号应在英文半角状态下输入，否则系统会提示"打印范围无效！"。

真题再现

（2016 年判断题改编）在 Word 中，要打印一篇文档的第 1、3、5、6、7 和 20 页，需要在打印窗口界面的"页码范围"文本框中输入 1-3，5-7，20。

A. 正确 　　　　　　　　　　　　　　 B. 错误

【答案】B

【解析】连续的页码范围用"-"连接，不连续的页码用","连接。

考点23 　文档校对和Word 的高级应用

1. 文档校对

文档校对功能包括拼写和语法检查、自动更正和字数统计等。

1）拼写和语法检查

用户可以在 Word 文档中使用"审阅"选项卡"校对"组中的"拼写和语法"命令（工具）检查 Word 文档中的拼写和语法错误。

当在文档中输入了错误的或者不可识别的单词或短语时，"拼写和语法"工具会根据内置字典标示出含有拼写或语法错误的单词或短语，其中红色波浪线表示单词或短语拼写错误，而蓝色波浪线表示语法错误。

2）自动更正

在 Word 中，为了提高输入和拼写检查效率，用户可以使用"自动更正"功能将字符、文本或图形替换成特定的字符、词组或图形。设置自动更正的方法为：选择"文件"选项卡中的"选项"命令，在打开的对话框中选择左侧列表框中的"校对"选项，然后单击右侧的"自动更正选项"按钮，打开"自动更正"对话框并进行设置。

3）字数统计

在 Word 中，用户可以方便地使用"字数统计"功能完成对整篇文档的字数统计，也可以对文档中任意选定部分进行字数统计。方法是：单击"审阅"选项卡，在"校对"组中选择"字数统计"命令，弹出"字数统计"对话框（如图 4-27 所示），对话框中显示了当前文档的页数、字数、段落数、行数等信息。

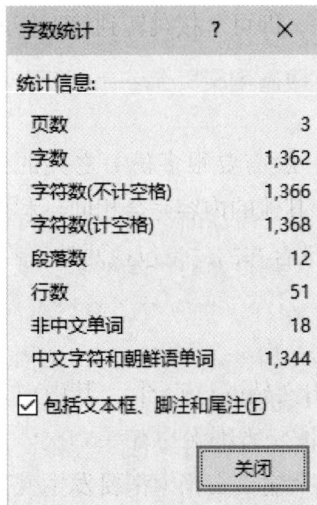

图 4-27 "字数统计"对话框

2.Word 的高级应用

1）插入题注

在整理书稿时经常要在文档中插入图形、表格等对象。为了利于编辑查找和便于读者阅读，通常要在图形、表格的上方或下方添加一行诸如"图 1""表 2"等文字说明。这时我们可以利用 Word 的题注功能，实现在插入图形、表格等对象时，对文字说明自动编号。选择"引用"选项卡中的"插入题注"命令，打开"题注"对话框，可以完成插入题注的操作。

2）插入脚注和尾注

脚注和尾注一般用于在文档和书籍中显示引用资料的来源，或者用于输入说明性或补充性的信息。脚注位于当前页面的底部或文字的下方，而尾注则位于文档的结尾处或者节的结尾。脚注和尾注均通过一条短横线与正文分隔开。选择"引用"选项卡"脚注"组中的"插入脚注"命令可以在文档中插入脚注，选择"插入尾注"命令可以在文档中插入尾注。

3）交叉引用

交叉引用是对文档中其他位置的内容的引用。例如，"请参阅第 3 页上的图 1"。在 Word 中，可以为标题、脚注、书签、题注、编号段落等创建交叉引用，如果后来添加、删除或移动了交叉引用所引用的内容，通过"更新域"就可以非常方便地更新所有的交叉引用。选择"插入"选项卡"链接"组中的"交叉引用"命令或"引用"选项卡"题注"组中的"交叉引用"命令，都可以打开"交叉引用"对话框并进行设置。

4）书签

书签是文档中加以标识和命名的项目或位置，以便以后引用。利用书签可以快速地跳到指定位置。添加书签的方法是：选定要为其指定书签的内容，或单击要插入书签的位置，选择"插入"选项卡中的"书签"命令，打开"书签"对话框，在"书签名"文本框中输入书签名即可完成设置。用户要快速定位到书签所标注的内容处，可以采用下面的方法：在"书签"对话框中单击"定位"按钮，或通过"开始"选项卡打开"查找和替换"对话框，打开"定位"项卡选，在"定位目标"列表框中选择"书签"选项，然后在"请输入书签名"列表框中选择要定位的书签，单击"定位"按钮，即可直接跳转到该书签所在的位置处。

5）邮件合并

在日常工作中有时需要编辑会议通知、录取通知书（一般需要很多份）之类的文档，在这类文档中除了姓名、通信地址等少部分内容不同外，其他的内容完全相同。利用 Word 提供的邮件合并功能，可以很轻松地完成此类工作。邮件合并的对象包括两类文档：主文档和数据源。

（1）主文档

主文档是经过特殊标记的 Word 文档，它是用于创建输出文档的"蓝图"，其中包含了基本的文本内容，这些文本内容在所有输出文档中都是相同的，如信件的信头、主体及落款等。另外还有一系列指令（称为合并域），用于插入在每个输出文档中都要发生变化的文本，如收件人的姓名和地址等。

（2）数据源

数据源实际是一个数据列表，其中包含了用户希望合并到输出文档的数据。通常它保存了姓名、通信地址、电话号码等数据字段。Word 的邮件合并功能支持很多类型的数据源，可以是 Word 数据源、Excel 工作表、Access 中创建的数据库等。

邮件合并的基本流程是：创建主文档→选择数据源→插入域→合并生成结果。

6）插入目录

对于一个长文档，目录是不可缺少的。在 Word 文档中，使用目录功能，可以自动将文档中使用的内部标题样式提取到目录中。自动生成目录时，最重要的准备工作是为文档的各级标题应用样式，最好是内置标题样式。

插入目录的方法为：单击"引用"选项卡"目录"组"目录"下拉按钮，在弹出的下拉列表中选择目录样式，或者在弹出的下拉列表中选择"自定义目录"命令，打开目录对话框。默认情况下，目录是以链接的形式插入的，按 Ctrl 键并单击某条目录项可访问相应的目标位置。

7）审阅与修订文档

①使用批注。批注是文档审阅者对文档提出的个人意见，审阅者可将自己的见解以批注的形式插入到文档中，供相关人员参考。方法为：选中需要添加批注的文本，选择"审阅"选项卡"批注"组中的"新建批注"命令。右击批注框，在快捷菜单中选择"删除批注"命令，可删除批注。

②修订文档。Word 提供文档修订功能，自动跟踪对文档的所有更改，包括插入、删除和格式更改，并对更改的内容做出标记。方法为：选择"审阅"选项卡"修订"组中的"修订"命令。用户再次选择"修订"命令即可撤消修订状态。

▶ 真题再现 ◀

1.（2021 年单项选择题）如图 4-28 所示，为了保证正文中图的编号与题注始终一致，在正文中插入编号时，应采用的方式是 _____。

A. 交叉引用   B. 超链接

C. 书签   D. 索引

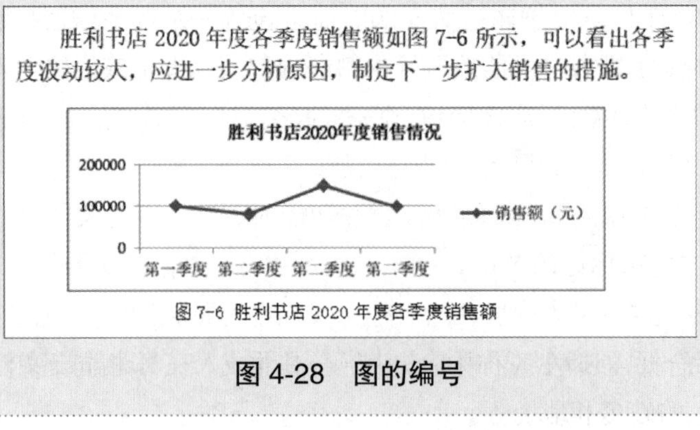

图 4-28 图的编号

【答案】A

【解析】交叉引用是对 Word 文档中其他位置的内容的引用。用户可以为标题、脚注、书签、题注等创建交叉引用，如果后来添加、删除或移动了交叉引用所引用的内容，通过"更新域"就可以非常方便地更新所有的交叉引用。

2.（2021年单项选择题）下列关于 Word 修订的说法，错误的是 _____。

A. 启用修订功能时，可以查看在文档中所做的更改

B. 不同修订者的修订可以用不同颜色显示

C. 可以接受或拒绝某一修订

D. 关闭修订功能后，所做的更改也将消失

【答案】D

【解析】关闭修订功能后，用户所做的更改不会消失。用户若接受修订，文档会保存为修订后的状态，若拒绝修订则保存为修改前的状态。

3.（2020年填空题）在 Word 中，要使如图 4-29 所示的图注能够自动编号，应插入 _____。

A. 批注
B. 尾注
C. 题注
D. 脚注

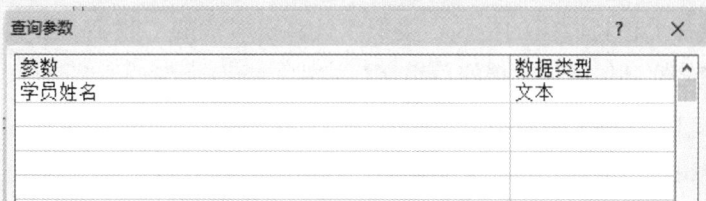

图 4-29　学员姓名参数查询

【答案】C

【解析】Word 的题注功能不仅允许用户为图形、表格等不同类型的对象添加自动编号，还允许为这些对象添加说明信息。题注由题注标签、题注编号和说明信息 3 部分组成。题注通常以"图""表"等文字开始，这些文字便是题注标签，用于指明题注的类别。在"图""表"等文字的后面会包含一组数字，这组数字就是题注编号。它由 Word 自动生成，是必不可少的部分，表示图形或表格等对象在文档中的排序序号。题注编号之后通常会包含一些文字，即说明信息，用于对图形或表格等对象做简要说明，它可有可无，同时，需要用户手动输入。

4.（2019年填空题）使用 Word 的邮件合并功能时，除需要主文档外，还需要已制作完成的 _____文件。

【答案】数据源

【解析】邮件合并需要两部分内容，一部分是主文档，即相同部分的内容，另一部分为数据源，即可变化部分。

1. 文档的常见格式

（1）WPS

WPS 是一种常用的文档格式，通常由金山办公软件 WPS Office 所使用。WPS Office 是一款中国自主研发的办公软件，其功能与 Microsoft Office 类似，具有更高的国产化程度和更符合中国用户使用习惯的特点。

（2）PDF

便携式文档格式（PDF）是由 Adobe 开发的格式，在全球范围内是标准化的。这个文档类型可用于呈现包含文本、图形、单点击链接、音频和视频文件等的文档。

（3）XPS

XPS 是 XML Paper Specification（XML 文件规格书）的简称，是一种电子文件格式，它是微软公司开发的一种文档保存与查看的规范。

（4）ODT

Open Document Text（ODT）是一种开源文档文件格式。

（5）OFD

OFD（Open Fixed-layout Document）是一种电子文档格式，由我国自主设计。这种文件格式在版面设计上保持固定的格式，类似于计算机时代的"数字纸张"。它被视为电子文档发布、数字化信息传播和存档的理想文档格式。

2. 常用的文档协同编辑软件

文档协同编辑软件的共同点：实时多人协作编辑，方便团队协作。

（1）boardmix 博思白板

boardmix 博思白板是一款新型的在线协作工具，集合了实时协作、文档编辑、AIGC 创作（AI 生成思维导图、流程图、PPT/ 代码等）等多种创意表达功能，其中的文档编辑功能针对多人协作场景进行了针对性地设计。

（2）Google Docs

Google Docs 是 Google 的在线文档编辑工具，它提供了丰富的编辑功能，满足多种文档创建和编辑的需求。

（3）Microsoft 365

Microsoft 365，即原 Office 365，是 Microsoft 的在线办公套件，包括了 Word、Excel、PowerPoint 等多款工具。

（4）Quip

Quip 是 Salesforce 的一款在线协作文档工具，提供了文档、表格和幻灯片的创建和编辑功能。

（5）Notion

Notion 是一款集笔记、任务管理、数据库等功能于一体的协作工具。

Part II 实战训练

一、单项选择题（在每小题列出的四个备选项中只有一个是符合题目要求的）

1.（附加题）Word 2016 是_____公司开发的办公组件之一。

    A. IBM   B. Microsoft   C. Adobe   D. SONY

2.（考点 21、23）在以下功能中，Word 2016 具有的功能是_____。

    A. 邮件合并   B. 绘制图形   C. 自动更正   D. 以上 3 项

3.（考点 1）通常情况下，下列选项中不能用于启动 Word 2016 的操作是_____。

    A. 双击 Windows 桌面上的 Word 快捷方式图标

    B. 单击"开始"→"Word 2016"

    C. 在 Windows 文件资源管理器中双击 Word 文档图标

    D. 单击 Windows 桌面上的 Word 快捷方式图标

4.（考点 3）在 Word 2016 中，"另存为"命令位于_____。

    A. "插入"选项卡   B. "文件"选项卡

    C. "开始"选项卡   D. "视图"选项卡

5.（考点 10）在 Word 2016 文档中，默认的对齐方式是_____。

    A. 居中   B. 两端对齐   C. 左对齐   D. 右对齐

6.（考点 9）在 Word 2016 中，执行_____选项卡中"字体"组中的命令，可以对一篇文章的字体进行设置。

    A. 编辑   B. 开始   C. 格式   D. 插入

7.（考点 4）在 Word 2016 中，_____显示方式可查看与打印效果一致的各种文档。

    A. 大纲视图   B. 页面视图   C. 阅读版式视图   D. Web 版式视图

8.（考点 15）Word 2016 "页面设置"对话框中不包括_____选项卡。

    A. 页边距   B. 纸张   C. 版式   D. 页面颜色

9.（考点 3）在 Word 2016 中，下列说法正确的是_____。

    A. 第二次保存时的保存位置必须是第一次保存时的位置

    B. 默认情况下，在"开始"选项卡中也有"保存"命令

    C. 在 Word 中只能以 Word 文档类型保存

    D. 文件保存的位置既可以是硬盘也可以是 U 盘

10.（考点 13）在 Word 2016 中，"分隔符"所在的选项卡是_____。

    A. 开始   B. 布局   C. 插入   D. 视图

11.（考点 2）在 Word 2016 的状态栏中，用户不能得到_____信息。

    A. 文档的页数   B. 文档的字数

    C. 文件的大小   D. 插入点所在页

12.（考点 8）Word 2016 中的"查找"命令位于_____选项卡中的"编辑"组。

A. 插入　　　　　　B. 开始　　　　　　C. 编辑　　　　　　D. 视图

13.（考点 21）在 Word 2016 中，在将多个图形组合成一个图形时，应按_____键。

A. Shift　　　　　　B. Tab　　　　　　C. Esc　　　　　　D. Alt

14.（考点 13）在 Word 2016 文档的编辑排版中常用到分节符，文档中插入分节符后，下列说法错误的是_____。

A. 可以设置不同的页眉页脚　　　　　　B. 可以设置不同的纸张方向

C. 可以设置不同的分栏　　　　　　　　D. 分节符不能被删除

15.（考点 9）Word 2016 中通过"字体"对话框可以进行_____操作。

A. 首字下沉　　　B. 设置上、下标　　　C. 设置段间距　　　D. 改变行间距

16.（考点 10）在 Word 2016 中，如果规定某一段的第一行左端起始位置在该段其余各行左端的左面，这叫作_____。

A. 左缩进　　　　　B. 右缩进　　　　　C. 首行缩进　　　　D. 悬挂缩进

17.（考点 14）在 Word 2016 中无法实现的操作是_____。

A. 在页眉中插入分隔符　　　　　　B. 在页眉中插入图片

C. 建立奇偶页内容不同的页眉　　　D. 在页眉中插入日期

18.（考点 13）在 Word 2016 中可以使用组合键_____进行强制分页。

A. Ctrl+Shift　　B. Ctrl+Enter　　C. Ctrl+Alt　　D. Ctrl+Space

19.（考点 6）在 Word 2016 中，单击文档左侧的文本选定栏，则可选择_____。

A. 一行　　　　　　B. 一列　　　　　　C. 整篇文档　　　　D. 一段

20.（考点 3）在 Word 2016 中，组合键 Ctrl+S 的功能是_____。

A. 删除文字　　　　B. 粘贴文字　　　　C. 保存文件　　　　D. 复制文字

21.（考点 10）下面不属于 Word 2016 段落对齐方式的是_____。

A. 居中　　　　　　B. 两端对齐　　　　C. 分散对齐　　　　D. 首行对齐

22.（考点 10）在 Word 2016 中，使用标尺可以直接设置段落缩进，标尺的顶部三角形标记代表_____。

A. 左缩进　　　　　B. 右缩进　　　　　C. 首行缩进　　　　D. 悬挂缩进

23.（考点 5）Word 2016 中，要将插入点快速移动到文档开始位置，应按_____键。

A. Ctrl+Home　　B. Ctrl+PageUp　　C.Home　　　　　D.Ctrl+A

24.（考点 3）在 Word 2016 中，对于已有的文档进行编辑修改后，执行"文件"选项卡中的_____既可保留修改前文档，又可得到修改后的文档。

A. "保存"命令　　B. "另存为"命令　　C. "关闭"命令　　D. "全部保存"命令

25.（考点 10）在 Word 2016 中，对于一段"两端对齐"的文字，只选其中的几个文字，用鼠标单击"居中"命令，则_____。

A. 整个文档变为居中格式　　　　　　B. 只有被选中的文字变为居中格式

C. 该段落变为居中格式　　　　　　　D. 格式不变，操作无效

26.（考点 9）在 Word 2016 编辑状态下，使选定的文本加粗的组合键是_____。

A. Ctrl+H   B. Ctrl+I   C. Ctrl+B   D. Ctrl+U

27.（考点 9）在 Word 2016 文档中，可以使被选中的文字内容看上去像使用荧光笔作了标记一样。此效果是使用 Word 的_____文本功能。

A. 字体颜色   B. 文本突出显示颜色

C. 字符底纹   D. 文本效果和版式

28.（考点 18）在 Word 2016 的编辑状态下，设置了由多个行和列组成的表格。如果选中一个单元格，再按 Delete 键，则_____。

A. 删除该单元格所在的行   B. 删除该单元格的内容

C. 删除该单元格，右方单元格左移   D. 删除该单元格，下方单元格上移

29.（考点 7）在 Word2016 的编辑状态下，执行两次"剪切"操作后，则剪贴板中_____。

A. 有两次被剪切的内容   B. 仅有第二次被剪切的内容

C. 仅有第一次被剪切的内容   D. 无内容

30.（考点 11）Word 2016 中的"格式刷"可用于复制文本或段落的格式，若想要将复制的文本格式或段落格式重复应用多次，应_____。

A. 单击格式刷   B. 双击格式刷   C. 右击格式刷   D. 拖动格式刷

31.（考点 22）在 Word 2016 中，打印范围 2-5, 10, 12 表示打印的是_____。

A. 第 2 页，第 5 页，第 10 页，第 12 页

B. 第 2 至 5 页，第 10 至 12 页

C. 第 2 至 5 页，第 10 页，第 12 页

D. 第 2 页，第 5 页，第 10 至 12 页

32.（考点 8）在 Word 2016 查找替换过程中，如果只替换当前被查到的字符串，应单击_____按钮。

A. 查找下一处   B. 替换   C. 全部替换   D. 取消

33.（考点 6）在 Word 2016 中，下列操作，_____能实现选择整篇文档。

A. 将光标移到文档中某行的左边，待指针改变方向后，左键单击

B. 将光标移到文档中某行的左边，待指针改变方向后，左键双击

C. 将光标移到文档中某行的左边，待指针改变方向后，左键三击

D. 将光标移到文档内的任意字符处，左键三击

34.（考点 11）在 Word 2016 的编辑状态下，使用"格式刷"命令，_____。

A. 只能复制字体格式，不能复制段落格式

B. 只能复制段落格式，不能复制字体格式

C. 既能复制段落格式，也能复制字体格式，但不能复制文字内容

D. 段落格式、字体格式和文字内容都能复制

35.（考点 3、22）在使用 Word 2016 进行文字编辑时，下面叙述中_____是错误的。

A. Word 可将正在编辑的文档另存为一个纯文本（TXT）文件

B. 使用"文件"选项卡中的"打开"命令可以打开一个已存在的 Word 文档

C. 打印预览时，打印机必须是已经开启的

D.Word 允许同时打开多个文档

36. （考点 7）在 Word 2016 中，将插入点定位于句子"飞流直下三千尺"中的"直"与"下"之间， 按一下 Delete 键， 则该句子＿＿＿＿＿。

    A. 变为"飞流下三千尺"   B. 变为"飞流直三千尺"

    C. 整句被删除   D. 不变

37. （考点 13）Word 2016 具有"分栏"功能，下列关于"分栏"的说法正确的是＿＿＿＿＿。

    A. 栏只能应用于整篇文档

    B. 各栏间的间距是固定的， 不能修改

    C. 各栏的宽度必须相同

    D. 设置分为两栏时， 可以设置栏偏左或偏右

38. （考点 14）小明用 Word 2016 编辑了一部文集，要插入页码。关于页码，下列说法正确的是＿＿＿＿＿。

    A. 页码只能插入在页面底端   B. 不能改变页码的字体、字号

    C. 插入分节符可以设置不连续的页码   D. 不能设置起始页码

39. （考点 22、21、5、23）关于 Word 2016 的特点描述正确的是＿＿＿＿＿。

    A. 一定要通过使用"打印预览"才能看到打印出来的效果

    B. 不能进行图文混排

    C. 即点即输

    D. 无法检查文档中的拼写及语法错误

40. （考点 5）在 Word 2016 文档中，若要添加一些键盘上没有的符号，如数学符号、标点符号等，可通过＿＿＿＿＿选项卡来实现。

    A. 开始   B. 插入   C. 视图   D. 布局

41. （考点 18）将 Word 2016 表格中两个单元格合并成一个单元格后，单元格中的内容＿＿＿＿＿。

    A. 只保留第 1 个单元格内容   B. 2 个单元格内容均保留

    C. 只保留第 2 个单元格内容   D. 2 个单元格内容全部丢失

42. （考点 20）在 Word 2016 表格中，对当前单元格左边的所有单元格中的数值求和，应使用＿＿＿＿＿公式。

    A. =SUM (RIGHT)   B. =SUM (BELOW)

    C. =SUM (LEFT)   D. =SUM (ABOVE)

43. （考点 4）下列＿＿＿＿＿不属于 Word 2016 文档视图。

    A.Web 版式视图   B. 浏览视图

    C. 大纲视图   D. 草稿视图

44. （考点 10）下面不属于 Word 2016 段落缩进方式的是＿＿＿＿＿。

    A. 首行缩进   B. 悬挂缩进   C. 两端缩进   D. 右缩进

45.（考点 23）关于 Word 2016 中的目录，下列说法正确的是_____。

A. 目录中的文字只能自动生成，不能手动修改

B. 目录样式只有一种，不能自定义

C. 文章中不设置标题样式，只设置字体大小，也能自动生成相应目录

D. 目录中的页码能自动生成，也能手动修改或刷新

46.（考点 18）在 Word 2016 表格中，按_____组合键，可以将插入点移到前一个单元格。

A. Tab　　　　　　　B. Shift+Tab　　　　　C. Ctrl+Tab　　　　　D. Alt+Tab

47.（考点 9、10、15）在使用 Word 2016 编辑文档时最后一页只有一行内容，在没有特殊要求的前提下，本着节约的原则，我们可以通过调节设置减少一页，以下方法不正确的是_____。

A. 缩小字体　　　　B. 缩小行距　　　　　C. 缩小页边距　　　　D. 增加段前间距

48.（考点 14）在编辑 Word 2016 文档时，我们常希望在每页的顶部或底部显示页码及一些其他信息，这些信息若设置在文件每页的顶部，就称之为_____。

A. 页眉　　　　　　B. 分页符　　　　　　C. 页脚　　　　　　　D. 页码

49.（考点 23）小军帮助同学修改一篇 Word 2016 文档，为了保留修改痕迹，方便同学查看，他应该_____。

A. 直接修改

B. 选择修订功能

C. 注明删除的文字，添加的文字不做标记

D. 添加的文字用红色字体，删除的文字不做标记

50.（考点 10）在 Word 2016 中，段落标记是在按_____键后产生的。

A. Esc　　　　　　　B. Insert　　　　　　C. Enter　　　　　　D. Shift

51.（考点 4）在 Word 2016 中，文档可以多栏并存，以下_____视图可以看到分栏效果。

A. 草稿　　　　　　B. 页面　　　　　　　C. 大纲　　　　　　　D. web 版式

52.（考点 15）在 Word 2016 中，设定打印纸张大小时，应当使用的命令在_____。

A."开始"选项卡的"页面设置"组　　　　B."布局"选项卡的"页面设置"组

C."插入"选项卡的"页面设置"组　　　　D."视图"选项卡的"页面设置"组

53.（考点 7）在 Word 2016 中，将选定的文本从文档的一个位置复制到另一个位置，可按住_____键再用鼠标拖动。

A. Ctrl　　　　　　　B. Alt　　　　　　　C. Shift　　　　　　　D. Enter

54.（考点 3）在 Word 2016 中，打开了一个已有的文档 cC.docx，又进行了"新建"操作，则_____。

A. cC.docx 被关闭　　　　　　　　　　B."新建"操作失败

C. 新建文本档被打开但 cC.docx 被关闭　　D. cC.docx 和新建文档均处于打开状态

55.（考点 13）在 Word 2016 中，下列关于"分栏"操作的叙述中，正确的是_____。

A. 可以将指定的段落分成指定宽度的两栏

B. 任何视图下均可看到分栏效果

C. 设置的各栏宽度和间距与页面宽度无关

D. 栏与栏之间不可以设置分隔线

56.（考点 1）在 Word 2016 中，另存为模板文件则扩展名是_____。

   A. .docx   B. .dat   C. .pptx   D. .dotx

57.（考点 9）在 Word 2016 中，如果需要给文字加上着重符号，可以使用_____选项卡来实现。

   A. 开始   B. 设计   C. 插入   D. 审阅

58.（考点 15）在 Word 2016 中可通过"布局"选项卡"页面设置"组进行_____操作。

   A. 设置行间距   B. 设置水印   C. 设置段落格式   D. 设置栏

59.（考点 3）在 Word 2016 中打开并编辑了 5 个文档，单击快速访问工具栏中的"保存"按钮，则_____。

   A. 保存当前文档，当前文档仍处于编辑状态

   B. 保存并关闭当前文档

   C. 关闭除当前文档外的其他 4 个文档

   D. 保存并关闭所有打开的文档

60.（考点 14）下列关于在 Word 2016 中编辑页眉页脚的叙述，错误的是_____。

   A. 不同节可以设置不同的页眉

   B. 文档内容和页眉页脚可以一起打印

   C. 不能删除页眉下方的横线

   D. 页眉页脚也可以进行格式设置和插入图片

61.（考点 23）在 Word 2016 中，脚注与尾注最重要的区别是_____。

   A. 格式不同   B. 作用不同   C. 操作方法不同   D. 位置不同

62.（考点 3）在 Word 2016 的编辑状态，打开已有文档"ABC.docx"，修改后另存为"ABD.docx"，则文档 "ABC.docx"_____。

   A. 被文档"ABD.docx"覆盖   B. 被修改未关闭

   C. 未修改被关闭   D. 被修改并关闭

63.（考点 23）要使 Word 2016 能自动更正经常输错的单词，应使用_____功能。

   A. 拼写和语法   B. 同义词库   C. 修订   D. 自动更正

64.（考点 10）在 Word 2016 中，段落对齐的方式有五种，下列选项中不属于段落对齐方式的是_____。

   A. 居中   B. 右对齐   C. 垂直对齐   D. 分散对齐

65.（考点 9、10）在 Word 2016 文档中，如果对某个段落进行下列设置，其中不属于段落格式的是_____。

   A. 设置为 1.5 倍行距   B. 首行缩进

   C. 左对齐方式   D. 设置 4 磅字符间距

66.（考点 8）在 Word 2016 中执行高级查找时，查找内容为"den"，如果选择了_____复选框，则 student 不会被查找。

    A. 全字匹配   B. 区分大小写   C. 使用通配符   D. 区分全 / 半角

67.（考点 8、23）在 Word 2016 中，使用"查找与替换"对话框不可以完成的操作是_____。

    A. 改文档   B. 定位文档

    C. 格式化特定的单词   D. 统计文档字符个数

68.（考点 18）在 Word 2016 表格中，如要使多行具有相同的高度，可以选定这些行，单击"表格工具 / 布局"选项卡中的_____命令。

    A. 分布行   B. 自动调整   C. 分布列   D. 固定列宽

69.（考点 14）关于 Word 2016 中"页脚"的设置，描述错误的是_____。

    A. 在页脚中可以根据实际需要灵活地设置页码

    B. 页脚内容既可以是页码、日期，也可以是一些其他文字

    C. 奇数页与偶数页的页脚可以设置成不同格式

    D. 页脚中的内容不能是图片

70.（考点 1）在 Word 2016 中，用组合键退出 Word 的最快方法是_____。

    A. Alt+F4   B. Alt+F5   C. Ctrl+F4   D. Alt+Shift

71.（考点 5）在 Word 2016 窗口的工作区中，闪烁的垂直条表示_____。

    A. 鼠标位置   B. 插入点   C. 键盘位置   D. 按钮位置

72.（考点 21）在 Word 2016 中，对插入的图片不能进行的操作是_____。

    A. 设置环绕方式   B. 修改其中的图形   C. 调整颜色的亮度   D. 设置边框样式

73.（考点 23）在 Word 2016 中，如需自动生成目录，可以通过_____选项卡的命令操作。

    A."邮件"   B."引用"   C."插入"   D."开始"

74.（考点 2、10、14、22）以下关于 Word 2016 操作及功能的描述，错误的是_____。

    A. 进行段落格式设置时，不必先选定整个段落

    B. 在页面视图中可以拖动标尺改变页边距

    C. 在 Word 中允许使用非数字形式的页码

    D. 在打印预览状态仍能进行插入表格等编辑工作

75.（考点 13）在 Word 2016 中，如需插入一个连续的分节符，应使用_____选项卡的命令操作。

    A."邮件"   B."引用"   C."插入"   D."布局"

76.（考点 3）Word 2016 的"文件"选项卡"打开"中的"最近"选项所对应的文件是_____。

    A. 当前被操作的文件   B. 当前已经打开的 Word 文件

    C. 最近被操作过的 Word 文件   D. 扩展名是 .docx 的所有文件

77.（考点 7）在 Word 2016 的编辑状态下，"开始"选项卡"剪贴板"组中的"剪切"和"复制"命令呈浅灰色而不能用时，说明_____。

    A. 剪贴板上已经有信息存放了   B. 在文档中没有选中任何内容

C. 选定的内容是图片　　　　　　　　　　D. 选定的文档太长，剪贴板放不下

78.（考点 2）用户当前正在编辑的 Word 2016 文档的名称显示在窗口的_____中。

A. 标题栏　　　　　B. 选定栏　　　　　C. 任务栏　　　　　D. 状态栏

79.（考点 10）在 Word 2016 的编辑状态下，文档窗口显示出水平标尺，拖动水平标尺上沿的"首行缩进"滑块，则_____。

A. 文档中各段落的首行起始位置都重新确定

B. 文档中被选择的各段落首行起始位置都重新确定

C. 文档中各行的起始位置都重新确定

D. 插入点所在行的起始位置被重新确定

80.（考点 5）在 Word 2016 中，下列操作中能够切换"插入"和"改写"两种编辑状态的是_____。

A. 按 Ctrl ＋↓组合键

B. 按 Shift ＋↓组合键

C. 用鼠标单击状态栏中的"插入"或"改写"

D. 用鼠标单击状态栏中的"修订"

81.（考点 1）根据文件的扩展名，下列文件属于 Word 2016 文档的是_____。

A. text.wav　　　　B. text.txt　　　　C. text.png　　　　D. text.docx

82.（考点 23）下列有关 Word 2016 修订功能的说法，错误的是_____。

A. 用户可以选择接受或拒绝某个修订

B. 可以显示所有的修改标记

C. 可以为不同的修改形式设置不同的修改标记

D. 无法区分不同修订者的修订内容

83.（考点 3）在 Word 2016 的编辑状态，当前正编辑一个新建文档"文档 1"，当执行"文件"选项卡中的"保存"命令后_____。

A."文档 1"被存盘　　　　　　　　　　B. 弹出"另存为"对话框，供进一步操作

C. 自动以"文档 1"为名存盘　　　　　　D. 不能以"文档 1"为名存盘

84.（考点 3）在 Word 2016 中，"打开"文档的作用是_____。

A. 将指定的文档从外存中读入，并显示出来

B. 将指定的文档从内存中读入，并显示出来

C. 为指定的文档打开一个空白窗口

D. 显示并打印指定文档的内容

85.（考点 3）在输入 Word 2016 文档的过程中，为了防止意外而不使文档丢失，Word 2016 设置了自动保存功能，欲使自动保存时间间隔为 5 分钟，应依次进行的一组操作是_____。

A. 选择"文件"选项卡→"选项"→"保存"，再设置自动保存时间间隔

B. 按 Ctrl+S 组合键

C. 选择"文件"选项卡中的"保存"命令

D. 以上都不对

86.（考点 9）孙秘书正在 Word 2016 中起草一份邀请函，她希望将标题文字之间的间距调大，最优的操作方法是＿＿＿＿＿＿。

A. 在"字体"对话框中，通过设置字符间距实现

B. 在"段落"对话框中，通过设置"中文版式"中的字符间距实现

C. 在"开始"选项卡"段落"组中，选择"中文版式"下拉列表中的"调整宽度"命令实现

D. 在标题文字之间直接输入空格

87.（考点 6）在 Word 2016 中，欲选定文本中不连续两个文字区域，应在拖曳（拖动）鼠标前，按住不放的键是＿＿＿＿＿＿。

A. Ctrl   B. Alt   C. Shift   D. 空格

88.（考点 21）关于 Word 2016 的文本框，说法正确的是＿＿＿＿＿＿。

A. Word 2016 中提供了横排和竖排两种类型的文本框

B. 通过改变文本框的文字方向不能实现横排和竖排的转换

C. 在文本框中不可以使用项目符号

D. 在文本框中不可以插入图片

89.（考点 19）在 Word 2016 表格中，关于自动套用格式的用法，下列说法正确的是＿＿＿＿＿＿。

A. 可在生成新表时使用自动套用格式或插入表格的基础上使用自动套用格式

B. 只能直接用自动套用格式生成表格

C. 每种自动套用的格式已经固定，不能对其进行任何形式的更改

D. 在套用一种格式后，不能再更改为其他格式

90.（考点 4）在 Word 2016 中，便于查看、组合文档的结构，更加有利于长文档编辑和管理的视图是＿＿＿＿＿＿。

A. 页面视图   B. 阅读视图   C. 大纲视图   D. Web 版式视图

91.（考点 7）在 Word 2016 的编辑状态下，选定文档某行内容后，使用鼠标拖动方法将其移动时，配合的键盘操作是＿＿＿＿＿＿。

A. 按住 Esc 键   B. 按住 Ctrl 键   C. 按住 Alt 键   D. 不做操作

92.（考点 17）要在 Word 2016 文档中创建表格，应使用的选项卡是＿＿＿＿＿＿。

A. 开始   B. 插入   C. 布局   D. 视图

93.（考点 12）下面关于 Word 2016 中样式的说法错误的是＿＿＿＿＿＿。

A. 样式是一系列排版格式的总和

B. Word 自带的内置样式是不能修改的

C. 用户可以自己创建和设计样式

D. 样式规定了文中标题、题注等元素的格式

94.（考点 19）在 Word 2016 中，如果插入表格的内外框线是虚线，假如光标在表格中，要想将框线变为实线，应使用的命令（按钮）是＿＿＿＿＿＿。

A."开始"选项卡中的"更改样式"

B. "表格工具/设计"选项卡"边框"下拉列表中的"边框和底纹"

C. "插入"选项卡中的"形状"

D. "表格工具/布局"选项卡"边框"下拉列表中的"边框和底纹"

95. （考点21）在 Word 2016 文档编辑中绘制椭圆时，若按住_____键并按左键拖动鼠标，则绘制出一个圆。

    A. Shift   B. Ctrl   C. Alt   D. Tab

96. （考点7）在 Word 2016 中，欲删除刚输入的汉字"王"字，错误的操作是_____。

    A. 单击"快速访问工具栏"中的"撤消"按钮

    B. 按 Ctrl+Z 组合键

    C. 按 Backspace 键

    D. 按 Delete 键

97. （考点9）下面关于 Word 2016 中字号的说法，错误的是_____。

    A. 可以利用悬浮工具栏设置   B. 默认字号是五号字

    C. "24 磅"字比"20 磅"字大   D. "六号"字比"五号"字大

98. （考点21）在 Word 2016 中，插入的图片默认的文字环绕方式是_____。

    A. 浮于文字上方   B. 嵌入型   C. 四周型   D. 紧密型

99. （考点23）在 Word 2016 的编辑状态下，如果为文档添加批注，选中要添加批注的文本后，利用_____选项卡。

    A. 审阅   B. 设计   C. 布局   D. 视图

100. （考点18）将插入点放在 Word 2016 表格中最后一行的最后一个单元格时，按 Tab 键，将_____。

    A. 拆分表格   B. 产生一个新列

    C. 产生一个新行   D. 插入点移到第一行的第一个单元格

101. （考点7）要将 Word 2016 文档中的一部分内容复制到其他地方，首先进行_____操作。

    A. 选择   B. 剪切   C. 粘贴   D. 复制

102. （考点13）Word 2016 中某个文档的基本页是纵向的，如需设置其中一页为横向页面，可以_____。

    A. 不可能实现此功能

    B. 将此文档分为三个文档来处理

    C. 将此文档分为两个文档来处理

    D. 可在该页开始处和下一页的开始处插入分节符，再调整"本节的"页面设置

103. （考点3、7、8、9）下列关于 Word 2016 操作的叙述中，正确的是_____。

    A. 显示在屏幕上的内容，都已经保存在硬盘上

    B. 在字体的大小选择时，字号越大，字体越大

    C. 查找操作只能查找普通字符，不能查找特殊字符

    D. 可以在不同的文档中进行对象的移动和复制

104.（考点 1）下面做法不能退出 Word 2016 程序的是_____。

    A. 选择"文件"选项卡中的"关闭"命令

    B. 单击标题栏中的关闭按钮

    C. 利用"ALt+F4"组合键关闭

    D. 右击标题栏，在弹出的快捷菜单中选择"关闭"命令

105.（考点 22）关于 Word 2016 打印操作的说法正确的有_____。

    A. 打印格式由 Word 自己控制，用户无法调整

    B. 在 Word 文档开始打印前可以进行打印预览

    C. Word 的打印过程一旦开始，在中途无法停止打印

    D. Word 每次只能打印一份文稿

106.（考点 4、13、15、22）下列关于 Word 2016 的叙述中，不正确的是_____。

    A. 在"页面设置"对话框中可以自己定义打印纸张的大小

    B. 设置文档打印时，输入"2-5"表示打印第 2 页和第 5 页

    C. 页面视图方式的显示效果最接近实际打印的效果

    D. 自动分页符不能手工删除

107.（考点 6）在 Word 2016 中，要选定一个段落，以下_____操作是错误的。

    A. 将插入点定位于该段落的任何位置，然后双击鼠标左键

    B. 将鼠标指针拖过整个段落

    C. 将鼠标指针移到该段落左侧的选定区双击

    D. 将鼠标指针在选定区纵向拖动，经过该段落的所有行

108.（考点 18、19）在 Word 2016 中，以下对表格操作的叙述，错误的是_____。

    A. 在表格的单元格中，除了可以输入文字、数字，还可以插入图片

    B. 表格的每一行中各单元格的宽度可以不同

    C. 表格的每一行中各单元格的高度可以不同

    D. 表格的表头单元格可以绘制斜线

109.（考点 18）对于 Word 2016 表格的操作，说法正确的有_____。

    A. 对单元格只能水平拆分   B. 对单元格只能垂直拆分

    C. 对表格只能水平拆分   D. 对表格只能垂直拆分

110.（考点 18）在 Word 2016 中，删除行、列或表格的快捷键是_____。

    A. 回车键   B. Delete   C. 空格键   D. Backspace

二、**多项选择题**（在每小题列出的四个备选项中至少有两个是符合题目要求的）

1.（考点 15）在 Word 2016 中，下列有关页边距的说法，不正确的是_____。

    A. 设置页边距则影响原有的段落缩进

    B. 页边距的设置只影响当前页或选定文字所在的页

    C. 用户可以同时设置左、右、上、下页边距

    D. 用户可以使用标尺调整页边距

2.（考点6）在 Word 2016 中，以下_____方法能够选定整个段落。

A. 鼠标在段首单击，然后按 Shift 键再单击段尾

B. 在段落左侧选定栏处双击

C. 鼠标在段内任意处快速三击

D. 按住 Ctrl 键的同时，在段内任意处单击鼠标左键

3.（考点7）在 Word 2016 中，可以实现文本复制的是_____。

A. 选定文本内容，按下 Ctrl 键，然后用鼠标左键拖动该文本内容到新位置

B. 选定文本内容，使用组合键"Ctrl+C"和"Ctrl+V"

C. 选定文本内容，直接用鼠标左键拖动该文本内容到新位置

D. 选定文本内容，使用"开始"选项卡"剪贴板"组中的"复制"和"粘贴"命令

4.（考点2）在 Word 2016 的默认设置下，下面命令在"插入"选项卡中的是_____。

A. 插入批注　　　　B. 屏幕截图　　　　C. 封面　　　　　　D. 项目符号

5.（考点22）在 Word 2016 的打印预览状态下，可以_____。

A. 编辑文档的页眉　　　　　　　　　B. 设置纸张方向

C. 选择打印机　　　　　　　　　　　D. 设置打印份数

6.（考点12）关于 Word 2016 中的样式使用，以下说法正确的是_____。

A. 样式是文字格式和段落格式的集合，主要用于快速制作具有一定规范格式的段落

B. Word 提供了一系列标准样式供用户使用，但不能够进行修改

C. 所有的样式包括 Word 自带的样式都可以进行修改

D. Word 中，只有用户自定义的样式才能够进行修改

7.（考点10）以下_____属于 Word 2016 中的段落格式。

A. 对齐方式　　　　　　　　　　　　B. 段落间距

C. 行间距　　　　　　　　　　　　　D. 页边距

8.（考点6）以下关于 Word 2016 中文本选择的描述，正确的有_____。

A. 按住 Shift 键配合鼠标左键，可选择连续的文本

B. 按住 Ctrl 键配合鼠标左键，可选择不连续的文本

C. 按住 Alt 键配合鼠标左键，可选择矩形区域的文本

D. 在段落文本内，连续三击鼠标左键，可选中整个段落文本

9.（考点1）在 Word 2016 中，若只想关闭相应的文档窗口而不退出应用程序，可使用的方法是_____。

A. 在应用程序窗口中按 Ctrl+W 组合键

B. 在 Backstage 视图中单击"关闭"按钮

C. 在应用程序窗口中按 Alt+F4 组合键

D. 双击标题栏

10.（考点23）在 Word 2016 中利用"邮件合并"创建批量文档前，首先应创建_____。

A. 主文档　　　　B. 标题　　　　C. 数据源　　　　D. 正文

三、判断题

1.（考点 2）任务栏位于 Word 2016 窗口底端，用于显示当前文档的页数、总页数、字数、等信息。

    A. 正确   B. 错误

2.（考点 2）用户可以将 Word 2016 中选项卡和组的名字命名成自己习惯的名称。

    A. 正确   B. 错误

3.（考点 4）大纲视图主要用于设置 Word 2016 文档和显示标题的层级结构，是最节省计算机系统硬件资源的视图方式。

    A. 正确   B. 错误

4.（考点 21）在 Word 2016 中，通过"屏幕截图"功能，可以插入未最小化到任务栏的可视化窗口图片。

    A. 正确   B. 错误

5.（考点 5）在 Word 2016 中，输入文本内容满一行后，只有按回车键才能换行。

    A. 正确   B. 错误

6.（考点 23）Word 2016 的字数统计功能，不仅可以统计文档字符数，还可统计段落数与行数。

    A. 正确   B. 错误

7.（考点 20）Word 2016 表格中的数据只能进行运算，不能进行排序。

    A. 正确   B. 错误

8.（考点 22）对 Word 2016 文档设置修改密码与设置打开密码所起的保护作用不完全一样。

    A. 正确   B. 错误

9.（考点 24）Word 2016 的文件不可以保存为 Web 格式。

    A. 正确   B. 错误

10.（考点 17）在 Word 2016 中，表格和文本可以灵活地进行相互转换。

    A. 正确   B. 错误

11.（考点 18）在 Word 2016 的表格中，若用户选定表格后按 Delete 键，则删除的是整个表格。

    A. 正确   B. 错误

12.（考点 2）在 Word 2016 窗口中，利用标尺可方便地调整段落的缩进、页面上下左右的边距、表格的列宽。

    A. 正确   B. 错误

13.（考点 8）在 Word 2016 文档中可以查找和替换带格式的文本。

    A. 正确   B. 错误

14.（考点 21）在 Word 2016 中，插入艺术字既能设置字体，又能设置字号。

    A. 正确   B. 错误

15.（考点 20）在 Word 2016 中，公式中引用的基本数据源如果发生了变化，计算的结果并不会自动改变，需要用户进行公式更新。

    A. 正确   B. 错误

16.（考点 13）在 Word 2016 中，执行"布局"选项卡中的"分隔符"命令，在对话框中选择"分栏符"将文档分栏。

A. 正确　　　　　　　　　　　　　　B. 错误

17.（考点 10）在 Word 2016 中，当需要对某一段落进行格式设置时，首先要选中该段落，或者将插入点放在该段落中，才可以开始对此段落进行格式设置。

A. 正确　　　　　　　　　　　　　　B. 错误

18.（考点 21）在 Word 2016 中，可以插入图表，用于演示和比较数据。

A. 正确　　　　　　　　　　　　　　B. 错误

19.（附加题）在 Word 2016 中，对于用户的错误操作只能撤消最后一次对文档的操作。

A. 正确　　　　　　　　　　　　　　B. 错误

20.（考点 22）目前在 Word 2016 打印预览状态，若要打印文件，则必须退出预览状态后才可以打印。

A. 正确　　　　　　　　　　　　　　B. 错误

21.（考点 18）在 Word 2016 表格编辑状态下，选定了整个表格，执行了"表格工具 / 布局"选项卡中的"删除行"命令，则表格中的一行被删除。

A. 正确　　　　　　　　　　　　　　B. 错误

22（考点 20）对 Word 2016 表格中的数据进行组合排序时，作为关键字的列不能超过三列。

A. 正确　　　　　　　　　　　　　　B. 错误

23.（考点 21）在 Word 2016 中，插入数学公式后，不能再修改。

A. 正确　　　　　　　　　　　　　　B. 错误

24.（考点 21）插入 Word 2016 文档的图片被裁剪后可以恢复。

A. 正确　　　　　　　　　　　　　　B. 错误

25.（考点 15）在 Word 2016 的页面设置中，不能自定义纸张大小。

A. 正确　　　　　　　　　　　　　　B. 错误

26.（考点 14）在 Word 2016 中，页码只能在页脚不能在页眉。

A. 正确　　　　　　　　　　　　　　B. 错误

27.（考点 10）在 Word 2016 中，对所选段落的每一行都可以添加项目符号或编号。

A. 正确　　　　　　　　　　　　　　B. 错误

28.（考点 3）在 Word 2016 的编辑状态，打开了一个已有文档进行编辑，再进行"保存"操作后，该文档被保存在原文件夹下。

A. 正确　　　　　　　　　　　　　　B. 错误

29.（考点 21）借助 Word 2016 提供的"插入和链接"功能，用户不仅可以将图片插入到文档中，而且在原始图片发生变化时，Word 文档中的图片可以进行更新。

A. 正确　　　　　　　　　　　　　　B. 错误

30.（考点 9）在 Word 2016 的两种表示字号的方法中，磅数越大，显示字符越大；字号越大，显示字符越小。

A. 正确　　　　　　　　　　　　　　B. 错误

四、填空题

1.（考点 6）在 Word 2016 文档中，选择一块矩形文本区域，需利用_____键。

2.（考点 5）Word 2016 文档中按_____键可切换"改写"和"插入"状态。

3.（考点 22）在 Word 2016 中，选择_____选项卡的"打印"命令，可以对当前文档进行打印预览、打印设置及打印操作。

4.（考点 12）在 Word 2016 中，编辑和使用样式，应选择_____选项卡的"样式"组中的命令。

5.（考点 13）Word 2016 中分节符的类型有_____、连续、奇数页和偶数页。

6.（考点 8）在 Word 2016 的"查找与替换"对话框中，可使用的通配符是_____和 * 。

7.（考点 17）在 Word 2016 中，文本转换成表格应该使用_____选项卡"表格"下拉列表中的"文本转换成表格"命令。

8.（考点 14）使用 Word 2016 的_____选项卡"页眉和页脚"组中的"页码"命令，可以在页面中插入页码。

9.（考点 15）Word 2016 文档文件默认的纸张大小是_____。

10.（考点 21）插入图片文件到 Word 2016 文档中，默认的环绕方式是_____。

11.（考点 5）在 Word 2016 文档中输入特殊符号，可以使用_____选项卡"符号"组中的"符号"命令，打开"符号"面板输入。

12.（考点 3）在 Word 2016 中，选择_____选项卡中的"最近"选项，可以显示用户最近打开过的文档，选择要打开的文档即可。

13.（考点 3）在 Word 2016 中，使用组合键_____可以创建新的空白文档。

14.（考点 4）在 Word 2016 文档视图中，_____视图以网页的形式来显示文档中的内容。

15.（考点 13）在 Word 2016 文档中，为使插入点后面的文本从下一页开始，应插入一个_____。

16.（考点 17）Word 2016 中的表格由若干行和列组成，行和列交叉的地方称为_____。

17.（考点 6）在 Word 2016 文档编辑中，要选中不连续的多处文本，应按下_____键控制选取。

18.（考点 13）在 Word 2016 文档中，给选定的文本设置分栏，可切换到_____选项卡，单击"页面设置"组中的"分栏"命令进行设置。

19.（考点 23）在 Word 2016 中，要统计文档字数，使用_____选项卡"校对"组中的"字数统计"命令。

20.（考点 10）在 Word 2016 中，默认的对齐方式是_____。

21.（考点 15）在 Word 2016 中，用户可以切换到_____选项卡，设置文档的"主题"，用以快速改变文档的整体外观。

22.（考点 10）Word 2016 段落的缩进方式有左缩进、右缩进、首行缩进和_____4 种。

23.（考点 12）_____就是 Word 系统自带的或由用户自定义的一系列排版格式的总和，包括字符格式、段落格式等。

24.（考点 3）使用组合键 Ctrl+O 或_____可以用来打开 Word 2016 文档。

25.（考点 23）在 Word 2016 中，_____是为文档中的图表、表格、图片或其他对象添加的标签和编号。

五、操作题

王军同学用 Word 2016 编写了关于计算机发展史的一篇科普文档，图 4-30 为该文档内容的部分截图。请结合所学知识回答以下问题：

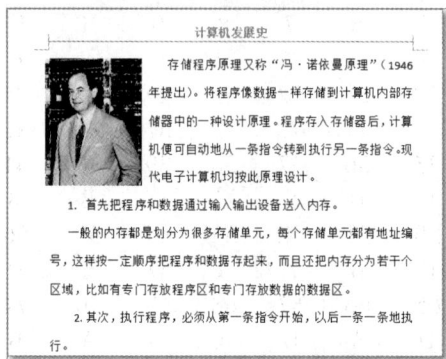

图 4-30　文档截图

1.（考点 4）王军同学在编写该文档时，可以利用的最佳工作视图是＿＿＿＿＿。

　　A. 大纲视图　　　　　　　　　　　　　　B.Web 版式视图

　　C. 草稿视图　　　　　　　　　　　　　　D. 页面视图

2.（考点 7）王军同学在编写文档时，欲删除刚输入的一个错误文字，下列方法不可行的是＿＿＿＿＿。

　　A. 单击"快速访问工具栏"中的"撤消"按钮　　B. 按 Ctrl+Z 键

　　C. 按 Backspace 键　　　　　　　　　　　D. 按 Delete 键

3.（考点 10、14、15、21）在图 4-30 所示文档区域，下列操作肯定没有使用的是＿＿＿＿＿。

　　A. 设置段落悬挂缩进　　　　　　　　　　B. 插入联机图片

　　C. 使用标尺调整页边距　　　　　　　　　D. 设置页眉内容居中

4.（考点 21）要实现文档中图片的环绕方式，下列操作不可行的是＿＿＿＿＿。

　　A. 设置环绕方式为"四周型"　　　　　　　B. 设置环绕方式为"穿越型"

　　C. 设置环绕方式为"紧密型"　　　　　　　D. 设置环绕方式为"上下型"

5.（考点 23）在文档中图片的下方输入一行文字"图 1 冯·诺依曼"，最优的方法是插入＿＿＿＿＿。

　　A. 题注　　　　　　B. 脚注　　　　　　C. 尾注　　　　　　B. 批注

6.（考点 10）修改文档中页眉下方横线的样式，最佳的方法是通过＿＿＿＿＿设置。

　　A. "字体"对话框　　　　　　　　　　　　B. "段落"对话框

　　C. "边框和底纹"对话框　　　　　　　　　D. "查找和替换"对话框

7.（考点 22）制作完成后，王军同学利用打印预览，查看此文档的实际打印效果。下列说法错误的是＿＿＿＿＿。

　　A. 切换到"文件"选项卡，单击"打印"命令，即可进入打印预览

　　B. 利用组合键"Ctrl+P"也可进行打印预览

　　C. 在打印预览下可以修改发现的错误内容

　　D. 预览无误后，在打印预览状态下可以直接打印

Part III　参考答案

一、单项选择题

1	2	3	4	5	6	7	8	9	10	11	12	13	14	15
B	D	D	B	B	B	B	D	D	B	C	B	A	D	B
16	17	18	19	20	21	22	23	24	25	26	27	28	29	30
D	A	B	A	C	D	C	A	B	C	C	B	B	A	B
31	32	33	34	35	36	37	38	39	40	41	42	43	44	45
C	B	C	C	C	B	D	C	C	B	B	C	B	C	D
46	47	48	49	50	51	52	53	54	55	56	57	58	59	60
B	D	A	B	C	B	A	A	D	A	D	A	D	A	C
61	62	63	64	65	66	67	68	69	70	71	72	73	74	75
D	C	D	C	D	A	D	A	D	A	B	B	B	D	D
76	77	78	79	80	81	82	83	84	85	86	87	88	89	90
C	B	A	B	C	D	D	B	A	A	C	A	A	A	C
91	92	93	94	95	96	97	98	99	100	101	102	103	104	105
D	B	B	B	A	D	D	B	A	C	A	D	D	A	B
106	107	108	109	110										
B	A	C	C	D										

二、多项选择题

1	2	3	4	5	6	7	8	9	10
AB	ABC	ABD	ABC	BCD	AC	ABC	ABCD	AB	AC

三、判断题

1	2	3	4	5	6	7	8	9	10
B	A	B	A	B	A	B	A	B	A
11	12	13	14	15	16	17	18	19	20
B	A	A	A	A	B	A	A	B	B
21	22	23	24	25	26	27	28	29	30
B	A	B	A	B	B	B	A	A	A

四、填空题

1. Alt　　2. Insert　　3. 文件　　4. 开始　　5. 下一页

6. ?　　7. 插入　　8. 插入　　9. A4　　10. 嵌入型

11. 插入　　12. 文件　　13. Ctrl+N　　14. Web 版式　　15. 分页符

16. 单元格　　17. Ctrl　　18. 布局　　19. 审阅　　20. 两端对齐

21. 设计　　22. 悬挂缩进　　23. 样式　　24. Ctrl+F12　　25. 题注

五、操作题

1. D　　2. D　　3. A　　4. D　　5. A

6. C　　7. C

第五章　电子表格 Excel 2016

根据大纲要求，本章需要掌握的主要知识点：

- Excel 2016的窗口组成，工作簿、工作表、单元格、单元格区域的概念。
- 工作簿的新建、打开、保存、关闭。
- 工作表的插入、删除、复制、移动、重命名和隐藏等基本操作。
- 工作表中行/列的插入、删除、隐藏。
- 工作表中单元格区域的选择，各种类型数据的输入、编辑及数据填充功能的使用。
- 绝对引用、相对引用和三维地址引用，公式的输入与常用函数的使用，批注的使用。
- 调整单元格的行高和列宽，自动套用格式和条件格式的使用。
- 利用数据清单进行排序、筛选、分类汇总、合并计算，利用数据透视表分析数据。
- 图表的创建和编辑，迷你图的插入，页面设置及分页符的使用，表格打印。

本章重点：

- 工作表的插入、删除、复制、移动、重命名。
- 各种类型数据的输入及常用函数的使用。
- 利用数据清单进行排序、筛选、分类汇总，利用数据透视表分析数据。
- 图表的创建和编辑。

Part I　考点直击

考点 1　Excel 2016的基本概念

1. 窗口的组成

Excel 2016 窗口（见图 5-1）的组成与 Word 2016 窗口的组成相比，有许多组成部分是相同的，且功能和用法相似，此处主要介绍 Excel 2016 窗口中重要的工作表编辑区。

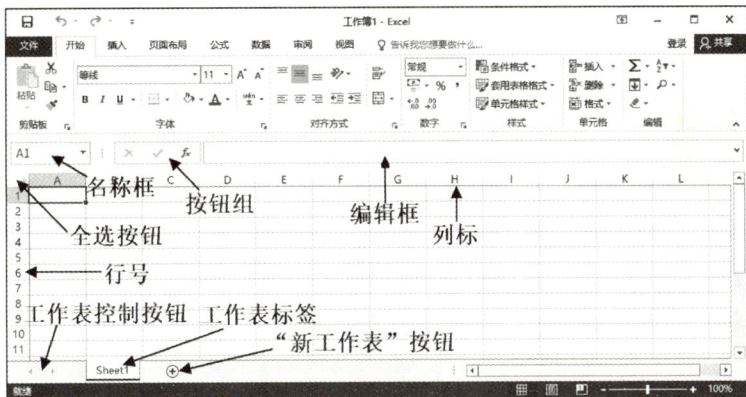

图 5-1　Excel 2016 窗口

（1）编辑栏

编辑栏从左向右依次是单元格的名称框、按钮组和编辑框。按钮组包括取消按钮、输入按钮和插入函数按钮。名称框显示当前单元格的地址（也称单元格名称），也可在输入公式时用于从其下拉列表中选择常用函数。在单元格中编辑数据时，其内容同时出现在编辑栏右端的编辑框中，以方便用户输入或修改单元格中的数据。当编辑完毕后可单击按钮组中的输入按钮或按 Enter 键确认。用户若单击取消按钮则取消刚才编辑的内容。插入函数按钮用于调用函数。

（2）工作表标签

工作表标签显示了当前工作簿中包含的工作表。默认情况下工作表名称以 Sheet1、Sheet2、Sheet3 等命名。用户单击工作表标签名可切换到相应的工作表。

（3）工作表控制按钮

当工作簿中的工作表太多时，工作表标签就无法完全显示出来，此时便可通过工作表控制按钮显示需要的工作表标签。

（4）"新工作表"按钮

"新工作表"按钮位于工作表标签的右侧。单击该按钮，可以在当前工作簿中插入新工作表。

2. 工作簿、工作表和单元格

一个工作簿就是一个 Excel 文件，其默认扩展名为 .xlsx。工作表（Sheet）是一个由行和列交叉排列的二维表格，也称作电子表格，用于组织和分析数据。工作表是不能单独存盘的，只有工作簿才能以文件的形式存盘。

一个工作簿可以包含一个或多个工作表。在默认情况下，一个工作簿包含 1 个工作表。如果需要更改工作簿默认的工作表数量，可单击"文件"选项卡，然后在左侧窗格中单击"选项"命令，弹出"Excel 选项"对话框并进行设置。用户设置时最多包含的工作表数量为 255 个（如图 5-2 所示），设置完成后单击"确定"按钮即可。需要注意的是下次新建工作簿时，该设置才生效。工作簿中至少保留一张可视工作表，不能全部删除或隐藏。

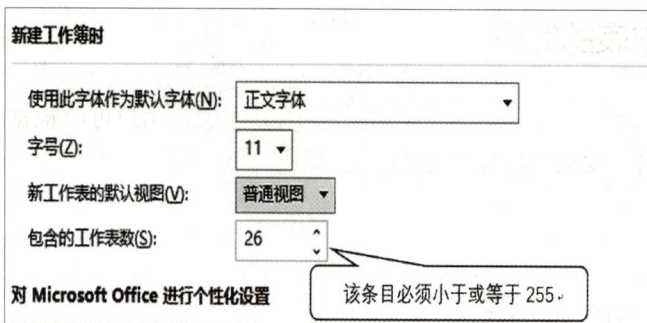

图 5-2　更改工作簿包含的工作表数

一个工作表由 1048576 行和 16384 列组成，行号用数字表示，为 1~1048576，列标用英文大写字母表示，为 A、B……Z、AA、AB……XFD。每一个行列交叉处即为一个单元格。单元格是组成工作表的最小单位。每个单元格有一个固定的地址，即单元格地址。单元格地址是由行号和列标共同标识的，列标在前，行号在后。例如，B5 是指 B 列与第 5 行交叉位置上的单元格。要输入单元格数据，首先要激活单元格。在任何时候，工作表中有且仅有一个单元格是激活的，即"活动单元格"，其标志是有一个绿色边框。当前单元格的名称显示在名称框，其内容同时显示在编辑框。

■ 真题再现 ▲

1.（2020 年单项选择题改编）关于 Excel 2016 的工作簿和工作表，下列描述中错误的是_____。

　A. 工作簿由若干个工作表组成　　　　B. 新建的工作簿一般包含 1 个工作表

　C. 工作簿文件的扩展名为 .xlsx　　　　D. 工作簿可以没有工作表

【答案】D

【解析】工作簿中至少保留一张可视工作表，不能全部删除或隐藏。

2.（2019 年单项选择题）在 Excel 2016 中，工作表是一个_____。

　A. 树形表　　　　　　　　　　　　　B. 三维表

　C. 一维表　　　　　　　　　　　　　D. 二维表

【答案】D

【解析】工作表是一个由行和列交叉排列的二维表格，也称作电子表格，用于组织和分析数据。

3.（2019 年单项选择题）构成 Excel 2016 工作簿的基本要素是_____。

　A. 工作表　　　　　　　　　　　　　B. 单元格

　C. 单元格区域　　　　　　　　　　　D. 数据

【答案】A

【解析】一个工作簿可以包含一个或多个工作表，用于组织和分析数据，是 Excel 完成一个完整作业的基本单位。

真题再现-1
讲解

在 Excel 2016 中，一个工作簿可以包含多张工作表，用户可以根据实际需要切换、插入、删除、重命名、移动与复制工作表。

1. 选择工作表

在工作表中进行编辑工作，必须先选择工作表，然后再进行相应操作。选择 Excel 2016 工作表的常用方法如下：

①选择单张工作表。用户只需要单击要进行操作的工作表标签即可。

②选取相邻的多张工作表。首先单击要选择的第一张工作表标签，然后按住 Shift 键并单击最后一张要选择的工作表标签即可。

③选取不相邻的多张工作表。首先单击要选择的第一张工作表标签，然后按住 Ctrl 键再单击所需的工作表标签即可。

注意：在同时选中多张工作表时，在工作簿的标题栏会出现"工作组"字样，表示所选工作表已成为一个工作组。用户对当前工作表的编辑操作会作用到其他被选中的工作表，在当前工作表的某个单元格输入了数据或设置了格式，则对所有选中的工作表同样位置的单元格做了同样的操作。

2. 插入新工作表

插入新工作表的方法主要有以下四种：

①单击工作表标签右侧的"新工作表"按钮。

②在"开始"选项卡"单元格"组中，单击"插入"右侧的下拉按钮，在展开的下拉列表中选择"插入工作表"命令。

③右击工作表标签，在弹出的快捷菜单中选择"插入"命令。

④使用组合键 Shift+F11。

注意：用户选中多个工作表标签后，使用方法②、③或④的任意一种，均可以一次插入多个工作表，但是用户不可以撤消插入工作表的操作。

3. 删除工作表

删除工作表的方法主要有以下两种：

①单击要删除的工作表标签，选择"开始"选项卡"单元格""删除"右侧的下拉按钮，正在展开的下拉列表中选择"删除工作表"命令。

②右击要删除的工作表标签，在弹出的快捷菜单中选择"删除"命令，然后在打开的提示对话框中单击"删除"按钮。

◆注意：用户不能用 Delete 键删除工作表；不能将工作簿中的工作表全部删除，至少保留一张可视工作表；删除工作表是永久删除，无法撤消删除操作，其右侧的工作表将成为当前工作表。

4. 重命名工作表

为方便管理，用户可以将工作表重命名。重命名的方法主要有以下三种：

①单击"开始"选项卡"单元格"组"格式"右侧的下拉按钮，在展开的下拉列表中选择"重命名工作表"命令。

②右击工作表标签，在弹出的快捷菜单中选择"重命名"命令，然后输入新名称即可。

③双击要重命名的工作表标签，然后输入工作表名称并按 Enter 键即可。

注意：重命名工作表时不能和当前工作簿中已有工作表重名。

5. 移动或复制工作表

用户移动或复制工作表可以在同一个工作簿范围内进行，还可以将一个工作簿中的工作表移动或复制到其他工作簿中。其操作的方法相似，主要有以下两种。

（1）利用鼠标拖动

用户在使用鼠标左键拖动操作时，直接拖动工作表到目标位置就表示移动，但在拖动工作表的同时按住 Ctrl 键，就表示复制工作表。

（2）利用"移动或复制工作表"对话框

打开"移动或复制工作表"对话框的方法有两种：一种是单击"开始"选项卡"单元格"组"格式"右侧的下拉按钮，在其下拉列表中选择"移动或复制工作表"命令；二是右击将要移动或复制的工作表标签，在弹出的快捷菜单中选择"移动或复制"命令。"移动或复制工作表"对话框如图 5-3 所示。

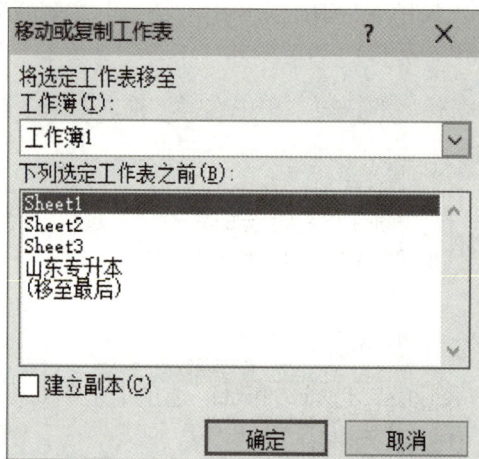

图 5-3 "移动或复制工作表"对话框

在打开的"移动或复制工作表"对话框中，若不勾选"建立副本"复选框，就表示移动工作表，若勾选"建立副本"复选框，就表示复制工作表。

◆**注意：**

①将一个工作簿中的工作表移动或复制到其他工作簿中时，另外一个工作簿（即接收工作表的工作簿）必须是处于打开状态的，否则在图 5-3 所示对话框的"工作簿"列表框

中看不到该工作簿的名称，无法将工作表移动或复制到该工作簿中。

②移动、复制工作表时不能利用"开始"选项卡"剪贴板"组中的"复制""剪切""粘贴"命令或组合键"Ctrl+C""Ctrl+X""Ctrl+V"。

③在同一个工作簿中，复制的工作表默认以原工作表的名字+（2）形式命名。例如，当前被选中的工作表的名字为 Sheet3，则副本工作表的名字为 Sheet3(2)。

6. 隐藏工作表和取消隐藏

隐藏工作表的方法主要有：

①选中需要隐藏的工作表标签，然后在该工作表标签上右击，在弹出的快捷菜单中选择"隐藏"命令，即可将选中的工作表隐藏。

②单击需要隐藏的工作表标签，在"开始"选项卡"单元格"组中单击"格式"右侧的下拉按钮，在弹出的下拉列表中选择"可见性"→"隐藏和取消隐藏"→"隐藏工作表"命令。

取消隐藏的工作表的方法和隐藏工作表的步骤相近，一种方法是右击，在弹出的快捷菜单中选择相应命令；一种方法是在"开始"选项卡"单元格"组中进行设置。

◆**注意：**用户可以同时隐藏多张工作表，但是不能将工作簿中的工作表全部隐藏，必须保留一张可视工作表。

7. 保护工作表

要使Excel工作表中的数据不被他人修改，用户可以对相关的Excel工作表进行保护加密。

方法：切换到要进行保护的工作表，然后选择"审阅"选项卡"更改"组中的"保护工作表"命令，打开"保护工作表"对话框（见图5-4），进行相关设置。

此外，用户也可以利用"文件"选项卡和"开始"选项卡，均可打开"保护工作表"对话框。

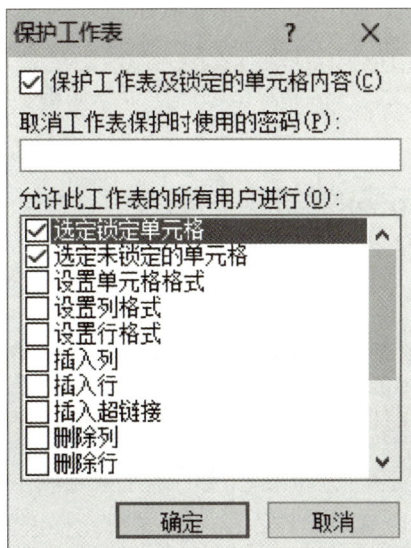

图5-4 "保护工作表"对话框

真题再现

1.（2019年单项选择题）在 Excel 中，无法对工作表进行的操作是_____。

A. 删除　　　　　　B. 隐藏　　　　　　C. 剪切　　　　　　D. 重命名

【答案】C

【解析】在 Excel 中，用户可以利用"移动或复制工作表"对话框或鼠标拖动的方法来移动工作表，但是不能利用"剪切""粘贴"的方法移动工作表。

2.（2018年多项选择题）在 Excel 中，重命名工作表，正确的操作是_____。

A. 右击要重命名的工作表标签，在弹出的快捷菜单中选择"重命名"命令

B. 单击选定要重命名的工作表标签，按 F2 键，输入新名称

C. 单击选定要重命名的工作表标签，在名称框中输入新名称

D. 双击相应的工作表标签，输入新名称

【答案】AD

【解析】按 F2 键常用来给文件或文件夹重命名，而不能重命名工作表，故选项 B 是错误的。在 Excel2016 中，若修改单元格中的内容，可以选中单元格后按 F2 键，单元格内出现光标，移动光标到所需位置，即可对单元格中的内容进行编辑修改。在 Excel 2016 中，利用名称框可以给单元格或单元格区域命名而不是重命名工作表，故选项 C 是错误的。

3.（2018年多项选择题）在 Excel 中，下列叙述错误的是_____。

A. 在 Excel 2016 中，删除工作表后，可以撤消删除操作

B. 在工作表标签上右击，在弹出的快捷菜单中选择"隐藏"命令，可以使工作表不可见

C. 可以通过快速访问工具栏来撤消对工作表的隐藏操作

D. 右击工作表标签，选择"取消隐藏"命令，会弹出"取消隐藏"对话框

【答案】AC

【解析】Excel 2016 中，插入、移动、复制、删除、重命名、隐藏工作表的操作都不能撤消。对工作表的行、列和单元格的操作可以撤消。

考点3　行、列和单元格的管理

1. 单元格区域及命名

单元格区域指的是由多个相邻单元格形成的矩形区域，单元格区域的地址由矩形对角的两个单元格的地址组成，中间用冒号（：）相连。例如，单元格区域 A3:D5 表示的是左上角从 A3 开始到右下角 D5 结束的一片矩形区域。

用户可以对一个单元格或多个单元格组成的单元格区域（包括连续的和不连续的）进行自定义名称，以方便公式计算等操作。单元格或单元格区域名称的定义和管理可通过"公式"选项卡"定义的名称"组来实现，也可以通过名称框定义名称。其中最方便的是

利用名称框定义名称。具体方法是：选择需要定义的单元格区域，如 A2:D8，在名称框中输入需要定义的名称，如"山东专升本"，然后按 Enter 键即可。

2. 单元格和单元格区域的选择

单元格和单元格区域的选择详见表 5-1。

表 5-1 单元格和单元格区域的选择

选择内容	操作方法
单个单元格	单击该单元格或按箭头键，移至相应单元格
某个单元格区域	单击选定该区域的第一个单元格，然后拖动鼠标直至选定最后一个单元格
较大的单元格区域	单击选定区域的第一个单元格，然后按住 Shift 键再单击该区域的最后一个单元格
不相邻的单元格或单元格区域	先选定第一个单元格或单元格区域，然后按住 Ctrl 键再选定其他的单元格或单元格区域
工作表中的所有单元格	方法一：单击"全选"按钮（见图 5-1） 方法二：使用组合键 Ctrl+A（如果工作表包含数据，按 Ctrl+A 可选择当前区域，按住 Ctrl+A 一秒钟可选择整个工作表）
整行	单击行号
整列	单击列标
连续的行或列	方法一：先选中第一行或第一列，然后按住 Shift 键再选定其他行或列 方法二：沿行号或列标拖动鼠标
不连续的行或列	先选定第一行或第一列，然后按住 Ctrl 键再选定其他行或列
增加或减少活动区域的单元格	按住 Shift 键的同时单击要包含在新选定区域中的最后一个单元格，活动单元格和所单击的单元格之间的矩形区域将成为新的选定区域
工作表中第一个或最后一个单元格	按组合键 Ctrl+Home 可选择工作表中的第一个单元格 按组合键 Ctrl+End 可选择工作表中最后一个包含数据的单元格
取消选择的单元格区域	单击工作表中的任意单元格

3. 单元格的合并

对单元格进行合并操作时，有"合并后居中"、"跨越合并"和"合并单元格"3 种方式。"合并后居中"是将多个单元格合并成一个单元格，且内容在合并后单元格的对齐方式是居中对齐。"跨越合并"是指行与行之间相互合并，而上下单元格之间不参与合并。"合并单元格"是将选择的多个单元格合并成一个较大的单元格。

选中要进行合并操作的单元格区域，单击"开始"选项卡"对齐方式"组中的"合并后居中"命令或单击其右侧的下拉按钮，在展开的下拉列表中选择一种合并方式，即可将所选单元格合并。

单元格合并后还可以取消，方法是：选择要取消合并的单元格，在"开始"选项卡"对齐方式"组"合并后居中"下拉列表中选择"取消单元格合并"命令。

◆注意：

①可以对合并后的单元格区域取消合并，但不能对单元格进行拆分操作。

②合并单元格时，选定区域若包含多重数据，合并到一个单元格后只能保留最左上角的数据。

4.插入行、列、单元格

方法：选中行、列或单元格，在"开始"选项卡"单元格"组中，单击"插入"右侧的下拉按钮，在弹出的下拉列表中选择相应的命令（包括插入单元格、插入工作表行、插入工作表列、插入工作表）；或右击，在弹出的快捷菜单中选择"插入"命令。

◆注意：

①若要插入多行、多列或多个单元格，则需要同时选中多行、多列或多个单元格。例如，要插入三个新行，需先选中三行。

②新插入的行在选中行的上方，新插入的列在选中列的左侧。

③插入单元格时，会弹出"插入"对话框，如图5-5所示，供用户做出选择。

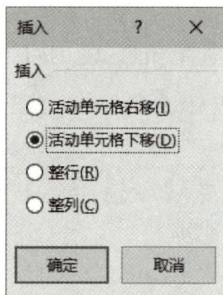

图 5-5 "插入"对话框

5.删除行、列、单元格

方法：选择要删除的单元格、行或列，在"开始"选项卡"单元格"组中，单击"删除"右侧的下拉按钮，在弹出的下拉列表中选择相应的命令（包括删除单元格、删除工作表行、删除工作表列、删除工作表）；或右击，在弹出的快捷菜单中选择"删除"命令。

◆注意：

①要删除多行、多列或多个单元格，则需要同时选中多行、多列或多个单元格。

②删除单元格时，会弹出"删除"对话框，如图5-6所示，供用户做出选择。

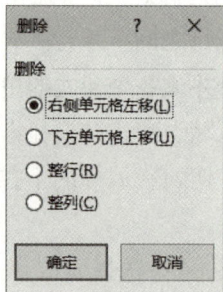

图 5-6 "删除"对话框

③不能使用 Delete 键删除行、列或单元格，按 Delete 键只删除所选行、列或单元格的内容。

④删除行、列或单元格后，在快速访问工具栏上，单击"撤消删除"按钮或按"Ctrl+Z"组合键可以恢复刚刚删除的数据。

6. 行、列的隐藏及取消隐藏

（1）隐藏行或列

可以通过下列三种方法隐藏行或列：

①单击"开始"选项卡"单元格"组"格式"右侧的下拉按钮，在下拉列表中选择"隐藏和取消隐藏"，然后在其级联菜单中选择"隐藏行"或"隐藏列"命令。

②右击，在弹出的快捷菜单中选择"隐藏"命令，也可以隐藏行或列。

③按组合键 Ctrl+9 可以把选中的行隐藏，按组合键 Ctrl+0 可以把选中的列隐藏。

（2）取消隐藏行或列

用户取消隐藏的行时，需要选中被隐藏行的上一行至下一行，如被隐藏的是第三行，则需要选中第二行至第四行。同理，取消隐藏列时，需要选中被隐藏列的前一列至后一列。用户既可以通过单击"开始"选项卡"单元格"组"格式"右侧的下拉按钮，在下拉列表中选择"隐藏和取消隐藏"，然后在级联菜单中选择"取消隐藏列"或"取消隐藏行"命令来取消隐藏的行或列；也可以选中相应的行或列后，在行号或列标上右击，然后在弹出的快捷菜单中选择"取消隐藏"命令，取消行、列的隐藏。

真题再现

1.（2019 年判断题）Excel 2016 的单元格区域是默认的，不能重新命名_____。

   A. 正确   B. 错误

【答案】B

【解析】用户可以对一个单元格或多个单元格组成的单元格区域（包括连续的和不连续的）进行自定义名称。单元格或单元格区域名称的定义和管理可通过"公式"选项卡"定义的名称"组来实现，也可以通过名称框定义名称。

2.（2018 年单项选择题）在 Excel 2016 中，若要同时选定 B2:C6 和 E1:F2，下列正确的操作是_____。

   A. 按住鼠标左键从 B2 拖动到 C6，然后按住鼠标左键从 E1 拖动到 F2

   B. 按住鼠标左键从 B2 拖动到 C6，按住 Shift 键，并按住鼠标左键从 E1 拖动到 F2

   C. 按住鼠标左键从 B2 拖动到 C6，按住 Ctrl 键，并按住鼠标左键从 E1 拖动到 F2

   D. 按住鼠标左键从 B2 拖动到 C6，按住 Alt 键，并按住鼠标左键从 E1 拖动到 F2

【答案】C

【解析】选择不相邻的单元格区域时，先选定第一个单元格区域，然后按住 Ctrl 键再选定其他的单元格区域。

考点4　格式化工作表

1. 格式化单元格及单元格区域

单元格或单元格区域的格式化操作必须先选择要进行格式化的单元格或单元格区域，然后通过"设置单元格格式"对话框，悬浮工具栏，"开始"选项卡的"字体"组、"数字"组、"对齐方式"组、"样式"组中的相关命令或格式刷等几种方法来实现。

下面主要介绍利用"设置单元格格式"对话框格式化单元格及单元格区域。

"设置单元格格式"对话框包括数字、对齐、字体、边框、填充和保护六个选项卡，如图 5-7 所示。

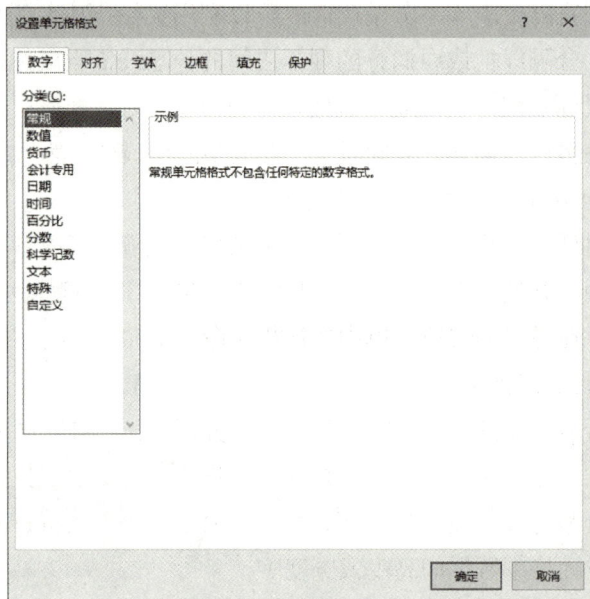

图 5-7　"设置单元格格式"对话框 [①]

（1）"数字"选项卡

用户利用"数字"选项卡可以设置数字格式。数字格式是指表格中数据的外观形式，改变数字格式并不影响数据本身，数据本身会显示在编辑框中。Excel 提供的内置数字格式有常规、数值、货币、会计专用、日期、时间、百分比、分数、科学计数、文本、特殊和自定义。

（2）"对齐"选项卡

利用"对齐"选项卡可以设置文本的水平对齐和垂直对齐方式。

（3）"字体"选项卡

利用"字体"选项卡可以设置字体、字形、字号、颜色、特殊效果等。

（4）"边框"选项卡

默认情况下，工作表中的网格线只用于显示，不会被打印。为了使表格更加美观易

---

① 对话框中"科学记数"应为"科学计数"。

读，可以改变表格的边框线。"边框"选项卡用来设置表格框线的线型、粗细、颜色等。

（5）"填充"选项卡

利用"填充"选项卡可以设置单元格的背景颜色、填充图案的样式、填充效果等。

（6）"保护"选项卡

"保护"选项卡用来设置表中数据的锁定和隐藏公式，但应用的前提是先设置保护工作表。

2. 设置单元格的行高或列宽

用户可以利用鼠标拖动方式或"行高"对话框、"列宽"对话框来调整行高和列宽。

（1）鼠标拖动法

在对行高度和列宽度要求不十分精确时，可以利用鼠标拖动来调整。将鼠标指针指向要调整的行号之间的分隔线，或要调整的列标之间的分隔线，当鼠标指针变为上下或左右箭头形状时，按住鼠标左键并上下或左右拖动，到合适位置后释放鼠标，即可调整行高或列宽，若要同时调整多行或多列，可同时选择要调整的行或列，然后使用以上方法调整。

（2）精确调整 Excel 单元格的行高和列宽

利用"行高"对话框或"列宽"对话框可以精确地调整行高或列宽。打开对话框的方法有两种，一是利用"开始"选项卡"单元格"组"格式"下拉列表中的相应命令；二是右击选中的行或列，在弹出的快捷菜单中选择相应命令。

（3）自动调整行高或列宽

方法一：双击行号之间的分隔线或列标之间的分隔线，可自动调整行高或列宽。

方法二：单击"开始"选项卡"单元格"组"格式"右侧的下拉按钮，在展开的下拉列表中选择"自动调整行高"或"自动调整列宽"命令，也可以将行高或列宽自动调整为最合适（自动适应单元格中数据的高度或宽度）。

◆**注意**：用户可以使用"选择性粘贴"对话框中的"列宽"选项，将某一列的列宽复制到其他列中，但是"选择性粘贴"对话框中不包括"行高"选项。

3. 自动套用格式

Excel 2016 提供了自动格式化的功能，可以根据 Excel 2016 预设的格式，将工作表格式化。操作方法如下：选取要格式化的单元格或单元格区域，单击"开始"选项卡"样式"组"套用表格格式"下拉列表中的相关命令，快速完成自动套用格式设置。

注意，自动套用格式只能应用在不包括合并单元格的数据列表中。所选区域应用自动套用格式后，被定义为一个"表"，不可以进行分类汇总。

4. 条件格式

使用 Excel 中的条件格式功能，可以预置一种单元格格式，并在指定的某种条件被满足时自动应用于目标单元格。此功能可以根据用户的要求，快速对特定单元格进行必要的标识，主要包括突出显示单元格规则、项目选取规则、数据条、色阶、图标集等。用户可在"开始"选项卡"样式"组中找到"条件格式"进行设置。用户也可以自定义规则实现高级格式化，如可以使用公式确定要设置格式的单元格。

（1）突出显示单元格规则

通过使用大于、小于、等于、文本包含等比较运算符限定数据范围，对属于该数据范围内的单元格设定格式。例如，在一张工资表中，可将所有大于10000元的工资用红色字体突出显示。

（2）项目选取规则

可将选定单元格区域中值最大的 N 项或值最小的 N 项，高于或低于该区域平均值的单元格设定特殊格式。例如，在一份学生成绩表中，可用绿色字体标记某科目排在后5名的分数。

（3）数据条

数据条可用于查看某个单元格相对于其他单元格的值。数据条的长度代表单元格中的值。数据条越长，表示值越大；数据条越短，表示值越小。在观察大量数据（如节假日销售报表中最畅销和最滞销的玩具）中的较高值和较低值时，数据条尤其有用。

（4）色阶

通过使用两种或三种颜色的渐变效果来直观地比较单元格区域中的数据，用来显示数据分布和数据变化，比较大值与小值。

（5）图标集

可以使用图标集对数据进行注释，每个图标代表一个值的范围。例如，在三色交通灯图标集中，绿色的圆圈代表较大值，黄色的圆圈代表中间值，红色圆圈代表较小值。

5. 批注

批注是附加在单元格中，根据实际需要对单元格中的数据添加的说明或注释。在"审阅"选项卡"批注"组中选择"新建批注"命令，可以给单元格添加批注。添加了批注的单元格的右上角有一个红色小三角，当光标移到该单元格时将显示批注内容。用户可以利用"批注"组的相关命令编辑、删除、显示、隐藏批注。

真题再现-1
讲解

真题再现

1.（2022年多项选择题）在Excel中，可使用预定义好的格式快速格式化工作表的是_____。

A. 使用"样式"组中的"套用表格格式"　B. 使用"样式"组中的"单元格样式"
C. 使用"单元格"组中的"格式"　　　　D. 使用"字体"组

【答案】AB

【解析】Excel本身提供大量预制好的表格样式，可自动实现包括字体、填充和对齐方式等单元格格式集合的应用。预制格式有两种：单元格样式和套用表格格式。单元格样式只对指定的单元格设定预制样式。套用表格格式，将把格式集合应用到整个数据区域并自动生成"表"。

2.（2022年操作题）小谢希望将员工档案表中"基本工资"高于平均值的项标记出来，

下列方法最优的是_____。

A. 先使用 AVERAGE 函数计算平均值，然后手动标记

B. 使用 AVERAGEIF 函数自动标记

C. 使用 IF 函数自动标记

D. 使用条件格式设置

【答案】D

【解析】Excel 提供的条件格式功能可以迅速为满足某些条件的单元格或单元格区域设定某种格式。利用"条件格式"下拉列表下"项目选取规则"中的"高于平均值"命令，用户可以迅速将"基本工资"高于平均值的项标记出来。

考点 5　Excel 2016数据输入

1. 输入数据的基本方法

要在单元格中输入数据，只需单击要输入数据的空单元格，然后输入数据即可；也可在单击单元格后，在编辑框中输入数据。如果要同时在多个单元格中输入相同的数据，可先选定相应的单元格，在活动单元格中输入数据后，按 Ctrl+Enter 组合键，即可向选中的所有单元格同时输入相同的数据。

用户还可以利用记忆功能输入数据。记忆式输入是指用户在输入单元格数据时，系统会自动根据用户已经输入过的数据提出建议，以省去重复录入的操作。在同一列的连续单元格中输入数据时，如果在单元格中输入的起始字符与该列已有的录入项相符，Excel 可以自动填写其余的字符。

单元格中输入完数据后，用户可以单击其他任意单元格确认（注：此方法不适用于输入公式）或单击编辑栏中的"输入"按钮确认。若按 Enter 键确认，则同时激活当前单元格下方的一个单元格。若按 Tab 键确认，则同时激活当前单元格右边的一个单元格。

输入完数据后，若取消本次输入则可以单击编辑栏中的"取消"按钮或按 Esc 键。

如果要修改单元格中已经确认输入的数据，可以单击要修改数据的单元格，在编辑框中进行修改。用户也可以选中要修改数据的单元格按 F2 键或双击要修改数据的单元格，单元格内出现光标，移动光标到所需位置，即可进行数据修改。用户若单击选中有数据的单元格直接输入数据，则会将单元格中的原有数据替换掉。

2. Excel 2016 中的数据类型

在 Excel 中，用户可以向工作表的单元格中输入各种类型的数据，如文本、数值、日期和时间等，每种数据都有它特定的格式和输入方法。

（1）文本型数据

文本是指汉字、英文，或由汉字、英文、数字组成的字符串。默认情况下，输入的文本会沿单元格左对齐。在一个单元格中要另起一行输入可按 Alt+Enter 组合键。

如果与活动单元格右相邻的单元格中没有数据，输入文本数据超出的部分会延伸到右邻单元格，如果右邻单元格已有数据，则超出部分不显示，但并没有删除。在改变列宽后可以看到全部的文本数据。

如果要输入电话号码或邮政编码等数字型文本，只需在数字前加上一个半角的单引号"'"字符即可。例如，要输入邮政编码"250010"，则应输入"'250010"。

（2）数值型数据输入

数值型数据由数字 0~9、正号、负号、小数点、分数号"/"、百分号"%"、指数符号"E"或"e"、货币符号"$"和千位分隔号","等组成。数值型数据在单元格中默认右对齐。

输入数值型数据时，应注意以下几点：

①输入百分比数据：可以直接在数值后输入百分号"%"。

②输入负数：必须在数字前加负号"-"，或给数字加上圆括号。如 -6 应输入"-6"或"（6）"。

③输入分数：分数的格式通常为"分子/分母"。如果要在单元格中输入分数，应先输入"0"和一个空格，然后输入分数值。如分数 3/4 应输入"0 3/4"。如果直接输入"3/4"或"03/4"，则系统将把它视作日期，即 3 月 4 日。

④在数字间可以用千分位号","隔开，如输入"11,132"。

在 Excel 2016 中，如果输入的数值型数据的长度超出 11 位数字时，则自动以科学计数法来显示该数字。无论显示的数字的位数如何，Excel 2016 都只保留 15 位的数字精度，如果数字长度超出了 15 位，则 Excel 2016 会将多余的数字位转换为 0（零）。

（3）日期和时间型数据

Excel 2016 将日期和时间视为数字处理。在默认状态下，日期和时间型数据在单元格中右对齐。

输入日期时用"/"或者"-"分隔日期中的年、月、日。例如，2022/2/14、2022-2-14、14/Feb/2022 或 14-Feb-2022 都表示 2022 年 2 月 14 日。

时间分隔符一般使用冒号"："。例如，输入 9:0:1 或 9:00:01 都表示 9 点零 1 秒。系统默认输入的时间是按 24 小时制的方式输入的。如果要基于 12 小时制输入时间，则在时间后输入一个空格，然后输入 AM 或 PM，用来表示上午或下午。例如，如果输入 4:00 而不是 4:00 PM，将被视为 4:00 AM。

如果要输入当前日期，按"Ctrl+；"组合键。如果要输入当前时间，按"Ctrl+Shift+；"组合键。如果在单元格中既输入日期又输入时间，则中间必须用空格隔开。

▶ 真题再现

1.（2022 年单项选择题）在 Excel 2016 的单元格中输入"=2022-01-01"并回车，单元格中显示的是_____。

A. 2020   B. 2022-01-01

C. 2022 年 1 月 1 日   D. 2022-1-1

真题再现-1
讲解

【答案】A

【解析】以"="开头表示输入的为公式，"-"为算术运算符中的减号。

2.（2019 年单项选择题）在 Excel 2016 中，若要在指定单元格中输入并显示分数 3/4，正确的输入方法是_____。

A. #3/4
B. 0 3/4（0 与 3 之间有一个空格）
C. 3/4
D .0.75

【答案】B

【解析】如果要在单元格中输入分数，应先输入"0"和一个空格，然后输入分数值。

3.（2019 年单项选择题）在 Excel 2016 中，如果要同时在多个单元格中输入相同的数据，可先选定相应的单元格，然后输入数据，按_____键，即可向这些单元格同时输入相同的数据。

A. Shift+ Enter
B. Ctrl+Enter
C. Alt+Enter
D. Enter

【答案】B

【解析】如果要同时在多个单元格中输入相同的数据，可先选定相应的单元格，在活动单元格中输入数据后，按 Ctrl+Enter 组合键，即可向选定的所有单元格同时输入相同的数据。但是需要注意的是，Ctrl+Enter 组合键在 Word 2016 中的作用则是插入人工分页符。

4.（2019 年单项选择题）在 Excel 2016 中，如果单元格的数字格式数值为两位小数，此时输入三位小数，则编辑框中显示_____。

A. 末位四舍五入，计算时以显示的数字为准
B. 末位四舍五入，计算时以输入数值为准
C. 末位不四舍五入，计算时以显示的数字为准
D. 末位不四舍五入，计算时以输入数值为准

【答案】D

【解析】Excel 2016 中数值型数据的输入与单元格数值显示未必相同。例如，输入小数 1.246 后，再将单元格数字格式设置为两位小数，此时末位将进行四舍五入，则单元格中显示为 1.25，而编辑框中显示的实际数值仍为 1.246。Excel 2016 计算时仍将以输入数值为准，而不是单元格的显示数值。

5.（2018 年单项选择题）在 Excel 2016 中，若单元格中的数字超过 11 位时，将会_____。

A. 自动扩大列宽
B. 显示为 #####
C. 显示错误值 #VALUE！
D. 以科学计数法形式显示

【答案】D

【解析】Excel 2016 中，如果输入的数值型数据的长度超出 11 位时，则自动以科学计数法来显示该数字。一般，用户把列宽调窄时，会显示 #####。

6.（2018年多项选择题）在 Excel 2016 中，下列_____为日期分隔符。

A. "/"   B. "-"

C. "："   D. "\"

【答案】AB

【解析】一般，输入日期时用 "/" 或者 "-" 分隔日期中的年、月、日。时间分隔符一般使用冒号 "："。

考点6 自动数据填充

自动填充是指在工作表中快速生成具有一定规律的数据，如填充相同数据、等差序列、等比序列、日期序列和自动填充序列。

数据填充可以使用填充柄或 "序列" 对话框实现。

（1）使用填充柄填充

将鼠标指针指向始值所在单元格右下角的填充柄，鼠标指针变为实心十字形 "+"，按下鼠标左键拖动至需要填充的最后一个单元格，松开鼠标，即可完成填充。

①初值为纯数值型数据或文字型数据时，左键拖动填充柄在相应单元格中填充相同数据（即复制填充）。若左键拖动填充柄的同时按住 Ctrl 键，可使数值型数据自动增减 1。例如，若要得到递增数据 1、2、3……的填充效果，可先输入 "1"，用鼠标指针指向该单元格右下角的填充柄，并同时按住 Ctrl 键不放向下或向右拖动鼠标至要填充的最后一个单元格即可。若要得到递减数据，则可通过向上或向左拖动鼠标来实现。

②初值为文字型数据和数值型数据混合体，左键拖动填充时文字不变，数字递增减。例如，初值为 A1，则填充值为 A2、A3、A4 等。

③初值为 Excel 预设序列中的数据，则按预设序列填充。例如，初值为甲，则填充值为乙、丙、丁、戊等；初值为星期一，则填充值为星期二、星期三、星期四等。

④初值为日期和时间型数据，左键向下拖动填充柄则在相应单元格中填充自动增 1 的序列。例如，初值为 2022/3/1，则填充值为 2022/3/2、2022/3/3、2022/3/3 等，初值为 8:01，则填充值为 9:01、10:01、11:01 等。若拖动填充柄的同时按住 Ctrl 键，则在相应单元格中填充相同数据。

⑤输入任意等差数列。

选择相邻单元格分别输入初值和第二个数值，然后选定这两个单元格并用左键拖动填充柄到目标位置，Excel 将自动用第二个值与初值之差作为步长进行等差序列填充。例如，若要得到 2、4、6……的填充效果，则应先输入 2、4，再选中 2、4 所在的单元格，用鼠标指针指向 4 所在单元格右下角的填充柄，左键拖动即可。

⑥输入任意等比数列。

选择相邻单元格分别输入初值和第二个数值，然后选定这两个单元格并右键拖动填充柄到目标位置，释放鼠标，在弹出的快捷菜单中选择 "等比序列" 命令。

（2）使用"序列"对话框填充

在"开始"选项卡"编辑"组中单击"填充"右侧的下拉按钮，在弹出的下拉列表中选择"序列"命令，弹出"序列"对话框，利用该对话框也可实现具有一定规律的复杂数据的填充。

（3）创建自定义序列

用户将经常出现的有序数据定义为序列，在输入时可以减少很多工作量。

方法：选择"文件"选项卡→"选项"命令，在弹出的"Excel 选项"对话框中选择"高级"选项卡，在右侧窗格的"常规"区域单击"编辑自定义列表"按钮，弹出"自定义序列"对话框，在"自定义序列"列表框中选择"新序列"选项，在"输入序列"文本框中每输入一个序列成员按一次 Enter 键，如输入"第一名""第二名"……输入完毕后单击"添加"按钮。序列定义成功后就可以使用它来进行自动填充了。

真题再现

1.（2019年单项选择题）在 Excel 2016 中，进行自动填充时，若初值为纯数值型数据时，按住 Ctrl 键，左键向下拖动填充柄，填充自动增 1 的序列。

A. 正确　　　　　　　　　　　　　　B. 错误

【答案】A

【解析】在 Excel 2016 中，若初值为纯数值型数据时，左键向下拖动填充柄时，在相应单元格中填充相同数据；按住 Ctrl 键，左键向下拖动填充柄，填充自动增 1 的序列。

2.（2018年多项选择题）在 Excel 2016 中，下列关于自动填充的描述中，正确的是_____。

A. 初值为纯数值型数据时，左键向下拖动填充柄，填充自动增 1 的序列

B. 初值为纯数值型数据时，按住 Ctrl 键，左键向下拖动填充柄，填充自动增 1 的序列

C. 初值为日期型数据时，左键向下拖动填充柄为复制填充

D. 初值为日期型数据时，按住 Ctrl 键，左键向下拖动填充柄为复制填充

【答案】BD

【解析】初值为纯数值型数据时，直接左键向下拖动填充柄时，在相应单元格中填充相同数据；按住 Ctrl 键，左键向下拖动填充柄，填充自动增 1 的序列。初值为日期型数据时，左键向下拖动填充柄则在相应单元格中填充增 1 的序列，若按住 Ctrl 键，左键向下拖动填充柄为复制填充。

考点7　数据的编辑

1. 数据的删除和清除

数据删除针对的对象是单元格、行或列，删除后，单元格、行或列连同里面的数据都

从工作表中消失。具体见本章考点3中的删除行、列、单元格。

数据清除针对的对象是数据，单元格本身不受影响。

方法：选取需清除数据的单元格或单元格区域，单击"开始"选项卡"编辑"组中"清除"右侧的下拉按钮，在出现的下拉列表中选择相应的命令（全部清除、清除格式、清除内容、清除批注、清除超链接）即可。数据清除后，单元格中的相应内容被取消，而单元格本身仍留在原位置不变。若选定单元格或单元格区域后按Delete键，相当于选择"清除内容"命令。

2. 移动或复制单元格数据

（1）移动或复制单元格数据的方法

方法一：使用鼠标移动或复制数据。选中源数据，左键直接拖动到目标位置，完成移动数据操作。选中源数据，按住Ctrl键时拖动左键到目标位置后释放鼠标，所选数据将被复制到目标位置。

方法二：使用剪贴板移动或复制数据。与Word中的操作相似，稍有不同的是在源区域执行复制命令后，区域周围会出现闪烁的虚线。只要闪烁的虚线不消失，粘贴可以进行多次，虚线消失则粘贴无法进行。如果只需粘贴一次，在目标区域直接按回车键即可。

（2）选择性粘贴

一个单元格含有多种特性，如内容、格式、批注、公式等，可以使用选择性粘贴复制它的部分特性。

操作步骤为：先将数据复制到剪贴板，再选择待粘贴目标区域中的第一个单元格，在"开始"选项卡"剪贴板"组中，单击"粘贴"右侧的下拉按钮，在下拉列表中选择"选择性粘贴"命令，出现图5-8所示的对话框。选择相应选项后，单击"确定"按钮即可完成选择性粘贴。

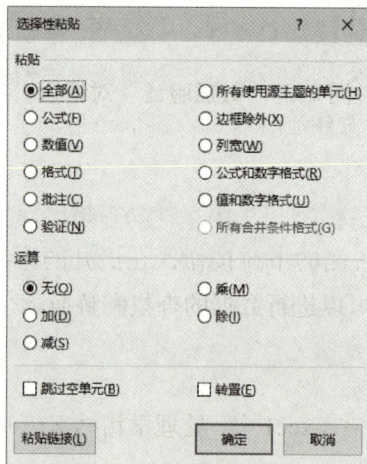

图5-8 "选择性粘贴"对话框

3. 数据验证（数据有效性）

数据验证用于定义可以在单元格中输入或应该在单元格中输入哪些数据。例如，用户可以使用数据验证将数据输入限制在某个日期范围，以防止用户输入无效数据。

数据验证可以实现以下常用功能：

①将数据输入限制为指定序列的值，以实现数据的快速、准确输入。例如，性别下只能输入"男"或"女"，可用下拉箭头选择。

②将数据输入限制为指定的数值范围，如指定最大值、最小值，指定整数、小数，限制日期时间的范围。例如，成绩只能在 0 ~ 100 范围内。

③将数据输入限制为指定长度的文本，如身份证号只能是 18 位文本。

④限制重复数据的出现，如学生的学号不能相同。

设置数据验证的基本方法：用户可以在"数据"选项卡"数据工具"组中，选择"数据验证"命令，打开"数据验证"对话框完成相关设置（如图 5-9 所示）。如需取消数据验证条件，只须在"数据验证"对话框中单击"全部清除"按钮即可。

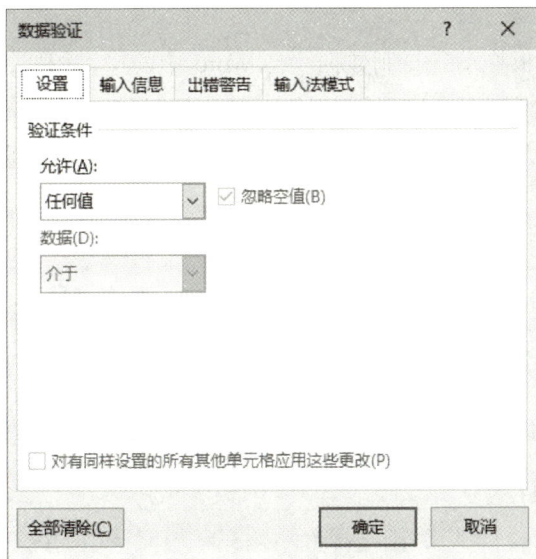

图 5-9 "数据验证"对话框

4. 数据的查找与替换

Excel 2016 中数据的查找与替换与 Word 2016 中的操作相似。单击"开始"选项卡"编辑"组中"查找和选择"右侧的下拉按钮，在展开的下拉列表中选择"查找"命令，打开"查找和替换"对话框，可以进行数据的查找和替换。

真题再现

1.（2021年多项选择题改编）在 Excel 中，处理学籍档案表时可以通过设置"数据验证"解决的有_____。

A. 长度超过 10 个字符的学号显示为红色

B. 性别只能从"男""女"两个字符中选择

C. 身份证号所在列只能输入 18 位

D. 在输入姓名时自动打开中文输入法

【答案】BCD

【解析】选项 A，选择"开始"选择卡"样式"组"条件格式"下拉列表中的"新建规则"命令，在弹出的对话框中选择"使用公式确定要设置格式的单元格"选项，并配合 LEN 函数实现。

2.（2018 年判断题）在 Excel 2016 中，数据删除和清除是两个不同的概念。

A. 正确   B. 错误

【答案】A

【解析】数据清除指的是清除单元格中的格式、内容、批注、超链接等，单元格本身并没有被删除。数据删除的对象是单元格、行或列，即单元格、行或列被删除。删除后，选取的单元格、行或列连同里面的数据都从工作表中消失。

3.（2019 年单项选择题改编）在 Excel 2016 中，如果想限制单元格只允许输入一定范围内的数值，可以选择_____选项卡的"数据工具"组，单击其中的"数据验证"命令。

A. 开始   B. 审阅

C. 公式   D. 数据

【答案】D

【解析】数据验证用于定义可以在单元格中输入或应该在单元格中输入哪些数据，可以避免一些输入错误。

4.（2018 年填空题）一个单元格含有多种特性，如内容、格式、批注等，可以使用_____复制它的部分特性。

【答案】选择性粘贴

【解析】进行复制时，可以利用选择性粘贴只将单元格中的内容复制到目标单元格，而不复制其中的格式、批注等。

考点8 公式与函数

当需要将工作表中的数据进行总计、平均、汇总及其他更为复杂的运算时，可以在单元格中设计一个公式或函数，把计算的工作交给 Excel，不但省事，而且可以避免用户手工计算的繁琐和出错，数据修改后，公式的计算结果也会自动更新。

1. 公式

在 Excel 中，最常用的是数学运算公式，此外也有一些可以进行比较、文字连接运算的公式。公式的特征是以"="开头，由常量、单元格引用、函数和运算符组成。

（1）公式运算符

运算符是用来对公式中的元素进行运算而规定的特殊符号。Excel 中有 4 种类型运算符，即算术运算符、文本运算符、比较运算符和引用运算符，详见表 5-2。

表 5-2　公式中的运算符类型

运算符类型	表示形式及含义	实例
算术运算符	加（+）、减（−）、乘（*）、除（/）、百分号（%）、乘方（^）	输入"=3^4"表示 3 的 4 次方，结果为 81
文本运算符	&	输入"="山东" & "大学""，结果为山东大学
比较运算符	=、>、<、>=（大于等于）、<=（小于等于）、<>（不等于）	输入"=2>=3"结果为 False
引用运算符	:（冒号）是区域运算符，用于引用单元格区域	B5:D5
	,（逗号）是联合运算符，用于引用多个单元格区域	B5:D5 , F5:H5
	空格是交叉运算符，用于引用两个单元格区域的交叉部分	B5:D5 C5:E5

（2）运算符的优先级

在 Excel 2016 中，如果公式中同时用到了多个运算符，Excel 将按优先级由高到低的顺序进行运算。运算符的优先级由高到低依次为：

:（冒号）、空格、,（逗号）→ %（百分比）→ ^（乘幂）→ *（乘）、/（除）→ +（加）、—（减）→ &（文本运算符）→ = 、<、>、<= 、>= 、<>（比较运算符）。

另外，相同优先级的运算符，按从左到右的顺序进行计算。如果要修改计算的顺序，则应把公式中需要优先计算的部分括在圆括号内。

（3）输入和编辑公式

选择要在其中输入公式的单元格，先输入等号" = "，然后再输入运算数和运算符。在输入公式时，一般都需要引用单元格数据。引用单元格数据有两种方法，第一种是直接输入单元格地址，第二种是利用鼠标选择单元格来填充单元格地址，最后按回车键确认。

如果需要修改某公式，则先单击包含该公式的单元格，在编辑栏中修改即可；也可以双击该单元格，直接在单元格中修改，修改完毕按 Enter 键确认。

（4）单元格引用和公式的复制

公式的复制可以避免大量重复输入公式的工作，当复制公式时，涉及单元格区域的引用，引用的作用在于标识工作表中的单元格区域，并指明公式中所使用数据的位置。引用又分为相对引用、绝对引用和混合引用。

①相对引用。

在 Excel 中默认的单元格引用为相对引用，如 A1、B1 等。相对引用是指当复制公式时，会根据公式的位置自动调节公式中引用单元格的地址。假设 F3 单元格中的公式为"=SUM(C3:E3)"，当求和公式从 F3 单元格被复制到 F4 单元格后，引用区域相应从 C3:E3

变为 C4:E4，F4 单元格中的公式变为"=SUM (C4:E4)"。

②绝对引用。

与相对引用比较，绝对引用只是在公式中增加了符号"$"。绝对引用的单元格将不随公式位置的变化而改变。在上例中，若 F3 单元格中的公式改为"=SUM($C$3:$E$3)"，再将公式复制到 F4，F4 单元格中的公式还是"=SUM($C$3:$E$3)"，公式位置从 F3 移动到 F4 时，引用区域不会发生任何变化。

③混合引用。

混合引用是指在表示单元格地址的行号或列标前加上"$"符号，如 $B1 或 B$1。当公式所在位置因为复制而产生行列变化时，公式中的相对引用部分会随位置变化，而绝对地址部分不变化。例如，F3 单元格中的公式"=SUM($C3:E$3)"就是混合引用，如果将公式从 F3 单元格复制到 F4 单元格，F4 单元格中的公式会变为"=SUM($C4:E$3)"；若将公式从 F3 单元格复制到 G4 单元格，G4 单元格的公式会变为"=SUM($C4:F$3)"。混合引用在实际工作中的应用不是很多。

④ 三维地址引用。

在 Excel 中，不但可以引用同一工作表中的单元格，还能引用不同工作表中的单元格及不同工作簿中的单元格，引用格式为：[工作簿名]+工作表名!+单元格引用。例如，在工作簿 Book1 中引用工作簿 Book2 的 Sheet1 工作表中的第 3 行第 5 列单元格，可表示为 [Book2]Sheet1!E3。

2.函数

（1）函数的形式

函数的形式：函数名（参数 1，参数 2……）。

函数的结构以函数名开始，后面紧跟左圆括号，然后是以逗号分隔的参数和右圆括号。

函数可以有一个或多个参数，也可以没有参数，但函数名后的一对圆括号是必需的。函数名中的大小写字母是等价的。函数参数可以是常数、单元格地址、单元格区域、单元格区域名称或函数等。

例如，= SUM (A2:A3, C4:C5) 有 2 个参数，表示求 2 个区域（共 4 个数据）的和。

=AVERAGE (26, C2, Al:Cl) 有 3 个参数，表示求 26、C2 中的数据、Al: C1 中的数据共 5 个数据的平均值。

=PI() 返回 π 的值，此函数无参数，但函数名后的一对圆括号是不可省略的。

（2）函数的输入

①手工输入函数。

若用户能够准确记住函数的名称及各参数的意义和使用方法，可直接在相应的单元格或编辑栏中输入函数

②使用"插入函数"对话框。

在"公式"选项卡"函数库"组中，选择"插入函数"命令，即可弹出"插入函数"对话框。用户还可单击编辑栏中的"插入函数"按钮来打开"插入函数"对话框，实现对

函数的输入。

3. 公式使用中常见的出错信息

在单元格中输入或编辑公式后，有时会出现诸如"###"或"#VALUE!"的错误信息。错误信息一般以"#"开头，常见的出错信息见表 5-3。

表 5-3　公式使用中常见的出错信息

出错信息	可能原因	举例
#DIV/0!	除数为 0	输入 =9/0
#N/A	在函数或公式中没有可用的数值	VLOOKUP 函数第 1 个参数对应的单元格为空
#NAME?	使用了不能识别的文本	输入 =SU（A1:B2）
#NULL!	交集为空	输入 =SUM（A1:A3 B1:B3）
#NUM!	公式或函数中的某个数字有问题	输入 =SQRT（-4）
#REF!	单元格引用无效	如引用的单元格被删除
#VALUE!	使用了不正确的参数或运算符	=1+"A1"
####	列宽不够	单元格中的数据为数值型数据，且把列宽调得过窄

真题再现

1.（2020 年单项选择题）在 Excel 2016 中，单元格显示"####"的原因可能是_____。

A. 数据类型错误 　　　　　　　　　　B. 单元格当前宽度不够

C. 公式中引用错误 　　　　　　　　　D. 单元格当前高度不够

【答案】B

【解析】显示"####"的原因可能是列不够宽，用户需要对该列列宽进行调整。

2.（2019 年单项选择题）在 Excel 工作表单元格中输入公式时，B$3 的单元格引用方式称为_____。

A. 相对地址引用 　　　　　　　　　　B. 绝对地址引用

C. 混合地址引用 　　　　　　　　　　D. 交叉地址引用

【答案】C

【解析】混合引用是指单元格或单元格区域的地址部分是相对引用，部分是绝对引用。

3.（2018 年单项选择题）　在 Excel 2016 中，公式"=3.14*$C$4"中对 C4 单元格进行了_____。

A. 相对引用 　　　　　　　　　　　　B. 绝对引用

C. 混合引用 　　　　　　　　　　　　D.. 非法引用

【答案】B

【解析】绝对引用的形式是在每一个列标及行号前各加一个"$"符号。此题中不要被常数 3.14 迷惑，而误认为是混合引用。

4.（2017年填空题）在 Excel 2016 中，在单元格中出现了"#REF!"标记，说明单元格_____。

【答案】引用无效

【解析】例如，A1 单元格中输入 2，C6 单元格中输入公式"=A1/1"后回车，则单元格中显示 2。若 A1 单元格被删除，则 C6 单元格中显示 #REF!。

考点9　常见函数介绍

1. 常见数学和三角函数

（1）SUM 函数

SUM 函数可以将指定为参数的所有数字相加。例如，=SUM(A1:A5) 将单元格 A1 至 A5 中的所有数字相加；再如，=SUM(A1, A3, A5) 将单元格 A1、A3 和 A5 中的数字相加。如果参数是一个数组或引用，则只计算其中的数字。数组或引用中的空白单元格、逻辑值或文本将被忽略。

（2）SUMIF 函数

使用 SUMIF 函数可以对区域中满足给定条件的值求和。

其基本结构为：=SUMIF（条件区域，条件，求和区域）。

根据图 5-10 中的数据，使用函数 "=SUMIF(A2:A6, " 水果 ", C2:C6)" 可以计算出水果类别下所有食物的销售额之和，结果为 2000。

	A	B	C
1	类别	食物	销售额
2	蔬菜	西红柿	2300
3	蔬菜	西芹	5500
4	水果	橙子	800
5	蔬菜	胡萝卜	4200
6	水果	苹果	1200

图 5-10　SUMIF 函数的使用

（3）SUMIFS 函数

使用 SUMIFS 函数可以对区域中满足多个条件的单元格求和。

其基本结构为：=SUMIFS（求和区域，条件区域 1，条件 1，条件区域 2，条件 2…）。

根据图 5-11 中的数据，使用函数 "=SUMIFS(C2:C9,A2:A9, " 甲 ", B2:B9, "<> 香蕉 ")" 可以计算出由甲售出的产品（不包括香蕉）的总量，结果为 30。

	A	B	C
1	销售人员	产品	销售数量
2	甲	苹果	5
3	乙	苹果	4
4	甲	香梨	15
5	乙	香梨	3
6	甲	香蕉	22
7	乙	香蕉	12
8	甲	胡萝卜	10
9	乙	胡萝卜	33

图 5-11　SUMIFS 函数的使用

（4）INT 函数

使用 INT 函数可以将数值向下取整为最接近的整数。

例如，在 A1 单元格中输入"=INT(8.9)"，按回车键后显示结果为 8。在单元格中输入"=INT(-8.9)"，按回车键后显示结果为 -9。

（5）ROUND 函数

使用 ROUND 函数可将某个数字四舍五入为指定的位数。

例如，在 A1 单元格中输入"23.7865"，在 B1 单元格希望得到将该数字四舍五入为小数点后两位的数值，则可以使用公式"=ROUND(A1, 2)"，其显示结果为 23.79。

（6）MOD 函数

使用 MOD 函数可计算两数相除的余数。

例如，在 A1 单元格中输入"=MOD(9,4)"，按回车键后显示结果为 1。

2. 常用统计函数

（1）AVERAGE 函数

AVERAGE 函数用来计算所有参数的算术平均值。如果单元格区域 A1:A20 包含数字，则公式"=AVERAGE(A1:A20)"将返回这些数字的平均值。

（2）AVERAGEIF 函数

使用 AVERAGEIF 函数可以对区域内满足给条件的单元格求平均值。

其基本结构为：=AVERAGEIF（条件区域，条件，求平均区域）。

根据图 5-10 中的数据，利用函数"= AVERAGEIF (A2:A6, " 水果 ", C2:C6)"可以计算出水果类别下所有食物的平均销售额，结果为 1000。

（3）AVERAGEIFS 函数

使用 AVERAGEIFS 函数可以对区域中满足多个条件的单元格求平均值。

其基本结构为：=AVERAGEIFS（求平均区域，条件区域 1，条件 1，条件区域 2，条件 2… ）。

根据图 5-11 中的数据，利用函数"=AVERAGEIFS (C2:C9，A2:A9, " 甲 ", B2:B9, "<> 香蕉 ")"可以计算出由甲售出的产品（不包括香蕉）的平均数量，结果为 10。

（4）COUNT 函数

COUNT 函数用于计算包含数字的单元格及参数列表中数字的个数。

例如，公式"=COUNT(A1:A20)"计算区域 A1:A20 中数字的个数，如果该区域中有五个单元格包含数字，则结果为 5。

（5）COUNTIF 函数

COUNTIF 函数用于对区域中满足指定条件的单元格进行计数。

基本结构为：=COUNTIF（条件区域，条件）。

例如，公式"=COUNTIF(B2:B5, ">55")"用于计算单元格区域 B2:B5 中，数值大于 55 的单元格的个数。

（6）COUNTIFS 函数

COUNTIFS 函数用于统计多个区域中满足指定条件的单元格个数。

基本结构为：=COUNTIFS（条件区域 1，条件 1，条件区域 2，条件 2…）。

根据图 5-12 中的数据，利用函数"=COUNTIFS(B2:B9, " 培训部 ",C2:C9, " 男 ")"可以统计出培训部男职工的人数，结果为 2。

	A	B	C	D
1	姓名	部门	性别	年龄
2	张艳新	培训部	男	43
3	秦朔	销售部	男	40
4	潘慧	培训部	女	37
5	李彤彤	培训部	女	32
6	高猛	销售部	男	26
7	刘胜	培训部	男	43
8	王达	销售部	男	29
9	梁爽	销售部	女	33

图 5-12　COUNTIFS 函数的使用

（7）RANK 函数

RANK 函数是排名函数，用于求一个数值在某一区域内的排名。

其基本结构为：=RANK（被排名的单元格，排名区域，排序方式）。

如果排序方式为 0 或省略，按排名区域降序进行排位；如果不为零（通常为 1），按排名区域升序进行排位。例如，函数"=RANK(B2, $B$1:$B$15)"用于计算 B2 单元格中的数据在 B1:B15 区域内的降序排名。

◆**特别提醒：**在上述公式中，被排名的单元格采取了相对引用形式，而排名区域采取了绝对引用形式。

RANK 函数对重复数的排位相同，但重复数的存在将影响后续数值的排位。例如，在一列按降序排列的整数中，如果整数 11 出现两次，且其排位均为 5，则其后整数 10 的排位为 7（没有排位为 6 的数值）。

（8）MAX、MIN 函数

MAX、MIN 函数分别用来求解数据集的极值，其中 MAX 取最大值，MIN 取最小值。

3. 常用逻辑函数

（1）IF 函数

IF 函数有三个参数，基本结构为：=IF（条件，条件为 TRUE 时的取值，条件为 FALSE 时的取值）。如果指定条件的计算结果为 TRUE，返回条件为 TRUE 时的取值；如果指定条件的计算结果为 FALSE，返回条件为 FALSE 时的取值。例如公式"=IF(B2>60, " 及格 ", " 不及格 ")"，若 B2=70，则 B2>60 为 TRUE，IF 函数的结果为"及格"。

（2）AND、OR 函数

对于 AND 函数，所有参数的逻辑值都为 TRUE 时，函数结果为 TRUE，否则函数结果为 FALSE。对于 OR 函数，所有参数的逻辑值为 FALSE 时，函数结果为 FALSE，否则函数结果为 TRUE。例如，公式"=AND（70>60,60<50）"的值为 FALSE，而公式"=OR（70>60,60<50）"的值则为 TRUE。

4. 常用日期和时间函数

（1）DATE 函数

利用 DATE 函数可以得到表示特定日期的连续序列号。常用于将三个单独的值合并为一个日期。例如，在单元格中输入"=DATE(2022,7,8)"后回车，单元格中显示"2022/7/8"。

特别提醒：若在单元格中输入"=DATE(2021,13,35)"后回车，单元格中显示"2022/2/4"，月份为 13，多了一个月，顺延至 2022 年 1 月；天数为 35，比 2022 年 1 月的实际天数又多了 4 天，故又顺延至 2022 年 2 月 4 日。

（2）NOW 函数

利用 NOW 函数可以得到当前的日期和时间。

（3）TODAY 函数

利用 TODAY 函数可以得到当前的日期。

（4）YEAR 函数

利用 YEAR 函数可得到日期对应的年份。

5. 常用文本函数

（1）REPLACE 函数

REPLACE 函数的功能是将指定位置的特定数量的字符用新字符来代替，简单地说就是进行字符串替换。基本结构为：=REPLACE（要替换的字符串，开始位置，替换个数，新的文本）

（2）LEFT、RIGHT、MID 函数

LEFT、RIGHT、MID 都是字符串提取函数。

LEFT、RIGHT 两个函数的结构是一样的，都包含两个参数，只是提取的方向相反。LEFT 函数是从文本字符串中左边第一个字符取字符，而 RIGHT 函数从文本字符串中右边第一个字符取字符。例如，公式"=LEFT(" 山东专升本 "，2)"是从文本"山东专升本"字符串中取左边两个字符，得到的结果是"山东"。而公式"=RIGHT (" 山东专升本 "，2)"是从文本"山东专升本"字符串中取右边最后两个字符，得到的结果是"升本"。

MID 函数返回文本字符串中从指定位置开始的特定数目的字符，其参数有三个。例如公式"=MID(" 山东专升本 "，4，2)"是从文本"山东专升本"字符串左边第四位开始，向右提取两位，得到的结果是"升本"。

（3）LEN 函数

LEN 函数可以统计出文本字符串中包含的字符数。例如，在 A1 单元格中输入"=LEN(" 山东专升本 ")"后回车，单元格中显示"5"。

6. 查找和引用函数

（1）COLUMN 函数

利用 COLUMN 函数可以得出单元格所在的列标。例如，在 A1 单元格中输入"=COLUMN(D10)"后回车，单元格中显示"4"，因为列 D 为第 4 列。

（2）ROW 函数

利用 ROW 函数可以得出单元格所在的行号。例如，在 A1 单元格中输入"=ROW（D10）"后回车，单元格中显示"10"。

（3）VLOOKUP 函数

VLOOKUP 函数用于查找指定值所对应的另一个值。

其基本结构为：=VLOOKUP（查找对象，查询的数据区域，目标值在区域中的列数，精确/近似匹配）。

真题再现–1
讲解

真题再现

1. （2022 年操作题）根据"入职时间"在"工龄"列输入数据（满 365 天计 1 年），下列操作正确的是_____。（注：H3 单元格为"入职时间"，I3 单元格为"工龄"）

A. 在 I3 单元格输入"=INT((TODAY( )-H3)/365)"，确认后双击该单元格右下角填充柄

B. 在 I3 单元格输入"=ROUND((TODAY( )-H3)/365，0)"，确认后双击该单元格右下角填充柄

C. 在 I3 单元格输入"=YEAR(TODAY( ))-year(H3)"，确认后双击该单元格右下角填充柄

D. 在 I3 单元格输入"=(TODAY( )-H3)/365"，确认后双击该单元格右下角的填充柄，然后通过设置单元格格式将 I 列数据调整为保留 0 位小数

【答案】A

【解析】题目要求"满 365 天计 1 年"，即工作 1.5 年、1.2 年均视为工龄为 1 年，遵循向下取整原则，需要使用 INT 函数。使用 ROUND 函数及设置单元格小数位数都会遵循四舍五入原则，不符合题目要求。

2. （2019 年单项选择题）在 Excel 2016 某单元格中输入公式"=LEFT(RIGHT ("ABCDEF"，4)，2)"，然后回车，该单元格中显示的数据为_____。

A. ABCD   B. ABC   C. CD   D. CDE

【答案】C

【解析】此题中将函数 RIGHT("ABCDEF"，4) 用作 LEFT 函数的参数，为嵌套函数。LEFT 是从左向右取，RIGHT 是从右向左取。首先确定 RIGHT("ABCDEF"，4) 的值为 CDEF，则 LEFT("CDEF"，2) 的值为 CD

3. （2018 年单项选择题）在 Excel 2016 中，单元格 C1 到 C10 分别存放了 10 位同学的考试成绩，下列用于计算考试成绩在 80 分以上的人数的公式是_____。

A .=COUNT(C1:C10，">80")   B. =COUNT(C1:C10，>80)

C. =COUNTIF (C1:C10，">80")   D. =COUNTIF(C1:C10，>80)

【答案】C

【解析】COUNTIF 函数对区域中满足单个指定条件的单元格进行计数。其语法格式为 COUNTIF（range, criteria），range 表示要统计的单元格区域，criteria 表示指定的条件表达式，其中任何文本条件或任何含有逻辑或数学符号的条件都必须使用英文

计算机

考点分析与题解

双引号括起来。如果条件为数字，则无需使用英文双引号。

4.（2018 年填空题）在 Excel 2016 中，单元格 F1 中的公式为“=AVERAGE（C2：E2）”，则 F1 的结果为单元格 C2 到 E2 区域的______。

【答案】平均值

【解析】AVERAGE 函数用来求参数的算术平均值。

考点10　数据处理

1. 数据清单

具有二维表特性的电子表格在 Excel 中被称为数据清单，具有类似数据库的特点，其中行表示记录，列表示字段。数据清单的第一行必须为文本类型。Excel 数据清单可实现数据的排序、筛选、分类汇总、统计和查询等操作，具有组织、管理和处理数据的功能。

2. 排序

在 Excel 2016 中，排序是对数据进行重新组织安排的一种方式，可以按行或列、按降序或升序或自定义序列来排序。所谓升序，就是按从小到大的顺序排列数据，如数字按 0、1、2……的顺序排列，字母按 A、B、C……的顺序排列；降序则反之。

1）利用“升序”或“降序”命令按单个关键字排序

期末考试成绩表如图 5-13 所示，按“总分”进行降序排序，首先单击数据清单中“总分”所在列的任意一个单元格，单击“数据”选项卡“排序和筛选”组中的“降序”命令，则按总分从高到低排序。排序完成后如图 5-14 所示。

	A	B	C	D	E	F
1	期末考试成绩表					
2	学号	姓名	语文	数学	计算机	总分
3	1	王小青	83	78	97	258
4	2	刘易辰	71	89	89	249
5	3	李新烨	79	83	87	249
6	4	孙琪	77	74	69	220
7	5	付彩云	83	92	63	238
8	6	宋晓童	72	68	83	223
9	7	张浩哲	80	79	95	254
10	8	刘如林	80	86	87	253
11	9	简诘宏	45	67	54	166
12	10	方慧慧	78	84	96	258
13						
14					统计人	王老师

图 5-13　期末考试成绩表

	A	B	C	D	E	F
1	期末考试成绩表					
2	学号	姓名	语文	数学	计算机	总分
3	1	王小青	83	78	97	258
4	10	方慧慧	78	84	96	258
5	7	张浩哲	80	79	95	254
6	8	刘如林	80	86	87	253
7	2	刘易辰	71	89	89	249
8	3	李新烨	79	83	87	249
9	5	付彩云	83	92	63	238
10	6	宋晓童	72	68	83	223
11	4	孙琪	77	74	69	220
12	9	简诘宏	45	67	54	166
13						
14					统计人	王老师

图 5-14　按总分降序排序

2）利用“排序”对话框按多个关键字排序

可以将数据表格按多个关键字进行排序，即先按某一个关键字进行排序，然后将此关键字相同的记录再按第二个关键字进行排序，依此类推。在 Excel 2016 中，排序条件最多可以支持 64 个关键字。

方法：首先需要单击数据清单中的任意一个单元格，然后单击“数据”选项卡，在“排序和筛选”组中单击“排序”即可打开“排序”对话框，利用图 5-13 所示数据清单中的数据，先按总分降序排序，总分相同的按姓名升序排序。设置如图 5-15 所示，最后单击"确定"按钮即可。

图 5-15　按多个关键字排序

3. 筛选

筛选是根据给定的条件，从数据清单中找出并显示满足条件的记录，不满足条件的记录被隐藏。与排序不同，筛选并不重排清单，只是暂时隐藏不必显示的行。Excel 提供了两种筛选方式：自动筛选和高级筛选。其中自动筛选适用于简单条件的筛选，而高级筛选适用于复杂条件的筛选。

（1）自动筛选

根据筛选条件的不同，自动筛选可以使用列标题的下拉框，也可以利用"自定义自动筛选方式"对话框进行。

进行自动筛选时，若多个字段都设置了筛选条件，则多个字段的筛选条件之间是"与"的关系。利用"自定义自动筛选方式"对话框进行筛选时，还可以使用通配符。对设置了筛选条件的数据清单，再单击"筛选"命令则取消自动筛选，数据恢复到初始状态。

（2）高级筛选

自动筛选一般用于简单条件的筛选操作，符合条件的记录显示在原来的数据表格中，操作起来比较简单。若要筛选的多个条件间是"或"的关系，或需要将筛选的结果在新的位置显示出来，就只有用高级筛选来实现了。

使用Excel的高级筛选必须先建立一个条件区域，用来指定筛选数据所要满足的条件。设置高级筛选的条件区域时应注意：高级筛选的条件区域至少有两行，第一行是字段名，下面的行放置筛选条件，这里的字段名一定要与数据清单中的字段名完全一致。在条件区域的设置中，同一行上的条件认为是"与"的关系，而不同行上的条件认为是"或"的关系。例如，图 5-16 所示的条件区域设置表示筛选学历为"硕士"并且职务为"主管"的员工信息。图 5-17 所示的条件区域设置表示筛选学历为"硕士"或者职务为"主管"的员工信息。

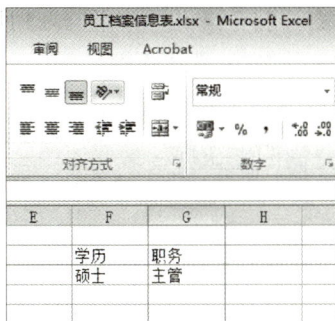

图 5-16　高级筛选中的"与"关系　　　　图 5-17　高级筛选中的"或"关系

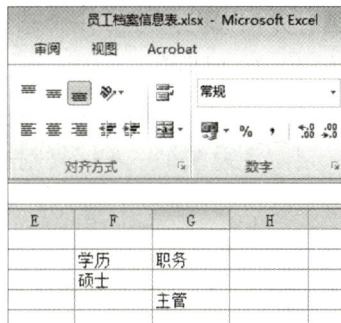

4. 分类汇总

在实际应用中，分类汇总经常用到，如统计各个班级各门课程的平均分，或者统计每位教师的教学任务等。分类汇总的共同特点是，首先要进行分类，将同类别数据放在一起，然后进行数据求平均或求和之类的汇总运算。Excel 分类汇总的方式不但有求和，还有求均值、计数、求最大值/最小值、求乘积、求方差等，从而可以帮助人们更全面地分析数据。

进行分类汇总时，需要注意以下几点。

①对数据列表进行分类汇总，首先要求数据列表中的每一个字段都有字段名，即数据列表的每一列都要有列标题。

②分类汇总前，需要先对汇总关键字进行排序，否则将会得到无效的汇总结果。对排序的方式没有特殊要求，可以是升序，也可以是降序。

③单击"数据"选项卡"分级显示"组中的"分类汇总"命令，打开"分类汇总"对话框，即可进行设置，如图 5-18 所示。"选定汇总项"列表框中的选择一定要合理。

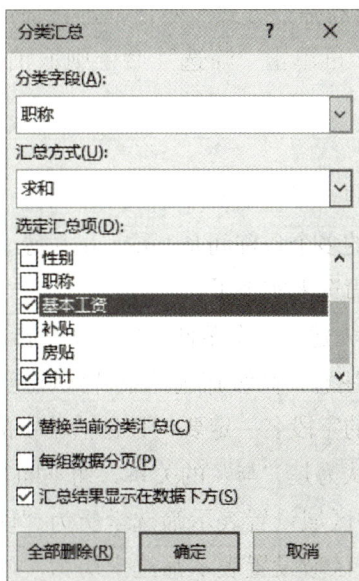

图 5-18　"分类汇总"对话框

④分类汇总的数据是分级显示的。在工作表的左上角分别单击"1""2""3"，表中就会出现对应的分级显示。用户通过左侧的"＋""－"按钮或"数据"选项卡"分级显示"组中的"＋""－"按钮也可以显示或隐藏某一级别的明细数据。

⑤复制汇总结果。若仅复制汇总结果，而不复制明细数据，需要使用"Alt+；"组合键选取数据，然后再进行复制和粘贴操作。

⑥如果要删除汇总信息，可在"分类汇总"对话框中单击"全部删除"按钮，数据表即恢复到原来状态。

5. 合并计算

在 Excel 2016 中，合并计算是用来汇总一个或多个数据源区域中数据的方法。Excel 2016 的合并计算不仅可以进行求和汇总，还可以进行求平均值、计数统计和求标准偏差等运算。

合并计算的数据源区域可以是同一工作表中的不同单元格区域，也可以是同一工作簿中不同工作表中的数据，还可以是不同工作簿中的工作表数据。

合并计算的具体方法有两种：一是按类别合并计算，二是按位置合并计算。Excel 2016 按位置合并计算要求数据源区域中的数据使用相同的行标签和列标签，并按相同的顺序排列在工作表中，且没有空行或空列。那么，当在数据源区域中的数据没有相同的组织结构，但有相同的行标签或列标签时，可采用 Excel 的按类别合并计算方式进行汇总。

6. 数据透视表

在 Excel 2016 中，数据透视表是一种对大量数据快速汇总和建立交叉列表的交互式表格，用户可以选择其行或列以查看对源数据的不同汇总，还可以通过显示不同的行标签来筛选数据。用户单击"插入"选项卡"表格"组中的"数据透视表"命令，弹出"创建数据透视表"对话框，可以创建数据透视表。

图 5-19 所示为大地公司某品牌计算机设备全年销量统计表的部分截图，现在利用数据透视表统计该公司每个季度不同商品的销售量之和。

	A	B	C	D
1	店铺	季度	商品名称	销售量
2	上地店	3季度	打印机	1048
3	中关村店	3季度	打印机	885
4	上地店	2季度	打印机	828
5	中关村店	4季度	键盘	798
6	上地店	4季度	打印机	797
7	中关村店	3季度	键盘	768
8	亚运村店	4季度	键盘	766
9	中关村店	1季度	键盘	754
10	西直门店	4季度	鼠标	750
11	上地店	2季度	鼠标	748
12	中关村店	4季度	鼠标	733
13	西直门店	4季度	键盘	712
14	上地店	4季度	键盘	711
15	中关村店	2季度	打印机	711
16	上地店	4季度	鼠标	700

图 5-19　数据透视表示例数据

首先单击"插入"选项卡"表格"组中的"数据透视表"命令，打开"创建数据透视表"对话框，如图 5-20 所示。

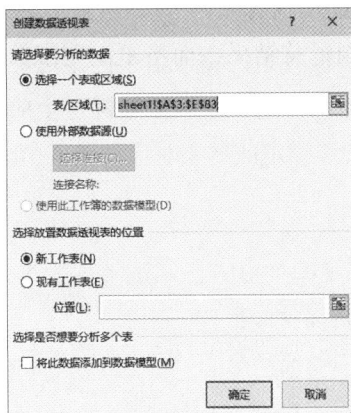

图 5-20 "创建数据透视表"对话框

默认选择 Excel 工作表中的所有数据创建数据透视表，创建数据透视表的位置选择"新工作表"。单击"确定"按钮，按图 5-21 所示设置统计方式，将字段依次拖到相应的区域，生成的数据透视表如图 5-22 所示。

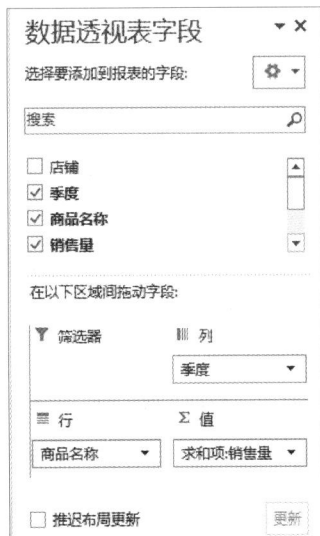

图 5-21 设置统计方式

求和项:销售量	列标签				
行标签	1季度	2季度	3季度	4季度	总计
笔记本	820	640	1020	1250	3730
打印机	1916	2466	2825	2449	9656
键盘	2711	2113	2681	2987	10492
鼠标	2288	2575	2311	2689	9863
台式机	1104	1137	1404	1463	5108
总计	8839	8931	10241	10838	38849

图 5-22 生成的数据透视表

7. 模拟分析

模拟分析是指通过更改单元格中的值来查看这些更改对工作表中公式结果影响的过程。Excel 2016 中包含三种模拟分析工具：方案管理器、模拟运算表和单变量求解。

方案管理器和模拟运算表根据各组的输入值来确定可能的结果。单变量求解与方案管理器、模拟运算表的工作方式不同，它获取结果并确定生成该结果的可能输入值，即如果已知单个公式的计算结果，而用于确定此结果对应的输入值未知，则可以使用单变量求解。

真题再现

1.（2020 年单项选择题）关于 Excel 2016 的高级筛选，下列说法中错误的是＿＿＿＿＿。

A. 可以将高级筛选结果复制到其他位置

B. 可以在原有数据区域显示筛选结果

C. 同一行不同单元格中的条件互为"与"关系

D. 不同行单元格中的条件互为"与"关系

真题再现-1
讲解

【答案】D

【解析】如图 5-17 所示，不同行单元格中的条件互为"或"关系。

2.（2019 年填空题）具有规范二维表特性的电子表格在 Excel 2016 中被称为＿＿＿＿＿。

【答案】数据清单

【解析】具有二维表特性的电子表格在 Excel 中被称为数据清单。数据清单类似于数据库中的表，可以像数据库中的表一样使用，其中行表示记录，列表示字段。数据清单的第一行必须为文本类型，为相应列的名称。

3.（2018 年单项选择题）在 Excel 2016 中，使用升序、降序排序操作时，活动单元格应选定＿＿＿＿＿。

A. 工作表的任何地方　　　　　　　B. 数据清单中的任何地方

C. 排序依据数据列的任一单元格　　D. 数据清单标题行的任一单元格

【答案】C

【解析】需要注意使用升序、降序命令进行排序操作时，只需选中数据清单中排序依据数据列的任一单元格，而不是选中预排序的整列。如图 5- 13 所示，若选中"总分"所在的整列，则图中的"王老师"也会参与排序，导致排序无意义。

4.（2018 年多项选择题）在 Excel 2016 中，下列关于高级筛选的描述中，错误的是＿＿＿＿＿。

A. 高级筛选的条件区域至少为两行

B. 高级筛选的条件区域必须包含字段名和筛选条件

C. 高级筛选的条件区域中的字段名不需要与数据清单中的字段名完全一致

D. 在高级筛选条件区域的设置中，同一行上的条件认为是"或"关系

【答案】CD

【解析】高级筛选的条件区域中的字段名需要与数据清单中的字段名完全一致，否

则会导致无法进行有效筛选。如图 5-16 所示，在高级筛选条件区域的设置中，同一行上的条件认为是"与"关系。

5.（2018 年填空题）Excel 2016 中包含三种模拟分析工具：方案管理器、模拟运算表和_____。

【答案】单变量求解

【解析】Excel 2016 中包含三种模拟分析工具：方案管理器、模拟运算表和单变量求解。方案管理器和模拟运算表根据各组的输入值来确定可能的结果。单变量求解是已知单个公式的计算结果，而用于确定此结果对应的输入值。

考点11 使用图表

1. 图表

图表就是工作表单元格中数据的图形化表示，以直观形象的形式显示数据及数据之间的关系。图表是基于工作表中的数据建立的。工作表中的数据发生变化时，图表中对应项的数据系列自动变化。

按照图表的存放位置，Excel 2016 中的图表分两种。一种是嵌入式的图表，它和创建图表的数据源放置在同一个工作表中；另一种是独立图表，它独立于数据表，单独存在一个工作表中，图表的默认名称为"Chart1"。

图表通常由图表区、绘图区、图表标题和图例等几个部分组成，如图 5-23 所示。

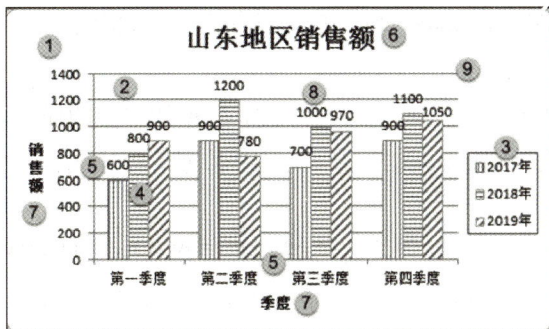

①—图表区；　②—绘图区；　③—图例；　④—数据系列；
⑤—坐标轴；　⑥—图表标题；　⑦—坐标轴标题；　⑧—数据标签；　⑨—网格线

图 5-23　图表的组成

图表区：包括整个图表及其全部元素。

绘图区：在二维图表中绘图区是指通过坐标轴来界定的区域，包括所有数据系列，是图表的核心。

图例：是一个方框，用于标识当前图表中各数据系列代表的意义，由图例项和图例项标识组成。

数据系列：对应工作表中的一行或者一列数据。一个图表中可以包含一个或多个数据系列，每个数据系列都有唯一的颜色或图表形状，并与图例相对应。

坐标轴：界定图表绘图区的线条，用作度量的参照框架。纵坐标轴通常为垂直轴并包含数据。横坐标轴通常为水平轴并包含分类。数据沿着横坐标轴和纵坐标轴绘制在图表中。

图表标题、水平轴标题、垂直轴标题：这三个标题分别用于说明图表、水平轴、垂直轴所表现或代表的意义。图表标题默认在图表区顶部居中对齐，水平轴标题显示在横坐标轴下方，垂直轴标题显示在纵坐标轴左侧。

数据标签：在数据系列的数据点上显示的与数据系列对应的实际值。数据标签代表源于数据表单元格的单个数据点或值。

网格线：为方便对比各数据点或值的大小而设置的水平参考线。

2. 图表的创建、编辑和修改

在 Excel 2016 中，用户可以选择"插入"选项卡"图表"组中的某一图表类型，创建各种图表。

建立图表后，用户还可以对它进行修改，如图表的大小、类型或数据系列等。单击要修改布局及样式的图表，此时会出现扩展选项卡"图表工具"，包含两个子选项卡，即"设计"和"格式"。利用"图表工具 / 设计"选项卡可以更改图表的类型、修改图表数据源、改变图表存放位置等。利用"图表工具 / 格式"选项卡，可以对图表进行形状样式、填充效果、应用艺术字标题等格式化操作。

3. 迷你图

迷你图是插入工作表单元格中的一个微型图表，可提供数据的直观表示。用户使用迷你图可以显示一系列数值的趋势（如季节性增加或减少、经济周期），或者可以突出显示最大值和最小值。在 Excel 2016 中有三种迷你图样式，即折线图、柱形图和盈亏图。

用户在"插入"选项卡"迷你图"组选择相关命令可以插入相应迷你图。

真题再现

1.（2021 年操作题）如图 5-24 所示工作表为数据源，用图表形式呈现各部门女职工数与本部门职工数对比情况，下列操作最优的是_____。

	A	B	C	D
1	部门	职工数	女职工数	平均年龄
2	市场部	56	25	32
3	后勤部	20	9	34
4	办公室	15	10	29

图 5-24　数据源

A. 选择部门和女职工数所在列区域，插入柱状图

B. 选择部门、职工数和女职工数所在列区域，插入柱状图

C. 选择部门和女职工数所在列区域，插入饼图

D. 选择部门、职工数和女职工数所在列区域，插入饼图

【答案】B

【解析】饼图适合显示一个数据系列中各项大小与各项总和的比例。饼图只有一个数据系列，即排列在工作表的一列或一行中的数据可以绘制到饼图中。此题要求呈现各部门女职工数与本部门职工数对比情况，涉及多列多行数据，显然不适合使用饼图。柱形图适合表示各项之间的对比情况。同时根据题目要求，需要选择部门、职工数、女职工数三列数据。

2.（2019 年填空题）Excel 中有三种迷你图样式，即折线图、柱形图和_____。

【答案】盈亏图

【解析】迷你图是 Excel 2016 中的一个新功能，它是工作表单元格中的一个微型图表，可提供数据的直观表示。Excel 2016 中有三种迷你图样式，即折线图、柱形图和盈亏图。

3.（2018 年多项选择题）在 Excel 2016 中，下列关于图表的描述中，错误的是_____。

A. Excel 中的图表分两种，一种是嵌入式图表，另一种是独立图表

B. 一个完整的图表通常由图表区、绘图区、图表标题和图例等几个部分组成

C. 数据系列用于标识当前图表中各组数据代表的意义

D. 图例对应工作表中的一行或一列数据

【答案】CD

【解析】如图 5-23 所示，图例用于标识当前图表中各组数据代表的意义，而数据系列对应工作表中的一行或一列。

考点12　打印

1. 分页符的插入及删除

在使用 Excel 2016 的时候，有时会将本可以打印在一页上的内容分成两页或多页进行打印，这就需要在 Excel 工作表中插入分页符。

在"页面布局"选项卡"页面设置"组中单击"分隔符"右侧的下拉按钮，在出现的下拉列表中选择"插入分页符"命令，可以插入分页符。若要插入水平分页符，需要选定要插入分页符位置的下一行；若要插入垂直分页符，需要选定要插入分页符位置的右侧列；若要同时插入水平、垂直分页符，需要选定某单元格。

插入分页符后，如果需要调整分页符的位置，可以在"分页预览"视图中，利用鼠标拖动分页符，以调整其位置。用户若对分页效果不满意，还可以将手动分页符删除。若要删除工作表中所有的手动分页符，则在"页面布局"选项卡"页面设置"组中单击"分隔符"右侧的下拉按钮，在出现的下拉列表中选择"重设所有分页符"命令，即可删除工作表中所有手动分页符，但 Excel 2016 中的自动分页符不能被删除。

2. 页面设置

Excel 2016 工作表的页面设置包括设置纸张大小、页边距、纸张方向、页眉和页脚，以及是否打印标题行等。

用户可以通过"页面布局"选项卡"页面设置"组中的命令进行参数设置来完成页面布局，也可以在"页面设置"对话框中进行更加详细的参数设置。

"页面设置"对话框中共有四个选项卡："页面"、"页边距"、"页眉/页脚"和"工作表"。其中在"页面"选项卡中可以设置纸张方向、缩放比例、纸张大小、打印质量、起始页码。在"页边距"选项卡中可设置页面四个边界的距离、页眉和页脚的上下边距等。在"页眉/页脚"选项卡中可以设置页眉和页脚的其他参数。在"工作表"选项卡中可设置打印区域、打印标题、打印顺序等。

默认情况下，工作表中的网格线和行号列标题是不打印的，用户也可在"页面设置"对话框"工作表"选项卡中将其设为可打印项。

3. 打印工作表

在 Excel 2016 中，单击"文件"选项卡，选择"打印"命令，会显示打印预览。

用户还可以单击"视图"选项卡，在"工作簿视图"组中选择"页面布局"命令，通过"页面布局"视图功能，可以在查看工作表打印效果的同时对其进行编辑。

用户预览无误后，在打印预览界面中间窗格的"份数"文本框中输入要打印的份数；在"打印机"列表框中选择要使用的打印机；在"设置"列表框中选择要打印的内容；在"页数"文本框中输入打印范围，然后单击"打印"按钮进行打印。

◆ 真题再现 ◆

1.（2018 年判断题）Excel 2016 是电子表格处理软件，没有添加页眉页脚功能。

A. 正确 　　　　　　　　　　　　　　　　B. 错误

【答案】B

【解析】在 Excel 2016 中，添加页眉页脚的方法有：①利用"插入"选项卡"文本"组中的"页眉和页脚"命令设置；②利用"页面设置"对话框中的"页眉/页脚"选项卡设置；③在"视图"选项卡"页面布局"视图中设置。

2.（2017 年单项选择题改编）在 Excel 2016 中，下列有关打印的说法，错误的是 _____。

A. 可以设置打印份数

B. 单击"文件"选项卡下的"打印"命令时，页面右侧同步显示打印预览效果

C. 无法调整打印方向

D. 可进行页面设置

【答案】C

【解析】用户可在打印预览时调整打印方向，还可以利用"页面布局"选项卡"页面设置"组中的命令或"页面设置"对话框进行设置。

一、单项选择题（在每小题列出的四个备选项中只有一个是符合题目要求的）

1.（考点 1）Excel 2016 是＿＿＿＿。

A. 数据库管理软件　　　　　　　　　　B. 文字处理软件

C. 电子表格软件　　　　　　　　　　　D. 幻灯片制作软件

2.（考点 1）Excel 2016 工作簿文件的默认扩展名为＿＿＿＿。

A. .docx　　　　　B. .xlsx　　　　　　　　C. .pptx　　　　　　D. .xltx

3.（考点 1）首次启动 Excel 2016 应用程序后自动建立的工作簿文件的文件名为＿＿＿＿。

A. 工作簿 1　　　B. 工作簿文件　　　C. Book1　　　　　D. Sheet1

4.（考点 1）在 Excel 2016 工作表中，最基本的编辑单位是＿＿＿＿。

A. 单元格　　　　B. 一行　　　　　　C. 一列　　　　　　D. 工作表

5.（考点 2）在 Excel 2016 中，如果要选取多个连续的工作表，可单击第一个工作表标签，然后按＿＿＿＿键单击最后一个工作表标签。

A. Ctrl　　　　　B. Shift　　　　　　C. Alt　　　　　　　D. Tab

6.（考点 2）以下关于 Excel 2016 中工作表的描述错误的是＿＿＿＿。

A. 单击"新工作表"按钮，可以快速在最后位置插入一个新的工作表

B. 可以通过拖动鼠标的方式移动工作表

C. 当工作表被隐藏后，再次打开时会丢失工作表中原有的数据

D. 设置保护工作表可限制他人修改工作表中的数据

7.（考点 1）在 Excel 2016 中，下列叙述不正确的是＿＿＿＿。

A. 一个工作簿可以包含多个工作表

B. 工作表以文件的形式保存在磁盘中

C. 工作簿以文件的形式保存在磁盘中

D. 一个工作簿打开的默认工作表数可以由用户自定

8.（考点 1）在 Excel 2016 中，第 Z 列后是第＿＿＿＿列。

A. AA　　　　　　B. BB　　　　　　　C. ZA　　　　　　　D. ZZ

9.（考点 4）在 Excel 2016 中，让某些不及格的学生的成绩变成红字可以使用＿＿＿＿功能。

A. 筛选　　　　　B. 条件格式　　　　C. 数据有效性　　　D. 排序

10.（考点 5）在 Excel 2016 工作表的单元格中，如想输入学号 20190706，则应输入＿＿＿＿。

A. 20190706　　　　　　　　　　　　B. "20190706"

C.（20190706）　　　　　　　　　　D. '20190706

11.（考点 5）在 Excel 2016 中，若某一单元格中输入的数值位数超过了 11 位，则该数值将＿＿＿＿显示。

A. 减少位数后 B. ####

C. 四舍五入后 D. 以科学记数法的形式

12.（考点 5）在 Excel 2016 中，当前选定的单元格区域是 A1:A5，活动单元格是 A1，在编辑框中输入 100，然后按 Ctrl+Enter 组合键，则 A1:A5 单元格区域中_____。

A. A1 的值为 100，A2:A5 的值不变

B. A1:A5 单元格区域的值均为 100

C. A1:A5 单元格区域的值为 100 ～ 104 的递增数列

D. A1 的值为 100，A2:A5 的值为空

13.（考点 5）在 Excel 2016 工作表中，_____默认方式在单元格中显示时靠左对齐。

A. 数值型数据 B. 时间型数据

C. 文本型数据 D. 日期型数据

14.（考点 3）在 Excel2016 中，插入单元格时，会弹出一个对话框，_____不是其中的选项。

A. 活动单元格下移 B. 活动单元格右移

C. 整行 D. 活动单元格左移

15.（考点 8）在 Excel2016 中，下列属于绝对引用地址的是_____。

A. E8 B. $A2 C. C$2 D. $G$5

16.（考点 7）在 Excel 2016 工作表中，按下 Delete 键将清除被选区域中所有单元格的_____。

A. 格式 B. 内容 C. 批注 D. 所有信息

17.（考点 3）在 Excel 2016 中，要在第 5 、6 行之间插入一行，下列操作正确的是_____。

A. 选中第 5 行，单击左键→插入 B. 选中第 5 行，单击右键→插入

C. 选中第 6 行，单击右键→插入 D. 选中第 6 行，单击左键→插入

18.（考点 6）若在 Excel 2016 某工作表的 A1、B1 单元格中分别输入了 3.5 和 4，并将这两个单元格选定，然后向右拖动填充柄，在 C1 和 D1 中分别填入的数据是_____。

A. 3.5、4 B. 4、4.5 C. 5、5.5 D. 4.5、5

19.（考点 8）下列正确的 Excel 2016 公式形式为_____。

A. =B3*Sheet3!A2 B. =B3*Sheet3$A2

C. =B3*Sheet3:A2 D. =B3*Sheet3%A2

20.（考点 2）在 Excel 2016 工作簿中，有关移动和复制工作表的说法，正确的是_____。

A. 工作表只能在所在工作簿内移动，不能复制

B. 工作表只能在所在工作簿内复制，不能移动

C. 工作表可以移动到其他工作簿内，不能复制到其他工作簿内

D. 工作表可以移动到其他工作簿内，也可以复制到其他工作簿内

21.（考点 8）在 Excel 2016 工作表中，单元格 D5 中有公式"=$B$2+C4"，删除第 A 列后 C5 单元格中的公式为_____。

A.=$A$2+B4 B.=$B$2+B4 C.=$A$2+C4 D.=$B$2+C4

22.（考点 3、8）在 Excel 2016 中，下列表达式中，_____表示计算 B2 单元格到 F5 单元格矩形区域内的所有单元格数据之和。

  A. =SUM (B2, F5)   B. =SUM (B2:F5)

  C. =SUM (B2 +F5)   D. =SUM (B2:B5, F2:F5)

23.（考点 8）在 Excel 2016 中，单元格区域"A1:C3,C4:E5"包含_____个单元格。

  A.5   B.3   C.15   D.25

24.（考点 8）若在 Excel 2016 数值单元格中出现一连串的"####"符号，希望正常显示则需要_____。

  A. 重新输入数据   B. 调整单元格的宽度

  C. 删除这些符号   D. 删除该单元格

25.（考点 9）在 Excel 2016 中，如果单元格 A5 的值是单元格 A1、A2、A3、A4 的平均值，则不正确的输入公式为_____。

  A. =AVERAGE(A1:A4)   B. =AVERAGE(A1, A2, A3, A4)

  C. =(A1+A2+A3+A4)/4   D. =AVERAGE(A1+A2+A3+A4)

26.（考点 1）在 Excel 2016 单元格中输入公式时，编辑栏上的"√"按钮表示_____操作。

  A. 拼写检查 B. 函数向导 C. 确认 D. 取消

27.（考点 9）在 Excel 2016 中，假定 B2 单元格的内容为数值15，则公式 =IF(B2>20,"好", IF(B2>10,"中","差")) 的值为_____。

  A. 好   B. 良   C. 中   D. 差

28.（考点 8）在 Excel 2016 中，当在某单元格内输入一个公式并确认后，单元格内容显示为 #REF!，它表示_____。

  A. 公式引用了无效的单元格   B. 某个参数不正确

  C. 公式被零除   D. 单元格太小

29.（考点 2）在 Excel 2016 中，右击一个工作表标签不能够进行_____。

  A. 插入一个工作表   B. 删除一个工作表

  C. 重命名一个工作表   D. 打印一个工作表

30.（考点 9）在 Excel 2016 的工作表中，假定 C3:C6 区域内保存的数值依次为 10、15、20 和 45，则函数 =MAX(C3:C6) 的值为_____。

  A.10   B.22.5   C.45   D.90

31.（考点 10）在 Excel 2016 中，若需要将工作表中某列上大于某个值的记录挑选出来，应执行"数据"选项卡中的_____。

  A."排序"命令   B."筛选"命令

  C."分类汇总"命令   D."合并计算"命令

32.（考点 4）在 Excel 2016 中，设置单元格的条件格式可以使用_____选项卡"样式"组中的"条件格式"命令。

  A. 插入   B. 开始   C. 数据   D. 视图

33.（考点 8）假定 Excel 2016 单元格 D3 中保存的公式为"=B$3+C$3"，若把它复制到 E4 中，则 E4 中保存的公式为_____。

A. =B3+C3　　　　B. =C$3+D$3　　　　C .=B$4+C$4　　　　D. =C&4+D&4

34.（考点 10）Excel 2016 数据清单的列相当于数据库中的_____。

A. 记录　　　　B. 字段　　　　C. 记录号　　　　D. 记录单

35.（考点 5）在 Excel 2016 中，某些数据的输入与显示是不一定完全相同的，当需要计算时，一律以_____为准。

A. 输入值　　　　B. 显示值　　　　C.平均值　　　　D. 误差值

36.（考点 10）在 Excel 2016 的高级筛选中，条件区域中写在同一行的条件是_____。

A. 或关系　　　　B. 与关系　　　　C. 非关系　　　　D. 异或关系

37.（考点 8）正在 Excel 2016 中，以下运算符优先级别最高的是_____。

A.:　　　　B.^　　　　C.*　　　　D.+

38.（考点 10）在 Excel 2016 中，进行自动分类汇总之前，必须对数据清单进行_____。

A. 筛选　　　　B. 排序　　　　C. 建立数据库　　　　D. 合并计算

39.（考点 11）在 Excel 2016 中创建图表时，首先要打开_____，然后在"图表"组中操作。

A."开始"选项卡　　　　　　　　B."插入"选项卡

C."公式"选项卡　　　　　　　　D."数据"选项卡

40.（考点 7）在 Excel 2016 中，仅把某单元格的批注复制到另外单元格中，方法是_____。

A.复制原单元格到目标单元格后执行"粘贴"命令

B.复制原单元格到目标单元格后执行"选择性粘贴"命令

C.使用格式刷

D.将两个单元格链接起来

41.（考点 5）在 Excel 2016 中，要在某单元格中输入分数 1/2，应该输入_____。

A.（1/2）　　　　B.0.5　　　　C.0 1/2　　　　D.1/2

42.（考点 10）在 Excel 2016 中，可以通过_____选项卡对数据清单进行分类汇总。

A.开始　　　　B.插入　　　　C.数据　　　　D.审阅

43.（考点 12）在 Excel 2016 中，选中 E 列，然后选择"页面布局"选项卡"页面设置"组"分隔符"下拉列表中的"插入分页符"命令，插入的分页符_____。

A.在 D 列和 E 列之间　　　　　　B.在 E 列和 F 列之间

C.为水平分页符　　　　　　　　D.为空列

44.（考点 10）在 Excel 2016 中，对数据清单进行"高级筛选"，可通过复制原数据清单标题行上的单元格作为"条件区域"中字段名行的内容，原因是_____。

A."条件区域"中字段名行的内容不能由用户自己输入

B.保证"条件区域"的字段和数据清单的字段是同一个

C.数据清单的标题行有特殊用途

D."条件区域"的字段名行必须与条件行的格式有所区别

45.（考点 10）在 Excel 2016 的数据清单中，同一列作为一个字段，要求其数据类型必须是_____。

    A. 相同的   B. 文字型

    C. 数值型   D. 日期型

46.（考点 11）在 Excel 2016 中，以下关于图表的使用，说法错误的是_____。

    A. 图表中的图例可以在图表的下方显示

    B. 可以只针对数据清单的一部分单元格数据以图表形式显示

    C. 图表标题只能在图表的上方显示

    D. 工作表中的数据发生变化时，图表中对应项的数据会自动变化

47.（考点 4）在 Excel 2016 电子表格中，若要使 D3 单元格的列宽适应内容，应进行的操作是_____。

    A. 双击 D 列列标题右边的边界   B. 单击 D 列列标题右边的边界

    C. 双击 D 列列标题左边的边界   D. 单击 D 列列标题左边的边界

48.（考点 3）在 Excel 2016 工作表中，_____操作可以删除工作表 B 列。

    A. 单击列号 B，按 Delete 键

    B. 单击列号 B，选择"开始"选项卡"单元格"组中的"删除工作表列"

    C. 单击列号 B，选择"开始"选项卡"剪贴板"组中的"剪切"

    D. 单击列号 B，选择"页面布局"选项卡"单元格"组中的"删除工作表列"

49.（考点 5）在 Excel 2016 中，在单元格输入"Ctrl+Shift+;"，系统产生的输出是_____。

    A. 系统当前时间   B. 系统当前日期

    C. 工作簿文件名   D. 当前工作表文件名

50.（考点 5）在 Excel 2016 中，在单元格中输入数据时，取消输入，按_____键。

    A. 回车   B. Esc   C. Alt+Enter   D. Tab

51.（考点 10）在 Excel 2016 中，假定存在一张职工简表，要对职工工资按职称属性进行分类汇总，则在分类汇总前必须进行数据排序，所选择的排序字段为_____。

    A. 性别   B. 职工号   C. 工资   D. 职称

52.（考点 12）在 Excel 2016 中，要能够打印出工作表中的行号和列标，应选中"页面设置"对话框中_____选项卡中的"行号列标"。

    A. 工作表   B. 页面   C. 页边距   D. 页眉 / 页脚

53.（考点 9）在 Excel 2016 中，B5 单元格内输入公式"=MID("Capter", 2, 2)"确认后显示值为_____。

    A. C   B. Ca   C. ap   D. er

54.（考点 12）在 Excel 2016 的"分页预览"视图方式下，右击工作表的任意单元格，在弹出的快捷菜单中执行"重置所有分页符"命令，将_____。

    A. 删除所有人工插入的分页符

B. 删除所有的分页符，包括自动插入的分页符

C. 所有人工插入的分页符自动重排位置

D. 包括自动插入的分页符在内，所有分页符自动重排位置

55.（考点 12）设置 Excel 2016 工作表"打印标题"的作用是_____。

A. 在首页突出显示标题   B. 在每一页都打印出标题

C. 在首页打印出标题   D. 作为文件存盘的名字

56.（考点 5）在 Excel 2016 的单元格内输入日期时，年、月、日分隔符可以是_____。

A. / 或 -   B. . 或 | C. / 或 :   D. \ 或

57.（考点 2）在 Excel 2016 中，若一个工作簿有 4 个工作表，其中一个的名字是 ABC，复制这个工作表后，新的工作表名是_____。

A. ABC(2)   B. Sheet4(2)

C. Sheet5   D. 用户必须输入工作表的名字

58.（考点 8）已知 Excel 2016 工作表中 C3 单元格与 D4 单元格的值均为 0，C4 单元格中公式为"=C3=D4"，则 C4 单元格显示的内容为_____。

A. C3=D4   B. TRUE   C. #N/A   D. 0

59.（考点 2）关于 Excel 2016 的叙述错误的是_____。

A. 移动工作表可改变工作表在工作簿中的位置

B. 工作表的名字可以修改

C. 工作表可以复制到未打开的工作簿文件中

D. 可以一次删除多个工作表

60.（考点 2）在 Excel 2016 中，如果同时选中多个工作表，在其中一个单元格输入数据，则_____。

A. 执行"填充"命令后，数据会出现在其他被选中工作表的对应的单元格中

B. 执行"复制"命令后，数据会出现在其他被选中工作表的对应的单元格中

C. 数据自动同时出现在其他被选中的工作表的对应的单元格中

D. 数据只能出现在当前活动工作表的对应单元格中

61.（考点 12）在 Excel 2016 中，要实现打印工作表时每页数据表下方自动显示"第几页"字样，需要进行的操作是_____。

A. 设置页眉和页脚   B. 设置页边距

C. 设置打印区域   D. 设置分页预览

62.（考点 10）在 Excel 2016 中，对数据清单进行分类汇总，以下说法错误的是_____。

A. 一旦分类汇总完成，分类汇总的结果不能删除

B. 分类汇总后的结果可以被删除

C. 汇总方式可以是求和

D. 可以同时选定多个汇总项

63.（考点 4）在 Excel 2016 中选定 1 ～ 10 行，再在选定的基础上改变第 5 行的行高，则
_____。

　　A. 1 ~ 10 行的行高均改变，并与第 5 行的行高相等

　　B. 1 ~ 10 行的行高均改变，并与第 5 行的行高不相等

　　C. 只有第 5 行的行高改变

　　D. 只有第 5 行的行高不变

64.（考点 9）在 Excel 2016 中，假设 B1、B2、C1、C2 单元格的值分别为 1、2、6、9，
那么输入公式 "=SUM（B1:C2）" 和 "=AVERAGE（B1,C2）" 的值分别等于_____。

　　A. 10，5　　　　　　B. 10，4.5　　　　　　C. 18，5　　　　　　D.18，4.5

65.（考点 3）Excel 2016 中，若要选定区域 A1:C5 和 D3:E5，应_____。

　　A. 按鼠标左键从 A1 拖动到 C5，然后按住 Ctrl 键，并按鼠标左键从 D3 拖动到 E5

　　B. 按鼠标左键从 A1 拖动到 C5，然后按住 Tab 键，并按鼠标左键从 D3 拖动到 E5

　　C. 按鼠标左键从 A1 拖动到 C5，然后按住 Shift 键，并按鼠标左键从 D3 拖动到 E5

　　D. 按鼠标左键从 A1 拖动到 C5，然后按鼠标左键从 D3 拖动到 E5

66.（考点 8）在 Excel 2016 单元格中，输入公式 "= 工资 !D4"，其中 "工资" 表示_____。

　　A. 工作簿名称　　　　B. 工作表名称　　　　C. 单元格区域名称　　　　D. 单元格名称

67.（考点 1）在 Excel 2016 窗口的编辑栏中，最左边有一个 "名称框"，里面显示的是当
前单元格 (即活动单元格) 的_____。

　　A. 填写内容　　　　B. 值　　　　　　C. 位置　　　　　　D. 名称或地址

68.（考点 8）在 Excel 2016 中，如果在 A5 单元格中有字符 "电子表格软件"，A6 单元格中
有字符 "Excel"，B3 单元格之中有公式 "= A5&A6"，按回车键后单元格显示_____。

　　A. = A5&A6　　　　　　　　　　　B. A5&A6

　　C. 电子表格软件 &Excel　　　　　　D. 电子表格软件 Excel

69.（考点 5）在 Excel 2016 中，如果打算在工作表的某个单元格内输入两行字符，在输完
第一行后需要按_____。

　　A. Enter 键　　　　B. Alt+Enter 键　　　　C. Ctrl+Enter 键　　　　D. ↓ 键

70.（考点 5）在 Excel 2016 中，用鼠标单击一个已有内容的单元格并输入一个字符，按回
车键，则这个新输入的字符_____。

　　A. 完全取代原有内容　　　　　　　B. 插入到原有内容左端

　　C. 取代原有内容左端第一个字符　　D. 插入到原有内容右端

71.（考点 6）在 Excel 2016 工作表的某一单元格中如果已经输入了字符串 "ABCD"，当
把鼠标光标指向该单元格边框的右下角（填充柄），然后按左键向下拖动 4 个单元格
时，结果是_____。

　　A. 选择了这 5 个单元格构成的区域　　B. 填充了序列数据

　　C. 把 ABCD 复制到这连续的 4 个单元格中　D. 把 ABCD 移动到最后一格中

72.（考点 8）在 Excel 2016 中，在工作簿 GZ 中引用另一个工作簿 RS 中的工作表 "基本
表" 的单元格 H3 的方法是_____。

A. [RS] 基本表 !H3   B. [RS] 基本表 :H3

C. 基本表!H3   D. 基本表:H3

73.（考点 3）在 Excel 2016 中，当用户希望使标题位于表格中央时，最适合的操作是_____。

A. 跨越合并   B. 合并后居中   C. 分散对齐   D. 填充

74.（考点 5）在 Excel 2016 单元格中输入_____可以使该单元格显示为 0.5。

A.1/2   B. 0 1/2   C.=1/2   D.' 1/2

75.（考点 8）在 Excel 2016 中，在 Sheet1 的 A3 单元格中输入公式"= Sheet2!A1+A2"，表示的是将工作表 Sheet2 中 A1 单元格的数据与_____。

A.Sheet1 中 A2 单元格的数据相加，结果放在 Sheet1 中 A3 单元格中

B.Sheet1 中 A2 单元格的数据相加，结果放在 Sheet2 中 A3 单元格中

C.Sheet2 中 A2 单元格的数据相加，结果放在 Sheet1 中 A3 单元格中

D.Sheet2 中 A2 单元格的数据相加，结果放在 Sheet2 中 A3 单元格中

二、多项选择题（在每小题列出的四个备选项中至少有两个是符合题目要求的）

1.（考点 2）下列关于 Excel 2016 工作表的管理，说法正确的是_____。

A. 在系统默认状态下，一个 Excel 2016 工作簿含有 1 个工作表

B. 删除工作表后，可以撤消删除操作

C. 可以同时插入多个新工作表

D. 可以双击工作表标签为工作表重命名

2.（考点 11）在 Excel 2016 中，下面关于图表与数据源关系的叙述中，正确的是_____.

A. 图表一定会随数据源中的数据变化而变化

B. 图表和数据源只能放置在同一张工作表

C. 删除数据源中某单元格的数据时，图表中对应数据点随之被自动删除

D. 删除图表中的数据系列时，会删除数据源中的数据

3.（考点 8）在 Excel 2016 单元格中输入数值 3000，与它相等的表达式是_____。

A. =1500&1500   B. =3000/1

C. 30E+2   D.=AVERAGE(SUM(3000,3000))

4.（考点 10）在 Excel 2016 中，关于筛选，叙述正确的是_____。

A. 自动筛选可以同时显示数据清单和筛选结果

B. 高级筛选可以进行更复杂条件的筛选

C. 进行高级筛选时，首先要建立条件区域

D. 高级筛选可以将筛选结果放在指定的区域

5.（考点 7）在 Excel 2016 工作表中，选中单元格后，要删除其中的内容可使用_____。

A. Delete 键   B.右击，在弹出的快捷菜单中选择"删除"

C. Ctrl+X 组合键   D. "开始"选项卡"编辑"组中的"清除内容"

6.（考点 5）Excel 2016 工作表的任一单元格输入内容后，都必须确认后才认可，一定可以确认输入的方法有_____。

A. 单击其他单元格　B. 按 F1 键　　　　　　C. 按 Tab 键　　　　　　D. 按 Enter 键

7.（考点 8）以下属于 Excel 2016 中的比较运算符的是＿＿＿＿＿＿。

A. ≤　　　　　　　B. <>　　　　　　C. =　　　　　　D. &

8.（考点 3）在 Excel 2016 中，关于插入行的叙述正确的是＿＿＿＿＿＿。

A. 插入行时，弹出对话框，询问插入位置原有行的移动方向

B. 若在某工作表的第六行上方插入两行，则先选定六、七两行

C. 可以利用"插入"选项卡"单元格"组中的"插入工作表行"命令

D. 插入一行后，工作表中仍为 1048576 行

9.（考点 3）在 Excel 2016 中，下列选择单元格的说法正确的有＿＿＿＿＿＿。

A. 可以使用拖动鼠标的方法来选中多列或多行

B. 单击行号即可选定整行单元格

C. 若要选定几个相邻的行或列，可选定第一行或第一列，然后按住 Shift 键再选中最后一行或列

D. 选定几个不连续的单元格都是活动单元格

10.（考点 6）在 Excel 2016 中，选中一个单元格，输入＿＿＿＿＿＿，左键向下直接拖动填充柄产生复制效果。

A.2022　　　　　　B. 第一章　　　　　　C.17:25　　　　　　D. 星期一

三、判断题

1、（考点 1）Excel 2016 将工作簿中的每一张工作表都作为一个文件保存。

A. 正确　　　　　　　　　　　　　B. 错误

2、（考点 10）在 Excel 2016 中，使用筛选功能只显示符合设定条件的数据而删除其他数据。

A. 正确　　　　　　　　　　　　　B. 错误

3、（考点 2）Excel 2016 工作表的数量可根据需要改变，并可以进行重命名、设置标签颜色等操作。

A. 正确　　　　　　　　　　　　　B. 错误

4、（考点 3）在 Excel 2016 中可以对单元格进行拆分。

A. 正确　　　　　　　　　　　　　B. 错误

5、（考点 9）在一个 Excel 2016 单元格中输入"= AVERAGE(B1:B3)"，则该单元格显示的结果必是（B1+B2+B3）/3 的值。

A. 正确　　　　　　　　　　　　　B. 错误

6、（考点 7）在 Excel 2016 中，用户既可以在一个工作表中进行查找和替换，也可以在工作簿中进行查找和替换。

A. 正确　　　　　　　　　　　　　B. 错误

7、（考点 4）在 Excel 2016 中，只要应用了一种表格格式，就不能对表格格式进行更改和清除。

A. 正确　　　　　　　　　　　　　B. 错误

8.（考点 12）在 Excel 2016 中设置"页眉和页脚"，只能通过"插入"选项卡来插入页眉和页脚。

    A. 正确　　　　　　　　　　　　　　　B. 错误

9.（考点 10）在 Excel 2016 中，对数据表进行排序时可以使用一列数据作为一个关键字进行排序，也可以使用多列数据作为关键字进行排序。

    A. 正确　　　　　　　　　　　　　　　B. 错误

10.（考点 12）执行 Excel 2016 打印命令时，可以打印选定的区域。

    A. 正确　　　　　　　　　　　　　　　B. 错误

11.（考点 10）在 Excel 2016 中，如果筛选条件涉及多个字段的"或"关系，自动筛选无法实现，只能使用高级筛选。

    A. 正确　　　　　　　　　　　　　　　B. 错误

12.（考点 1）在 Excel 2016 中，不仅可以创建空白工作簿，还可以根据模板创建带有格式的工作簿。

    A. 正确　　　　　　　　　　　　　　　B. 错误

13.（考点 5）在 Excel 2016 中，如果在单元格中既输入日期又输入时间，则中间必须用空格隔开。

    A. 正确　　　　　　　　　　　　　　　B. 错误

14.（考点 6）在 Excel 2016 中，初值为日期和时间型数据时，若在左键拖动填充柄的同时按住 Ctrl 键，则在相应单元格中填充相同数据。

    A. 正确　　　　　　　　　　　　　　　B. 错误

15.（考点 7）Excel 2016 数据的复制可以利用剪贴板，也可以用鼠标拖放操作。

    A. 正确　　　　　　　　　　　　　　　B. 错误

16.（考点 3）在 Excel 2016 中，跨越合并是指上下单元格之间相互合并，而同行之间不参与合并。

    A. 正确　　　　　　　　　　　　　　　B. 错误

17.（考点 8）在 Excel 2016 中，当公式引用的单元格的数据修改后，公式的计算结果会自动更新。

    A. 正确　　　　　　　　　　　　　　　B. 错误

18.（考点 8）文本运算符用于实现两个值的比较，结果是一个逻辑值 True 或 False。

    A. 正确　　　　　　　　　　　　　　　B. 错误

19.（考点 8）Excel 2016 单元格的引用方式有相对引用、绝对引用和混合引用，默认方式为相对引用。

    A. 正确　　　　　　　　　　　　　　　B. 错误

20.（考点 9）COUNTIF 函数用于对区域中符合指定条件的值求和。

    A. 正确　　　　　　　　　　　　　　　B. 错误

四、填空题

1.（考点 1）_____是指在 Excel 2016 中用来存储并处理数据的文件。

2.（考点 3）在 Excel 2016 中，可通过_____选项卡中的"定义的名称"组来实现单元格区域命名。

3. （考点 11）在 Excel 2016 中，用户可选定数据，打开_____选项卡，可在某单元格中插入迷你图。

4. （考点 2）在 Excel 2016 中，如果要对某个工作表重新命名，可以用_____选项卡"单元格"组实现。

5. （考点 1）Excel 2016 中新打开的工作簿，默认状态下有_____个工作表。

6. （考点 4）Excel 2016 中设置条件格式是选择_____选项卡。

7. （考点 2）在 Excel 2016 活动工作表中，按_____键会自动插入一张新工作表。

8. （考点 2）在 Excel 2016 工作表中，同时选择多个不相邻的工作表，可以在按住_____的同时依次单击各个工作表的标签。

9. （考点 8）在 Excel 2016 工作表中输入公式"=2>3-2"后按回车键显示的值为_____。

10. （考点 2）在 Excel 2016 中，如果要在当前工作簿中复制工作表，需要在按住_____键的同时拖动工作表，在目的地释放鼠标后，再松开该按键。

11. （考点 1）在 Excel 2016 中，第 5 行第 4 列的单元格地址应表示为_____。

12. （考点 5）在 Excel 2016 中，如果在单元格内输入（100）后按回车键，则会显示_____。

13. （考点 5）在 Excel 2016 中，按_____键可以输入当前日期。

14. （考点 8）在 Excel 2016 中，在某单元格中输入"=-(75+2)/7"，按回车键后此单元格显示为_____。

15. （考点 11）按照图表的存放位置，Excel 2016 中的图表分两种，一种是嵌入式图表，另一种是_____。

16. （考点 12）在 Excel 2016 中，单击_____选项卡，选择"打印"命令，即会显示打印预览效果。

17. （考点 12）在 Excel 2016 中，通过_____视图功能，可以在查看工作表打印效果的同时对其进行编辑。

18. （考点 9）在 Excel 的 A1 单元格中输入函数"= LEFT(" 信息处理技术员 ",2)"，按回车键后，A1 单元格中的值为_____。

19. （考点 10）Excel 2016 中的"合并计算"功能可以汇总或者合并多个数据源区域中的数据，具体方法有两种：一是按类别合并计算，二是按_____合并计算。

20. （考点 9）Excel 2016 中，A1=80，B1=35，则输入公式"=IF(AND(A1<60, B1<60), " 不及格 ", " 补考 ")"后按回车键，结果显示_____。

21. （考点 10）Excel 2016 提供了两种筛选方式：自动筛选和_____。

22. （考点 9）在 Excel 中的 A1 单元格中输入"=SUM(MAX(17,9), MIN(11,8))"，直接按回车键后，A1 单元格显示的内容是_____。

23. （考点 10）具有二维表特性的电子表格在 Excel 2016 中被称为_____。

24. （考点 4）在 Excel 2016 中，_____是附加在单元格中，根据实际需要对单元格中的数据添加的说明或注释。

25. （考点 7）在 Excel 2016 中，用户可利用_____选项卡"数据工具"组中的"数据验证"命令，限制单元格中输入的数据。

五、操作题

张老师利用 Excel 2016 对本班 45 名学生的期末考试成绩进行了处理，其中该成绩表的部分截图如 5-25 所示（注：处理的学生成绩信息放在 A2:I46 区域），请结合所学知识回答以下问题：

	A	B	C	D	E	F	G	H	I
1	学号	姓名	班级	语文	高等数学	英语	总分	排名	综合评价
2	20190101	刘凤昌		61	82	90			
3	20190102	王霞		79	95	72			
4	20190103	艾晓敏		76	76	71			
5	20190104	张方明		88	85	92			
6	20190105	孙军		78	82	67			
7	20190106	艾国强		56	70	66			

图 5-25　成绩表

1.（考点 6）该班 45 名学生学号前 6 位均为 201901，后 2 位为顺序号 01 ~ 45。下列操作不能快速填充学生学号的是_____。

   A. 在 A2 单元格中输入"20190101"，然后拖动 A2 单元格填充柄至 A46 单元格

   B. 选中单元格区域 A2：A46，利用"设置单元格格式"对话框中的"数字"选项卡设置分类为"文本"，然后在 A2 单元格中输入"20190101"，并拖动 A2 单元格填充柄至 A46 单元格

   C. 在 A2 单元格中输入"20190101"，然后按下 Ctrl 键拖动 A2 单元格填充柄至 A46 单元格

   D. 在 A2 单元格中输入"20190101"，然后右键拖动 A2 单元格填充柄至 A46 单元格，释放右键后在弹出的快捷菜单中选择"填充序列"命令

2.（考点 9）已知班级号为学号的第 5 至 6 位，可在 C2 单元格输入函数并采用填充方式填入所有学生的班级号，下列函数最适合使用的是_____。

   A. LEFT( )　　　　　　　B. RIGHT( )　　　　　　C. MAX( )　　　　　　D. MID( )

3.（考点 7）要使学生的每科成绩输入的数据介于 0 ~ 100 之间，一旦超出范围就出现错误提示，可使用"数据"选项卡中的_____命令。

4.（考点 9）在 G2 单元格输入公式_____，然后向下拖动填充柄至 G46 可以计算出每位学生的总成绩。

5.（考点 9）得出总分后，张老师按照总分由高到低进行排序，可以在 H2 单元格中输入相
   应 RANK 函数及参数，并双击填充柄完成。以下_____项方法是错误的。

   A. 在 H2 单元格中输入"=RANK(G2, G$2: G$46, 0)"

   B. 在 H2 单元格中输入"=RANK(G2, $G2: $G46, 0)"

   C. 在 H2 单元格中输入"=RANK(G2, $G$2: $G$46)"

   D. 在 H2 单元格中输入"=RANK(G2, G$2: G$46)"

6.（考点 10）要得到每个班每科的平均成绩，下列操作步骤最适合的是_____。

   A. 按"平均分"排序后再以"平均分"为分类字段汇总

   B. 按"平均分"排序后再以"班级"为分类字段汇总

   C. 按"班级"排序后再以"平均分"为分类字段汇总

D. 按"班级"排序后再以"班级"为分类字段汇总

7.（考点4）张老师希望将各科成绩高于平均值的项标记出来，下列方法最优的是_____。

　　A. 先使用 AVERAGE 函数计算平均值，然后手动标记

　　B. 使用 AVERAGEIF 函数自动标记

　　C. 使用 IF 函数自动标记

　　D. 使用条件格式设置

Part III　参考答案

一、单项选择题

1	2	3	4	5	6	7	8	9	10	11	12	13	14	15
C	B	A	A	B	C	B	A	B	D	D	B	C	D	D
16	17	18	19	20	21	22	23	24	25	26	27	28	29	30
B	C	D	A	D	A	B	C	B	D	C	C	A	D	C
31	32	33	34	35	36	37	38	39	40	41	42	43	44	45
B	B	B	B	A	B	A	B	B	B	C	C	A	B	A
46	47	48	49	50	51	52	53	54	55	56	57	58	59	60
C	A	B	A	B	D	A	A	B	A	A	A	B	C	C
61	62	63	64	65	66	67	68	69	70	71	72	73	74	75
A	A	A	C	A	B	D	D	B	A	C	A	B	C	A

二、多项选择题

1	2	3	4	5	6	7	8	9	10
ACD	AC	BC	BCD	AD	CD	BC	BD	ABC	AB

三、判断题

1	2	3	4	5	6	7	8	9	10
B	B	A	B	B	A	B	B	A	A
11	12	13	14	15	16	17	18	19	20
A	A	A	A	A	B	A	B	A	B

四、填空题

1.工作簿	2.公式	3.插入	4.开始	5.1
6.开始	7.Shift+F11	8.Ctrl	9.TRUE	10.Ctrl
11.D5	12.-100	13.Ctrl+;	14. -11	15.独立图表
16.文件	17.页面布局	18.信息	19.位置	20.补考
21.高级筛选	22.25	23.数据清单	24.批注	25.数据

五、操作题

1. C　　2. D　　3. 数据验证　　4. =SUM（D2: F2）或 =SUM（$D2: $F2）

5. B　　6. D　　7. D

第六章 演示文稿 PowerPoint 2016

根据大纲要求，本章需要掌握的主要知识点：

- 演示文稿的创建、打开、保存。
- 演示文稿的视图。
- 幻灯片及幻灯片页面内容的编辑操作。
- 在幻灯片中插入SmartArt图形、音频和视频。
- 设置幻灯片的背景、主题，利用母版统一幻灯片格式
- 幻灯片动画设置、超级链接和动作设置。
- 幻灯片切换及排练计时。
- 播放和打印演示文稿。
- 演示文稿的打包，将演示文稿转换为直接放映格式。
- 广播幻灯片，演示文稿的网上发布。

重点难点：

- 演示文稿的视图。
- 设置幻灯片的背景、主题，母版的使用。
- 幻灯片动画效果设置、超级链接和动作设置。
- 幻灯片切换及播放演示文稿。

Part 1 考点直击

考点 1 演示文稿的基本操作

PowerPoint 2016 用于制作和播放多媒体演示文稿，由它创作出的文稿可以集文字、图形、图像、声音及视频等多媒体元素于一体，以图片的形式展示出来。在 PowerPoint 2016 中，将这种制作出的图片叫作幻灯片，而一张张幻灯片组成的文件叫作演示文稿文件，其默认扩展名为 .pptx。

1. 新建演示文稿

新建演示文稿主要采用如下几种方式：新建空白演示文稿、利用模板创建演示文稿和把 Word 文档转换成演示文稿等。

（1）新建空白演示文稿

使用空白演示文稿方式，可以创建一个没有任何设计方案和示例文本的空白演示文稿。

方法1：启动 PowerPoint 2016 后，单击窗口中的"空白演示文稿"即可创建一个空白演示文稿。

方法2：单击"文件"选项卡中的"新建"命令，再单击"空白演示文稿"可以创建一个空白演示文稿。

方法3：使用组合键 Ctrl+N。

方法4：单击快速访问工具栏中的"新建"按钮。

（2）利用模板创建演示文稿

模板是指一个演示文稿整体上的外观设计方案，它包含版式、主题颜色、主题字体、主题效果及幻灯片背景图案等。PowerPoint 所提供的模板都表达了某种风格和寓意，适用于某方面的演讲内容。PowerPoint 的模板以文件的形式被保存在指定的文件夹中，其扩展名为 .potx。

用户在 PowerPoint 2016 启动窗口"文件"选项卡中单击"新建"命令，在右侧窗格中选择自己喜欢的模板（如图 6-1 所示），即可利用模板创建演示文稿。

（3）把 Word 文档转换成演示文稿

利用 Word 中的"发送到 Microsoft PowerPoint"功能可以将 Word 文档迅速转换成演示文稿。需要注意的是，Word 中的内容需要设置标题级别。

图 6-1　演示文稿模板

2. 演示文稿的保存、打开和关闭

演示文稿的保存、打开和关闭等操作与 Word 2016 的保存、打开和关闭操作相近，此处均不再一一赘述。

真题再现

1. （2019 年填空题）利用 PowerPoint 制作出的，由一张张幻灯片组成的文件叫作_____文件，其默认扩展名为 .pptx。

【答案】演示文稿

【解析】PowerPoint 2016 的主要功能是将各种文字、图形、图表、音频、视频等多媒体信息以图片的形式展示出来。在 PowerPoint 2016 中，将这种制作出的图片叫作幻灯片，而一张张幻灯片组成的文件叫作演示文稿文件，其默认扩展名为 .pptx。

2. （2017 年单项选择题改编）PowerPoint 2016 演示文稿文件的默认扩展名是_____。

A. .pptx   B. .potx   C. .xlsx   D. .docx

【答案】A

【解析】PowerPoint 2016 演示文稿文件的默认扩展名是 .pptx，模板的扩展名是 .potx，直接放映格式文件的扩展名是 .ppsx。

考点 2 PowerPoint 2016视图

视图是 PowerPoint 文档在计算机屏幕上的显示方式，PowerPoint 2016 提供了多种显示演示文稿的方式，可以从不同的角度管理演示文稿。PowerPoint 2016 具有七种工作视图，即普通视图、大纲视图、幻灯片浏览视图、幻灯片放映视图、阅读视图、备注页视图和母版视图。采用不同的视图会为一些操作带来方便，例如，在幻灯片浏览视图下可以显示更多的幻灯片缩略图，因此方便实现移动多张幻灯片的操作，而普通视图更适合编辑幻灯片的内容。

用户在各种视图间进行切换主要有两种方法，一是通过"视图"选项卡进行，这种方法只能在普通视图、大纲视图、幻灯片浏览视图、备注页视图、阅读视图和母版视图之间切换；第二种方法是通过状态栏右侧的视图切换按钮进行，可以在普通视图、幻灯片浏览视图、阅读视图和幻灯片放映视图之间切换。

1. 普通视图

普通视图是 PowerPoint 演示文稿的默认视图，是主要的编辑视图，可以用于撰写或设计演示文稿。

在普通视图下，窗口由三个窗格组成，即幻灯片缩略图窗格、幻灯片编辑窗格和备注窗格，分别显示演示文稿的幻灯片缩略图、幻灯片和备注内容。

幻灯片缩略图窗格可以显示幻灯片缩略图，主要用于添加、排列或删除幻灯片，以及

快速查看演示文稿中的任意一张幻灯片。

普通视图下幻灯片编辑窗格面积较大，但显示的三个窗格大小是可以调节的，方法是拖动两个窗格之间的分界线即可。若将幻灯片编辑窗格尽量调大，此时幻灯片上的细节一览无余，最适合编辑幻灯片，如插入对象、修改文本等，还可以为各对象添加超链接及动画等。幻灯片编辑窗格中只能显示一张幻灯片。

备注窗格中可添加与每张幻灯片的内容相关的备注。用户可将这些备注打印为备注页或将演示文稿保存为 Web 网页时显示它们。

2. 大纲视图

大纲视图也属于演示文稿的编辑视图，与普通视图唯一的区别，就是用大纲窗格替换了幻灯片缩略图窗格。用户可对大纲窗格中的大纲文本直接进行输入和编辑，并可以调整大纲内容的层次结构。

3. 幻灯片浏览视图

在幻灯片浏览视图中，屏幕上可显示多张幻灯片缩略图，可以直观地观察演示文稿的整体外观，便于进行多张幻灯片顺序的编排、复制、移动、插入和删除等操作。用户还可以在幻灯片浏览视图中设置幻灯片的切换效果并预览，但不能编辑单张幻灯片的具体内容，如对幻灯片中的字体进行格式化等。

4. 备注页视图

用户如果需要以整页格式查看和使用备注，可以使用备注页视图。在这种视图下，一张幻灯片将被分成两部分，其中上半部分用于展示幻灯片的内容，但无法对幻灯片的内容进行编辑，下半部分则是用于建立备注。用户可以输入或编辑备注页的内容，其中表格、图表、图片等对象也可以插入到备注页中，这些对象会在打印的备注页中显示出来，但不会在其他几种视图中显示。同学们需要留意普通视图下备注窗格和备注页视图的区别。

5. 阅读视图

在阅读视图下，只保留幻灯片窗格、标题栏和状态栏，其他编辑功能被屏蔽，目的是幻灯片制作完成后可简单放映浏览。用户随时可以按 Esc 键退出阅读视图，也可以单击状态栏右侧的视图切换按钮，退出阅读视图并切换到相应视图。

6. 幻灯片放映视图

幻灯片放映视图显示的是演示文稿的放映效果，是制作演示文稿的最终目的。在这种视图中，可以看到图形、时间、影片、动画等元素，以及对象的动画效果和幻灯片的切换效果。需要注意的是，在幻灯片放映视图下不能对幻灯片进行编辑。

7. 母版视图

详情参见本章考点 6。

1.（2020年单项选择题）在 PowerPoint 2016 中，方便添加、删除、移动幻灯片的视图是_____。

A. 幻灯片放映视图　　　　　B. 幻灯片浏览视图

C. 备注页视图　　　　　　　D. 阅读视图

【答案】B

【解析】幻灯片浏览视图以缩略图形式展示幻灯片，以便以全局的方式浏览演示文稿中的幻灯片，可以通过新建、复制、插入、删除幻灯片等操作，快速地对幻灯片进行组织和编排，还可以为幻灯片设置切换效果并预览。

2.（2019年单项选择题）PowerPoint 2016 中主要的编辑视图是_____。

A. 幻灯片浏览视图　　　　　B. 备注页视图

C. 幻灯片放映视图　　　　　D. 普通视图

【答案】D

【解析】普通视图是主要的编辑视图，也是 PowerPoint 2016 的默认视图，可用于撰写或设计演示文稿。

3.（2019年判断题）PowerPoint 2016 在幻灯片浏览视图下，能编辑单张幻灯片的具体内容。

A. 正确　　　　　　　　　　B. 错误

【答案】B

【解析】在幻灯片浏览视图下可以方便地浏览整个演示文稿中各张幻灯片的整体效果，以决定是否要改变幻灯片的版式、设计模式等，也可在该视图下排列、添加、复制或删除幻灯片，但不能编辑单张幻灯片的具体内容。

4.（2018年单项选择题）PowerPoint 2016 在幻灯片浏览视图下，不能进行的操作是_____。

A. 排列幻灯片　　　　　　　B. 删除幻灯片

C. 编辑单张幻灯片的具体内容　D. 改变幻灯片的版式

【答案】C

【解析】参考上一题。

真题再现-4 讲解

考点3　新建和编辑幻灯片

1. 新建幻灯片

在普通视图下创建幻灯片主要有以下几种方法。

方法一：打开要进行编辑的演示文稿，选择添加位置，如第一张幻灯片，单击"开始"选项卡"幻灯片"组中的"新建幻灯片"。"新建幻灯片"分为上下两个部分，若单击上部则直接在被选中的幻灯片后面新建一个与被选中的幻灯片版式相同的幻灯片；若单击下部，则会弹出下拉列表让用户选择幻灯片的版式。

方法二：单击"插入"选项卡"幻灯片"组中的"新建幻灯片"。操作过程与方法一同方法一。

方法三：在幻灯片缩略图窗格中右击，在弹出的快捷菜单中选择"新建幻灯片"命令。

方法四：使用组合键 Ctrl+M。

方法五：在幻灯片缩略图窗格中，直接按 Enter 键。

2. 插入来自其他演示文稿的幻灯片

用户如果需要插入其他演示文稿的幻灯片，可以采用重用幻灯片功能。方法为：单击"开始"选项卡"幻灯片"组中的"新建幻灯片"的下部，在其下拉列表中选择"重用幻灯片"命令，弹出重用幻灯片窗格；在该窗格中可单击"浏览"按钮，在弹出的"浏览"对话框中找到要插入的演示文稿，单击"打开"按钮，这样该演示文稿中的所有幻灯片都会显示在重用幻灯片窗格中，单击要插入的幻灯片即可。

用户也可以采用复制 / 粘贴的方式插入其他演示文稿的幻灯片。

3. 将 Word 文档导入生成幻灯片

首先在 Word 文档中调整文本的大纲级别，调整好后保存并关闭，然后在"开始"选项卡"幻灯片"组中单击"新建幻灯片"的下部，在弹出的下拉列表中选择"幻灯片（从大纲）"命令，在弹出的"插入大纲"对话框中选择前面已调整好格式的 Word 文档，单击"打开"按钮即可。

4. 选择幻灯片

用户只有在选择了幻灯片后，才能对其进行编辑和各种操作。选择幻灯片主要有以下几种方法：

选择单张幻灯片：使用鼠标左键单击需要选择的幻灯片，即可将其选中。

选择多张幻灯片：按住 Ctrl 键单击需要选择的幻灯片，即可选择多张不连续的幻灯片。若用户要选择多张连续的幻灯片，则先选中第一张幻灯片，按住 Shift 键不放，再单击要选择的最后一张幻灯片，即可选中第一张与最后一张之间的连续幻灯片。

选择全部幻灯片：使用组合键 Ctrl+A。

5. 移动和复制幻灯片

（1）复制幻灯片

方法一：选中原幻灯片，按住鼠标左键进行拖动的同时按住 Ctrl 键不放，到目标位置释放鼠标左键就可以实现幻灯片的复制。

方法二：选中原幻灯片，在其上右击，在弹出的快捷菜单中有"复制"命令和"复制幻灯片"命令。若选择"复制"命令，则原幻灯片被复制到剪贴板，然后在目标位置需要执行"粘贴选项"中的"使用目标主题"、"保留源格式"和"图片"命令之一。若用户选择"复制幻灯片"命令，则将被选中的幻灯片直接复制并粘贴到当前位置的后面，无须用户再进行粘贴操作。

方法三：选中原幻灯片，在"开始"选项卡"剪贴板"组选择"复制"下拉列表（如图 6-2 所示）中的第一个"复制"命令，只是将选中的幻灯片复制到剪贴板中，需要在目标位置进行粘贴；选择第二个"复制"命令，则将被选中的幻灯片复制并粘贴到当前位置的后面。

图 6-2　"复制"下拉列表

方法四：使用组合键"Ctrl+C"和"Ctrl+V"。

（2）移动幻灯片

方法一：先选中原幻灯片，按住鼠标左键不放进行拖动，到目标位置释放鼠标左键后该幻灯片即被移动。

方法二：选中原幻灯片，右击，在弹出的快捷菜单中选择"剪切"命令，然后在目标位置需要执行"粘贴选项"中的"使用目标主题"、"保留源格式"和"图片"命令之一。

方法三：使用"开始"选项卡"剪贴板"组中的"剪切""粘贴"命令。

方法四：使用组合键"Ctrl+X"和"Ctrl+V"。

6. 删除幻灯片

在普通视图、大纲视图、幻灯片浏览视图下，选中一张或多张幻灯片，然后右击，在弹出的快捷菜单中选择"删除幻灯片"命令，或者直接按 Delete 键，可将选中的幻灯片从演示文稿中删除。

7. 设置幻灯片版式

版式指幻灯片上对象的布局格式，包含了要在幻灯片上显示的全部内容，如标题、文本、图片、表格等的格式设置、位置和占位符。默认情况下，PowerPoint 中包含 11 种内置幻灯片版式，如标题幻灯片、标题和内容、空白等。其中标题幻灯片版式一般用于演示文稿的第一张幻灯片。标题和内容版式是使用最多的一种幻灯片版式。空白版式中没有占位符，不能直接输入文字，但可以插入文本框、艺术字、图片等。

用户既可以在新建幻灯片时选择合适的版式，也可以更改当前幻灯片的版式。用户更改幻灯片版式的方法有：一是选择幻灯片，在"开始"选项卡"幻灯片"组"版式"下拉列表中选择要设置的版式；二是右击幻灯片，在弹出的快捷菜单中选择"版式"，在弹出的级联菜单中选择要设置的版式即可。

8. 在占位符中输入文本

占位符预先占住一个固定的位置，等待用户输入内容。占位符在幻灯片上表现为一种虚线框，框内往往有"单击此处添加标题"或"单击此处添加文本"之类的提示语。用户用鼠标单击虚线框内部之后，这些提示语就会自动消失，光标变为闪烁的"|"形状时即可输入文本。占位符相当于版式中的容器，可容纳如文本（包括正文文本、项目符号列表和标题）、表格、图表、SmartArt 图形、影片、声音、图片及剪贴画等内容。

用户可以复制、移动、删除、旋转占位符，也可以设置占位符样式。

在没有占位符的地方，用户可以通过插入文本框来输入文本。

9. 格式化幻灯片

（1）设置字体格式

用户可以利用"开始"选项卡"字体"组中的相关命令、"字体"对话框或悬浮工具栏设置选中文本的字体、字号、颜色、加粗等。设置字体格式的操作方法和 Word 2016 中设置字体格式相似。

（2）设置文本的段落格式

用户选中需要设置段落格式的文本，可以利用"开始"选项卡"段落"组中的相关命令或"段落"对话框均可设置段落的对齐方式、缩进方式、文字方向、行间距及分栏、项目符号和编号等。

10. 隐藏幻灯片

在"幻灯片放映"选项卡中选择"隐藏幻灯片"命令，或右击，在弹出的快捷菜单中选择"隐藏幻灯片"命令，即可隐藏被选中的幻灯片。被隐藏的幻灯片在编辑状态下可见，在放映状态下被隐藏。

真题再现

1.（2022 年综合运用题）新建演示文稿后，由 Word 文档"年度销售总结报告"的文本内容生成幻灯片，下列操作最优的是_____。

A."文件"→"新建"→"根据现有内容新建"

B."开始"→"新建幻灯片"→"幻灯片（从大纲）"

C."开始"→"粘贴"→"选择性粘贴"→"Microsoft Word 文档对象"

D."插入"→"对象"→"由文件创建"

真题再现-2
讲解

【答案】B

【解析】用户利用"幻灯片（从大纲）"命令，可以将 Word 中的文本直接转换为幻灯片中的内容。进行转换前，Word 文档必须首先进行大纲调整，否则不能成功转换。

2.（2021 年单项选择题）在 PowerPoint 2016 中，不能在空白幻灯片中直接插入的是_____。

A. 艺术字　　　　B. 公式　　　　C. 文字　　　　D. 文本框

【答案】C

【解析】空白版式幻灯片中没有占位符，不能直接输入文字，但可以插入图片、文本框、艺术字、公式等。

3.（2020年单项选择题）在 PowerPoint 2016 中，下列关于隐藏幻灯片的说法中正确的是_____。

A. 隐藏的幻灯片被删除　　　　　　　B. 隐藏的幻灯片不能被编辑

C. 隐藏的幻灯片播放时不显示　　　　D. 隐藏的幻灯片播放时显示为空白页

【答案】C

【解析】隐藏的幻灯片编辑时可见，放映时不可见。

4.（2018年单项选择题）在 PowerPoint 2016 中，在普通视图下，如果选择不连续的多张幻灯片，则按住_____键，依次单击要选的幻灯片。

A. Shift　　　　　　B. Ctrl　　　　　　C. Alt　　　　　　D. Space

【答案】B

【解析】用户若选择连续多张幻灯片，可先选中连续多张幻灯片中的第一张，然后按住 Shift 键，再单击连续多张幻灯片中的最后一张；如果选择不连续的多张幻灯片，则按住 Ctrl 键，依次单击要选中的幻灯片。

5.（2018年多项选择题）在 PowerPoint 2016 中，若选择"复制"命令，则原幻灯片被复制到剪贴板，然后在要粘贴的位置单击鼠标右键，执行"粘贴选项"中的命令（选择项），此时"粘贴选项"中应有 3 个选择项，分别是_____和图片。

A. 使用目标主题　　　　　　　　　B. 保留源格式

C. 边框除外　　　　　　　　　　　D. 全部

【答案】AB

【解析】"使用目标主题"是指被粘贴的幻灯片使用目标位置幻灯片的主题；"保留源格式"是指被粘贴的幻灯片使用其原有的主题；"图片"是指被粘贴的幻灯片以图片形式粘贴到目标位置的幻灯片内。

考点 4　组织和管理幻灯片

1. 添加幻灯片编号

（1）添加幻灯片编号的方法

①选中要设置编号的幻灯片。

②在"插入"选项卡"文本"组中单击"页眉和页脚"或者"幻灯片编号"命令，打开"页眉和页脚"对话框。

③在"页眉和页脚"对话框的"幻灯片"选项卡中，勾选"幻灯片编号"复选框，如图 6-3 所示。

④如果仅对选中的幻灯片设置编号，则单击"应用"按钮，可以实现在幻灯片的适当位置显示幻灯片编号；如果要为演示文稿的所有幻灯片设置编号，则单击"全部应用"按钮；如果不希望标题幻灯片中出现编号，则应同时勾选"标题幻灯片中不显示"复选框。

图 6-3 添加幻灯片编号

（2）更改幻灯片编号起始值

默认情况下幻灯片编号从 1 开始，若要更改起始编号，可按下列方法设置：

①在"设计"选项卡"自定义"选项组中单击"幻灯片大小"下面的下拉按钮，在下拉列表中选择"自定义幻灯片大小"命令，打开"幻灯片大小"对话框。

②在"幻灯片编号起始值"文本框中输入新的起始编号，单击"确定"按钮。

2. 添加日期和时间

用户通过"页眉和页脚"对话框，可以为指定幻灯片添加日期和时间，操作方法与设置幻灯片编号相似。

①选中要添加日期和时间的幻灯片。

②在"插入"选项卡"文本"选项组中单击"页眉和页脚"或者"日期和时间"命令，打开"页眉和页脚"对话框。

③在"页眉和页脚"对话框的"幻灯片"选项卡中，勾选"日期和时间"复选框，然后选择下列操作之一。

● 选中"自动更新"单选按钮，然后选择适当的语言和日期格式。这种设置方法，使得每次打开、打印或放映演示文稿时显示的是当前系统的日期和时间。

● 选中"固定"单选按钮，在其下方的文本框中输入期望的日期和时间，将会显示固定不变的日期和时间。

④如果不希望标题幻灯片中出现日期和时间，则应同时勾选"标题幻灯片中不显示"复选框。

⑤如果只希望为当前选中的幻灯片添加日期和时间，则单击"应用"按钮；如果要为

演示文稿中所有幻灯片添加日期和时间，则单击"全部应用"按钮。

3. 用节管理幻灯片

当演示文稿包含的幻灯片较多时，使用节管理幻灯片可以实现对幻灯片的快速导航，可以命名和打印整个节，也可将背景、主题等效果应用于整个节。

（1）新增节

默认情况下，每一个演示文稿只有一个节，用户要想增加新的节只需要在普通视图的幻灯片缩略图窗格中选中要分节的幻灯片，在"开始"选项卡"幻灯片"组"节"的下拉列表中选择"新增节"命令，也可以单击右键，在弹出的快捷菜单中选择"新增节"命令。新增节后，第一节默认被称为"默认节"，第二节默认被称为"无标题节"。

（2）重命名节

在节标题处右击，在弹出的快捷菜单中选择"重命名节"命令，或者在"开始"选项卡"幻灯片"组"节"的下拉列表中选择"重命名节"命令，打开"重命名节"对话框，在"节名称"下的文本框中输入新的名称，然后单击"重命名"按钮，完成节的重命名。

（3）对节进行操作

①选择节。单击节标题，即可选中该节中包含的所有幻灯片。用户可以为选中的节统一应用主题、切换方式、背景和隐藏幻灯片等。

②展开或折叠节。单击节标题左侧的三角图标，可以展开或折叠节包含的幻灯片，折叠时在节标题右侧会显示本节幻灯片的数量。

③移动节。右击要移动节的标题，从弹出的快捷菜单中选择"向上移动节"或"向下移动节"命令；或者左键按住要移动节的标题，拖动节标题，此时在缩略图窗格中所有节都会折叠起来，然后将该节释放到要移动的位置。

④删除节。右击要删除节的标题，从弹出的快捷菜单中选择"删除节"命令，或者在"开始"选项卡"幻灯片"组"节"的下拉列表中选择"删除节"命令，此时仅删除了该节，而该节中包含的幻灯片仍然保留在演示文稿中，并归并到上一节中。

⑤删除节及其包含的所有幻灯片。选中节，按 Delete 键即可删除当前节及节中幻灯片；或者右击要删除节的标题，从弹出的快捷菜选择"删除节和幻灯片"命令。

▶ **真题再现** ◀

（2022年综合运用题）在演示文稿的所有幻灯片中都插入能够自动更新的时间，下列操作可以实现的是_____。

①选中任意幻灯片，通过"插入"选项卡"文本"组中的"日期和时间"完成

②进入幻灯片母版后，通过"插入"选项卡"文本"组中的"日期和时间"完成

③选中任意幻灯片，插入文本框，直接在文本框中输入时间，然后进行复制粘贴

④进入幻灯片母版后，通过"插入"选项卡"文本"组中的"页眉和页脚"完成

A. ①②③④　　　B. ①②③　　　　C. ②③　　　　　D. ①②④

【答案】D

【解析】用户在"插入"选项卡"文本"组中单击"页眉和页脚"或者"日期和时间"命令，打开"页眉和页脚"对话框，选中"自动更新"单选按钮，然后选择适当的语言和日期格式。这种设置方法，使得每次打开、打印或放映演示文稿时显示的是当前系统的日期和时间，从而实现自动更新。用户在文本框中输入的日期和时间无法实现自动更新。

考点5 在 PowerPoint 2016中插入对象

真题再现讲解

1. 插入音频

（1）插入音频的方法

在 PowerPoint 中，用户既可以插入音频文件，也可以自己录制音频，将其添加到演示文稿。

方法：在"插入"选项卡"媒体"组中单击"音频"下面的下拉按钮，在弹出的下拉列表中有两种插入音频的方式，分别为"PC 上的音频"和"录制音频"。

在幻灯片上插入音频后，将显示一个表示音频文件的小喇叭图标。

（2）设置音频的播放

① 在"音频工具 / 播放"选项卡（见图 6-4）"音频选项"组中打开"开始"下拉列表，列表中有"自动"和"单击时"两个选项，从中设置音频播放的开始方式。其中，"单击时"表示放映幻灯片时通过需要执行单击来实现音频播放；"自动"表示将在放映幻灯片时自动开始播放音频。

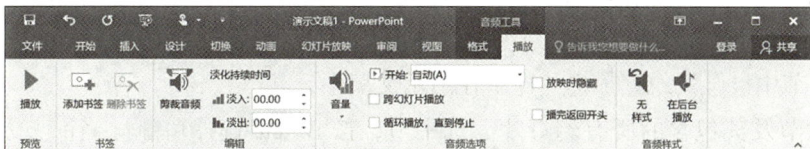

图 6-4 "音频工具 / 播放"选项卡

②勾选"跨幻灯片播放"复选框，音频播放将不会因为切换到其他幻灯片而停止。

③勾选"循环播放，直到停止"复选框，将会在放映当前幻灯片时连续播放音频直至手动停止播放或者转到下一张幻灯片为止。

④如果用户在"音频样式"组中单击"在后台播放"命令，则在"音频选项"组中"开始"被设置为"自动"，而且"跨幻灯片播放"、"循环播放，直到停止"和"放映时隐藏"3 个复选框同时被勾选。

⑤如果不希望在放映时观众看到声音图标，则可以将其隐藏起来。方法为：在"音频选项"组中勾选"放映时隐藏"复选框。

⑥有时插入的音频文件很长，但实际只需要播放音频的某个片段即可，这时可以通过"编辑"组中的"剪裁音频"命令来实现。

（3）删除音频

在包含音频的幻灯片中，单击选中音频图标，然后按 Delete 键即可将选中的音频删除。

2. 插入视频对象

（1）插入视频的方法

在"插入"选项卡"媒体"组中单击"视频"下面的下拉按钮，在弹出的下拉列表中显示有 2 种插入视频文件的方式，分别为"联机视频"和"PC 上的视频"。用户也可以插入屏幕录制的视频。

（2）为视频设置播放选项

通过图 6- 5 所示的"视频工具 / 播放"选项卡可以设置视频播放方式，其操作方法与设置音频播放的方法基本相同。

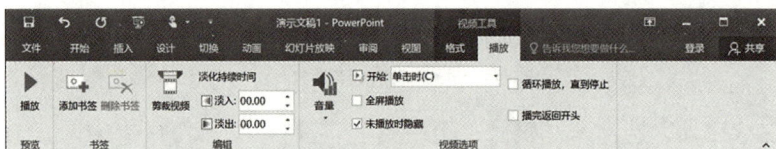

图 6-5 "视频工具 / 播放"选项卡

3. 插入 SmartArt 图形

SmartArt 图形是信息的可视化表现形式。用户可以从多种不同布局中进行选择，从而快速轻松地创建所需形式，以便有效地传达信息或观点。

方法：在"插入"选项卡"插图"组中单击"SmartArt"命令，在弹出的"选择 SmartArt 图形"对话框中选择需要插入的 SmartArt 图形即可，如图 6-6 所示。除此之外，用户单击占位符内的"插入 SmartArt 图形"按钮也可以弹出"选择 SmartArt 图形"对话框。

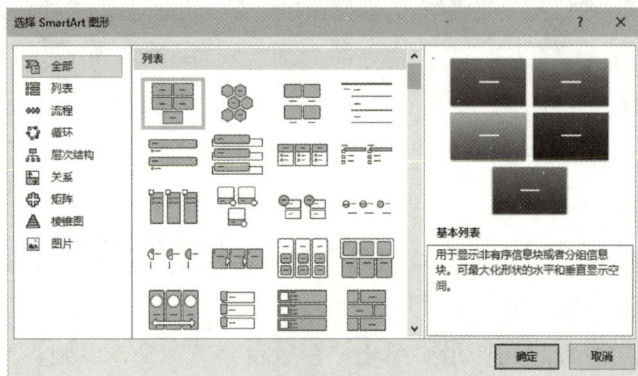

图 6-6 选择 SmartArt 图形

插入 SmartArt 图形后，用户可以在 SmartArt 图形中输入文本内容，也可以设置 SmartArt 图形的布局与样式，以及在 SmartArt 图形中编辑形状。

PowerPoint 2016 还为用户提供了转换 SmartArt 图形的功能。选中文本，执行"开始"选项卡"段落"组中的"转换为 SmartArt"命令，可以将幻灯片中的文字转换为 SmartArt

图形。选中 SmartArt 图形，在"SmartArt 工具/设计"选项卡"重置"组中单击"转换"下面的下拉按钮，在弹出的下拉列表中选择"转换为文本"命令，可以将 SmartArt 图形转换为文本。

4. 插入文本框、图片、表格、公式、图表和艺术字

插入这些对象时首先应选中目标幻灯片，然后执行"插入"选项卡中的相关命令即可。这些对象的插入方法与 Word 相同，在此不再赘述。

真题再现

1.（2022 年操作题）在第 1 张幻灯片中插入了音频文件，希望演示文稿放映时作为背景音乐全程播放，下列操作最优的是_____。
   A. 在"音频工具/播放"选项卡"开始"下拉列表中选择"自动 (A)"
   B. 复制粘贴音频文件到其他幻灯片中，逐个进行设置
   C. 在"音频工具/播放"选项卡"音频选项"组中勾选"跨幻灯片播放"复选框，并勾选"播完返回开头"复选框
   D. 在"音频工具/播放"选项卡"音频选项"组中勾选"跨幻灯片播放"复选框，并勾选"循环播放，直到停止"复选框
   【答案】D
   【解析】勾选"循环播放，直到停止"复选框，将会在放映幻灯片时连续播放音频直到手动停止播放或转到下一张幻灯片为止。勾选"跨幻灯片播放"复选框，可以使音频播放不会因为切换到其他幻灯片而停止。勾选"播完返回开头"复选框意味着音频播放完毕后，返回音频的开头，停止播放，不符合题目要求。

2.（2019 年单项选择题）可以在 Powerpoint 2016 演示文稿中插入图表，目的是_____。
   A. 可视化地显示文本   B. 演示和比较数据
   C. 显示一个组织结构图   D. 说明一个进程
   【答案】B
   【解析】在"插入"选项卡"插图"组中，单击"图表"命令，可向幻灯片中插入图表。用图表表示数据具有直观、简洁的特点，更便于数据分析及比较数据之间的差异。

考点6 幻灯片外观的修饰

PowerPoint 提供了多种演示文稿外观设计功能，可以采用多种方式修饰和美化演示文稿，制作出精致的幻灯片，更好地展示要表达的内容。外观设计可采用的主要方式有使用主题、设置背景及使用母版。

1. 主题

主题是演示文稿的颜色搭配、字体格式化及一些特效命令的集合，使用主题可以大大

简化演示文稿的创作过程。PowerPoint 提供了多种内置主题以供制作演示文稿时选用，可直接在主题库中选择，也可自定义主题。

使用方法：在"设计"选项卡"主题"组单击"其他"下拉按钮，在下拉列表中选择合适的主题即可。在操作过程中，用户选中一张幻灯片操作，默认是将演示文稿中的所有幻灯片应用选定的主题（整个演示文稿只有一种主题的情况下）。用户若选中多张幻灯片或一节幻灯片则只对选中的多张幻灯片或一节幻灯片应用主题。用户要实现对一张幻灯片应用特定主题，需要选中该幻灯片，将鼠标移动到某一主题上，右击，在弹出的快捷菜单中选择"应用于选定幻灯片"命令来实现。

若用户需要自定义主题，则可以在"设计"选项卡"变体"组中通过"颜色"、"字体"和"效果"命令进行自定义。

2. 背景

用户可以更改幻灯片、备注页及讲义的背景色或背景设计。

（1）设置幻灯片背景

用户既可以改变所有幻灯片的背景，也可以只改变所选幻灯片的背景。

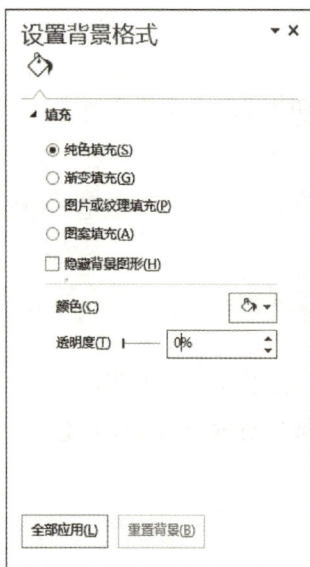

设置背景的第一种方法是，单击"设计"选项卡"变体"组中的"背景样式"，在弹出的下拉列表中列出了 12 种背景样式，选择一种满意的背景样式，则演示文稿中所有幻灯片均采用该背景样式（整个演示文稿只有一种主题的情况下）。用户若只想改变选中幻灯片的背景，可以在一种背景样式处右击，在弹出的快捷菜单中选择"应用于所选幻灯片"命令。

设置背景的第二种方法是，利用"设置背景格式"窗格进行设置，如图 6-7 "设置背景格式"窗格所示。PowerPoint 2016 提供的背景格式设置方式有纯色填充、渐变填充、图片或纹理填充、图案填充 4 种。若用户要将设置好的背景仅作为所选幻灯片的背景，直接单击窗格右上角的"关闭"按钮即可，若将设置的背景作为演示文稿中所有幻灯片的背景，则单击"全部应用"按钮。

图 6-7 "设置背景格式"窗格

（2）设置备注页或讲义背景

备注页或讲义背景的设置需要在"视图"选项卡"母版视图"组中选择"备注母版"命令或"讲义母版"命令，在弹出的"备注母版"选项卡或"讲义母版"选项卡中通过"背景样式"进行设置。

3. 母版

母版主要用来定义演示文稿中所有幻灯片的格式，其内容主要包括文本与对象在幻灯片中的位置、文本与对象占位符的大小、文本样式、效果、主题颜色、背景等。PowerPoint 2016 主要提供了幻灯片母版、备注母版和讲义母版 3 种母版。

每个演示文稿至少包含一个幻灯片母版。修改和使用幻灯片母版的主要优点是可以对演示文稿中的每张幻灯片（包括以后添加到演示文稿中的幻灯片）进行统一的样式更改。使用幻灯片母版时，由于无须在多张幻灯片上输入相同的信息，因此节省了时间。如果演示文稿非常长，其中包含大量幻灯片，则使用幻灯片母版特别方便。

（1）幻灯片母版

在 PowerPoint 2016 中，系统提供了一套幻灯片母版，包括 1 张主母版和 11 张幻灯片版式母版。选择"视图"选项卡，在"母版视图"组中单击"幻灯片母版"命令，即可进入"幻灯片母版"选项卡查看幻灯片母版。修改主母版中某一对象的格式，就可以同时修改所有幻灯片中对应对象的格式。

（2）讲义母版

讲义母版用得的不多，主要用于控制幻灯片以讲义形式打印的格式。

（3）备注母版

备注母版主要用于设置供演讲者备注使用的空间及设置备注幻灯片的格式。

> **真题再现**
>
> 1.（2020 年单项选择题）在 PowerPoint 2016 中，关于幻灯片母版说法正确的是_____。
>   A. 一个演示文稿至少有一个幻灯片母版
>   B. 一个演示文稿只能有一个幻灯片母版
>   C. 一个演示文稿可以没有幻灯片母版
>   D. 演示文稿的母版就是指幻灯片母版
>
> 真题再现-1
> 讲解
>
> 【答案】A
> 【解析】幻灯片母版是幻灯片层次结构中的顶层幻灯片，用于存储有关演示文稿的主题和幻灯片版式的信息，包括背景、颜色、字体等。每个演示文稿至少应包含一个幻灯片母版。演示文稿的母版包括幻灯片母版、讲义母版和备注母版。
>
> 2.（2019 年单项选择题）在 PowerPoint 2016 中，设置幻灯片背景的操作应该选择_____选项卡。
>   A. 设计   B. 插入   C. 格式   D. 视图
>
> 【答案】A
> 【解析】选中目标幻灯片，单击"设计"选项卡"变体"组中的"背景样式"，在弹出的下拉列表中选择需要的背景样式即可。也可以单击"自定义"组中的"设置背景格式"命令，在弹出的"设置背景格式"窗格中进行设置。另外，用户右击目标幻灯片，在弹出的快捷菜单中选择"设置背景格式"命令也可以打开"设置背景格式"窗格，设置幻灯片背景。

3. （2019年多项选择题）PowerPoint 2016主要提供了三种母版：幻灯片母版、_____和_____。

　　A. 标题母版　　　　　B. 讲义母版　　　　　C. 备注母版　　　　　D. 图文母版

【答案】BC

【解析】母版主要用来定义演示文稿中所有幻灯片的格式，其内容主要包括文本与对象在幻灯片中的位置、文本与对象占位符的大小、文本样式、效果、主题颜色、背景等。PowerPoint 2016主要提供了幻灯片母版、备注母版和讲义母版3种母版。

4. （2018年判断题）在PowerPoint 2016中，主题只能应用于所有幻灯片。

　　A. 正确　　　　　　　　　　　　　　B. 错误

【答案】B

【解析】在默认情况下（整个演示文稿只有一种主题的情况下），应用主题时会同时更改所有幻灯片的主题，若想只更改当前幻灯片的主题，需在主题上右击，在弹出的快捷菜单中选择"应用于选定幻灯片"命令。

5. （2018年判断题）PowerPoint 2016提供的背景格式设置方式有纯色填充、渐变填充、图片或纹理填充、图案填充4种。

　　A. 正确　　　　　　　　　　　　　　B. 错误

【答案】A

【解析】参考图6-7。

考点7　动画效果和动作设置

1. 设置幻灯片动画效果

在播放演示文稿时，可以为幻灯片中的文本、图像和其他对象预设动画效果，如设置文本从左侧飞入，同时发出声音，以突出重点，以使幻灯片的内容以丰富多彩的活动方式展示出来，引起观众注意。

（1）插入单个动画

选中要添加动画的对象，选择"动画"选项卡，在"动画"组中选择合适的动画单击即可。

动画有四类："进入"动画、"强调"动画、"退出"动画和"动作路径"动画。

"进入"动画：使对象从外部飞入幻灯片播放画面的动画效果，如飞入、旋转、弹跳等。

"强调"动画：对播放画面中的对象进行突出显示、起强调作用的动画效果，如放大／缩小、脉冲、加粗闪烁等。

"退出"动画：使播放画面中的对象离开播放画面的动画效果，如飞出、消失、淡出等。

"动作路径"动画：播放画面中的对象按指定路径移动的动画效果，如弧形、直线、循环等。

选好动画后，还可以通过"效果选项"改变动画的路径。在"动画"选项卡"计时"组中还可以设置动画的开始方式、持续时间和动画开始播放的延迟时间等。

（2）对一个对象插入多个动画

选中要插入多个动画的对象，单击"动画"选项卡"高级动画"组"添加动画"下面的下拉按钮，在弹出的下拉列表中选择合适的动画，这样就添加了一个动画，重复这一操作即可添加多个动画。单击"动画窗格"命令会弹出动画窗格，在里面可以看到全部的动画。

（3）设置动画音效

设置动画时，默认动画无音效，需要音效时可以自行设置。这里以为"飞入"动画对象设置音效为例，说明设置音效的方法。选择设置动画音效的对象（该对象已设置"飞入"动画），单击"动画"选项卡"动画"组右下角的"显示其他效果选项"按钮，弹出"飞入"对话框，如图 6-8 所示。在对话框的"效果"选项卡"声音"列表框中选择一种音效，如打字机。

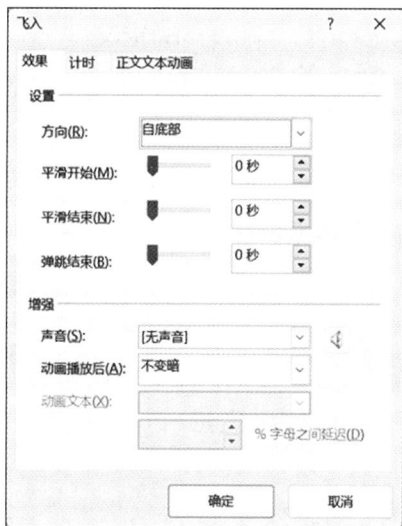

图 6-8 "飞入"对话框

（4）为动画设置计时

用户可以通过"动画"选项卡"计时"组中的相应命令为动画指定开始方式、持续时间或者延迟时间。

①为动画设置开始方式。在"计时"组"开始"列表框中，选择"单击时""与上一动画同时""上一动画之后"中的一种作为选中动画的开始方式。

②设置动画运行时的持续时间。在"计时"组"持续时间"文本框中输入持续的秒数。

③设置动画开始前的延时。在"计时"组"延迟"文本框中输入延迟的秒数。

（5）动画排序

若一张幻灯片内有多个动画，这些动画默认是按照添加顺序进行播放的。若想改变播放顺序，只需要在动画窗格中选中要改变顺序的动画，然后鼠标左键按住不放上下拖动，拖动时会出现一条红线表示目标位置，拖动到合适的位置松开鼠标即可。

（6）预览动画效果

动画设置完成后，可以预览动画的播放效果。单击"动画"选项卡"预览"组中的"预览"命令或单击动画窗格中的"全部播放"按钮，即可预览动画。

（7）使用动画刷复制动画

在 PowerPoint 2016 中，使用动画刷可以复制动画。方法为：选择需要复制动画的幻灯片中的对象，在"动画"选项卡"高级动画"组中，单击"动画刷"命令，此时鼠标指针旁出现一个刷子图标，然后单击需要应用前面对象动画效果的目标幻灯片中的某个对象即可。

（8）删除动画

方法一：选中要删除动画的对象，则其左上角会出现该对象的所有动画序号按钮，选中要删除的动画序号按钮，按 Delete 键即可。

方法二：在动画窗格中选中要删除的动画，右击，在弹出的快捷菜单中选择"删除"命令。

方法三：选中要删除动画的对象，在"动画"选项卡"动画"组中选择"无"。

2. 设置幻灯片切换效果

幻灯片切换效果是指在幻灯片演示期间从一张幻灯片切换到下一张幻灯片时出现的动画效果。PowerPoint 2016 提供了多种切换样式，例如，可以使幻灯片从右上部覆盖，或者自左侧擦除等。幻灯片的切换效果不仅使幻灯片的过渡衔接更为自然，而且也能吸引观众的注意力。幻灯片的切换设置内容包括幻灯片切换效果（如"覆盖""溶解""随机线条""百叶窗"等）和切换属性（效果选项、换片方式、持续时间和声音）。

选中目标幻灯片，然后切换到"切换"选项卡，在"切换到此幻灯片"组中可添加幻灯片切换方式，添加后还可通过"效果选项""声音""持续时间""换片方式"等命令对当前切换属性进行进一步设置。若要对当前演示文稿中所有幻灯片都使用这种切换方式，则单击该选项卡中的"全部应用"命令即可。

在设置切换效果时，当时就会预览所设置的切换效果。也可以单击"预览"组中的"预览"命令，随时预览切换效果。

3. 超链接和动作设置

利用超链接和动作设置可以制作具有交互功能的演示文稿。

（1）超链接

在放映幻灯片前，可在演示文稿中插入超链接，从而实现放映时从当前幻灯片跳转到其他位置的效果。在 PowerPoint 中，超链接可以是从一张幻灯片到同一演示文稿中另一张幻灯片的链接，也可以是到不同演示文稿中另一张幻灯片、到电子邮件地址或网页、到文件的链接，但是不能链接到幻灯片或文档中的某一个具体对象（如幻灯片中的某个图片）。在幻灯片中添加超链接的对象并没有严格的限制，可以是文本或图形图片，也可以是图表。

插入超链接时，首先选中要插入超链接的对象，然后切换到"插入"选项卡，单击"链接"组中的"超链接"命令，这时会弹出"插入超链接"对话框，如图6-9所示。在对话框的"链接到"列表框中选择链接位置，如"本文档中的位置"，选择链接的目标位置，单击"确定"按钮。返回幻灯片，可见所选文本的下方出现下划线，且文本颜色发生变化。当放映到该幻灯片时，鼠标单击该文本可跳转到目标位置。

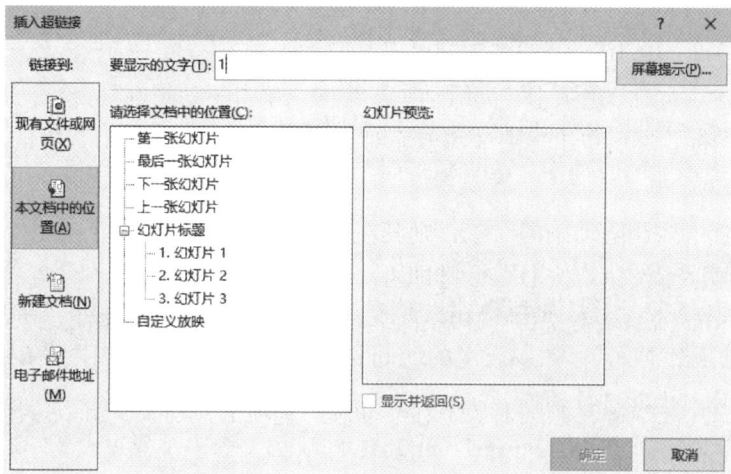

图6-9 "插入超链接"对话框

（2）动作设置

演示文稿放映时，由演讲者操作幻灯片上的对象去完成下一步的某项既定工作，称为该对象的动作。对象动作的设置提供了在幻灯片放映时人机交互的一个途径，使演讲者可以根据自己的需要选择幻灯片的演示顺序和展示演示内容，可以在众多的幻灯片中实现快速跳转，也可以实现与网络的超链接，甚至可以应用动作设置启动某个应用程序或宏。

动作设置时，首先选中要设置动作的对象，在"插入"选项卡"链接"组中选择"动作"命令，打开"操作设置"对话框，如图6-10所示。

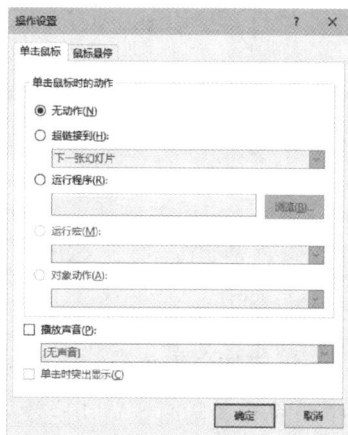

图6-10 "操作设置"对话框

在"操作设置"对话框中有"单击鼠标"和"鼠标悬停"两个选项卡，如果要使用单击启动跳转，请单击"单击鼠标"选项卡并进行设置；如果使用鼠标移过启动跳转，请单击"鼠标悬停"选项卡并进行设置。"操作设置"对话框中"超链接到"的设置，与前面讲述的超链接基本相同。用户利用"操作设置"对话框中的"运行程序"或"运行宏"可以启动某个应用程序或宏。

用户还可以在幻灯片中添加动作按钮，然后添加动作链接操作。方法是：单击"插入"选项卡"插图"组"形状"下面的下拉按钮，在下拉列表的"动作按钮"区域中选择某个按钮，将鼠标指针移到要添加按钮的幻灯片上，在所需位置上按住鼠标左键拖动到适当大小，松开鼠标左键，打开"操作设置"对话框进行相应的设置。

真题再现

1.（2021 年单项选择题）关于 PowerPoint 2016 中幻灯片的切换，下列说法正确的是 _____。

A.换片时的声音效果可以由音频文件实现

B.一节中的幻灯片只能设置一种切换效果

C.设置"持续时间"属性值越大，幻灯片切换速度越快

D.换片方式不能同时选中"单击鼠标时"和"设置自动换片时间"

【答案】A

【解析】PowerPoint 2016 中每张幻灯片都可以设置不同的切换效果。设置"持续时间"属性值越大，幻灯片切换速度越慢。切换方式能同时选中"单击鼠标时"和"设置自动换片时间"，如果设定的时间到了，会自动切换；如果设定的时间未到，单击幻灯片，也能进行切换。

2.（2019 年单项选择题）在 PowerPoint 2016 的演示文稿中，通过设置 _____，可以使幻灯片中的标题、图片、文本等按需要的顺序出现。

A.自定义动画　　　　　　　　　B.放映方式

C.幻灯片切换　　　　　　　　　D.幻灯片链接

【答案】A

【解析】用户可以为标题、图片、文本等对象设置动画，设置完动画后，在动画窗格中可以为动画排序。

3.（2019 年单项选择题）在 PowerPoint 2016 的演示文稿中，若需使幻灯片从"随机线条"效果变换到下一张幻灯片，则应设置 _____。

A.放映方式　　　　　　　　　　B.自定义放映

C.自定义动画　　　　　　　　　D.幻灯片切换

【答案】D

【解析】幻灯片切换效果是在幻灯片演示期间从一张幻灯片移到下一张幻灯片时出现的动画效果。注意区分为幻灯片中的对象设置动画和幻灯片间的动画效果。

4.（2019 年单项选择题）在 PowerPoint 2016 中，_____可以启动某个应用程序或宏。

A.动作设置　　　　　　　　　　B.动画设置

C.切换设置　　　　　　　　　　D.排练计时

【答案】A

【解析】参考图 6-10。

考点 8　幻灯片放映

1. 设置放映方式

完成演示文稿的制作后，剩下的工作就是向观众放映演示文稿。不同场合选择合适的放映方式是十分重要的。

单击"幻灯片放映"选项卡"设置"组中的"设置幻灯片放映"命令，弹出"设置放映方式"对话框，如图 6-11 所示。

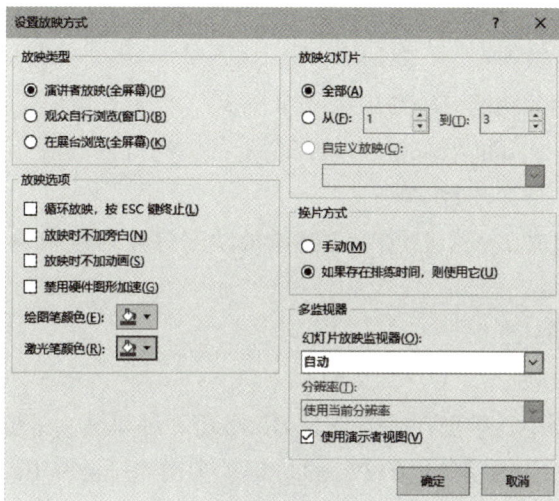

图 6-11　"设置放映方式"对话框

①在"放映类型"区域提供了演示文稿的三种放映方式：演讲者放映（全屏幕）、观众自行浏览（窗口）和在展台浏览（全屏幕）。

"演讲者放映（全屏幕）"是全屏幕放映，这种放映方式适合会议或教学的场合，放映进程完全由演讲者控制。

"观众自行浏览（窗口）"则在窗口中展示演示文稿，允许观众利用窗口命令控制放映进程。

"在展台浏览（全屏幕）"则采用全屏幕放映，适合无人看管的场合，如展示产品的橱窗和展览会上自动播放产品信息的展台等。演示文稿自动循环放映，观众只能观看不能控制。

②在"放映幻灯片"区域，可以确定幻灯片的放映范围。放映部分幻灯片时，可以指定放映幻灯片的开始序号和终止序号。用户也可通过自定义放映的方式来有选择地放映演示文稿中的部分幻灯片。所谓自定义放映是将演示文稿中的所有幻灯片进行重组，根据需要，生成新的放映内容组。

③在"换片方式"区域，可以选择控制放映速度的两种换片方式。"演讲者放映（全屏幕）"和"观众自行浏览（窗口）"放映方式强调自行控制放映，所以常采用"手动"换片方式；而"在展台浏览（全屏幕）"放映方式通常无人控制，应事先对演示文稿设置自动换片时间或排练计时，并选中"如果存在排练时间，则使用它"单选按钮。

④在"放映选项"区域，若选中"循环放映，按 ESC 键终止"复选框，则在最后一张幻灯片放映结束后，会自动返回第一张幻灯片继续播放。若选中"放映时不加动画"复选框，则在播放幻灯片时原来设定的动画效果将会失去作用。

2. 放映演示文稿

（1）从头放映幻灯片

在放映幻灯片的过程中，若要从头到尾播放幻灯片，可使用以下两种方法。

方法 1：在"幻灯片放映"选项卡"开始放映幻灯片"组中单击"从头开始"命令。

方法 2：按 F5 键。

（2）从当前幻灯片放映

从当前幻灯片开始放映的三种方法。

方法 1：单击 PowerPoint 2016 窗口状态栏上的"幻灯片放映"按钮，即可进入幻灯片放映视图，从当前幻灯片开始放映。

方法 2：在"幻灯片放映"选项卡"开始放映幻灯片"组中单击"从当前幻灯片开始"命令。

方法 3：按 Shift+F5 键。

（3）控制幻灯片放映

在幻灯片放映视图中，单击，或按 Page Down 键、回车键、↓键、→键和空格键均可切换到下一张幻灯片；使用键盘上的 Page Up 键、↑键、←键和 Backspace 键，可以切换到上一张幻灯片。用户也可按数字键加回车键转向指定幻灯片。用户在最后一张幻灯片上单击后，屏幕返回原来的视图。

在幻灯片放映视图中，在幻灯片的任意区域右击，在弹出的快捷菜单中选择"上一张"或"下一张"命令，也可以播放上一张或下一张幻灯片；选择"查看所有幻灯片"命令，在弹出的幻灯片缩略图中可以选择要播放的幻灯片；选择"暂停"命令可以停止播放，暂停播放后选择"继续执行"命令可以继续播放幻灯片；选择"结束放映"命令可以结束放映。实际上，在任何时候，用户都可以按 Esc 键退出幻灯片放映视图。

（4）排练计时

在演示文稿的放映方面，PowerPoint 还提供了"排练计时"功能。排练计时可跟踪每张幻灯片的显示时间并相应地设置计时，为演示文稿估计一个放映时间，以用于自动放映。选择"幻灯片放映"选项卡，单击"设置"组中的"排练计时"命令，将会自动进入放映排练状态，其左上角将显示"录制"工具栏，在该工具栏中可以显示预演时间。

▶ **真题再现**

1.（2021 年操作题）小燕想在演讲时演示文稿能按照自己的预定节奏自动播放，下列操作最优的是_____。

A. 根据讲述节奏，设置幻灯片的自动换片时间，然后播放

B. 根据讲述节奏，设置幻灯片的切换持续时间，然后播放

C. 利用"排练计时"功能记录排练过程中幻灯片的切换时间，然后播放

D. 根据讲述节奏，设置幻灯片中每一个对象的动画时间，然后播放

【答案】C

【解析】排练计时可跟踪每张幻灯片的展示时间，记录并保存这些计时，将其用于自动放映。

2.（2019年多项选择题）PowerPoint 2016 的幻灯片放映类型主要有_____。

A. 演讲者放映　　　　　　　　　　B. 单窗口自动播放

C. 观众自行浏览　　　　　　　　　D. 多窗口并行放映

【答案】AC

【解析】参考图6-11。

3.（2018年填空题）在 PowerPoint 2016 中，_____可以跟踪每张幻灯片的显示时间并相应地设置计时，为演示文稿估计一个放映时间，以用于自动放映。

【答案】排练计时

【解析】通过排练计时可以记录每张幻灯片演示的时间，放映时将按照提前排练好时间的自动放映。

考点9　打印演示文稿

1. 演示文稿的页面设置

打开演示文稿并切换到普通视图，在"设计"选项卡"自定义"组"幻灯片大小"的下拉列表中选择"自定义幻灯片大小"命令，打开"幻灯片大小"对话框，如图6-12所示。在对话框中可以设置幻灯片的大小、幻灯片编号的起始值，设置幻灯片、备注、讲义和大纲的方向。设置完成后，单击"确定"按钮。

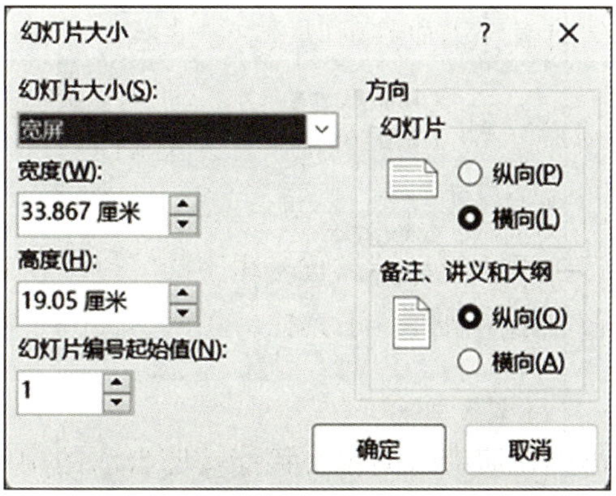

图 6-12 "幻灯片大小"对话框

2. 打印演示文稿

在打印时，可以根据个人的需求将演示文稿打印为不同的形式，PowerPoint 2016 提

供的打印版式有整页幻灯片、讲义、备注页和大纲。

打印演示文稿的步骤如下：

①单击"文件"选项卡，选择"打印"命令，在右侧"打印""打印机""设置"区域中可以分别设置打印份数、打印机、打印范围、打印版式、打印顺序等，如图6-13所示。

②用户可在"打印"区域"份数"文本框中输入打印份数，在"打印机"区域选择当前要使用的打印机。

③在"设置"区域从上至下分别是打印范围、打印版式、打印顺序和彩色／灰度打印等列表框。单击打印范围列表框右侧的下拉按钮，在出现的列表中选择"打印全部幻灯片"、"打印所选幻灯片"（仅事先选择要打印的幻灯片时有效）、"打印当前幻灯片"或"自定义范围"。若选择"自定义范围"，则应在下面"幻灯片"文本框中输入要打印的幻灯片序号，非连续的幻灯片序号用逗号分开。连续的幻灯片序号用"-"分开。例如，输入"1，6，10-12"，表示打印幻灯片序号为1、6、10、11和12的5张幻灯片。除此之外还可以打印隐藏的幻灯片。

④在打印版式列表框中，可设置打印版式（整页幻灯片、备注页或大纲）或打印讲义的方式（1张幻灯片、2张幻灯片、3张幻灯片、4张幻灯片、6张幻灯片、9张幻灯片）。单击该列表框右侧的下拉按钮，在出现的版式列表或讲义打印方式中选择一种。例如，选择"2张幻灯片"的打印讲义方式，则右侧预览区会显示每页打印上下排列的两张幻灯片。

图6-13　打印设置

⑤打印顺序列表框用于设置打印顺序。如果打印多份演示文稿，有两种打印顺序，即"调整"和"取消排序"。"调整"是指打印一份完整的演示文稿后再打印下一份（即

"1,2,3　1,2,3　1,2,3"顺序），"取消排序"则表示打印各份演示文稿的第一张幻灯片后再打印各份演示文稿的第二张幻灯片（即"1,1,1　2,2,2　3,3,3"顺序）。

⑥彩色/灰色打印列表框用于设置彩色打印、黑白打印和灰度打印。单击该列表框右侧的下拉按钮，在出现的列表中选择"颜色"、"纯黑白"或"灰度"。

⑦设置完成后，单击"打印"按钮。

考点 10　PowerPoint 2016 的其他功能

制作完成的演示文稿有可能会在其他计算机上演示，如果该计算机上没有安装 PowerPoint，就无法放映演示文稿。为此，可以利用演示文稿打包功能，将演示文稿打包到文件夹或 CD 光盘，甚至可以把 PowerPoint 播放器和演示文稿一起打包。这样，即使计算机上没有安装 PowerPoint，也能正常放映演示文稿。另一种方法是将演示文稿转换成放映格式（文件扩展名为 .ppsx），也可以在没有安装 PowerPoint 的计算机上正常放映。

（1）打包演示文稿

演示文稿可以打包到 CD 光盘（必须有刻录机和空白 CD 光盘），也可以打包到磁盘的文件夹。要将制作好的演示文稿打包，并存放在磁盘某文件夹下，可以按如下方法操作：打开要打包的演示文稿，单击"文件"选项卡中的"导出"命令，然后双击"将演示文稿打包成 CD"，弹出"打包成 CD"对话框并进行设置。

（2）将演示文稿转换为直接放映格式

将演示文稿转换成直接放映格式，可以在没有安装 PowerPoint 的计算机上直接放映，方法如下：

打开演示文稿，单击"文件"选项卡中的"导出"命令，在"更改文件类型"列表框中选择"PowerPoint 放映"选项，弹出"另存为"对话框，其中自动选择保存类型为"PowerPoint 放映(*.ppsx)"，选择存放位置和文件名（如山东专升本 .ppsx）后单击"保存"按钮，将演示文稿另存为"PowerPoint 放映(*.ppsx)"文件即可。

用户也可以用"另存为"方法转换放映格式：打开演示文稿，单击"文件"选项卡中的"另存为"命令，打开"另存为"对话框，保存类型选择"PowerPoint 放映(*.ppsx)"，然后单击"保存"按钮即可。

双击放映格式(*.ppsx)文件（如山东专升本 .ppsx），即可放映该演示文稿。

真题再现

（2017 年单项选择题改编）在 PowerPoint 2016 中，对于已创建的多媒体演示文稿可以用_____命令转移到其他未安装 PowerPoint 的机器上放映。

A. 打包   B. 发送   C. 复制   D. 幻灯片放映

【答案】A

【解析】用户可以利用演示文稿打包功能，将演示文稿打包到文件夹或 CD 光盘，甚至可以把 PowerPoint 播放器和演示文稿一起打包。这样，即使计算机上没有安装 PowerPoint，也能正常放映演示文稿。另一种方法是将演示文稿转换成放映格式（文件扩展名为 .ppsx），也可以在没有安装 PowerPoint 的计算机上正常放映。

一、单项选择题（在每小题列出的四个备选项中只有一个是符合题目要求的。）

1.（考点1）PowerPoint 2016首次启动后会新建一个名为_____的空白演示文稿。

    A. 文档1　　　　　　　B. Sheet1　　　　　　　C. 演示文稿1　　　　　　　D. 工作簿1

2.（考点1）PowerPoint 2016演示文稿的扩展名是_____。

    A. ppt　　　　　　　　B. pptx　　　　　　　　C. ppsx　　　　　　　　D. docx

3.（考点6）在PowerPoint 2016中设置幻灯片主题，可以在_____选项卡中操作。

    A. 开始　　　　　　　　B. 插入　　　　　　　　C. 视图　　　　　　　　D. 设计

4.（考点6）在PowerPoint 2016中要对幻灯片母版进行设计和修改时，应在_____选项卡中操作。

    A. 设计　　　　　　　　B. 审阅　　　　　　　　C. 插入　　　　　　　　D. 视图

5.（考点8）在PowerPoint 2016中，从当前幻灯片开始放映幻灯片的快捷键是_____。

    A. Shift+F5　　　　　　　　　　　　　　B. F5

    C. Shift+Enter　　　　　　　　　　　　D. Ctrl+Shift

6.（考点2）在PowerPoint 2016各种视图中，可以同时浏览多张幻灯片，便于重新排序、添加、删除等操作的视图是_____。

    A. 幻灯片浏览视图　　　　　　　　　　　B. 备注页视图

    C. 普通视图　　　　　　　　　　　　　　D. 幻灯片放映视图

7.（考点3）在PowerPoint 2016中，将某张幻灯片版式更改为"标题和内容"，应选择的选项卡是_____。

    A. 文件　　　　　　　　B. 动画　　　　　　　　C. 插入　　　　　　　　D. 开始

8.（考点2）在PowerPoint 2016的大纲视图左侧的大纲窗格中，可以修改的是_____。

    A. 占位符中的文字　　　　　　　　　　　B. 图表

    C. 自选图形　　　　　　　　　　　　　　D. 文本框中的文字

9.（考点3）在PowerPoint 2016中，新增一张幻灯片，可能的默认幻灯片版式是_____。

    A. 标题幻灯片　　　　　　　　　　　　　B. 标题和竖排文字

    C. 标题和内容　　　　　　　　　　　　　D. 空白版式

10.（考点2）在PowerPoint 2016编辑中，想要在每张幻灯片相同的位置插入学校的校徽，最好的设置方法是在幻灯片的_____中进行。

    A. 普通视图　　　　　　　　　　　　　　B. 幻灯片浏览视图

    C. 母版视图　　　　　　　　　　　　　　D. 备注视图

11.（考点5）在PowerPoint 2016中，在幻灯片中插入表格、图片、艺术字、视频、音频等元素时，应在_____选项卡中操作。

A. 文件   B. 开始

C. 插入   D. 设计

12.（考点 3）在 PowerPoint 2016 幻灯片浏览视图下，按住 Ctrl 键并拖动某张幻灯片，可以完成的操作是＿＿＿＿。

A. 移动幻灯片   B. 复制幻灯片

C. 删除幻灯片   D. 选定幻灯片

13.（考点 8）在 PowerPoint 2016 中，停止幻灯片播放的快捷键是＿＿＿＿。

A. End   B. Tab

C. Esc   D. Ctrl+C

14.（考点 1）PowerPoint 2016 "文件" 选项卡中的 "新建" 命令的功能是建立＿＿＿＿。

A. 一个演示文稿   B. 插入一张新幻灯片

C. 一个新超链接   D. 一个新备注

15.（考点 7）在 PowerPoint 2016 中，要设置幻灯片的切换效果及切换方式时，应在＿＿＿＿选项卡中操作。

A. 开始   B. 设计

C. 切换   D. 动画

16.（考点 6）在 PowerPoint 2016 中，设置幻灯片背景格式的填充选项中包含＿＿＿＿。

A. 字体、字号、颜色、风格   B. 纯色、渐变、图片或纹理、图案填充

C. 设计模板、幻灯片版式   D. 以上都不正确

17.（考点 10）在 PowerPoint 2016 中，制作成功的幻灯片，如果为了以后打开时自动播放，应该在制作完成后另存的格式为＿＿＿＿。

A.pptx   B. ppsx

C.docx   D.xslx

18.（考点 1）在 PowerPoint 2016 中，要对演示文稿进行保存、打开、新建、打印等操作，应在＿＿＿＿选项卡中操作。

A. 文件   B. 开始

C. 设计   D. 审阅

19.（考点 7）在 PowerPoint 2016 中，选定了文字、图片等对象后，可以插入超链接，超链接中所链接的目标可以是＿＿＿＿。

A. 计算机硬盘中的可执行文件   B. 其他演示文稿

C. 同一演示文稿的某一张幻灯片   D. 以上都可以

20.（考点 4）在 PowerPoint 2016 的 "幻灯片大小" 对话框中，能够设置＿＿＿＿。

A. 幻灯片页面的对齐方式   B. 幻灯片的页脚

C. 幻灯片的页眉   D. 幻灯片编号的起始值

21.（考点 5）在 PowerPoint 2016 的幻灯片中能添加下列＿＿＿＿对象。

A. 图表   B. 音频和视频

C. SmartArt 图形　　　　　　　　　　D. 以上都对

22.在（考点 3）在 PowerPoint 2016 中，要隐藏某张幻灯片，可在普通视图下，在幻灯片缩略图窗格中选中要隐藏的幻灯片，然后_____。

A. 单击"视图"选项卡→"隐藏幻灯片"命令

B. 单击"幻灯片放映"选项卡→"设置"组中的"隐藏幻灯片"命令

C. 右击该幻灯片，选择"隐藏幻灯片"命令

D. 以上说法都不正确

23.（考点 10）如果将演示文稿放在另外一台没有安装 PowerPoint 软件的电脑上播放，需要进行_____。

A. 复制 / 粘贴操作　　　　　　　　　B. 重新安装软件和文件

C. 打包操作　　　　　　　　　　　　D. 新建幻灯片文件

24.（考点 3）在 PowerPoint 2016 中，幻灯片中占位符的作用是_____。

A. 表示文本的长度　　　　　　　　　B. 限制插入对象的数量

C. 表示图形的大小　　　　　　　　　D. 为文本、图形预留位置

25.（考点 7）在 PowerPoint 2016 中，要设置幻灯片中对象的动画效果，应在_____选项卡中操作。

A. 切换　　　　　B. 动画　　　　　C. 设计　　　　　D. 审阅

26.（考点 7）在 PowerPoint 2016 中，在演示文稿中插入超级链接时，所链接的目标不能是_____。

A. 另一个演示文稿　　　　　　　　　B. 同一演示文稿的某一张幻灯片

C. 其他应用程序的文档　　　　　　　D. 幻灯片中的某一个对象

27.（考点 6）在 PowerPoint 2016 中，改变演示文稿外观可以通过_____。

A. 修改主题　　　　　　　　　　　　B. 修改母版

C. 修改背景样式　　　　　　　　　　D. 以上三个都对

28.（考点 8）在 PowerPoint 2016 幻灯片放映时，要切换到下一张幻灯片，不可以按_____。

A. 右箭头键　　　　　　　　　　　　B. PageDown 键

C. 下箭头键　　　　　　　　　　　　D. BackSpace 键

29.（考点 6）在 PowerPoint 2016 中，打开"设置背景格式"对话框的正确方法是_____。

A. 右击幻灯片空白处，在弹出的快捷菜单中选择"设置背景格式"命令

B. 单击"插入"选项卡，选择"设置背景格式"命令

C. 单击"开始"选项卡，选择"设置背景格式"命令

D. 以上都不正确

30.（考点 3）在 PowerPoint 2016 的普通视图下，若要插入一张新幻灯片，其操作为_____。

A. 单击"文件"选项卡中的"新建"命令

B. 单击"开始"选项卡→"幻灯片"组中的"新建幻灯片"命令

C. 单击"审阅"选项卡→"幻灯片"组中的"新建幻灯片"命令

D. 单击"设计"选项卡→"幻灯片"组中的"新建幻灯片"命令

31.（考点3）在 PowerPoint 2016 的普通视图中，隐藏了某张幻灯片后，在幻灯片放映时被隐藏的幻灯片将会_____。

A. 从文件中删除

B. 在幻灯片放映时不放映，但仍然保存在文件中

C. 在幻灯片放映时仍然可放映，但是幻灯片上的部分内容被隐藏

D. 在普通视图的编辑状态中被隐藏

32.（考点7）在 PowerPoint 2016 中，要使幻灯片中的标题、图片、文字等按用户的要求顺序出现，应进行的设置是_____。

A. 设置放映方式　　　　　　　　　B. 幻灯片切换

C. 幻灯片链接　　　　　　　　　　D. 动画

33.（考点7）在 PowerPoint 2016 中，要设置幻灯片间切换效果（如从一张幻灯片"溶解"到下一张幻灯片），应使用_____选项卡进行设置。

A. 动作设置　　　　B. 设计　　　　　　C. 切换　　　　　　D. 动画

34.（考点6）在 PowerPoint 2016 中，下列关于幻灯片主题的说法中，错误的是_____。

A. 选定的主题可以应用于所有的幻灯片

B. 选定的主题只能应用于所有的幻灯片

C. 选定的主题可以应用于选定的幻灯片

D. 选定的主题可以应用于当前幻灯片

35.（考点4、6）在 PowerPoint 2016 中，"设计"选项卡可自定义演示文稿的_____。

A. 新建文件、打开文件　　　　　　B. 插入表格、形状与图表

C. 背景、主题设计和幻灯片大小　　D. 超链接和动作设置

36.（考点8）在 PowerPoint 2016 中，要设置幻灯片循环放映，应使用的是_____，然后选择"设置幻灯片放映"命令。

A. "开始"选项卡　　　　　　　　　B. "视图"选项卡

C. "幻灯片放映"选项卡　　　　　　D. "审阅"选项卡

37.（考点7）在 PowerPoint 2016 中，如果要从第2张幻灯片跳转到第8张幻灯片，应使用_____。

A. 动画　　　　　　　　　　　　　B. 排练计时

C. 幻灯片切换　　　　　　　　　　D. 超链接或动作

38.（考点3）在 PowerPoint 2016 幻灯片浏览视图中，选定多张不连续幻灯片，在单击选定幻灯片之前应该按住_____键。

A. Alt　　　　　　　　　　　　　　B. Shift

C. Tab　　　　　　　　　　　　　　D. Ctrl

39.（考点1）PowerPoint 2016 演示文稿的基本组成单元是_____。

A. 图形　　　　　　　　　　　　　B. 幻灯片

C. 超链接   D. 文本

40.（考点 8）在 PowerPoint 2016 中，若要使幻灯片按规定的时间实现连续自动播放，应进行_____。

  A. 设置放映方式   B. 打包操作

  C. 排练计时   D. 设置幻灯片切换效果

41.（考点 8）在 PowerPoint 2016 中，当在交易会进行广告片的放映时，最佳放映方式是_____。

  A. 演讲者放映   B. 观众自行放映

  C. 在展台浏览   D. 需要时按下某键

42.（考点 3）在 PowerPoint 2016 的浏览视图下，选定某幻灯片并左键拖动，可以完成的操作是_____。

  A. 移动幻灯片   B. 复制幻灯片

  C. 删除幻灯片   D. 隐藏幻灯片

43.（考点 3）在 PowerPoint 2016 中，从头播放幻灯片文稿时，需要跳过第 5 ～ 9 张幻灯片连续播放，应设置_____。

  A. 隐藏幻灯片   B. 设置幻灯片版式

  C. 幻灯片切换方式   D. 删除第 5 ～ 9 张幻灯片

44.（考点 3）在 PowerPoint 2016 中，插入一张新幻灯片的快捷键是_____。

  A. Ctrl+N   B. Ctrl+M   C. Alt+N   D. Alt+M

45.（考点 2）在 PowerPoint 2016 中，主要的编辑视图是_____。

  A. 幻灯片浏览视图   B. 普通视图

  C. 幻灯片放映视图   D. 备注页视图

46.（考点 3）在 PowerPoint 2016 中，若在幻灯片浏览视图下按 Ctrl+A 组合键，然后再按下 Backspace 键则_____。

  A. 没有发生什么   B. 所有幻灯片被隐藏

  C. 所有幻灯片都被删除   D. 演示文稿被关闭

47.（考点 5、7）在 PowerPoint 2016 中，不能实现的功能是_____。

  A. 设置对象出现的先后次序

  B. 设置同一文本框中不同段落的出现次序

  C. 设置音频的循环播放

  D. 为图表中的图例单独添加动画效果

48.（考点 2）在 PowerPoint 2016 幻灯片浏览视图下，不允许进行的操作是_____。

  A. 幻灯片的移动和复制   B. 添加动画

  C. 幻灯片删除   D. 幻灯片切换

49.（考点 8）在 PowerPoint 放映过程中，启动屏幕画笔的方法是_____。

  A. Shift＋X   B. Esc   C. Alt＋E   D. Ctrl+P

50.（考点 3）在 PowerPoint 2016 中，以下_____操作不能删除幻灯片。

A. 选择要删除的幻灯片，然后右击，选择快捷菜单中的"删除幻灯片"命令

B. 选择要删除的幻灯片，按 Delete 键。

C. 选择要删除的幻灯片，按 Ctrl+D 组合键

D. 选择要删除的幻灯片，按 Backspace 键

51.（考点 3）在 PowerPoint 2016 中，在空白版式幻灯片中不可以直接输入_____。

    A. 文本框   B. 文字   C. 艺术字   D. 表格

52.（考点 7）关于 PowerPoint 2016 中的动画功能，以下说法错误的是_____。

    A. 图片、文字、图表均可设置动画   B. 动画设置后，先后顺序不可改变

    C. 同时还可配置声音   D. 可将对象设置成播放后隐藏

53.（考点 3）在 PowerPoint 2016 中，快速复制一张同样的幻灯片，快捷键是_____。

    A.Ctrl+C   B.Ctrl+X   C.Ctrl+V   D.Ctrl+D

54.（考点 3）在 PowerPoint 2016 中，"开始"选项卡"新建幻灯片"下拉列表中的"复制选定幻灯片"命令的功能是_____。

    A. 在当前幻灯片后，插入与当前所选幻灯片完全相同的一张幻灯片

    B. 删除幻灯片

    C. 将当前幻灯片移至文稿末尾

    D. 将当前幻灯片保存到磁盘上

55.（考点 3）在 PowerPoint 2016 中，下列有关选定幻灯片的说法错误的是_____。

    A. 在幻灯片浏览视图中单击，即可选定

    B. 要选定多张不连续的幻灯片，在幻灯片浏览视图下按住 Ctrl 键并单击各幻灯片即可

    C. 在幻灯片浏览视图中，若要选定所有幻灯片，应使用 Ctrl+A 组合键

    D. 在幻灯片放映视图下，也可选定多张幻灯片

56.（考点 7）在 PowerPoint 2016 中，下列说法中错误的是_____。

    A. 可以动态显示文本和对象   B. 可以更改动画对象的出现顺序

    C. 图表不可以设置动画效果   D. 可以设置幻灯片切换效果

57.（考点 6）在 PowerPoint 2016 中，如果想更改正在编辑的演示文稿中所有幻灯片的标题格式，以下最快捷的操作是_____。

    A. 打开"开始"选项卡逐一更改   B. 全选所有幻灯片再更改

    C. 在幻灯片模板里面更改   D. 在幻灯片母版里面更改

58.（考点 8）在 PowerPoint 2016 中，下列关于放映方式的说法错误的是_____。

    A. 放映时，可以不加动画

    B. 放映时，可以不加旁白

    C. 如果设置"在展台浏览"，则在播放时单击鼠标右键会出现快捷菜单

    D. 可以不以全屏方式播放

59.（考点 8）在 PowerPoint 2016 中，幻灯片放映类型不包括_____。

    A. 演讲者放映   B. 观众自行浏览

C. 全屏幕放映 D. 在展台浏览

60.（考点 10）在 PowerPoint 2016 中，要将制作好的 PPT 打包，应在____选项卡中操作。

A. 开始 B. 插入 C. 文件 D. 设计

二、多项选择题（在每小题列出的四个备选项中，至少有两个是符合题目要求的）

1.（考点 3）在 PowerPoint 2016 普通视图下，在演示文稿中创建新的幻灯片，可以通过____方法实现。

A. 选择"开始"选项卡"幻灯片"组中的"新建幻灯片"命令

B. 选择"插入"选项卡"幻灯片"组中的"新建幻灯片"命令

C. 在幻灯片编辑窗格中右击，在弹出的快捷菜单中选择"新建幻灯片"命令

D. 使用组合键 Ctrl+M

2.（考点 7）在 PowerPoint 2016 的"操作设置"对话框中有哪几种执行动作方式可以选择_____。

A. 单击鼠标 B. 双击鼠标

C. 鼠标悬停 D. 鼠标轮转动

3.（考点 7）在 PowerPoint 2016 中，可以使用_____来为自己绘制的图形添加链接。

A. 幻灯片切换 B. 动作

C. 动画 D. 超链接

4.（考点 2）在 PowerPoint 2016 中，在幻灯片浏览视图中可以_____。

A. 复制幻灯片 B. 添加超链接

C. 设置切换效果 D. 隐藏幻灯片

5.（考点 2、3）在 PowerPoint 2016 中，以下叙述正确的有_____。

A. 在备注页视图中，可以将表格、图表、图片等对象插入到备注页中

B. PowerPoint 2016 剪贴板可保存 24 次复制内容

C. 被隐藏的幻灯片在放映状态下可见，在编辑状态下被隐藏

D. 备注页的内容与幻灯片内容分别存储在两个不同的文件中

三、判断题

1.（考点 1）在 PowerPoint 2016 中，创建的一个文档就是一张幻灯片。

A. 正确 B. 错误

2.（考点 2）在 PowerPoint 2016 幻灯片浏览视图中，不能对幻灯片内容进行编辑修改。

A. 正确 B. 错误

3.（考点 9）在 PowerPoint 2016 中，若想在一张纸上打印多张幻灯片必须按大纲方式打印。

A. 正确 B. 错误

4.（考点 6）在 PowerPoint 2016 中，可以改变单张幻灯片的背景。

A. 正确 B. 错误

5.（考点 8）在 PowerPoint 2016 放映方式中，"演讲者放映"、"观众自行浏览"和"在展台浏览"均以全屏方式显示。

  A. 正确   B. 错误

6.（考点 3）在 PowerPoint 2016 中，如果需要在占位符以外的其他位置增加标识或文字，可以使用文本框来实现。

  A. 正确   B. 错误

7.（考点 6）在 PowerPoint 2016 中，对幻灯片母版的设置，可以起到统一标题内容的作用。

  A. 正确   B. 错误

8.（考点 5）在 PowerPoint 2016 中，利用"插入"选项卡能够将音频文件添加到演示文稿中。

  A. 正确   B. 错误

9.（考点 7）在 PowerPoint 2016 中，可以为一个对象添加多个动画效果。

  A. 正确   B. 错误

10.（考点 5）在 PowerPoint 2016 中，幻灯片中插入的音频文件可以实现跨幻灯片播放。

  A. 正确   B. 错误

四、填空题

1.（考点 8）在 PowerPoint 2016 中，从第一张幻灯片开始放映幻灯片的快捷键是_____。

2.（考点 1）在 PowerPoint 2016 中，演示文稿模板的默认扩展名是_____。

3.（考点 8）PowerPoint 2016 提供了 3 种在计算机中播放演示文稿的方式，分别是"演讲者放映"、"观众自行浏览"和_____。

4.（考点 8）在 PowerPoint 2016 中，_____可以跟踪每张幻灯片的显示时间并相应地设置计时，为演示文稿估计一个放映时间，以用于自动放映。

5.（考点 7）在 PowerPoint 2016 中，在_____选项卡"链接"组中选择"动作"命令，可以打开"操作设置"对话框。

6.（考点 6）PowerPoint 2016 主要提供了幻灯片母版、_____和讲义母版 3 种母版。

7.（考点 9）在 PowerPoint 2016 中对幻灯片进行幻灯片方向设置时，应在_____选项卡中操作。

8.（考点 8）在 PowerPoint 2016 中对幻灯片放映进行设置时，应在_____选项卡中进行操作。

9.（考点 3）在 PowerPoint 2016 中，_____是一种带有虚线边缘的框，在该框内可以放置标题及正文，或者是图表、表格和图片等对象。

10.（考点 7）用 PowerPoint 2016 制作的幻灯片在放映时，要使每两张幻灯片之间的切换采用自右擦除的方式，可在_____选项卡中进行设置。

11.（考点 2）在 PowerPoint 2016 中，普通视图有 3 个工作区域：左侧为幻灯片缩略图窗格，右侧为_____，底部为备注窗格。

12.（考点 3）在 PowerPoint 2016 中，在_____选项卡"幻灯片"组中单击"版式"命令，可以设置幻灯片版式。

13.（考点 8）在 PowerPoint 2016 中，直接按_____键可终止幻灯片的放映。

14.（考点 3）PowerPoint 2016 中，执行_____选项卡"字体"组中的相关命令即可设置文本的字体、字号、颜色等。

15.（考点 5）在 PowerPoint 2016 中，选中幻灯片中的文本，执行_____选项卡"段落"组中的"转换为 SmartArt"命令，可以将文字转换为 SmartArt 图形。

五、操作题

孙军同学要利用 PowerPoint 2016 对如图 6-14 所示演示文稿中的幻灯片进行相关设置。请结合所学知识回答下列问题。

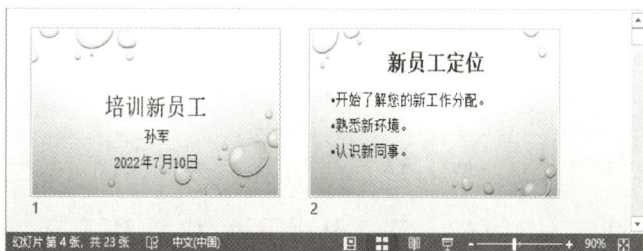

图 6-14　幻灯片

1.（考点 2）在该视图下，孙军同学不可以直接进行_____的操作。

  A. 修改字体颜色　　　　　　　　　　B. 设置幻灯片背景

  C. 更改幻灯片版式　　　　　　　　　　D. 删除幻灯片

2.（考点 3）张军同学准备在图 6-14 的第 2 张幻灯片后插入 1 张新幻灯片，下列_____方法是正确的。

  A. 选中第 1 张幻灯片后按组合键 Ctrl+M

  B. 选中第 2 张幻灯片后，单击"文件"选项卡中的"新建"命令

  C. 选中第 1 张幻灯片后，单击"插入"选项卡中的"新建幻灯片"命令

  D. 选中第 2 张幻灯片后，单击"开始"选项卡中的"新建幻灯片"命令

3.（考点 7）在幻灯片放映时，要使幻灯片中的文字呈现出"飞入"效果，可以切换到普通视图后，利用_____选项卡进行设置。

  A. 切换　　　　　　B. 动画　　　　　　C. 幻灯片放映　　　　　　D. 开始

4.（考点 3）孙军想借鉴自己以前制作的某个培训文稿中的部分幻灯片，最优的操作方法是_____。

  A. 将原演示文稿中有用的幻灯片一一复制到新文稿

  B. 放弃正在编辑的新文稿，直接在原演示文稿中进行增删修改，并另行保存

  C. 通过"重用幻灯片"功能将原文稿中有用的幻灯片引用到新文稿中

  D. 单击"插入"选项卡中的"对象"命令，插入原文稿中的幻灯片

5.（考点 6）孙军在幻灯片母版中添加了公司徽标图片，现在他希望放映时暂不显示该徽标图片，最佳的操作方法是_____。

  A. 在幻灯片母版中，插入一个以白色填充的图形框遮盖该图片

  B. 在幻灯片母版中通过"格式"选项卡中的"删除背景"命令删除该徽标图片，放映过后再加上

  C. 选中全部幻灯片，设置"隐藏背景图形"功能后再放映

  D. 在幻灯片母版中，调整该图片的颜色、亮度、对比度等参数直到其变为白色

281

一、单项选择题

1	2	3	4	5	6	7	8	9	10	11	12	13	14	15
C	B	D	D	A	A	D	A	C	C	C	B	C	A	C
16	17	18	19	20	21	22	23	24	25	26	27	28	29	30
B	B	A	D	D	D	B	C	D	B	D	D	D	A	B
31	32	33	34	35	36	37	38	39	40	41	42	43	44	45
B	D	C	B	C	C	D	D	B	C	C	A	A	B	B
46	47	48	49	50	51	52	53	54	55	56	57	58	59	60
C	D	B	D	C	B	B	D	A	D	C	D	C	C	C

二、多项选择题

1	2	3	4	5
ABD	AC	BD	ACD	AB

三、判断题

1	2	3	4	5	6	7	8	9	10
B	A	B	A	B	A	B	A	A	A

四、填空题

1. F5　　　　2. .potx　　　　3. 在展台浏览　　　　4. 排练计时

5. 插入　　　　6. 备注母版　　　　7. 设计　　　　8. 幻灯片放映

9. 占位符　　　　10. 切换　　　　11. 幻灯片编辑窗格　　　　12. 开始

13. Esc　　　　14. 开始　　　　15. 开始

五、操作题

1. A　　　2. D　　　3. B　　　4. C　　　5. C

第七章 数据库管理系统

根据大纲要求，本章需要掌握的主要知识点：

- 数据库的基本概念。
- 数据管理技术的发展。
- 数据库系统的组成，数据库管理系统的概念及常见数据库管理系统。
- 数据模型，关系型数据库的基本概念及关系运算。
- SQL基本语句的使用。

重点难点：

- 关系型数据库的基本概念及关系运算。
- SQL基本语句的使用。

Part I 考点直击

考点1 数据库的基本概念

1. 数据管理技术的发展

数据管理技术的发展大致经历了人工管理、文件系统和数据库系统三个阶段，详见表7-1。

表 7-1 数据管理技术三个阶段的特点

人工管理阶段	文件系统阶段	数据库系统阶段
数据不保存在机器中	数据可长期保存在磁盘上	数据结构化
没有管理数据的软件	使用文件系统管理数据	数据由 DBMS 统一控制
数据无共享	数据共享性差、冗余大	高共享、低冗余
数据不具有独立性	数据独立性差	数据独立性高

2. 数据库中的常见概念

（1）数据库（DB）

数据库是长期存放在计算机内的、有组织的、可表现为多种形式的、可共享的数据集合。在数据库中，不仅包含数据本身，也包含数据之间的联系。数据通过一定的数据模型进行组织，保证有最小的冗余度，各个应用程序共享数据。

（2）数据库管理系统（DBMS）

数据库管理系统是对数据库进行管理的系统软件，它的主要功能有：

①定义数据库的结构、数据完整性和其他约束条件。

②实现数据插入、修改、删除和查询。

③实现数据安全控制、完整性控制及多用户环境下的并发控制。

④提供对数据的装载、转储和恢复，数据库的性能分析和监测的功能。

目前，常见的数据库管理系统有 Oracle、Microsoft SQL Server、Visual FoxPro、Microsoft Access、MySQL 和 DB2。

（3）数据库系统（DBS）

数据库系统是指拥有数据库技术支持的计算机系统。数据库系统由四部分组成，即硬件系统、系统软件（包括操作系统和数据库管理系统）、数据库应用系统和各类人员。其中各类人员包括数据库管理员（DBA）、系统分析员、应用程序员和最终用户。数据库管理系统（DBMS）是数据库系统的核心。

3. 数据模型

数据库用数据模型对现实世界进行抽象，现有的数据库系统均是基于某种数据模型的。

数据库中最常见的数据模型有三种，即层次模型、网状模型和关系模型。

（1）层次模型

层次模型用树形表示数据之间的多级层次结构。

结构特点：只有一个最高结点即根结点；其余结点有而且仅有一个父结点。

应用：行政组织机构、家族辈份关系等。

（2）网状模型

结构特点：允许结点有多于一个的父结点；可以有一个以上的结点没有父结点。

（3）关系模型

关系模型把世界看作是由实体和联系构成的，用二维表格来描述实体及实体之间的联系。

所谓实体是指客观存在并且可以相互区别的事物，可以是具体的事物，如一名学生、一本书；也可以是抽象的事物，如一次考试。联系就是指实体之间的关系，即实体之间的对应关系。联系可以分为三种：

①一对一的联系（1：1），如校长和学校之间是一对一的联系。

②一对多的联系（1：n），如学校和学生之间是一对多的联系。

④多对多的联系（m：n），如学生和课程之间是多对多的联系。

1.（2022年单项选择题）"出版社"实体和"书店"实体之间的联系是_____。

   A. 一对一　　　　B. 一对多　　　　C. 多对一　　　　D. 多对多

   【答案】D

   【解析】同一个出版社的不同图书可以在多个书店销售。一个书店可以销售多个出版社的图书。据此可以得出出版社实体和书店实体之间的联系是"多对多"。

2.（2020年单项选择题）一个团支部有多名团员，一个团员只属于一个团支部，那么团支部实体与团员实体之间的联系属于_____。

   A. 一对一　　　　B. 一对多　　　　C. 多对一　　　　D. 多对多

   【答案】B

   【解析】根据题意"一个团支部有多名团员，一个团员只属于一个团支部"可以判断出团支部属于"一方"，团员属于"多方"，团支部实体与团员实体之间的联系属于"一对多"。

3.（2019年填空题）_____是长期存放在计算机内的、有组织的、可表现为多种形式的、可共享的数据集合。

   【答案】数据库

   【解析】数据库是长期存放在计算机内的、有组织的、可表现为多种形式的、可共享的数据集合。在数据库中，不仅包含数据本身，也包含数据之间的联系。

4.（2018年单项选择题）下列不属于数据库管理系统的是_____。

   A. SQL Server　　B. Access　　　　C. Oracle　　　　D. UNIX

   【答案】D

   【解析】UNIX是一种操作系统。

5.（2018年单项选择题）在数据库关系模型中，如果一个人可以选多门课，一门课可以被很多人选。那么，人与课程之间的联系是_____。

   A. 一对一的联系　　　　　　　　B. 一对多的联系

   C. 多对一的联系　　　　　　　　D. 多对多的联系

   【答案】D

   【解析】如果一个人可以选多门课，一门课可以被很多人选，很显然是多对多联系。例如，在常见的订单管理数据库中，"产品"表和"订单"表之间的关系。单个订单中可以包含多个产品。另一方面，一个产品可能出现在多个订单中。因此，对于"订单"表中的每条记录，都可能与"产品"表中的多条记录对应。此外，对于"产品"表中的每条记录，都可以与"订单"表中的多条记录对应，这种关系称为多对多联系。

6.（2018年多项选择题）数据库中最常见的数据模型有三种，即层次模型和_____。

   A. 树状模型　　　　　　　　　　B. 关系模型

   C. 对象模型　　　　　　　　　　D. 网状模型

   【答案】BD

【解析】数据库中最常见的数据模型有三种，即层次模型、关系模型和网状模型。若用图来表示，层次模型是一棵倒立的树，网状模型是一个网络。关系模型则把所有数据都组织在表中。

考点2 关系型数据库

1. 关系型数据库的基本概念

①关系：一个关系对应一张二维表，每个关系有一个关系名。例如，图 7-1 中“学生信息表”即为关系名。

②元组：二维表中水平方向的行称为元组，有时也叫作一条记录。

③属性：二维表中垂直方向的列称为属性，有时也叫作一个字段。例如，图 7-1 所示学生信息表中有 5 个属性（学号、姓名、性别、出生日期、选修专业）。

④属性名：二维表第一行显示的每一列的名称，在文件中对应字段名。例如，图 7-1 所示学生信息表中“姓名”“性别”等。

⑤域：一个属性的取值范围叫作一个域。例如，图 7-1 所示学生信息表中，“性别”的域为男或女。

⑥候选码：二维表中的某个属性或属性组，若它的值唯一地标识了一个元组，则称该属性或属性组为候选码。若一个关系有多个候选码，则选定其中一个为主码，也称之为主键。例如，图 7-1 所示学生信息表中，可以把“学号”作为该关系的主键。

⑦分量：行和列的交叉位置表示某个属性的值，元组中的一个属性值叫作元组的一个分量。

⑧关系模式：是对关系的描述，通常简记为“关系名（属性名 1，属性名 2，…，属性名 n）”。如图 7-1 所示，关系模式为“学生信息表（学号，姓名，性别，出生日期，选修专业）”。

学生信息表

学号	姓名	性别	出生日期	选修专业
2017010101	岳艳	女	2000/6/8	计算机
2017010102	罗红军	男	1999/8/22	音乐
2017010103	张英霞	女	1999/6/25	古典文学
2017010104	王永波	男	2000/11/20	计算机
2017010105	蔡尧明	男	2000/4/9	古典文学
2017010106	高峰	男	1999/8/13	音乐
2017010107	孙鹤琴	女	2000/5/17	音乐

图 7–1 学生信息表

2. 关系必须满足的性质

满足下列条件的二维表，在关系模型中，称为关系。

①每一列中的分量是类型相同的数据。

②关系中交换任意两列的位置不影响数据的实际含义。

③不能有相同的属性名（字段名）。

④关系中交换任意两行的位置不影响数据的实际含义。

⑤表中的分量是不可再分割的最小数据项，即表中不允许有子表。

⑥表中的任意两行不能完全相同。

3. 关系运算

①传统的关系运算主要有并、交、差和广义笛卡儿积等。

②专门的关系运算包括选择、投影和连接。

● 选择：从指定的关系中选择满足给定条件的元组组成新的关系。

例如，从关系score1（见表7-2）中选择数学成绩大于90的元组组成关系S1（见表7-3所示）。

表 7-2 关系 score1

学号	姓名	数学	英语
2019001	王华	97	87
2019002	郭军	92	85
2019003	宋海	89	84

表 7-3 关系 S1

学号	姓名	数学	英语
2019001	王华	97	87
2019002	郭军	92	85

● 投影：从指定关系的属性集合中选取若干个属性组成新的关系。

例如：从关系 score1（见表7-2）中选择"学号""姓名""数学"组成新的关系 S2（见表7-4）。

表 7-4 关系 S2

学号	姓名	数学
2019001	王华	97
2019002	郭军	92
2019003	宋海	89

③连接：连接运算是从两个关系的笛卡儿积中选取属性间满足一定条件的元组。

例如，将关系 score1（见表7-2）和关系 score2（见表7-5）按相同学号进行连接运算，得到关系 S3（见表7-6）。

表 7-5 score2

学号	姓名	体育
2019001	王华	优
2019002	郭军	良
2019004	孙健	优

表 7-6 关系 S3

学号	姓名	数学	英语	体育
2019001	王华	97	87	优
2019002	郭军	92	85	良

真题再现

1.（2023年单项选择题）下列关于关系型数据库的描述，错误的是＿＿＿＿。

A. 属性的取值范围一般称为元组　　　　B. 属性可看作二维表的列

C. 一个关系可看作一张二维表　　　　　D. 主键的值唯一标识一个元组

【答案】A

【解析】属性的取值范围称为域。

2.（2021 年单项选择题）现有关系 R、S、T，如图 7-2 所示。由 R 和 S 得到 T 的关系运算是_____。

A. 投影　　　　　　B. 选择　　　　　　　　C. 笛卡儿积　　　　　　D. 自然连接

关系R

职工号	姓名	性别
T101	张姗	女
T102	李思	男
T103	王武	男

关系S

职工号	基本工资	职务工资
T101	3200	1000
T103	3500	1100

关系T

职工号	姓名	性别	基本工资	职务工资
T101	张姗	女	3200	1000
T103	王武	男	3500	1100

图 7-2　关系 R、S、T

【答案】D

【解析】自然连接要求两个关系中进行比较的分量是相同的属性组，并且在结果中把重复的属性列去掉。

3.（2020 年多项选择题）Access 数据库中建有"学生"表，包含学号、姓名、性别、出生年月等字段，要查询该表中女同学的姓名，需要应用的关系运算有_____。

A. 选择　　　　　　B. 投影　　　　　　　C. 连接　　　　　　　D. 笛卡儿积

【答案】AB

【解析】从"学生"表中得出女同学的所有记录，利用的是选择运算，在此基础上取出姓名列利用的是投影运算。

考点3　数据库设计

数据库设计是把现实世界中的数据，根据各种应用处理的要求，加以合理地组织，满足硬件和操作系统的特性，利用已有的 DBMS 来建立能够实现系统目标的数据库。

一般来说，数据库的设计过程大致可分为五个阶段。

（1）需求分析

需求分析的目的是获取用户的信息要求、处理要求、安全性要求和完整性要求。此阶段主要工作是设计数据字典。

数据字典：数据库中数据的描述，通常包括数据项、数据结构、数据流等。

（2）概念设计

概念设计是指针对用户的要求描述现实世界（可能是一个工厂、一个商场或者一个学校等），通过对其中的数据进行分类、聚集和概括，建立抽象的概念模型。E-R 方法是实体 - 联系方法（Entity-Relationship Approach）的简称，是描述现实世界概念模型的有效方法。用 E-R 方法建立的概念模型称为 E-R 模型或 E-R 图。在 E-R 图中，用矩形框表示实体，在矩形框中输入实体的名字；椭圆形表示实体或联系的属性；菱形表示联系，在框中输入联系名。实体与属性之间、实体与联系之间、联系与属性之间用直线相连。E-R 图示例如图 7-3 所示。对于一对一联系，要在两个实体连线方向各写 1；对于一对多联系，要在一的一方写 1，多的一方写 n；对于多对多关系，则要在两个实体连线方向各写 n 和 m。

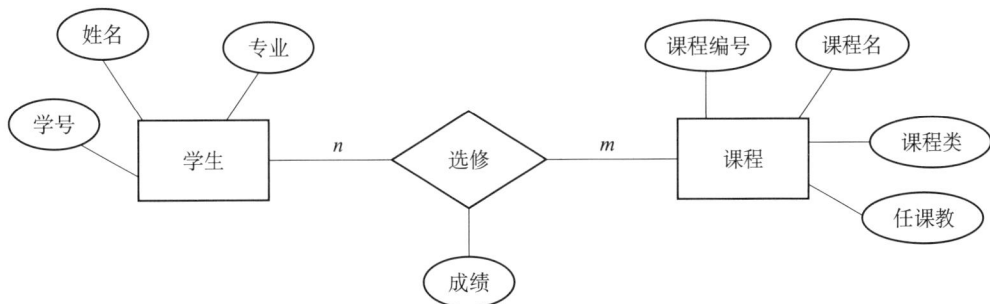

图 7-3　E-R 图示例

（3）逻辑设计

逻辑设计是指在数据库概念设计的基础上，将概念模型转换成特定 DBMS 所支持的数据模型。

E-R 图由实体、联系和属性组成，E-R 图向关系模型转换就是将实体、联系、属性转换为关系模型，转换原则如下：

①实体转换为关系模型。

用关系模型表示实体是很直接的，实体的名称就是关系的名称，实体的属性就是关系的属性，实体的主键就是关系的主键。

②联系转换为关系模型。

一对一联系的转换：若实体间的联系是 1 ∶ 1，则选择两个实体类型转换成的关系模型中的任意一个关系模型，在其属性中加入另一个关系模式的键和联系类型的属性。

一对多联系的转换：若实体间的联系是 1 ∶ n，则可以在 "n" 个实体类型转换成的关系模型中，加入 "1" 个实体类型的键和联系类型的属性。

多对多联系的转换：若实体间的联系是 m ∶ n，则可以把联系类型也转换成关系模型。

（4）物理设计

物理设计主要是为所设计的数据库选择合适的存储结构和存储路径。

（5）验证设计

验证设计是指在上述设计的基础上收集数据并具体建立一个数据库，运行一些典型的应用任务来验证数据库设计的正确性和合理性。

（2021年单项选择题）在关系型数据库设计时，E-R图主要完成于_____。

A. 需求分析阶段　　　　　　　　　　B. 概念设计阶段

C. 逻辑设计阶段　　　　　　　　　　D. 物理设计阶段

【答案】B

【解析】概念设计阶段的主要任务是针对用户的要求描述现实世界，通过对其中的数据进行分类、聚集和概括，建立抽象的概念模型。E-R方法是实体-联系方法的简称，是描述现实世界概念模型的有效方法。用E-R方法建立的概念模型称为E-R模型或E-R图。

考点4　SQL的使用

SQL（Structure Query Language）的中文名称为结构化查询语言。SQL是一种专门针对数据库操作的计算机语言。

下面简单介绍SQL中的常用语句。

（1）SELECT语句（查询）

基本格式：SELECT 字段名 [INTO 目标表] FROM 表名 [WHERE 条件] [ORDER BY 字段] [GROUP BY 字段 [HAVING 条件]]。

其中：

SELECT 字段名，用于指定整个查询结果表中包含的列，实现投影运算。

INTO 目标表，将查询结果输出到指定的目标表，实现生成表查询。

FROM 表名，表示从哪些表中查询，提供数据源，实现连接运算。

WHERE 条件，说明查询的条件，默认时对全体记录操作，实现选择运算。

ORDER BY 字段，在表中按指定字段进行升序或降序排列。

GROUP BY 字段，用于指定执行FROM、WHERE子句后得到的表按哪些字段进行分组。

HAVING 条件，与GROUP BY子句一起使用，用于指定GROUP BY子句得到组表的选择条件。

举例1：查询图7-1所示学生信息表中男同学的姓名和选修专业信息，并将查询结果按姓名排序。

SQL语句为：SELECT 姓名，选修专业 FROM 学生信息表 WHERE 性别=" 男 " ORDER BY 姓名。

该语句运行后得到的关系如图7-4所示。

姓名	选修专业
蔡尧明	古典文学
高峰	音乐
罗红军	音乐
王永波	计算机

图7-4　SELECT语句举例1

举例 2：查询图 7-1 所示学生信息表中男同学的所有信息，并将查询结果输出到"男生"表。

SQL 语句为：SELECT * INTO 男生 FROM 学生信息表 WHERE 性别 =" 男 "。

◆注意：所有字段名可以用 * 替代。

上述 SQL 语句运行后得到的关系如图 7-5 所示。

学号	姓名	性别	出生日期	选修专业
2017010102	罗红军	男	1999/8/22	音乐
2017010104	王永波	男	2000/11/20	计算机
2017010105	蔡尧明	男	2000/4/9	古典文学
2017010106	高峰	男	1999/8/13	音乐

图 7-5　SELECT 语句举例 2

（2）UPDATE 语句（字段内容更新）

基本格式：UPDATE 表名 SET 字段 = 表达式 [WHERE 条件]。

功能：对指定表中满足条件的记录，用指定表达式的内容更新指定字段。

举例：将图 7-1 所示学生信息表中学号为"2017010106"的记录的学号修改为"2017010109"。

SQL 语 句 为：UPDATE 学 生 信 息 表 SET 学 号 = "2017010109" WHERE 学 号 = "2017010106"。

上述 SQL 语句运行后得到的关系如图 7-6 所示。

学号	姓名	性别	出生日期	选修专业
2017010101	岳艳	女	2000/6/8	计算机
2017010102	罗红军	男	1999/8/22	音乐
2017010103	张英霞	女	1999/6/25	古典文学
2017010104	王永波	男	2000/11/20	计算机
2017010105	蔡尧明	男	2000/4/9	古典文学
2017010107	孙鹤琴	女	2000/5/17	音乐
2017010109	高峰	男	1999/8/13	音乐

图 7-6　UPDATE 语句举例

（3）INSERT 语句（插入记录）

基本格式：INSERT INTO 表名（字段名）VALUES（内容列表）。

功能：在指定表中插入记录，以指定列表中的内容为字段内容。

举例：在图 7-1 所示学生信息表中插入一条记录。

SQL 语句为：INSERT INTO 学生信息表（学号，姓名，性别，出生日期，选修专业）VALUES（"2017010108"，" 刘芸 "，" 女 "，#2000/7/1#，" 计算机 "）。

也可以使用如下 SQL 语句：INSERT INTO 学生信息表 VALUES（"2017010108"，" 刘芸 "，" 女 "，#7/1/2000#，" 计算机 "）。

上述 SQL 语句运行后得到的关系如图 7-7 所示。

图 7-7 INSERT 语句举例

（4）DELETE 语句（删除记录）

基本格式：DELETE FROM 表名 [WHERE 条件]。

功能：删除指定表中符合条件的记录。

举例：删除图 7-1 所示学生信息表中学号为"2017010101"的记录。

SQL 语句为：DELETE FROM 学生信息表 WHERE 学号 ="2017010101"。

（5）ALTER 语句（修改表的结构）

ALTER TABLE 语句用于在已有的表中添加、删除或修改列。

（6）DROP TABLE 语句

DROP TABLE 语句用于删除表。

（7）CREATE TABLE 语句

CREATE TABLE 语句用于创建表。

🔺 真题再现 ◀

1.（2023 年单项选择题）SQL 中 UPDATE 语句可实现的功能是_____。

A. 修改表结构　　　　　　　　　　B. 修改表的数据

C. 删除表的数据　　　　　　　　　D. 删除表的属性

【答案】B

【解析】UPDATE 语句可以实现字段内容更新，用来修改表中的数据，其基本格式为：UPDATE 表名 SET 字段 = 表达式 [WHERE 条件]。

2.（2022 年填空题）用于删除表中记录的 SQL 语句是_____。

【答案】DELETE 或 DELETE FROM（不区分大小写）

【解析】DELETE 语句用于删除表中的记录（行），基本结构为：DELETE FROM 表名 [WHERE 条件]。

3.（2021 年填空题）用于修改表结构的 SQL 语句是_____。

【答案】ALTER TABLE 或 ALTER（不区分大小写）

【解析】ALTER TABLE 语句用于在已有的表中添加、删除或修改列。

4.（2020年填空题）在 SQL 中，用于查询的语句是_____。

【答案】SELECT

【解析】SELECT 语句用于从表中选取数据，基本结构为：SELECT 列名称 FROM 表名称。例如，从名为"Persons"的数据库表中获取名为"LastName"和"FirstName"的两列内容的 SQL 语句为：SELECT LastName，FirstName FROM Persons。

5.（2018年单项选择题）下列正确的 SQL 语句是_____。

A. SELECT * HAVING user
B. SELECT* WHERE user
C. SELECT * FROM user
D. SELECT user INTO *

【答案】C

【解析】SELECT 子句表示要选择显示哪些字段，* 代表所有字段，FROM 子句表示从哪些表中查询。

考点5　NoSQL

关系型数据库是把复杂的数据结构归结为简单的二元关系（即二维表格形式）。在关系型数据库中，对数据的操作几乎全部建立在一个或多个关系表格上，通过对这些关联的表格进行分类、合并、连接或选取等运算来实现数据的管理。

在计算机系统及网络上每天都会产生庞大的数据，用户的个人信息、社交信息、地理位置及用户操作日志已经成倍地增加，由于数据类型多种多样，关系型数据库已经无法满足，主要表现在以下几个方面：

①无法满足海量数据的管理需要。

②无法满足数据高并发的需求。

③无法满足可扩展性和高可用性的需求。

因此出现了非关系型数据库，非关系型数据库又称 NoSQL（Not Only SQL）。NoSQL 的产生并不是要彻底否定关系型数据库，而是作为关系型数据库的有效补充。

（1）非关系型数据库的特点

优点：大数据量，易扩展；灵活的数据模型，可以定义并存储各种不同类型的数据；简化了输入值范围等约束，处理速度大大加快。

缺点：没有标准化；有限的查询功能；很难实现数据的完整性。

（2）典型非关系型数据库

典型非关系型数据库包括键值数据库、列族数据库、文档数据库、图数据库。

①键值数据库。

键值数据库将数据存储为键值对集合。键（key）具有唯一索引值的作用，用来定位值（value）。值是对应键的相关数据，其存储内容不受限制，可以存储字符串、数字、视频、图片、音频等，但是 key-value 必须成对出现。键和值的组合就构成了键值对，它们之间的关系是一对一。一类键值对数据构成一个集合，称为命名空间。典型的键值数据库有 Redis、Memcached 等。

②列族数据库。

列族数据库，它反转了传统的行存储数据库，将数据存储在列族中，列族存储经常用于被一起查询的相关数据。对于行存储数据库，表中的数据是以行为单位逐行存储在磁盘中的；而对于列存储数据库，表中的数据则是以列为单位逐列存储在磁盘中的。列存储解决的主要问题是数据查询，这种数据库通常用于分布式存储的海量数据。

③文档数据库。

文档数据库是键值数据库的一种衍生品。在文档数据库中，数据库中的每个记录都是以文档形式存在的。文档数据库是非关系型数据库中出现得最自然的类型，因为它们是按照日常文档的存储来设计的。文档数据库主要用于存储和检索文档数据，非常适合那些把输入数据表示成文档的应用。

④图数据库。

图数据库是一种存储图形关系的数据库。图模型是图数据库中的重要概念，它由两个要素构成，即结点和边。每个结点代表一个实体（人、地点、事物等），每条边代表两个结点之间的联系，这种通用结构可以对各种场景进行建模，如社交网络及由关系定义的任何事物。

真题再现

1.（2022 年判断题）列族数据库是一种非关系型数据库。

A. 正确　　　　　　　　　　　　　　B. 错误

【答案】A

【解析】列族数据库反转了传统的行存储数据库，将数据存储在列族中，列族存储经常用于被一起查询的相关数据。列存储解决的主要问题是数据查询，这种数据库通常用于分布式存储的海量数据。

2.（2021 年多项选择题）与关系型数据库相比，下列属于 NoSQL 优势的有_____。

A. 容易实现数据完整性　　　　　　　B. 支持超大规模数据存储

C. 复杂查询性能高　　　　　　　　　D. 数据模型灵活

【答案】BD

【解析】NoSQL 的主要特点包括易扩展，大数据量、高性能，灵活的数据模型。

一、单项选择题

1.（考点2）关系型数据库中有关"记录"的描述正确的是_____。

   A. 表中的行称为记录   B. 记录简称为 DB

   C. 二维表称为记录   D. 记录就是扩展名为 .accdb 的文件

2.（考点1）数据库管理系统（DBMS）是_____。

   A. 一个完整的数据库应用系统   B. 一组硬件

   C. 一组系统软件   D. 既有硬件，也有软件

3.（考点2）关系型数据库中的关系实际上是_____。

   A. 二维表   B. 三维表

   C. 数据   D. 文件

4.（考点1）数据库管理系统的英文缩写是_____。

   A. DB   B.DBMS   C.DBS   D.RDBMS

5.（考点1）采用二维表的形式表示实体及实体之间的联系，其数据模型是_____。

   A. 关系模型   B. 概念模型

   C. 网状模型   D. 层次模型

6.（考点4）运用 SQL 查询，从参赛选手表中删除"李军"同学的记录的最合适的 SQL 语句是_____。

   A.DELETE FROM 参赛选手表 WHERE 姓名 =" 李军 "

   B. UPDATE FROM 参赛选手表 WHERE 姓名 =" 李军 "

   C. DELETE FROM 参赛选手表 SET 姓名 =" 李军 "

   D. UPDATE FROM 参赛选手表 SET 姓名 =" 李军 "

单选–6讲解

7.（考点2）关系型数据库中的表不必具有的性质是_____。

   A. 数据项不可再分

   B. 同一列数据项要具有相同的数据类型

   C. 记录的顺序可以任意排列

   D. 字段的顺序不能任意排列

8.（考点2）关系型数据库用二维表的形式管理和存储数据，表中的行称为_____。

   A. 元组   B. 属性   C. 字段   D. 实体集

9.（考点1）Access 属于_____。

   A. 表格处理软件   B. 数据库

   C. 数据库应用系统   D. 数据库管理系统

10.（考点1）数据库的英文缩写是_____。

   A.Base   B. Data   C.DBMS   D. DB

第七章

数据库管理系统

11. （考点2）在关系型数据库中，下列描述错误的是_____。

　　A. 一个数据库可以包含多个表　　　　B. 同一个字段的数据类型必须相同

　　C. 同一数据表不允许有重复的字段名　　D. 同一数据表不允许有重复的数据类型

12. （考点1）下列关于数据库系统主要特点的叙述，错误的是_____。

　　A. 数据共享　　　　　　　　　　　　B. 消除了数据冗余

　　C. 数据结构化　　　　　　　　　　　D. 数据具有较高的独立性

13. （考点1）一所医院只有一个正院长，同时一个正院长只能担任一所医院的正院长职务，则医院与正院长之间的联系类型是_____。

　　A. 一对一　　　　　　　　　　　　　B. 一对多

　　C. 多对一　　　　　　　　　　　　　D. 多对多

14. （考点1）下列选项中，_____不属于数据库中的数据模型。

　　A. 关系模型　　　　　　　　　　　　B. 网状模型

　　C. 概念模型　　　　　　　　　　　　D. 层次模型

15. （考点1）下列选项中，不属于数据库管理系统的是_____。

　　A. Access 2016　　　　　　　　　　　B. Oracle

　　C. Visual FoxPro　　　　　　　　　　D. Linux

16. （考点1）用树形结构来表示实体之间联系的数据模型称为_____。

　　A. 关系模型　　　　　　　　　　　　B. 网状模型

　　C. 物理模型　　　　　　　　　　　　D. 层次模型

单选-17讲解

17. （考点4）输入以下SQL语句：INSERT INTO 参赛选手表 VALUES（"2069"，"陈明"，"男"，"光明小学"，#2008/6/10#），表示_____。

　　A. 插入陈明这条记录　　　　　　　　B. 删除陈明这条记录

　　C. 更新陈明这条记录　　　　　　　　D. 查询陈明这条记录

18. （考点2）假设一个书店用（书号、书名、作者、出版社、出版日期、库存数量等）一组属性来描述图书，可以作为主键字段的是_____。

　　A. 书号　　　　　　　　　　　　　　B. 出版社

　　C. 库存数量　　　　　　　　　　　　D. 书名

19. （考点1）数据库DB、数据库系统DBS、数据库管理系统DBMS三者之间的关系是_____。

　　A. DB 包含 DBS、DBMS　　　　　　　B. DBS 包含 DB、DBMS

　　C. DBMS 包含 DB、DBS　　　　　　　D. 三者互不包含

20. （考点2）在关系数据模型中，域是指_____。

　　A. 字段　　　　　　　　　　　　　　B. 记录

　　C. 属性　　　　　　　　　　　　　　D. 属性的取值范围

21. （考点2）关系型数据库管理系统所管理的关系是_____。

　　A. 一个表文件　　　　　　　　　　　B. 若干个二维表

C. 一个数据库文件　　　　　　　　D. 若干个数据库文件

22.（考点 1）在数据管理中数据共享性高、冗余度小的是_____。

A. 信息管理阶段　　　　　　　　　B. 人工管理阶段

C. 文件系统阶段　　　　　　　　　D. 数据库系统阶段

23.（附加题）关系型数据库中的数据表_____。

A. 完全独立，相互没有关系　　　　B. 相互联系，不能单独存在

C. 既相对独立，又相互联系　　　　D. 以数据表名来表现其相互间的联系

24.（考点 4）SQL 指的是_____。

A. 一种数据库结构　　　　　　　　B. 一种数据库系统

C. 一种数据模型　　　　　　　　　D. 结构化查询语言

25.（考点 1）假设数据库中表 A 与表 B 建立了"一对多"关系，表 B 为"多"方，则下述说法正确的是_____。

A. 表 A 中的一条记录能与表 B 中的多个记录匹配

B. 表 B 中的一条记录能与表 A 中的多个记录匹配

C. 表 A 中的一条字段能与表 B 中的多个字段匹配

D. 表 B 中的一条字段能与表 A 中的多个字段匹配

26.（考点 2）在关系运算中，选择运算的含义是_____。

A. 在基本表中，选择满足条件的元组组成一个新的关系

B. 在基本表中，选择需要的属性组成一个新的关系

C. 在基本表中，选择满足条件的元组和属性组成一个新的关系

D. 以上 3 种说法都是正确的

27.（考点 1）Access 的"学生基本信息表"中的"姓名"与"成绩表"中的"姓名"建立关系，且两个表中的记录都是唯一的，则这两个表之间的关系是_____。

A. 一对一　　　　　　　　　　　　B. 多对一

C. 一对多　　　　　　　　　　　　D. 多对多

28.（考点 4）使用 SQL 语句将学生表 S 中年龄（AGE）大于 30 岁的记录删除，正确的语句是_____。

A. DELETE FOR AGE>30　　　　　　B. DELETE FROM S WHERE AGE>30

C. DELETE S FOR AGE>30　　　　　D. DELETE S WHERE AGE>30

29.（考点 2）在关系模型中，从表中选出满足条件的记录的操作称为_____。

A 连接　　　　　B. 投影　　　　　C. 联系　　　　　D. 选择

30.（考点 3）将 E-R 图转换为关系模型时，实体和联系都可以表示为_____。

A. 属性　　　　　B. 键　　　　　　C. 关系　　　　　D. 域

31.（考点 3）概念设计是整个数据库设计的关键，它通过对用户需求进行综合、归纳与抽象，形成一个独立于具体 DBMS 的_____。

A. 层次模型　　　　B. 网状模型　　　　C. 关系模型　　　　D. 概念模型

32.（考点 1）公司有多个部门和多名职员，每个职员只能属于一个部门，一个部门可以有多名职员，从部门到职员的联系是_____。

    A. 一对一   B. 一对多   C. 多对一   D. 多对多

33.（考点 3）在数据库设计中，将 E-R 图转换成关系数据模型属于_____的任务。

    A. 需求分析阶段   B. 逻辑设计阶段

    C. 概念设计阶段   D. 物理设计阶段

34.（考点 1）下列不属于数据库系统特点的是_____。

    A. 数据共享性好   B. 数据结构化

    C. 数据冗余度高   D. 数据独立性高

35.（考点 4）已知关系表 S 中有 30 条记录，执行 SQL 语句 DELETE FROM S 后，结果为_____。

    A. 缺少删除条件，没有记录被删除   B. 删除了 S 表的结构和记录

    C. S 表为空表，其结构被删除   D. S 表为空表，其结构仍保留

二、多项选择题

1.（考点 2）专门的关系运算包括_____。

    A. 选择   B. 投影   C. 连接   D. 并、差、交

2.（考点 2）对关系型数据库来讲，下面说法正确的是_____。

    A. 同一列的数据采用相同的数据类型，来自同一个域

    B. 不同列的数据可以出自同一个域

    C. 关系中的任意两个元组不能完全相同

    D. 行的顺序可以任意交换，但是列的顺序不能任意交换

3.（考点 5）关于 NoSQL 和关系型数据库，下列说法正确的是_____。

    A. 关系型数据库以关系代数理论作为基础，NoSQL 没有统一的理论基础

    B. NoSQL 可以支持超大规模数据存储，具有强大的横向扩展能力

    C. 大多数 NoSQL 很难实现数据完整性

    D. NoSQL 和关系型数据库各有优缺点，但随着 NoSQL 的发展，终将取代关系型数据库

三、填空题

1.（考点 1）_____是长期存放在计算机内的、有组织的、可表现为多种形式、的可共享的数据集合。

2.（考点 1）数据管理技术的发展大致经历了人工管理、文件系统和_____三个阶段。

3.（考点 1）DBMS 是指_____。

4.（考点 2）在关系表中，一行数据称为一条_____，一列称为一个字段。

5.（考点 1）关系模型把世界看作是由_____和联系构成的。

6.（考点 2）关系型数据库中，一个属性的取值范围叫作一个_____。

7.（考点 1）数据库中最常见的数据模型有三种，即层次模型、网状模型和_____。

8.（考点 2）_____运算是从两个关系的笛卡儿积中选取属性间满足一定条件的元组。

Part III 参考答案

一、单项选择题

1	2	3	4	5	6	7	8	9	10	11	12	13	14	15
A	C	A	B	A	A	D	A	D	D	D	B	A	C	D

16	17	18	19	20	21	22	23	24	25	26	27	28	29	30
D	A	A	B	D	B	D	C	D	A	A	A	B	D	C

31	32	33	34	35										
D	B	B	C	D										

二、多项选择题

1	2	3
ABC	ABC	ABC

三、填空题

1. 数据库   2. 数据库系统   3. 数据库管理系统   4. 记录

5. 实体   6. 域   7. 关系模型   8. 连接

第七章 数据库管理系统

第八章　多媒体技术基础知识

根据大纲要求，本章需要掌握的主要知识点：

- 多媒体技术中的媒体元素。
- 多媒体计算机系统的组成。
- 声音的数字化及音频处理。
- 图像的数字化及图像处理。
- 视频处理。
- 动画处理。

本章重点：

- 多媒体技术中的媒体元素。
- 声音和图像的数字化。
- 常见音频文件、图像文件和视频文件的格式。

Part I　考点直击

考点1　多媒体技术的相关概念及特点

随着计算机软硬件技术的不断发展，计算机的处理能力逐渐提高，具备了处理图形、图像、声音、视频等多媒体信息的能力，使计算机更形象逼真地反映自然事物和运算结果，从而诞生了计算机多媒体技术。

1. 多媒体

媒体：是信息表示和传播的载体。媒体包括两层含义：一是指媒质，即存储信息的实体，如磁盘、光盘、磁带、半导体存储器等；二是指传递信息的载体，如数字、文字、声音、图形和图像等。多媒体就是多重媒体的意思，可以理解为直接作用于人感官的文字、图形、图像、动画、声音和视频等各种媒体的统称，即多种信息载体的表现形式和传递方式。

2. 媒体的分类

国际电话电报咨询委员会（CCITT）根据媒体的表现形式对媒体做如下分类。

（1）感觉媒体

感觉媒体是指能直接作用于人的感官，使人能产生直接感觉的媒体。感觉媒体用于人类感知客观环境。例如，文字、音乐、自然界的声音、图形、图像、动画、视频等都属于感觉媒体。

（2）表示媒体

表示媒体是为了加工、处理和传输感觉媒体而人为研究和构造出来的一种媒体，即信息在计算机中的表示。表示媒体表现为信息在计算机中的编码，如 ASCII 码、图像编码、声音编码等。

（3）显示媒体

显示媒体是计算机用于输入 / 输出信息的媒体，如键盘、鼠标、光笔、显示器、扫描仪、打印机、绘图仪等。

（4）存储媒体

存储媒体用于存放表示媒体，以便于保存和加工这些信息，也称为存储介质。常见的存储媒体有硬盘、软盘、磁带和 CD-ROM 等。

（5）传输媒体

传输媒体是指用于将媒体从一处传送到另一处的物理载体，如电话线、双绞线、光纤、同轴电缆、微波、红外线等。

3. 多媒体技术

多媒体技术是利用计算机、通信、广播电视等技术把文字、图形、图像、动画、声音及视频媒体等信息数字化，将它们有机组合起来并建立逻辑联系，能支持完成一系列交互式操作的信息技术。其涉及的技术有信息数字化处理技术、数据压缩和编码技术、高性能大容量存储技术、多媒体网络通信技术等，其中信息数字化处理技术是基本技术，数据压缩和编码技术是核心技术。

4. 多媒体技术的特点

多媒体技术具有多样性、集成性、交互性和实时性等特点。

（1）多样性

多样性是指信息载体的多样化，即计算机能够处理的信息范围呈现多样性。多种信息载体使得信息的交换更加灵活、直观。多种信息载体的应用也使得计算机更容易操作和控制。

（2）集成性

集成性是指处理多种信息载体的能力，也称为综合性。体现在两个方面：一方面是多种媒体信息，即声音、文字、图形、图像、音频、视频等的集成；另一方面是媒体信息处理设备的集成性，计算机多媒体系统不仅包括计算机本身，还包括处理媒体信息的有关设备。

（3）交互性

交互性是指在多媒体信息的传播过程中可以实现人对信息的主动选择、使用加工和控制，不再像传统信息交流那样单向、被动地传播信息。交互性使用户与计算机在信息交换中的地位变得平等，改变了信息交换中人的被动地位，使得人可以主动参与媒体信息的加工和处理。

（4）实时性

实时性是指在人的感官系统允许的情况下进行的多媒体的处理和交互。例如，在计算机多媒体系统中声音及活动的视频图像是实时的、同步的。计算机必须具有对这类媒体的实时同步处理能力。

考点2　多媒体技术的应用

1. 教育应用

由于多媒体具有图、文、声、像的一体化效果，它的直观性和交互性使其特别适合教育和培训。利用多媒体技术可以使学习者能够根据自己的实际情况，主动地、创造性地学习，真正确立受教育者在学习中的主体地位，从根本上改变传统教学模式，大大提高教学效果。

2. 电子出版

电子出版物是以计算机存储介质为载体，采用计算机信息检索技术的新型出版物。它利用的素材范围广泛，包括文字、图形、图像、动画、音频、视频及软件、程序等。与传统图书相比，电子出版物以其大容量信息存储能力、多种媒体信息处理能力、先进灵活的信息查询能力，引发了信息传播技术的又一次革命。

3. 广告与信息咨询

在公共服务场所，如旅游、邮电、交通、商业、宾馆、百货大楼等，可以利用多媒体大信息容量的图、文、声、像，提供高质量的产品广告和无人咨询服务，既方便了广大消费者，也给经营者创造了新的商机。

4. 管理信息系统和办公自动化

多媒体技术能提供如图形、图像、动画、音频、视频等全新的信息内容，除了能处理通常的数据或文字外，还极大地增强了应用系统的功能，改善了管理信息系统（MIS）和办公自动化（OA）应用系统的人机界面，扩展了应用领域。

5. 家庭应用

目前，多媒体声像制品和视频游戏，以其逼真的画面、高保真的声音、强大的交互性，给人们带来了身临其境的真实感受。家庭娱乐已经发展成为计算机多媒体技术应用的重要领域之一。

6. 虚拟现实

虚拟现实（Virtual Reality，简称VR）就是利用多媒体技术创建的一种虚拟真实情形的环境。目前，虚拟现实主要应用于训练、展示和视频游戏等方面。

以上所述只是多媒体技术的一些典型应用，随着多媒体技术的不断成熟和发展，它的应用将遍及人类生活的各个领域。

> **真题再现**
>
> 1.（2017年多项选择题）请根据多媒体的特性判断以下哪些属于多媒体的范畴_____。
>
> A. 交互式视频游戏　　　　　　　　B. 彩色画报
>
> C. 电子出版物　　　　　　　　　　D. 老式彩色电视
>
> 【答案】AC
>
> 【解析】彩色画报属于纸质的平面媒体，而老式彩色电视没有利用计算机技术且不具有交互性，所以不属于多媒体的范畴。
>
> 2.（2017年填空题）Virtual Reality 的含义是_____。
>
> 【答案】虚拟现实
>
> 【解析】虚拟现实（Virtual Reality，简称VR）就是利用多媒体技术创建的一种虚拟真实情形的环境。

考点3　多媒体技术中的媒体元素

我们将多媒体技术处理的对象称为多媒体元素，是指多媒体应用中可提供给用户的媒体组成部分。目前，多媒体元素主要包含文本、图形、图像、动画、声音、视频等。

1. 文本

文本是以文字和各种专用符号表达的信息形式，它是现实生活中使用得最多的一种信息存储和传递方式。用文本表达信息给人充分的想象空间，它主要用于对知识的描述性表示，如阐述概念、定义、原理和问题及显示标题、菜单等内容。

2. 图形和图像

（1）图像

图像是通过扫描仪、数字照相机、摄像机等输入设备捕捉的真实场景的画面，数字化后以位图格式存储。位图由描述构成图像中各个像素点颜色属性的数字阵列组成，因此也称为点阵图。位图直接描述了图像中每个像素点的信息，具有色彩丰富、显示自然柔和的特点；但是占用存储空间较大，图像放大或缩小时会产生失真，使图像变得模糊不清。位图的清晰度与像素的多少有关，单位面积内像素数目越多则图像越清晰，反之图像越模糊；对于高分辨率的彩色图像，用位图存储所需的存储空间较大。

像素是位图图像的基本构成元素。图像的水平方向和垂直方向的像素个数称为分辨率，以乘法的形式表示，如800×600。在一幅彩色图像中，每一个像素的颜色，是用若干个二进制"位"来记录的，表示一幅图像的一个像素的颜色所使用的二进制位数就称为颜色深度。例如，颜色深度为8位，意味着一个像素点可以表示256（2^8）种颜色。

位图图像文件大小的计算公式：文件的字节数 = 图像分辨率 × 颜色深度 /8。

例如，一幅分辨率为640×480的8位图像，文件的大小为（640×480×8）÷8=307200B。

（2）图形

图形一般是矢量图，矢量图是用数学公式对物体进行描述建立的。例如，同样是用计算机画一个圆，位图必须要描述和存储组成图像的每一个点的位置和颜色信息，矢量图的描述则非常简单，如圆心坐标（120，120）、半径60。在矢量图形中，把一些形状简单的物体如点、直线、曲线、圆、多边形、球体、立方体、矢量字体等称作图元。矢量图用一组命令和数学公式来描述这些图元，包括它们的形状、位置、颜色等信息，再用这些简单的图元来构成复杂的图形。当对矢量图进行放大后，图形仍能保持原来的清晰度，且色彩不失真。矢量图的文件大小与图形大小无关，只与图形的复杂程度有关，因此简单的图形所占的存储空间较小。

3. 动画

动画是利用人的视觉暂留特性，快速播放一系列连续运动变化的图形或图像，也包括画面的缩放、旋转、变换、淡入淡出等特殊效果。帧是动画中最小的单位。一帧就是一幅静止的画面，连续的帧就形成动画。通过动画可以把抽象的内容形象化，使许多难以理解的教学内容变得生动有趣。存储动画的文件格式有 FLC、MMM、GIF、SWF 等。常见的动画处理软件有 Flash、GIF Animator、3D Studio Max 和 Maya 等。

4. 声音

声音是人们用来传递信息、交流感情最方便、最熟悉的方式之一。在多媒体课件中，按其表达形式，可将声音分为讲解、音乐、效果三类。

5. 视频

视频具有时序性与丰富的信息内涵，常用于交代事物的发展过程。视频非常类似于我们熟知的电影和电视，有声有色，在多媒体中充当重要的角色。

真题再现

1.（2023年单项选择题）下列关于多媒体元素中图形与图像的描述，正确的是_____。
A. 图像一般是矢量图，放大时会失真　　B. 图形一般是矢量图，放大时会失真
C. 图形一般是矢量图，放大时不会失真　　D. 图像一般是矢量图，放大时不会失真
【答案】C

【解析】图形一般是矢量图，矢量图是用数学公式对物体进行描述建立的。当对矢量图进行放大后，图形仍能保持原来的清晰度，且色彩不失真。

2.（2021年单项选择题）下列关于多媒体的描述，错误的是_____。

A. 文字不属于多媒体元素

B. 多媒体技术的特点主要有多样性、实时性、集成性和交互性

C. 远程医疗使用多媒体技术

D. 网页可理解为多种多媒体元素的组合

【答案】A

【解析】多媒体中的媒体元素主要包括文本、图形、图像、动画、声音和视频等。

3.（2020年多项选择题）下列选项中属于多媒体元素的有_____。

A. 图形、图像　　　　B. 动画、视频　　　　C. 声音、文字　　　　D. 硬盘、U盘

【答案】ABC

【解析】硬盘和U盘属于硬件设备。

4.（2018年单项选择题）一张分辨率为640×480的位数为32位的真彩色的位图，其文件大小是_____。

A. 307200MB

B. 307200KB

C. 1200KB

D. 1200B

【答案】C

【解析】根据图像文件大小的计算公式：文件的字节数＝图像分辨率×颜色深度/8，则640×480×32/8=1228800B=1200KB。

5.（2018年多项选择题）多媒体信息不包括_____。

A. 光盘　　　　B. 文字　　　　C. 音频　　　　D. 声卡

【答案】AD

【解析】光盘、声卡属于多媒体硬件。

6.（2018年多项选择题）下列说法正确的是_____。

A. 矢量图比点阵图色彩更丰富　　　　B. 矢量图比点阵图占存储空间更小

C. 点阵图的清晰度和分辨率有关　　　　D. 矢量图由像素点构成

【答案】BC

【解析】点阵图由像素点构成，比矢量图色彩更丰富。

考点4　多媒体数据的压缩

数据压缩是指通过编码技术来降低数据存储时所需的空间，使用时再进行解压缩。根据对压缩后的数据经解压缩后是否能准确地恢复压缩前的数据来分类，数据压缩可分为无损压缩和有损压缩两类。

（1）无损压缩

无损压缩是按被压缩数据中重复数据的出现次数进行编码的。无损压缩由于能确保解压后的数据不失真，一般用于文本数据、程序及重要图片和图像的压缩。无损压缩比一般为 2 : 1 ~ 5 : 1，因此不适合实时处理图像、视频和音频数据。典型的无损压缩软件有 WinZip、WinRAR 等。

（2）有损压缩

有损压缩是以牺牲某些信息（这部分信息基本不影响对原始数据的理解）为代价，换取了较高的压缩比。有损压缩具有不可恢复性，也就是还原后的数据与原始数据存在差异。一般用于图像、视频和音频数据的压缩，压缩比高达几十比一到几百比一。例如，在位图图像存储形式的数据中，像素与像素之间无论是列方向或行方向都具有很大的相关性，因此数据的冗余度很大，在允许一定限度失真的情况下，能够对图像进行大量的压缩。这里所说的失真，是指在人的视觉、听觉允许的误差范围内的。

由于多媒体信息的广泛应用，为了便于信息的交流、共享，对于视频和音频数据的压缩有专门的标准和规范，主要有 JPEG 静态图像压缩和 MPEG 动态图像压缩两种类型。

考点5　数字多媒体计算机系统的组成

多媒体个人计算机（Multimedia Personal Computer，MPC），是在个人计算机的基础上发展起来的，一般是指能够综合处理文字、图形、图像、动画、音频和视频等多种媒体信息的计算机。完整的多媒体计算机系统由多媒体计算机硬件和多媒体计算机软两部分件组成。

1. 多媒体计算机硬件

多媒体计算机的硬件结构与 PC 并无太大区别，可看作是在 PC 上进行了硬件扩充，除了常规的主机、硬盘驱动器、显示器、打印机等硬件外，还附加了多媒体附属硬件。多媒体附属硬件主要有两类：适配卡类和外围设备类。

（1）多媒体适配卡

多媒体适配卡的种类和型号很多，主要有视频卡、声卡、图形和图像加速卡等。

（2）多媒体外围设备

以外围设备形式连接到计算机上的多媒体硬件设备有光盘驱动器、扫描仪、打印机、数码照相机、触摸屏、摄像机、传真机、麦克风、多媒体音箱等。

2. 多媒体软件系统

多媒体软件系统包括多媒体操作系统、多媒体创作工具、多媒体素材编辑软件、多媒体应用软件。现在常用的 Windows、Mac OS、Linux 操作系统都是多媒体操作系统。多媒体创作工具，是多媒体专业人员在多媒体操作系统之上开发的，供特定应用领域的专业人员组织编排多媒体数据，且把它们连接成完整的多媒体应用系统的工具软件。多媒体素材编辑软件是用于采集、输入、处理、存储和输出多媒体数据的软件，如声音录制与编辑软件、图形/图像处理软件、视频采集编辑软件，动画生成编辑软件等。多媒体应用软件是在多媒体硬件平台上设计开发的面向应用的软件系统。例如，一般所说的多媒体应用软件可能是一套小学生教学系统，也可能是一部声像俱全的百科全书，还可能是一部用户可以参与但实际像电影的游戏。

真题再现

（2019 年多项选择题）下列选项中，属于多媒体操作系统的是_____。

A. Authorware   B. Linux

C. Windows   D. Photoshop

【答案】BC

【解析】Authorware 属于典型的多媒体创作工具，而 Photoshop 属于图像处理软件。

考点6 图形/图像处理

1. 常见图形/图像的文件格式

BMP 格式：Microsoft 公司为其 Windows 系列操作系统开发的标准位图文件格式，未经过压缩，这种图像文件比较大。

JPEG（JPG）格式：它由联合图像专家组（Joint Photographic Experts Group）开发，其文件的扩展名为 .jpg 或 .jpeg，采用有损压缩，可以用最小的磁盘空间存储质量较高的图像，文件较小，便于在网络上传输，网页上大部分图片都是这种格式。

GIF 格式：是由 CompuServe 公司于 1987 年开发的图像文件格式，分为静态 GIF 和动画 GIF 两种。GIF 格式特别适合于动画制作、网页制作及演示文稿制作等领域。GIF 的缺点是不能存储超过 256 色的图像。

PSD 格式：图像处理软件 Photoshop 的专用图像格式，图像文件较大。

TIFF 格式：标签图像文件格式（Tag Image File Format），可以制作质量非常高的图像，经常用于出版印刷。

PNG 格式：便携式网络图形格式（Portable Network Graphic Format），结合了 GIF 和 JPG 的优点，不支持动画，具有存储形式丰富的特点，其最大的色深为 48bit，采用无损压缩方式存储。

SWF（Shock Wave Flash）格式：Flash 的专用格式，被广泛应用于网页设计、动画制作等领域，其文件通常也被称为 Flash 文件。

PCX（PC Paintbrush Exchange）格式：PCX 是最早支持彩色图像的一种文件格式，最高可以支持 256 种颜色。

CDR 格式：图形设计软件 CorelDRAW 的专用格式。

DXF（Drawing Exchange File）格式：三维模型设计软件 AutoCAD 的专用格式，文件

小，所绘制的图形尺寸、角度等数据十分准确，是建筑设计的首选。

EPS（Encapsulated Post Script）格式：由 Adobe 公司专门为存储矢量图形而设计的格式。

AI 格式：是一种矢量图形格式。

2. 专业的图形 / 图像处理软件

Illustrator：Illustrator 是 Adobe 公司开发的矢量图形编辑软件。

CorelDRAW：加拿大 Corel 公司推出的矢量绘图软件。

Freehand：Adobe 公司推出的功能强大的平面矢量图形设计软件。

PageMaker：一款专业排版与图形制作软件。

AutoCAD（Autodesk Computer Aided Design）：自动计算机辅助设计软件，可以用于绘制二维制图和基本三维模型。

Photoshop：Adobe 公司旗下最为出名的图像处理软件之一，专长于图像处理，而不是图形创作。

另外，专业的图形 / 图像处理软件还有光影魔术手、美图秀秀、可牛影像、ACDSee 等。

3. 颜色模式

颜色模式是将某种颜色表现为数字形式的模型，或者说是一种记录图像颜色的方式。常见的颜色模式有 RGB 模式、CMYK 模式、HSB 模式、位图模式和灰度模式等。

（1）RGB 模式

RGB 模式是基于自然界中 3 种基色光的混合原理，将红（Red）、绿（Green）和蓝（Blue）3 种基色按照从 0（黑）到 255（白色）的亮度值在每个色阶中分配，从而指定其色彩。当不同亮度的基色混合后，便会产生出 256×256×256 种颜色，约为 1670 万种。当 3 种基色的亮度值相等时（不同时为 255 或 0），产生灰色；当 3 种基色的亮度值都是 255 时，产生纯白色；而当 3 种基色的亮度值都是 0 时，产生纯黑色。

（2）CMYK 模式

CMYK 模式是一种印刷模式，适用于打印机、印刷机等。CMYK 四个字母分别指青（Cyan）、洋红（Magenta）、黄（Yellow）、黑（Black），在印刷中代表四种颜色的油墨。CMYK 模式在本质上与 RGB 模式没有什么区别，只是产生色彩的原理不同，在 RGB 模式中由光源发出的色光混合生成颜色，而在 CMYK 模式中由光线照到有不同比例 C、M、Y、K 油墨的纸上，部分光谱被吸收后，反射到人眼的光产生颜色。

（3）HSB 模式

HSB 模式是基于人眼对色彩的观察来定义的，在此模式中，所有的颜色都用色相、饱和度、亮度三个特性来描述。色相（H）是指色彩的相貌，就是我们通常说的各种颜色，如红、橙、黄、绿、青、蓝、紫等。色相是区别各种不同色彩的最佳标准，它和色彩的强弱及明暗没有关系，只是纯粹表示色相相貌的差异。饱和度（S）是指色彩的鲜艳程度，表示色相中灰色成分所占的比例，用 0%～100%（纯色）来表示。亮度（B）是颜色的相对明暗程度，通常用 0%（黑）～100%（白）来度量。

（4）位图模式

位图模式用两种颜色（黑和白）来表示图像中的像素。位图模式的图像也称为黑白图像。

（5）灰度模式

灰度模式可以使用多达256级灰度来表现图像，使图像的过渡更平滑细腻。灰度图像的每个像素有一个0（黑色）到255（白色）之间的亮度值。

真题再现

1.（2020年单项选择题）关于GIF和PNG格式图像的区别，下列说法中正确的是_____。

　A. GIF格式和PNG格式图像都支持动画

　B. GIF格式和PNG格式图像都不支持动画

　C. GIF格式图像不支持动画，PNG格式图像支持动画

　D. GIF格式图像支持动画，PNG格式图像不支持动画

【答案】D

【解析】PNG是一种采用无损压缩算法的位图格式，具有占用存储空间小、支持透明效果的特点，但是不支持动画。GIF格式既可以用于静态图像，也可以实现动画效果。

2.（2020年单项选择题）在Photoshop中，新建图像文件默认的颜色模式是_____。

　A. 位图模式　　　　　　　　　　　　　B. RGB模式

　C. CMYK模式　　　　　　　　　　　　D. 灰度模式

【答案】B

【解析】RGB模式通过对红（R）、绿（G）、蓝（B）三个颜色通道的变化及它们相互之间的叠加来得到各式各样的颜色。

3.（2018年单项选择题）下列不是图片文件的扩展名的是_____。

　A. .bmp　　　　　　B. .jpg　　　　　　C. .gif　　　　　　D. .wav

【答案】D

【解析】波形音频文件（*.wav）是Microsoft为Windows设计的多媒体音频文件格式。

4.（2017年单项选择题）以下除_____外，其他都是图像文件格式。

　A. MOV　　　　　　B. GIF　　　　　　C. BMP　　　　　　D. JPG

【答案】A

【解析】MOV格式是美国Apple公司开发的一种视频文件格式。

考点7　视频处理

视频概念：连续的图像变化每秒超过24帧（Frame）画面时，根据视觉暂留原理，人眼无法辨别每幅单独的静态画面，看上去是平滑连续的视觉效果，这样的连续画面叫作视频。

按照处理方式的不同，视频分为以下两种。

①模拟视频。

②数字视频。视频的数字化过程包括采样、量化、编码和压缩。

1. 视频文件格式

AVI 格式：于 1992 年由 Microsoft 公司推出，英文全称为 Audio Video Interleaved，即音频视频交错格式。所谓音频视频交错，就是可以将视频和音频交织在一起进行同步播放。这种视频格式的优点是图像质量好，可以跨多平台使用，其缺点是视频文件过于庞大。

MPEG 格式：MPEG 的英文全称为 Moving Picture Expert Group，即运动图像专家组。MPEG 采用有损压缩算法，在保证影像质量的基础上减少运动图像中的冗余信息，从而达到高压缩比的目的。目前 MPEG 格式有三个压缩标准，分别是 MPEG-1、MPEG-2 和 MPEG-4。

MOV 格式：是 Apple 公司开发的一种视频文件格式。

ASF 格式：高级流格式（Advanced Streaming Format，ASF）是微软公司推出的一个在因特网上实时传播多媒体的技术标准，是可以直接在网上观看视频节目的视频文件压缩格式。它的视频部分采用了 MPEG-4 压缩标准，音频部分采用了微软新发布的 WMA 压缩格式。

WMV 格式：WMV 的英文全称为 Windows Media Video，也是微软推出的一种采用独立编码方式并且可以直接在网上实时观看视频节目的文件压缩格式。

RM 格式：RM 的英文全称为 Real Media，是由 RealNetworks 公司开发的一种流媒体视频文件格式。

DivX 格式：数字视频格式，支持 MPEG-4、H.264 和最新 H.265 标准的视频格式，分辨率可高达 4K。

NAVI 格式：NAVI 是 NewAVI 的缩写，是一种新的视频格式。

2. 视频处理软件

专业视频处理软件有 Premiere PRO、After Effects、Media Studio Pro、Combustion 和 Shake 等，非专业视频处理软件有 Movie Maker、Ulead Video Studio（会声会影）和狸窝全能视频转换器等。

真题再现

1.（2022 年单项选择题）下列关于多媒体中视频的说法，错误的是_____。

A. 视频编码压缩的目的是提高视频质量

B. 视频的数字化过程包括采样、量化、编码和压缩

C. 视频长时间保存不会降低质量

D. 流媒体技术是视频点播的主流技术之一

【答案】A

【解析】视频压缩的目的是减少视频存储的空间。

2.（2019 年单项选择题）ASF 是_____公司推出的一个在 Internet 上实时传播多媒体的视频文件压缩技术标准。

A. Microsoft   B. Apple   C. Intel   D. Real Networks

【答案】A

考点 8　音频处理

1. 声音的数字化

将模拟信号转换成数字信号一般需要经过采样、量化与编码。声音的采样和量化如图 8-1 所示。

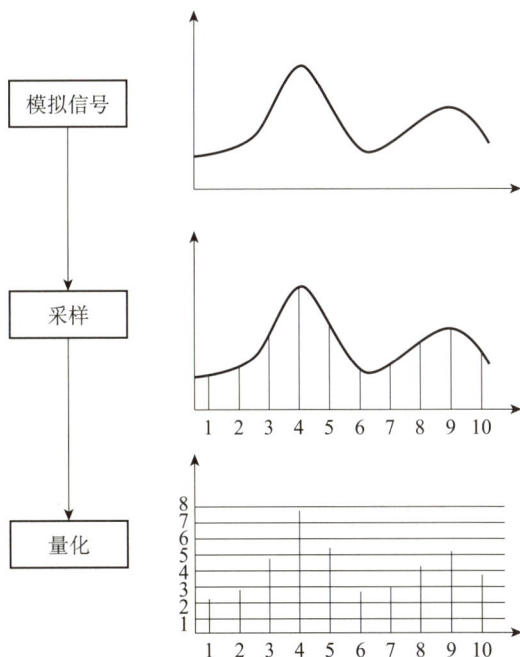

图 8-1 声音的采样和量化

（1）采样

每隔一个时间间隔在模拟声音波形上取一个幅度值。每秒的采样样本数叫作采样频率，单位用赫兹（Hz）表示。在相同的时间内，取点越多，即采样频率越高，声音越逼真。采样频率只要达到信号最高频率的两倍，就能精确描述被采样的信号。一般来说，人耳的听力范围在 20Hz 到 20kHz 之间，因此，只要采样频率达到 40kHz，就可以满足人们的听力要求。

（2）量化

用二进制数字表示采样所得到的幅度值的过程。量化值一般用二进制数表示，量化位数越大，声音越逼真。常用的量化位数有 8 位、16 位。

（3）编码

编码是将采样、量化得到的一组二进制数字序列按照一定的格式记录下来。采用不同的编码方法，会形成不同格式的音频文件，如 WAV 格式、MP3 格式等。

数字音频的质量取决于采样频率、量化位数和声道数等几个因素。

声音通道的个数称为声道数，是一次采样同时记录的声音波形个数。记录声音时，如果一次生成一个声波数据，称为单声道；如果一次生成两个声波数据，称为双声道（立体声）。随着声道数的增加，所需要的存储空间也相应地增加。

通常，音频所占的存储容量取决于采样频率、量化位数、声道数和时长，其计算公式为：音频所占的存储容量 = 采样频率（Hz）× 量化位数 × 声道数 × 时长 /8。

举例：一首时长为 100 s 的双声道音乐，采样频率为 44.1kHz，量化位数为 16，计算该音乐的音频所占的存储容量。

音频所占的存储容量 =44 100 × 16 × 2 × 100/8=17 640 000 B。

2. 音频文件格式

WAV 格式：是微软公司开发的一种音频文件格式，也叫波形声音文件格式。WAV 格式支持多种音频位数、采样频率和声道，其缺点是没有压缩，文件较大。

WMA 格式：WMA 是 Windows Media Audio 的缩写，是微软公司推出的与 MP3 格式齐名的一种新的音频文件格式。WMA 格式在压缩比和音质方面都超过了 MP3，更是远胜于 RA，即使在较低的采样频率下也能产生较好的音质。

MP3 格式：Internet 上最流行的音乐格式，它将声音文件用 1 ∶ 12 左右的压缩率压缩，变成容量较小的音乐文件，使传输和存储更为便捷，更利于互联网用户在网上试听或下载到个人计算机。

MIDI 格式：MIDI 是乐器数字接口的英文缩写，是数字音乐的一个国际标准。MIDI 文件记录的是一系列指令而不是数字化的波形数据，所以它占用存储空间较小。

AIFF 格式：AIFF 是音频交换文件（Audio Interchange File Format）的英文缩写，是 Apple 公司开发的一种音频文件格式。

AAC 格式：AAC 即高级音频编码（Advanced Audio Coding），它采用的编码方式与 MP3 不同，AAC 可以同时支持多达 48 个音轨、15 个低频音轨、更多种采样频率和传输率，具有多种言语的兼容能力，以及更高的解码效率。

RA 格式：Real Audio（RA）是 RealNetworks 公司推出的一种流式音频文件格式。这是一种在网络上很常见的音频文件格式，但是为了确保在网络上传输的效率，在压缩时声音的质量成了牺牲的对象。

3. 专业的音频处理软件

专业的音频处理软件有 Sound Forge、Audition 等，非专业的音频处理软件有 Glod Wave、Audio Converter 等。

常见的多媒体文件格式及处理软件见表 8-1。

表 8-1 常见的多媒体文件格式及处理软件

	常见文件格式	常见处理软件
音频	➤ WAV 格式 ➤ MP3 格式 ➤ CD 格式（.cda） ➤ .WMA 格式 ➤ MIDI 格式 ➤ AAC（Advanced Audio Coding）格式 ➤ AIFF 格式 ➤ RA（Real Audio）格式	■ Windows 10 自带的"录音机" ■ GoldWave ■ Audio Converter ■ Sound Forge ■ Audition
图像	➤ BMP 格式 ➤ GIF 格式 ➤ JPEG 格式 ➤ PNG 格式——图片 ➤ TIFF 格式 ➤ PSD 格式——Photoshop ➤ SWF 格式——Flash ➤ DXF 格式	■ ACDSee ■ 3D MAX（可制作动画） ■ AutoCAD ■ Maya（可制作动画） ■ Flash（可制作动画） ■ Photoshop ■ Illustrator ■ InDesign ■ Freehand
视频	➤ AVI 格式 ➤ MPEG/MPG/DAT 格式 ➤ RM（Real Media）格式 ➤ MOV 格式 ➤ ASF 格式 ➤ WMV 格式 ➤ DivX 格式 ➤ NAVI 格式	■ Windows Movie Maker ■ Adobe Premiere ■ After Effects ■ Media Studio ■ Combustion ■ Shake

真题再现

1.（2022 年单项选择题）2 分钟声音数据，采样频率为 44.1kHz，量化位数为 16 位，单声道，未压缩，下列存储量计算方法，正确的是_____。

A. $44.1 \times 1000 \times 8 \times 1 \times 120/8$ 字节　　　　　　B. $44.1 \times 1000 \times 8 \times 2 \times 120/8$ 字节

C. $44.1 \times 1000 \times 16 \times 1 \times 120/8$ 字节　　　　　　D. $44.1 \times 1000 \times 16 \times 2 \times 120/8$ 字节

【答案】C

【解析】通常，音频所占的存储容量取决于采样频率、量化位数、声道数、压缩比和时长，计算公式为"音频所占的存储容量 = 采样频率（Hz）× 量化位数 × 声道数 × 时长（s）/8（字节）"。

2.（2021 年单项选择题）下列格式的音频文件，未采用数据压缩技术的是_____。

A. MP3　　　　　　　　B. MIDI　　　　　　　　C. WAV　　　　　　　　D. WMA

【答案】C

【解析】WAV 格式：是微软公司开发的一种音频文件格式，也叫波形声音文件格式。WAV 格式支持多种音频位数、采样频率和声道，其缺点是没有压缩，文件较大。

3.（2019 年填空题）Sound Forge 和 Audition 都是专业的_____。

【答案】音频处理软件

【解析】专业的音频处理软件有 Sound Forge、Audition 等，非专业的音频处理软件有 GlodWave、Audio Converter 等。

Part II 实战训练

一、单项选择题

1.（考点 8）MP3 文件是一种压缩格式的_____。
   A. 图像文件　　　　　　　　　　　　B. 声音文件
   C. 视频文件　　　　　　　　　　　　D. 文本文件

2.（考点 8）在 Windows 10 中使用录音机录制的声音文件的格式是_____。
   A. MIDI　　　　　　　　　　　　　　B. WAV
   C. M4A　　　　　　　　　　　　　　D. MOV

3.（考点 7、8）下列可以进行视频处理的软件是_____。
   A. 会声会影　　　　　　　　　　　　B. WinRAR
   C. ACDSee　　　　　　　　　　　　D. Audition

4.（考点 7）下面几个文件，其中_____不是视频格式文件。
   A. 欢迎 .mpg　　　　　　　　　　　 B. 比喻 .docx
   C. 生活 .mov　　　　　　　　　　　 D. 作品 .avi

5.（考点 7、8）以下_____文件格式不属于音频格式。
   A. MP3　　　　　　B. AVI　　　　　　C. WAV　　　　　　D. MIDI

6.（考点 2）多媒体技术的典型应用不包括_____。
   A. 计算机辅助教学（CAI）　　　　　　B. 娱乐和游戏
   C. 视频会议系统　　　　　　　　　　D. 科学计算

7.（考点 3）最适合制作三维动画的工具软件是_____。
   A. Authorware　　　B. Photoshop　　　C. GlodWave　　　D. 3DS MAX

8.（考点 6、8）下列格式中，音频文件格式不包括_____。
   A. WAV 格式　　　B. JPG 格式　　　C. MP3 格式　　　D. WMA 格式

9.（考点 1）下列选项中，对多媒体技术描述全面的是_____。
   A. 只能够获取一种类型信息媒体的技术
   B. 只能够展示两个以上不同类型信息媒体的技术
   C. 能够获取、处理、编辑、存储和展示一种类型信息媒体的技术
   D. 能够同时获取、处理、编辑、存储和展示两个以上不同类型信息媒体的技术

10.（考点 5）一台典型的多媒体计算机在硬件上不应该包括_____。
   A. 光盘驱动器　　　B. 音频卡　　　　C. 视频卡　　　　D. 网络交换机

11.（考点 2）下列不属于多媒体范畴的是_____。
   A. 交互式视频游戏　　　　　　　　　B. 交互式多媒体教学
   C. 有声图书　　　　　　　　　　　　D. 普通电视

12.（考点 5）多媒体个人计算机的英文缩写是_____。

    A. PC   B. MPC   C. USB   D. CPU

13.（考点 6、8）下列格式中，属于音频文件格式的是_____。

    A. EXE 格式   B. JPG 格式   C. MP3 格式   D. BMP 格式

14.（考点 4、8）关于数据压缩技术，以下表述错误的是_____。

    A. 数据压缩技术分为有损压缩和无损压缩两类

    B. 经有损压缩后的文件不可能完全恢复原来文件的全部信息

    C. MP3 是一种无损压缩的音频格式

    D. 对视频文件进行有损压缩虽然会降低一些视频质量，但可以节省大量的存储空间

15.（考点 8）在下列各项中，属于音频格式的是_____。

    A. DOCX   B. WAV   C. JPG   D. BMP

16.（考点 6、7、8）以下四种软件中，用来编辑视频文件的是_____。

    A. ACDsee   B. Photoshop   C. Premiere   D. Linux

17.（考点 6、7）在 Windows 10 附件的"画图"工具中，不可以打开的文件类型包括_____。

    A. BMP   B. JPG   C. GIF   D. RM

18.（考点 1）电子杂志上不仅有数字化的文字，还有图片、声音、动画、视频等内容。这主要体现了多媒体技术的_____。

    A. 集成性   B. 交互性   C. 实时性   D. 多样性

19.（考点 3）下列说法错误的是_____。

    A. 图像都是由一些排成行列的点（像素）组成的，通常称为位图或点阵图

    B. 图形是用计算机绘制的画面，也称矢量图

    C. 图像的最大优点是容易进行移动、缩放、旋转和扭曲

    D. 图形文件中只记录生成图的算法和图上的某些特征点，数据量较小

20.（考点 3）一幅分辨率 1024×768 的 256 色图像，其大小是_____KB。

    A.1024   B. 768   C.786432   D. 6291456

单选-20讲解

21.（考点 1）在播放音频时，一定要保证声音的连续性，这就意味着多媒体系统在处理信息时有严格的_____要求。

    A. 多样性   B. 集成性   C. 交互性   D. 实时性

22.（考点 6）GIF 格式图像文件可以用 1～8 位表示颜色，因此最多可以表示_____种颜色。

    A. 2   B. 16   C. 256   D. 65536

23.（考点 6）既是图像文件格式，又是动画文件格式的文件格式是_____。

    A. GIF   B. JPG   C. SWF   D. MPG

单选-22讲解

24.（考点 3）与位图相比，矢量图的优点是_____。

    A. 色彩和色调变化丰富，景物逼真   B. 图形复杂时，耗时相对较长

    C. 文件占用空间较大   D. 文件占用空间较小

25. （考点 6）Photoshop 专用的图像文件格式是_____。

    A. BMP   B. GIF   C. JPG   D. PSD

26. （考点 6、8）以下_____软件不是常用的图形图像处理软件。

    A. InDesign   B. Freehand   C. CorelDraw   D. Goldwave

27. （考点 1）按照国际电话电报咨询委员会（CCITT）的定义，下列_____属于表示媒体。

    A. 音乐、动画   B. 文本编码、图像编码

    C. 磁盘、光盘   D. 显示器、打印机

28. （考点 7、8）下列_____选项不是视频文件的文件格式。

    A. MPG   B. AVI   C. AAC   D. MOV

29. （考点 8）录制一段时长 8s、采样频率为 44.1kHz、量化位数为 16 位、双声道立体声的 WAV 格式音频，其文件存储容量大小约为_____。

    A. 137KB   B. 1.35MB   C. 134MB   D. 170KB

30. （考点 3）多媒体信息不包括_____。

    A. 音频、视频   B. 动画、图像   C. 声卡、光盘   D. 文字、图像

二、填空题

1. （考点 1）多媒体具有_____、集成性、交互性和实时性的特点。

2. （考点 5）多媒体技术中，MPC 是指_____。

3. （考点 7）音 / 视频交错格式文件的扩展名是_____。

4. （考点 8）波形声音文件的扩展名是_____。

5. （考点 3）3D Studio Max 和 Maya 属于_____处理软件。

6. （附加题）动画按照图形、图像的生成方式分为实时动画和_____。

7. （考点 8）声音信号的数字化过程包括采样、_____和编码。

Part III 参考答案

一、单项选择题

1	2	3	4	5	6	7	8	9	10	11	12	13	14	15
B	C	A	B	B	D	D	B	D	D	D	B	C	C	B

16	17	18	19	20	21	22	23	24	25	26	27	28	29	30
C	D	D	C	B	D	C	A	D	D	D	B	C	B	C

二、填空题

1. 多样性　　　2. 多媒体个人计算机　　　3. .avi　　　4. .wav

5. 动画　　　6. 逐帧动画　　　7. 量化

第九章　计算机网络与信息安全

根据大纲要求，本章需要掌握的主要知识点：

- 计算机网络的概念、发展趋势、组成、分类、功能，计算机网络新技术。
- Internet 的起源、发展、接入方式及应用。
- Internet 的IP 地址及域名系统。
- WWW的基本概念和工作原理。
- 网页的基本概念。
- 常用HTML标记。
- 信息安全的基本知识，网络礼仪与道德。
- 计算机病毒、黑客。
- 常用的信息安全技术。
- 防火墙的概念、类型、体系结构。
- Windows 10 操作系统安全。
- 电子商务和电子政务安全。
- 信息安全政策与法规。
- 信息检索的基本概念、分类和基本流程。
- 常用搜索引擎的自定义搜索方法。
- 信息伦理知识。

重点难点：

- 计算机网络的分类和功能。
- Internet 的IP 地址及域名系统。
- 计算机病毒。
- 常用的信息安全技术。
- 防火墙的概念和特点。
- 信息检索的分类和基本流程。
- 常用搜索引擎的自定义搜索方法。

考点 1 计算机网络的定义、功能及发展

1. 计算机网络的定义

计算机网络是指将分布在不同地理位置上的具有独立功能的多个计算机系统，通过通信设备和通信线路相互连接起来，在网络软件的管理下实现数据传输和资源共享的系统。

2. 计算机网络的功能

计算机网络是计算机技术和通信技术紧密结合的产物，它不仅使计算机的作用范围超越了地理位置的限制，而且大大提升了计算机本身的功能。计算机网络具有单个计算机所不具备某些功能，主要包括以下几点。

（1）数据通信

计算机网络中的计算机之间或计算机与终端之间，可以快速可靠地相互传递数据、程序或文件。例如，电子邮件（E-mail）可以使相隔万里的异地用户快速准确地相互通信；文件传输服务（FTP）可以实现文件的实时传递，为用户复制和查找文件提供了有力的工具。

（2）资源共享

资源共享是计算机网络最突出的特征。可以共享的资源包括硬件资源、软件资源和数据资源。

（3）提高系统的可靠性

在单机使用的情况下，如没有备用机，则计算机发生故障便引起停机。如有备用机，则费用会大大增高。当计算机连成网络后，各计算机可以通过网络互为后备，当某一处计算机发生故障时，可由别处的计算机代为处理，特别是在地理分布很广且具有实时性管理和不间断运行的系统中，建立计算机网络便可保证更高的可靠性和可用性。

（4）易于进行分布式处理

在计算机网络中，用户可根据问题的实质和要求选择网内最合适的资源来处理，以便使问题得以迅速而经济地解决。对于综合性大型问题可以采用合适的算法将任务分散到不同的计算机上进行处理。

3. 计算机网络的发展历程

计算机网络的发展经历以下四代：

①以数据通信为主的第一代计算机网络。

②以资源共享为主的第二代计算机网络。ARPANET 的建成标志着计算机网络的发展进入了第二代，它也是 Internet 的前身。

③体系标准化的第三代计算机网络。1983 年，开放系统互连参考模型（OSI）各层的协议被确立为国际标准，给网络的发展提供了一个可共同遵守的规则，从此计算机网络的发展走上了标准化的道路。

④以 Internet 为核心的第四代计算机网络。进入 20 世纪 90 年代，随着信息高速公路计

划的提出和实施，Internet 迅猛发展起来，它将当今世界带入了以网络为核心的信息时代。

4. 计算机网络的发展趋势

计算机网络的发展趋势包括以下几点：

①三网合一。三网合一是指目前广泛使用的通信网络、计算机网络和有线电视网络三类网络正逐渐向单一的统一 IP 网络发展。

②光通信技术。

③IPv6 协议。IPv6 作为下一代的 IP 协议，采用 128 位地址长度，即理论上约有 2 的 128 次方个地址，几乎可以不受限制地提供地址，也解决了 IPv4 的一些缺陷，如端到端的 IP 连接、服务质量、安全性等。

④宽带接入技术与移动通信技术。

5. 计算机网络新技术

（1）物联网

物联网（Internet of Things），即通过射频识别（RFID）技术、红外线感应器、全球定位系统、扫描器件等信息技术与设备，按约定的协议，把任何物品与互联网连接起来，进行信息交换和通信，以实现智能化识别、定位、跟踪、监控和管理的一种网络。简单地说，物联网就是"物物相连"的互联网，汽车、家用电器等都可以成为物联网中的元素。

（2）云计算

云计算（Cloud Computing）是一种基于互联网的超级计算模式，它是分布式处理、并行处理和网格计算等计算技术的发展和商业化应用。云计算的原理是将大量由互联网连接的计算资源进行统一地管理和调度，构成一个计算机池，根据用户的需求提供服务。提供资源的网络被称为"云"，通常由大量的计算机和服务器构成；用户只需要配备价格低廉的个人计算机，就可以通过互联网从"云"中获取强大的运算和存储能力。

（3）大数据

大数据（Big Data）指的是随着互联网应用的爆炸式增长，各行各业产生的海量数据信息，以及围绕这些数据进行数据挖掘和利用的各种技术和行为。例如，电子商务活动中用户的购买和消费行为蕴含着丰富的有价值的信息，如果能从中快速方便地挖掘出这些有价值的信息，可以产生巨大的商业和社会价值。

▶ 真题再现 ◀

1.（2019 年填空题）_____被认为是 Internet 的前身。

【答案】ARPANET

【解析】ARPANET 是于 1969 年创建完成的计算机网，它的建成标志着计算机网络的发展进入了第二代，它也是 Internet 的前身。

2.（2018 年填空题）计算机网络最突出的特征是_____。

【答案】资源共享

【解析】可以共享的资源包括硬件资源、软件资源和数据资源。

1. 信道

信道是信息传输的媒介或渠道，作用是把携带有信息的信号从它的输入端传递到输出端。信道可分为有线信道和无线信道两类。常见的有线信道包括双绞线、同轴电缆、光纤等。无线信道有无线电波、红外线、卫星数据通信等。

2. 数字信号和模拟信号

信号是数据的表现形式。信号分为数字信号和模拟信号两类。数字信号是一种离散的脉冲序列，常用一个脉冲表示一位二进制数。模拟信号是一种连续变化的信号，声音就是一种典型的模拟信号。目前，计算机内部处理的信号都是数字信号。

3. 调制与解调

将数字信号转换成模拟信号的过程称为调制；将模拟信号还原成数字信号的过程称为解调。将调制和解调两种功能结合在一起的设备称为调制解调器（MODEM）。

4. 信道带宽

模拟信道的带宽等于信道可以传输的信号频率上限和下限之差，单位是 Hz。数字信道的带宽一般用信道容量表示，信道容量是信道允许的最大数据传输速率，单位是比特 / 秒（bit/s）或 bps（bits per second），单位换算：1 Kbit/s = 1024 bps，1 Mbps =1024 Kbit/s。

5. 串行通信与并行通信

串行通信是指计算机主机与外设之间，以及主机系统与主机系统之间数据的串行传送。就是用一条数据线，将数据一位一位地依次传输，每一位数据占据一个固定的时间长度。如果一组数据的各数据位在多条线上同时被传输，这种传输方式称为并行通信。

按照数据传送方向，串行通信可分为单工、半双工和全双工三种方式。信息只能单向传送为单工，单工通信类似无线电广播，电台发送信号，收音机接收信号，收音机永远不能发送信号。信息能双向传送但不能同时双向传送称为半双工，半双工通信方式类似对讲机，某时刻 A 发送 B 接收，另一时刻 B 发送 A 接收，双方不能同时进行发送和接收。信息能够同时双向传送则称为全双工，全双工通信方式类似电话机，双方可以同时进行数据的发送和接收。

▶ 真题再现 ◀

1.（2019 年判断题）在计算机网络中，中继器是可以进行数字信号和模拟信号转换的设备。

A. 正确　　　　　　　　　　B. 错误

【答案】B

【解析】中继器的作用是将数字信号放大，调制解调器则能进行数字信号和模拟信号的转换，以便将数字信号通过只能传输模拟信号的线路来传输。

2.（2018 年判断题）计算机网络中数据传输速率的单位是 bps，即 byte per second。

    A. 正确   B. 错误

【答案】B

【解析】bps 代表 bits per second 或比特 / 秒。同学们需要注意 bit 与 Byte 的区别！

考点 3　计算机网络的组成和分类

1. 计算机网络的组成

（1）依据物理连接的计算机网络的组成

从物理连接上讲，计算机网络由计算机系统、网络节点和通信链路组成。计算机系统进行各种数据处理，通信链路和网络节点提供通信功能。

计算机网络中的计算机系统主要负责数据处理工作，它可以是具有强大功能的大型计算机，也可以是一台微机，其任务是进行信息的采集、存储和加工处理。

网络节点主要负责网络中信息的发送、接收和转发。

通信链路是连接两个节点的通信信道，通信信道包括通信线路和相关的通信设备。通信线路可以是双绞线、同轴电缆和光纤等有线介质，也可以是微波、红外线等无线介质。

（2）依据逻辑功能的计算机网络的组成

从逻辑功能上看，可以把计算机网络分成通信子网和资源子网两个子网。通信子网提供计算机网络的通信功能，由网络节点和通信链路组成。资源子网提供访问网络和处理数据的能力，由主机、终端控制器和终端组成。

2. 计算机网络的分类

从不同的角度出发，计算机网络可以有不同的分类方法，最常见的分类方法有以下几种。

（1）按网络的覆盖范围划分

根据网络的覆盖范围，计算机网络可以分为局域网（LAN）、城域网（MAN）和广域网（WAN）。

局域网（LAN）覆盖地理范围一般在 10 千米以内，属于一个部门或单位组建的小范围网络。局域网具有数据传输速率高、误码率低、成本低、组网容易、易管理、易维护、使用灵活方便等特点。

城域网（MAN）介于局域网和广域网之间，其范围通常覆盖一个城市或地区，距离从几十千米到上百千米。其用户多为需要在市内进行高速通信的较大单位或公司等。

广域网（WAN）覆盖地理范围从几十千米到几千千米。广域网覆盖一个地区、国家或横跨几个洲，可以使用电话线、微波、卫星或者它们的组合进行通信。

（2）按网络的拓扑结构划分

按网络的拓扑结构，计算机网络可以分成总线型网络、星形网络、环形网络、树状网络和网状网络等，如图 9-1 所示。

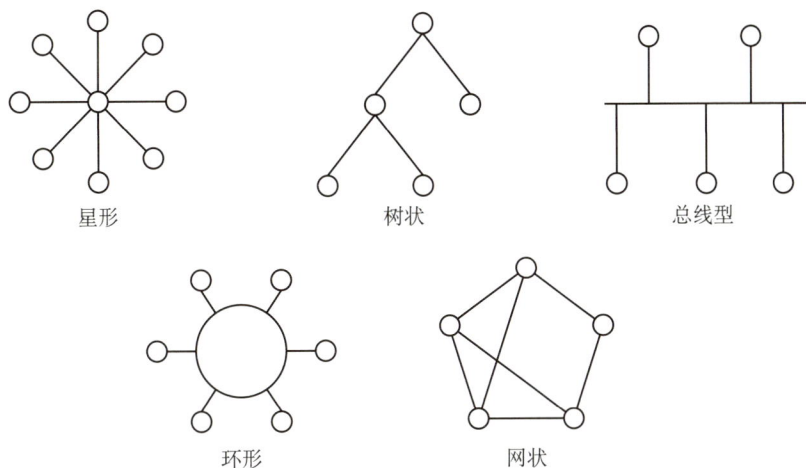

图 9-1 网络拓扑结构

表 9-1　各种网络拓扑结构的优缺点对比

网络拓扑结构	优点	缺点
总线型	可靠性高，易于扩充，增加新的站点容易，电缆较少，且安装容易	总线容易阻塞，故障诊断、故障隔离困难
环形	容易安装和监控，传输最大延迟时间是固定的，传输控制机制简单，实时性强	网络中任何一台计算机的故障都会影响整个网络的正常工作，故障检测比较困难，节点增、删不方便
星形	故障隔离简单，网络的扩展容易，控制和诊断方便	过分依赖中心节点，如果中心机发生故障，全网停止工作；线路太多，成本高
树状	在扩容和容错方面都有很大优势，很容易将错误隔离在小范围内	如果根节点出了故障，则整个网络将会瘫痪
网状	路径多，局部的故障不会影响整个网络的正常工作，可靠性高，而且网络扩充和主机入网比较灵活、简单	网络的结构和协议比较复杂，建网成本高

（3）按传输介质划分

计算机网络按传输介质的不同可以分为有线网和无线网。

有线网采用双绞线、同轴电缆、光纤或电话线作为传输介质。采用双绞线和同轴电缆连成的网络经济且安装简便，但传输距离相对较短。以光纤为介质的网络传输距离远，传输速率高，抗干扰能力强，安全好用，但成本稍高。

无线网主要以无线电波或红外线作为传输介质。

（4）按网络的使用性质划分

计算机网络按网络的使用性质的不同可分为公用网和专用网。

3. 网络硬件和网络软件

1）网络硬件

网络硬件由主体设备、连接设备和传输介质三部分组成。

（1）主体设备

计算机网络中的主体设备称为主机，一般可分为服务器和客户机两类。服务器是为网络提供共享资源的基本设备，在其上运行网络操作系统，是网络控制的核心。

（2）连接设备

①网卡：又叫网络适配器。网卡的作用主要是提供固定的网络地址。每个网卡上都有一个固定的全球唯一的物理地址，这样在网络中才能区分数据是从哪台计算机来，到哪台计算机去。网卡接收网线上传来的数据，同时又把本机要向网络传输的数据按照一定的格式转换为网络设备可处理的数据形式，通过网线传送到网上。

②集线器（Hub）：是计算机网络中连接多台计算机或其他设备的连接设备，主要提供信号放大和中转的功能。

③中继器：其作用是放大电信号，增加信号的有效传输距离。

④路由器（Router）：是实现局域网与广域网互联的主要设备，它能够在复杂的网络环境中完成数据包的传送工作。路由器能够把数据包按照一条最优的路径发送至目标网络。

⑤网桥：是网络中的一种重要设备，它通过连接相互独立的网段从而扩大网络的最大传输距离。

⑥交换机：主要功能包括物理编址、错误校验、帧序列及流控制等。

⑦网关：又称协议转换器，是软件和硬件的结合产品，主要用于连接不同结构体系的网络或用于局域网与主机之间的连接。

2）传输介质

有线传输介质主要有双绞线、同轴电缆和光纤等。无线传输的主要形式有无线电频率通信、红外通信、微波通信和卫星通信等。

①双绞线是把两条相互绝缘的铜导线绞合在一起，采用绞合结构是为了减少对相邻导线的电磁干扰。

②同轴电缆由内导体铜芯、绝缘层、网状编织的外导体屏蔽层及塑料保护层组成。由于屏蔽层的作用，同轴电缆有较好的抗干扰能力。

③光纤是由非常透明的石英玻璃拉成细丝制作成的，信号传播利用了光的全反射原理。优点：带宽大，传输损耗小，中继距离长，无串音干扰且保密性好，体积小、质量轻，抗干扰能力强等。缺点：连接光纤需要专用设备，成本较高，并且安装、连接难度大。

3）网络软件

网络软件主要包括网络操作系统、网络协议软件（如 TCP/IP 协议软件）、网络应用软件等。

4. 网络性能指标

（1）速率

速率是指每秒钟传输的比特数量，称为数据率（data rate）或比特率（bit rate），速率的基本单位为 b/s 或 bps。

（2）带宽

模拟信道的带宽，是信号的最高频率与最低频率的差，单位为 Hz。数字信道的带宽为信道能够达到的最大数据速率，单位为 b/s 或 bps。

（3）吞吐量

吞吐量表示在单位时间内通过某个网络或接口的数据量，包括全部上传和下载的流量。

（4）时延。时延是指数据从网络的一端传送到另一端所需要的时间。时延是一个很重要的性能指标，有时也称为延迟或迟延。

真题再现

1.（2021年单项选择题）下列关于网卡的说法，错误的是_____。

A. 网卡又叫网络适配器

B. 每个网卡都有唯一的物理地址

C. 网卡用于连接计算机系统与网络，主要工作是接收与发送数据包

D. 网卡能进行网络数据传输的路径选择

【答案】D

【解析】路由器能进行数据传输的路径选择。

2.（2020年单项选择题）下列网络覆盖范围最小的是_____。

A. LAN   B. WAN   C. MAN   D. Internet

【答案】A

【解析】LAN 是指局域网，一般用微机通过通信线路连接，覆盖范围从几百米到几千米，通常用于连接一个房间、一层楼或一座建筑物。局域网传输速率高，可靠性好，适用各种传输介质，建设成本低。

3.（2019年单项选择题）下列计算机网络的传输介质中，传输速率最高的是_____。

A. 同轴电缆   B. 双绞线   C. 电话线   D. 光纤

【答案】D

【解析】光纤数据传输速率能达几 Gbps，在不使用中继器的情况下，传输距离能达几十千米。

4.（2019年单项选择题）下列关于计算机网络的叙述中，不正确的是_____。

A. 计算机网络是在网络协议控制下实现的计算机互联

B. 按照拓扑结构，可以将计算机网络分为局域网、城域网和广域网

C. 计算机网络的基本功能之一是数据通信

D. 从逻辑功能上看，可以把计算机网络分成通信子网和资源子网两个子网

【答案】B

【解析】根据网络的覆盖范围，可以将计算机网络分为局域网、城域网和广域网。

考点 4　Internet基础

1. Internet 发展的四个阶段

Internet 的发展大致经历了如下四个阶段：第一阶段，20 世纪 60 年代，Internet 起源，是在美国较早的军用计算机网 ARPANET 的基础上经过不断发展变化而形成的；第二阶段，20 世纪 70 年代，TCP/IP 协议出现，Internet 随之发展起来；第三阶段，20 世纪 80 年代，NSFNET 出现，并成为当今 Internet 的基础；第四阶段，20 世纪 90 年代，Internet 进入高速发展时期，并开始向全世界普及。

2. Internet 在中国

目前，我国已建成 4 大主干网络：公用计算机互联网（ChinaNet）、中国教育和科研计算机网（CERNet）、中国科技信息网（CSTNet）、国家公用经济信息通信网络（金桥网 ChinaGBN）。

3. Internet 参考模型

Internet 通过 TCP/IP 协议将世界各地的网络连接起来，实现资源共享、信息交换并提供各种应用服务。TCP/IP 协议是一个协议簇（协议集合），其中包括了 TCP、IP 及其他一些协议，如图 9-2 所示。因此，一定要明确 TCP/IP 不是只代表 TCP 和 IP，它代表的是一簇协议，其中其他协议也很重要。

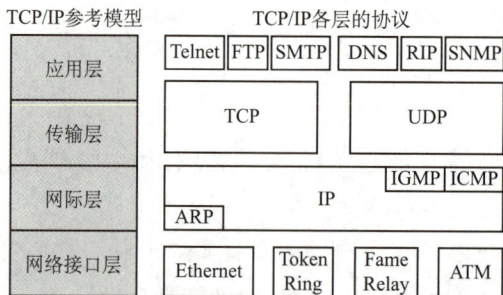

图 9-2　TCP/IP 参考模型与各层对应的协议

（1）应用层

应用层定义了应用程序使用互联网的规程，应用程序将通过这一层访问网络。应用层是所有用户面向应用程序的总称。TCP/IP 协议簇在这一层提供很多协议来支持不同的应用，许多大家熟悉的基于 Internet 的应用实现都离不开这些协议。

HTTP：即超文本传输协议，用来传输制作的网页文件；

FTP：即文件传输协议，用于实现互联网中交互式文件传输功能；

SMTP：即简单邮件传输协议，用于实现互联网中电子邮件传送功能；

TELNET：即远程登录协议，用于实现互联网中远程登录功能；

DNS：即域名服务，用于实现网络设备名字到 IP 地址的映射服务。

（2）传输层

传输层为两个用户进程（程序）之间提供建立、管理和拆除可靠而又有效的端到端连接的协议，即负责端到端的对等实体间进行通信。

TCP：即传输控制协议，TCP 协议向应用层提供面向连接的服务，确保网上所发送的数据报可以完整地接收，TCP 协议能实现错误重发，以确保发送端到接收端的可靠传输。

UDP：即用户数据报协议，提供了无连接通信，且不对传送数据包进行可靠性保证，在数据传输过程中延迟小、数据传输速率高，适合对可靠性要求不高的应用程序。

（3）网际层

网际层定义了互联网中传输的"信息包"格式，以及从一个用户通过一个或多个路由器到最终目标的"信息包"转发机制，即负责在互联网上传输数据分组。

IP 即网际协议（Internet Protocol），其功能主要是将一个 IP 地址的数据发送到另外一个 IP 地址所代表的设备。

（4）网络接口层

四层模型的最底层是网络接口层，负责数据帧的发送和接收。

OSI 参考模型和 TCP/IP 参考模型对应关系如图 9-3 所示，两者共同点是都采用层次结构的概念，不同点是在层次划分与使用的协议上有很大区别。

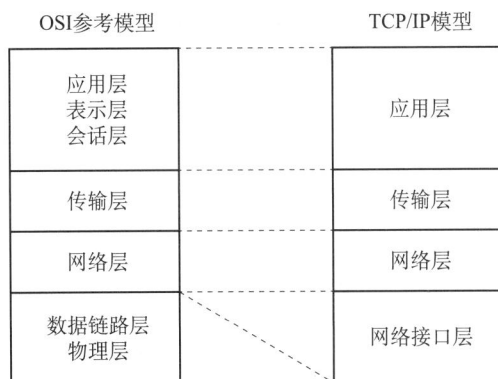

图 9-3 OSI 参考模型和 TCP/IP 参考模型对应关系

OSI 参考模型和 TCP/IP 参考模型各自的优劣如下：

● OSI 参考模型概念清晰，但结构复杂，实现起来比较困难，但特别适合用来解释其他网络体系结构。

● TCP/IP 参考模型在服务、接口与协议的区别尚不够清楚，增加了 TCP/IP 利用新技术的难度，但伴随着 Internet 的发展而成为目前公认的国际标准。

真题再现

1.（2019 年单项选择题）Internet 中计算机之间通信必须共同遵循的协议是_____。

    A. HTTP   B. SMTP   C. UDP   D. TCP/IP

【答案】D

【解析】网络中计算机之间的通信是通过协议实现的，它们是通信双方必须遵守的约定。Internet 采用的协议是 TCP/IP 协议，它不是两种协议，而是一个协议簇（协议集合），其中包括了 TCP 协议和 IP 协议及其他一些协议。

2.（2018 年单项选择题）FTP 协议属于_____。

    A. 传输控制协议   B. 超文本传输协议

    C. 文件传输协议   D. 邮件传输协议

【答案】C

【解析】文件传输协议 FTP，用于实现互联网中交互式文件传输功能。

3.（2018 年单项选择题）在 Internet 上浏览网页时，浏览器和 Web 服务器之间传输网页使用的协议是_____。

    A. IP   B. FTP   C. HTTP   D.Telnet

【答案】C

【解析】超文本传输协议 HTTP，用来传输制作的网页文件。

考点 5　Internet的IP地址及域名系统

1. IP 地址

1）IP 地址的概念及分类

在 Internet 中为每个计算机指定的唯一的 32 位二进制地址称为 IP 地址，也称为网际地址（又称网间地址）。

IP 地址由网络号和主机号两部分组成

IP 地址由 32 位二进制数组成，分成 4 段，其中每 8 位构成一段，每段所能表示的十进制数的范围最大不超过 255，段与段之间用"."隔开。

IP 地址分为 A、B、C、D、E 五类，常用 A、B、C 三类。

IP 地址主机号都不能用全 0 和全 1，通常全 0 表示网络本身的 IP 地址，全 1 表示网络广播的 IP 地址。

（1）A 类地址

A 类地址用 8 位来标识网络号，24 位标识主机号，最前面一位为"0"（二进制的 0）。

A 类地址第一段数字的范围为 1 ~ 126。

A 类地址通常用于大型网络。

（2）B 类地址

B 类地址用 16 位来标识网络号，16 位标识主机号，最前面两位为 "10"（二进制的 10）。

B 类地址第一段数字的范围为 128 ～ 191。

B 类地址适用于中等规模的网络。

（3）C 类地址

C 类地址用 24 位来标识网络号，8 位标识主机号，最前面三位为 "110"（二进制的 110）。

C 类地址第一段数字的范围为 192 ～ 223。

C 类地址一般适用于校园网等小型网络。

IP 地址编码示意表见表 9-2。

表 9-2　IP 地址编码示意表

IP地址类型	网络位	主机位	二进制最高位	第一段数字范围	包含主机数
A 类	8 位	24 位	0	0~126	16777214
B 类	16 位	16 位	10	128~191	65534
C 类	24 位	8 位	110	192~223	254
D 类	组播地址		1110	224~239	
E 类	保留实验使用		1111	240~255	

2）子网和子网掩码

在实际应用中，IP 地址还可以分层，将一个网络分为多个子网。在分层时，不再把 IP 地址看成由单纯的一个网络号和一个主机号组成，而是把主机号再分成一个子网号和一个主机号。例如，一个 B 类地址网络，可以把主机地址中前 8 位用来表示子网地址，后 8 位留作主机地址，这种 B 类地址网络就有了 254 个子网，每个子网可以有 254 台主机。

同一网络中不同子网用子网掩码来划分，子网掩码是网际地址中对应网络标识编码的各位为 1、对应主机标识编码的各位为 0 的一个四字节整数。对于 A 、B 、C 三类网络来说，它们都有自己默认的掩码：

A 类地址网络的子网掩码地址为 255.0.0.0。

B 类地址网络的子网掩码地址为 255.255.0.0。

C 类地址网络的子网掩码地址为 255.255.255.0。

子网掩码是判断任意两台计算机的 IP 地址是否属于同一子网的依据。最为简单的理解就是将两台计算机各自的 IP 地址与子网掩码进行 AND 运算后，如果得出的结果是相同的，则说明这两台计算机是处于同一个子网的，可以进行直接通信。

2. Internet 域名系统

在 Internet 中，采用 IP 地址可以直接访问网络中的一切主机资源，但是 IP 地址难以记忆，于是便产生了一套易于记忆的、具有一定意义的、用字符来表示的 IP 地址，这就是域名。域名和 IP 地址之间的关系就像是某人的姓名和他身份证号码之间的关系，显然，记忆某人的姓名比记忆身份证号码容易得多。但是需要注意的是，域名必须且只能对应一个 IP 地址，而 IP 地址不一定有域名，一个 IP 地址也可以对应多个域名，IP 地址和域名都是唯一的。

域名的取名是分层的，一个完整的域名由多级域名组成，每级域名之间用 "." 分隔。其基本格式是：主机名 . 网络名 . 单位性质 . 国家代码或地区代码。

例如，域名 www.tsinghua.edu.cn，顶级域名 cn 表示计算机位于中国，edu 表示教育机构，tsinghua 表示清华大学校园网，www 表示 Web 服务器。

顶级域名分为两类：通用组织型域名（由三个字母组成）和按国别地理区域划分所产生的地理型域名（由两个字母组成）。

常用组织型域名见表 9-3，常用部分地理型域名见表 9-4。

表 9-3　常用组织型域名

域名代码	意义	域名代码	意义
COM	商业组织	GOV	政府部门
NET	网络服务机构	INT	国际组织
EDU	教育机构	MIL	军事部门
ORG	非营利性组织		

表 9-4　常用部分地理型域名

地区代码	国家或地区	地区代码	国家或地区	地区代码	国家或地区
AR	阿根廷	DE	德国	PT	葡萄牙
AU	澳大利亚	ID	印度尼西亚	RU	俄罗斯
AT	奥地利	IE	爱尔兰	SG	新加坡
BE	比利时	IL	以色列	EA	南非
CA	加拿大	IN	印度	ES	西班牙
CN	中国	IT	意大利	CH	瑞士
CU	古巴	JP	日本	TH	泰国
DK	丹麦	KR	韩国	UK	英国
EG	埃及	MX	墨西哥	US	美国
FI	芬兰	NZ	新西兰		
FR	法国	NO	挪威		

虽然域名方便记忆，但网络本身只识别二进制的 IP 地址，因此，当人们使用域名方式访问某台远程主机时，首先必须将域名 "翻译" 成对应的 IP 地址，然后才能通过 IP 地

址与该主机联系。这个"翻译"的过程由域名服务器（Domain Name Server，DNS）完成，称为域名解析。

域名解析就是域名到 IP 地址的转化，由域名服务器（Domain Name Server，DNS）完成域名解析工作。在域名服务器中存放了域名与 IP 地址的对照表。

用户在连接网络时，既可以使用域名，也可以使用 IP 地址，它们连接的过程不一样，但效果是一样的。同一 IP 地址可以有若干不同的域名，但每个域名只能有一个 IP 地址与之对应。

真题再现

1. （2023 年单项选择题）若将 C 类地址网络看作一个子网，则其对应的子网掩码是_____。

A. 255.0.0.0   B. 255.255.0.0

C. 255.255.255.0   D. 255.255.255.10

【答案】C

【解析】A 类地址网络的子网掩码地址为 255.0.0.0，B 类地址网络的子网掩码地址为 255.255.0.0，C 类地址网络的子网掩码地址为 255.255.255.0。

2. （2022 年单项选择题）IPv4 中，IP 地址由 32 位二进制数组成，分为 A、B、C、D、E 五类，其中前三位为 110 的是_____。

A. A 类   B. B 类   C. C 类   D. D 类

【答案】C

【解析】C 类 IP 地址用 24 位来标识网络号，8 位标识主机号，最前面三位为"110"。

3. （2018 年单项选择题）下列负责将域名转化为 IP 地址的是_____。

A. HTTP   B. WWW   C. TCP/IP   D. DNS

【答案】D

【解析】HTTP 是指超文本传输协议，用来传输制作的网页文件；WWW 是指万维网；TCP/IP 是 Internet 中计算机之间通信必须共同遵循的协议；DNS 负责把域名转换成网络可以识别的 IP 地址。

4. （2018 年单项选择题）如果一个网址的末尾是".edu.cn"，则表示该网站是_____。

A. 商业组织   B. 教育机构

C. 非营利组织   D. 政府部门

【答案】B

【解析】常用组织型域名中，COM 代表商业机构，EDU 代表教育机构，GOV 代表政府部门，INT 代表国际性组织，MIL 代表军事部门，NET 代表网络服务机构，ORG 代表非营利性机构。

考点 6　Internet的接入方式和Internet应用

1. Internet 的接入方式

Internet 的接入方式比较多，个人用户常用的主要有以下几种：

① PSTN 方式。PSTN（Published Switched Telephone Network，公用电话交换网）方式的指利用 PSTN 通过调制解调器拨号实现用户接入网络的方式。

② ADSL 方式。ADSL（Asymmetrical Digital Subscriber Line，非对称数字用户环路）方式指通过普通电话线提供的宽带数据业务技术而实现用户接入网络的方式。ADSL 支持的上行速率为 640 Kb/s ~ 1 Mb/s，下行速率 1 ~ 8 Mb/s，下行速率大于上行速率。其有效传输距离为 3 ~ 5 km 。

③ LAN 方式。如果用户是通过局域网（LAN）连接 Internet 的，则不需要调制解调器和电话线路，而是需要一个网卡和网络连接线，通过集线器或交换机经路由器接入 Internet，这种方式实际上是将局域网作为一个子网接入 Internet。LAN 方式的上网速率可达 100Mb/s。

④ HFC 方式。混合光纤同轴电缆（HFC）是一种光纤与同轴电缆相结合的宽带接入方式，由光纤取代一般电缆线，作为有线电视网络中的主干，可提供 30MB 的共享带宽进行高速 Internet 接入。

⑤ FTTH。FTTH（光纤到户）是一种新型的家庭宽带接入方式，是指将光网络单元安装在用户家里，由光线路终端通过光纤将信号传输到用户家中。

⑥无线方式。

⑦无线局域网（Wireless LAN，WLAN）方式。

2. Internet 应用

（1）万维网

万维网（World Wide Web，WWW）是 Internet 上集文本、声音、图像、视频等多媒体信息于一身的全球信息资源网络，是 Internet 的重要组成部分。浏览器（Browser）是用户通向 WWW 的桥梁和获取 WWW 信息的窗口，通过浏览器，用户可以在浩瀚的 Internet 海洋中漫游，搜索和浏览自己感兴趣的所有信息。目前，最常用的 Web 浏览器有 Microsoft 公司的 Internet Explorer（简称 IE）和 Google 公司的 Chrome。

WWW 的网页文件是用超文本标记语言 HTML 编写，并在超文本传输协议 HTTP 支持下运行的。超文本中不仅含有文本信息，还包括图形、声音、图像、视频等多媒体信息，更重要的是超文本中隐含着指向其他超文本的链接，这种链接称为超链接。

WWW 中的每一个网页，都有一个唯一的标识来指示，称为统一资源定位器（URL）。URL 是一个简单的格式化字符串，它包含被访问资源的类型、服务器的地址及文件的位置等，又称为"网址"。统一资源定位器由四部分组成，它的一般格式是"协议：// 主机名 / 路径 / 文件名"。其中，协议可以是超文本传输协议 HTTP，也可以是 FTP 协议等；主机名指计算机的地址，可以是 IP 地址，也可以是域名地址；路径指信息资源在 Web 服务器上的目录。

（2）电子邮件服务

电子邮件服务（又称 E-mail 服务）是目前因特网上使用最频繁的服务之一，它为因特网用户之间发送和接收消息提供了一种快捷、廉价的现代化通信手段。

Internet 的电子邮箱地址组成如下：

用户名 @ 电子邮件服务器名，如 benlinus@sohu.com。

电子邮件系统需要相应的协议支持，在目前的电子邮件系统中，最常用的邮件协议是 POP3 协议和 SMTP 协议。SMTP 协议的作用是，当发送方计算机与支持 SMTP 协议的电子邮件服务器连接时，将电子邮件从发送方的计算机准确无误地传送到接收方的电子邮箱服务器中。POP3 协议的作用是，当用户计算机与支持 POP 协议的电子邮件服务器连接时，把存储在该服务器的电子邮箱中的邮件准确无误地接收到用户的计算机中。

（3）搜索引擎

搜索引擎其实也是一个网站，只不过该网站专门为用户提供信息检索服务，它使用特有的程序把因特网上的所有信息归类，以帮助人们在浩如烟海的信息海洋中搜寻自己所需要的信息。常用的搜索引擎有百度、谷歌等。

（4）IP 电话

IP 电话也称网络电话，是通过 TCP/IP 协议实现的一种电话应用。它利用 Internet 作为传输载体，实现计算机与计算机、普通电话与普通电话、计算机与普通电话之间进行语音通信。

（5）视频点播（VOD）

VOD 是 Video On Demand 的缩写，即交互式多媒体视频点播业务，是集动态影视图像、静态图片、声音、文字等信息于一体，为用户提供实时、高质量、按需点播服务的系统。

（6）文件传输

文件传输是 Internet 的常用服务之一，采用客户机 / 服务器工作模式。在 Internet 上，通过 FTP 协议及 FTP 程序（服务器程序和客户端程序），用户计算机和远程服务器之间可以进行文件传输。

匿名 FTP：匿名 FTP 服务器为普通用户建立了一个通用的账号名，即"anonymous"，在口令栏内输入用户的电子邮件地址，就可以连接到远程主机。

（7）流媒体应用

流媒体（Streaming Media）是指在网络上按时间先后顺序传输和播放的连续音 / 视频数据流。以前人们在网络上看电影或听音乐时，必须先将整个影音文件下载并存储在本地计算机中，而流媒体在播放前并不下载整个文件，只将部分内容缓存，使流媒体数据流边传送边播放，这样就节省了下载等待时间和存储空间。流媒体数据流具有三个特点：连续性、实时性、时序性。

（8）远程登录 Telnet

Telnet 是最早的 Internet 活动之一，用户可以通过一台计算机登录到另一台计算机，运行其中的程序并访问其中的服务。

（9）电子公告牌（BBS）

BBS 是 Bulletin Board System 的缩写，意为电子布告栏系统或电子公告牌系统。

（10）微博（Micro Blog）

微博是一个基于用户关系的信息分享、传播及获取平台，用户可以通过 Web、WAP 及各种客户端组建个人社区，以 140 字左右的文字更新信息，并实现即时分享。

Internet 还提供 微信（WeChat）、商业应用、在线游戏、虚拟现实等服务。

▶ 真题再现 ◀

（2022 年单项选择题）下列关于网络应用与服务的说法，错误的是_____。

A.FTP 不能传输图像文件和声音文件

B. 电子邮件系统最常用的协议是 SMTP 和 POP3

C. 搜索引擎使用网络爬虫和检索排序等技术

D. Telnet 是为远程用户之间建立连接而提供的一种服务

【答案】A

【解析】FTP 是文件传输协议的英文简称，可以在计算机之间可靠、高效地传送文件。这些文件可以是程序文件、字处理文档、声音文件或图片。

考点 7　网页的基本概念

1. 网站和网页

网站（Web Site）是一个存放在网络服务器上的完整信息的集合体。它包含一个或者多个网页，这些网页以一定方式链接在一起，成为一个整体，用来描述一组完整的信息或达到期望的宣传效果。有的网站内容众多，如新浪、搜狐等门户网站；有的网站只有几个页面，如企业网站。

网页是一种应用 HTML 语言编写，可以在 WWW 上传输，能被浏览器识别和翻译成页面并显示出来的文件。平常我们听说的"新浪""搜狐""网易"等，即俗称的网站。而当我们访问这些网站的时候，最直接访问的就是网页了。主页是一个单独的网页，和一般网页一样，可以存放各种信息，同时又是一个特殊的网页，作为整个网站的起始点。

一般来说，网页主要由文字、图片、动画、超链接和特殊组件等元素构成。

根据生成方式，网页大致可以分为静态网页和动态网页两种。静态网页就是 HTML 文件，文件的扩展名通常是 .htm 或 .html。除非网页的设计者自己修改了网页的内容，否则网页的内容不会发生变化，故称为静态网页。 动态网页是指网页文件里包含有程序代码，网页的内容会随程序的执行结果发生变化，故称为动态网页。

2. 服务器与浏览器

网站通常位于 Web 服务器上。Web 服务器又称 WWW 服务器、网站服务器或站点服务器。从本质上讲，Web 服务器就是一个软件系统，它通过网络接收访问请求，然后提供响应给请求者。要浏览 Web 页面，必须在本地计算机上安装浏览器软件。浏览器就是 Web 客户端，它是一个应用程序，用于与 Web 服务器建立连接，并与之进行通信。

WWW 服务器：负责存放和管理大量的网页文件信息，并负责监听和查看是否有从客户端过来的连接。

浏览器（Browser）：在用户计算机上运行的 WWW 客户端程序，是用来解释 Web 页面并完成相应转换和显示的程序。

网址：在使用浏览器浏览信息时，我们必须先指定要浏览的 WWW 服务器的地址即网址。

网站：一组相关网页和有关文件的集合。

发布：将本地网站的内容传输到连接 Internet 的 Web 服务器上。

主页：指输入一个 WWW 地址后在浏览器中出现的第一个页。

超链接：包含在每一个页面中能够连接到万维网上其他页面的连接信息，通过这种方法可以浏览相互链接的页面。

页面：与书本类似，万维网也是由许多页面组成的，每单击一次超链接所调出来的一个页面，通常称为"网页"。

导航：浏览器还提供导航的功能，导航在浏览 Internet 时是非常重要的。

超文本：超文本（Hyper Text）是用超链接的方法将各种不同空间的文字信息组织在一起的网状文本。

超文本标记语言（HTML）：超文本标记语言是 WWW 用来组织信息并建立信息页之间链接的工具。

超媒体：所谓媒体就是表现、存储信息的形式。超媒体 = 超文本 + 多媒体。

浏览器和服务器之间通过超文本传输协议（HTTP）进行通信。

浏览器 / 服务器（B/S）结构是目前最流行的网络软件系统结构，它正逐渐取代客户机 / 服务器（C/S）结构，成为网络软件开发商的首选。

常见的网络命令：

● ping 命令——测试网络的连通性。

● ipconfig——显示当前 TCP/IP 网络配置情况，或显示当前网络配置情况。

● netstat 命令——显示网络当前的状态。

● arp 命令——显示网卡物理地址。

网卡的 Internet 网络地址为 192.168.0.1，网卡的物理（MAC）地址为 dc-fe-18-72-24-86。

3. 网页制作工具

利用网页制作工具可以使开发人员直接面对 Web 页面进行编辑修改，并且能立即看到 Web 页面的显示效果。Dreamweaver、Flash、Fireworks 被称为网页制作"三剑客"。Dreamweaver 是美国著名的软件开发商 Macromedia 公司推出的一款所见即所得的可视化网站开发工具。Fireworks 也是由 Macromedia 公司开发的一款工具，它以处理网页图片为特长，并可以轻松创作 GIF 动画。Flash 是当今 Internet 上最流行的动画作品的制作工具，并成为事实上的交互式矢量动画标准。

4. 网页设计的相关计算机语言

（1）HTML

HTML 是 Hypertext Markup Language 的缩写，是 WWW 技术的基础，它使用一些约定的标记对文本进行标注，定义网页的数据格式，描述 Web 页面中的信息，控制文本的显示。利用 HTML 编写的网页实际上是一种文本文件，它以 .htm 或 .html 为扩展名。

（2）XML

XML 是 Extensible Markup Language 的缩写，中文名为可扩展标记语言，其主要用途是在 Internet 上传递或处理数据。

（3）CSS

CSS 是 Cascading Style Sheets 的缩写，中文名为层叠样式表，主要用于对网页数据进行编排、格式化、显示、特效处理等。

（4）脚本语言

脚本（Script）语言是嵌入到 HTML 代码中的程序，根据运行的位置不同把它分为客户端脚本和服务器端脚本。目前较为流行的脚本语言有 JavaScript 和 VBScript。

真题再现

1. （2019年单项选择题）网页是一种应用_____语言编写，可以在 WWW 上传输，能被浏览器识别和翻译成页面并显示出来的文件。

A. Visual Basic　　　　　B. Java　　　　　C. HTML　　　　　D. C++

【答案】C

【解析】HTML 是 Hypertext Markup Language 的缩写，即超文本标记语言，它使用一些约定的标记对文本进行标注，定义网页的数据格式，描述 Web 页面中的信息，控制文本的显示。

2. （2019年填空题）_____是一组相关网页和有关文件的集合，其主页用来引导用户访问其他网页。

【答案】网站

【解析】网站是一组相关网页和有关文件的集合。主页指输入一个 WWW 地址后在浏览器中出现的第一个页面。与图书的序言和目录类似，在主页中通常提供该服务器所提供内容的简要描述和索引。

考点8 常用的HTML标记

Internet 中的每一个 HTML 文件都包括文本内容和 HTML 标记两部分。多数 HTML 标记的书写格式如下：< 标记名 > 文本内容 </ 标记名 >。例如：<title> 网页设计教程 </title>。

以下是一个简单的 HTML 文档：

<html>

<head>

<title> 复习指导 </title>

</head>

<body>

<h1> 山东专升本计算机文化基础教材 </h1>

<hr color="#00000E">

<h2> 第一章计算机基础知识 </h2>

<h3> <font face= 楷体 >1.1 计算机的起源及发展 </font></h3>

<P> 计算机（computer）俗称电脑，是现代一种用于高速计算的电子计算机器，可以进行数值计算，又可以进行逻辑计算，还具有存储记忆功能。是能够按照程序运行，自动、高速处理海量数据的现代化智能电子设备。</P>

<img src=" 电脑 .jpg" width=30% heigth=20%>

<P> 计算机的发展经历了四代（如表 1-1 所示）。计算机的发展经历了四个阶段：第一阶段：第一代电子计算机（电子管计算机）第一代电子计算机是从 1946 年至 1958 年。</P>

<table width="300" border=" 1" >

<caption> 表 1-1 计算机的发展 </caption>

<tr>

<td> 第一代 </td>

<td>1946-1956</td>

<td> 电子管计算机 </td>

</tr>

<tr>

<td> 第二代 </td>

 <td>1956-1964</td>

<td> 晶体管计算机 </td>

</tr>

</table>

</body>

</html>

用浏览器打开该文档后，显示的网页如图 9-4 所示。

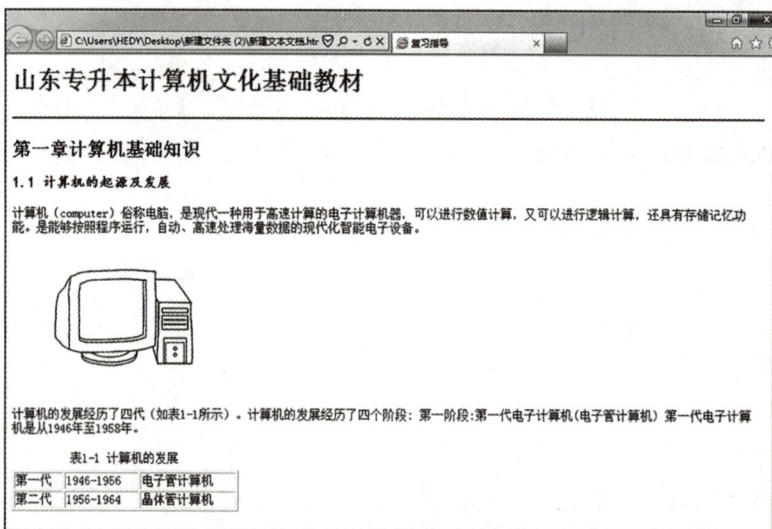

图 9-4 一个简单的网页

从上例可以看出，每一个 HTML 文件以 <html> 开始，以 </html> 结束，浏览器遇到 <html> 标记时，会按照 HTML 的标准来解释后面的文本，直到 </html> 才停止解释。<html> 和 </html> 是成对出现的，所有的文本和命令都在它们之间。多数 HTML 标记同时具有起始和结束标记，但也有一些 HTML 标记没有结束标记，如水平线标记 <hr>、换行标记
、图片标记 <img>。某些 HTML 标记还具有一些属性，这些属性指定对象的特性，如背景颜色、文本字体及大小、对齐方式等。属性一般放在起始标记中，例如上例中 <font face= 楷体 >，face 属性用来指明文字使用的字体，其中标记名和属性之间用空格分隔。如果标记有多种属性，则属性之间也要用空格分隔。常用的 HTML 标记详见表 9-5。

表 9-5　常用的 HTML 标记

类别	标记	作用
网页结构	<html>	让浏览器知道这是 HTML 文件
	<head>	用于定义文档的头部
	<title>	定义文件标题，将显示于浏览器的标题栏中
	<body>	定义文档的主体
文本布局	<p>	定义段落
	 	插入一个简单的换行符
	<hr>	在 HTML 页面中创建一条水平线
文字格式	<h1> - <h6>	定义标题，<h1> 定义最大的标题，<h6> 定义最小的标题
	<font>	字体标记，其中 size 属性用于设置文字的大小，color 属性用于设置文字的颜色，face 属性用于设置文字使用的字体
	<b>	粗体
	<i>	斜体
	<u>	下划线
图片	<img>	向网页中嵌入一幅图像，src 属性用于设置图片文件所在的位置

类别	标记	作用
超链接	<a>	定义超链接，最重要的属性是 href 属性，它用于设置链接的目标
表格	<table>	定义表格区域
	<caption>	定义表格标题
	<tr>	定义表格行
	<td>	定义表格单元格

真题再现

1.（2022 年单项选择题）在 HTML 中，<title> 和 </title> 标签用来定义_____。

A. 书签标题   B. 样式标题

C. 表格标题   D. 网页标题

【答案】D

【解析】<title> 用于定义网页文件的标题。当网页文件被打开后，网页文件的标题将出现在浏览器的标题栏中。

2.（2021 年填空题）HTML 语言中，包含关键字、网页描述信息等内容的标记是_____。

【答案】<meta>

【解析】<meta> 标记位于文档的头部，可提供有关页面的信息，如针对搜索引擎和更新频度的描述和关键词。

3.（2016 年填空题）在 HTML 网页文件中，定义网页主体的标记符是_____。

【答案】<body>

【解析】正文主体是 HTML 文件的核心内容，由 <body> 和 </body> 标记定义。

考点 9　信息安全的概念与信息安全意识

1. 信息安全

国际标准化组织已明确将信息安全定义为"信息的完整性、可用性、保密性和可靠性"。完整性是指信息无失真地传送到目的地，可用性是指授权人使用时不能出现系统拒绝服务的情况，保密性是指保证信息不泄露给未经授权的人，可靠性是指信息系统能够在规定的条件与时间内完成规定功能的特性。

信息安全包括四大要素：技术、制度、流程和人。

2. 信息安全面临的主要威胁

1）黑客的恶意攻击

黑客一词源于英文 Hacker，原指热心于计算机技术、水平高超的计算机专家，尤其是程序设计人员。但到了今天，黑客一词已被用于泛指那些专门利用计算机搞破坏或恶作剧的人。目前世界上有 20 多万个黑客网站，这些站点通常会介绍系统疏漏攻击方法和攻击软件的使用等内容，因而任何网络系统、站点都有遭受黑客攻击的可能。尤其是现在还缺乏针对网络犯罪卓有成效的反击和跟踪手段，使得黑客们善于隐蔽，攻击"杀伤力"强，这是信息安全的主要威胁。

2）网络自身和管理存在欠缺

因特网的共享性和开放性使网上信息安全存在先天不足，因为其赖以生存的 TCP/IP 协议，缺乏相应的安全机制，而且因特网最初设计时主要考虑该网不会因局部故障而影响信息的传输，基本没有考虑安全问题，因此它在安全防范、服务质量、带宽和方便性等方面存在滞后及不适应性。

3）由软件设计漏洞或"后门"而产生的问题

随着软件系统规模的不断增大，新的软件产品开发出来，系统中的安全漏洞或"后门"也不可避免地存在。例如，我们常用的操作系统，无论是 Windows 还是 UNIX 几乎都存在或多或少的安全漏洞；众多的各类服务器、浏览器及桌面软件等都被发现存在安全隐患。

4）网络内部用户和工作人员的不良行为引起的安全问题

网络内部用户的错误操作、资源滥用和恶意行为也有可能对网络的安全造成巨大的威胁。由于越来越多的行业和单位已组建了局域网，计算机使用频繁，但是由于单位管理制度不健全，工作人员不能严格遵守行业内信息安全的相关规定，都容易引发一系列安全问题。

3. 保障信息安全的措施

1）养成良好的安全习惯

养成良好的密码设置习惯，尽量做到不同的系统和资源使用不同的密码；保证密码的长度和复杂度，定期修改密码；安全使用电子邮件，对于有疑问或者来历不明的邮件，不要查看或者回复。

2）加强网络道德建设

计算机网络道德是用于约束网络从业人员的言行，指导他们的思想的一整套道德规范。加强网络道德建设对维护网络信息安全有着积极的作用。

3）完善信息安全政策与法规

为了确保计算机信息系统安全地运行，制定和完善信息安全法律法规显得非常必要和重要。公安部于 1987 年 10 月推出了《电子计算机系统安全规范（试行草案）》，这是我国第一部有关计算机安全的管理规范。1994 年 2 月颁布的《中华人民共和国计算机信息系统安全保护条例》是我国第一部计算机安全法规，也是我国计算机安全工作的总纲。此外，还先后颁布了《计算机信息系统国际联网保密管理规定》《计算机病毒防治管理办法》等多部信息系统安全方面的法律法规。

4）运用信息安全技术

目前，信息安全技术主要包括密码技术、防火墙技术、虚拟专用网（VPN）技术、病毒与反病毒技术，以及其他安全保密技术。

（1）密码技术

数据加密的基本过程就是对原来为明文的文件或数据按某种算法进行处理，使其成为不可读的一段代码，通常称为"密文"。传送到达目的地后使其只能在输入相应的密钥之后才能显示出本来内容，通过这样的方法达到保护数据不被他人非法窃取、修改的目的。其中发送方要发送的消息称为明文，明文被变换成看似无意义的随机消息，称为密文。这种由明文到密文的变换过程称为加密。其逆过程，即由合法接收者从密文恢复出明文的过程称为解密。非法接收者试图从密文分析出明文的过程称为破译。对明文进行加密时采用的一组规则称为加密算法。对密文解密时采用的一组规则称为解密算法。加密算法和解密算法是在一组仅有合法用户知道的秘密信息的控制下进行的，该秘密信息称为密钥，加密和解密过程中使用的密钥分别称为加密密钥和解密密钥。

传统密码体制所用的加密密钥和解密密钥相同，或从一个可以推出另一个，被称为单钥或对称密码体制，它的最大优势是加密和解密速度快，适合于对大数据量进行加密，但密钥管理困难。

若加密密钥和解密密钥不相同，从一个难以推出另一个，则称为双钥或非对称密码体制，又称公钥体制，它需要使用一对密钥来分别完成加密和解密操作，一个公开发布，即公开密钥，另一个由用户自己秘密保存，即私用密钥。信息发送者用公开密钥进行加密，而信息接收者则用私用密钥进行解密。双钥密码体制灵活，但加密和解密速度却比对称密码体制慢得多。

（2）虚拟专用网（VPN）技术

虚拟专用网是虚拟私有网络（Virtual Private Network）的别称，它被定义为通过一个公用网络（通常是因特网）建立一个临时的、安全的连接，是一条穿过混乱的公用网络的安全、稳定的隧道。虚拟专用网是对企业内部网的扩展。

▲ 真题再现 ▲

1.（2021 年多项选择题）下列关于数字签名的说法，正确的有_____。

A. 接收方能够核实发送方对报文的数字签名

B. 发送方事后不可抵赖对报文的数字签名

C. 接收方难以伪造对报文的数字签名

D. 数字签名就是通过网络传输加密过的纸质签名照片

【答案】ABC

【解析】数字签名是基于非对称密钥加密技术与数字摘要技术的应用，是一个包含电子文件信息及发送者身份，并能够鉴别发送者身份及发送信息是否被篡改的一段数字串。

2.（2020 年单项选择题）下列行为中符合计算机网络道德规范的是_____。

A. 给本人使用的计算机设置开机密码，防止他人使用

B. 随意修改他人计算机设置

C. 通过网络干扰他人的计算机工作

D. 在网络上发布垃圾信息

【答案】A

【解析】给本人使用的计算机设置开机密码可以有效保护个人数据安全，防止他人在未经允许的情况下使用自己的计算机，符合计算机网络道德规范。

3.（2019年单项选择题）在计算机网络中，专门利用计算机搞破坏或恶作剧的人被称为_____。

A. 黑客　　　　　　B. 网络管理员　　　　C. 程序员　　　　　　D. IT精英

【答案】A

【解析】黑客一词源于英文Hacker，原指热心于计算机技术、水平高超的计算机专家，尤其是程序设计人员。但到了今天，黑客一词已被用于泛指那些专门利用计算机搞破坏或恶作剧的人。

4.（2019年多项选择题）下列关于信息安全的叙述中，正确的是_____。

A. 网络环境下的信息系统安全问题比单机环境更加容易保障

B. 网络操作系统的安全性涉及信息在存储和管理状态下的保护问题

C. 防火墙是保障单位内部网络不受外部攻击的有效措施之一

D. 电子邮件是个人之间的通信方式，不会感染病毒

【答案】BC

【解析】网络环境下的信息系统比单机系统复杂，信息安全问题比单机更加难以得到保障。网络是目前病毒传播的首要途径，从网上下载文件、浏览网页、收看电子邮件等，都有可能会中毒。

5.（2019年单项选择题）下列不属于信息安全技术的是_____。

A. 密码学　　　　B. 防火墙　　　　　　C. VPN　　　　　　　D. 虚拟现实

【答案】D

【解析】虚拟现实是多媒体技术及网络技术的应用。

6.（2018年多项选择题）下列属于信息安全技术的是_____。

A. Telnet　　　　B. 防火墙　　　　　　C. VPN　　　　　　　D. 虚拟现实

【答案】BC

【解析】目前，信息安全技术主要包括密码技术、防火墙技术、虚拟专用网（VPN）技术、病毒与反病毒技术，以及其他安全保密技术。

考点10　计算机病毒

1. 计算机病毒的概念

计算机病毒是指编制的或者在计算机程序中插入的破坏计算机功能或者破坏数据，影响计算机使用并且能够自我复制的一组计算机指令或者程序代码。

2. 计算机病毒的特征

计算机病毒的特征包括可执行性、破坏性、传染性、潜伏性、针对性、衍生性和抗反病毒软件性。

3. 计算机病毒的传播途径

计算机病毒的传播途径主要有网络、不可移动的计算机硬件设备、移动存储设备及点对点通信系统和无线通道。

4. 计算机病毒的类型

通常计算机病毒可分为引导区型、文件型、混合型和宏病毒四类。

引导区型病毒主要是通过软盘在操作系统中传播，感染软盘的引导区。当已感染了病毒的软盘被使用时，病毒就会传染到硬盘的主引导区，一旦硬盘中的引导区被病毒感染，病毒就会试图传染每一个插入软驱的软盘引导区。

文件型病毒是寄生病毒，运行在计算机存储器中，通常感染扩展名为 .com、.exe、.sys 等类型的文件。每次激活时，感染文件把自身复制到其他文件中，并能在存储器中保留很长时间。

混合型病毒具有引导区型病毒和文件型病毒两者的特点。

宏病毒寄存在 Office 文档中，影响对文档的各种操作。

5. 计算机病毒的预防与清除

（1）预防计算机病毒，应该从管理和技术两方面进行

从管理上预防病毒。计算机病毒的传播是通过一定途径来实现的，为此必须重视制定措施、法规，加强职业道德教育，不得传播和制造病毒。另外，还应采取以下一些有效方法来预防和抑制病毒的传染。

① 谨慎地使用公用软件或硬件。

② 任何新使用的软件或硬件（如磁盘）必须先检查。

③ 定期检测计算机上的磁盘和文件并及时消除病毒。

④ 对系统中的数据和文件要定期进行备份。

⑤ 对所有系统盘和文件等关键数据要进行写保护。

从技术上预防病毒。从技术上对病毒的预防有硬件保护和软件预防两种方法。任何计算机病毒对系统的入侵都是利用 RAM 提供的自由空间及操作系统所提供的相应的中断功能来达到传染的目的。因此，可以通过增加硬件设备来保护系统，此硬件设备既能监视 RAM 中的常驻程序，又能阻止对外存储器的异常写操作，这样就能实现预防计算机病毒的目的。软件预防方法是使用计算机病毒疫苗。计算机病毒疫苗是一种可执行程序，它能够监视系统的运行，当发现某些病毒入侵时可防止病毒入侵，当发现非法操作时及时警告用户或直接拒绝这种操作，使病毒无法传播。

（2）病毒的清除

如果发现计算机感染了病毒，应立即清除，通常用人工处理或反病毒软件方式进行

清除。

人工处理的方法有用正常的文件覆盖被病毒感染的文件、删除被病毒感染的文件、重新格式化磁盘等。这种方法有一定的危险性，容易造成对文件的破坏。

用反病毒软件对病毒进行清除是一种较好的方法。常用的反病毒软件有瑞星、江民杀毒、NORTON 及卡巴斯基等，需要特别注意的是要及时对反病毒软件进行升级更新，以保持软件的良好杀毒性能。

▲ **真题再现** ◢

1.（2022 年单项选择题）下列关于计算机病毒的说法，错误的是_____。

A. 病毒是一组计算机指令或程序代码

B. 计算机病毒只感染可执行文件

C. 感染病毒后不一定马上发作

D. 计算机病毒的预防有硬件和软件两种方式

【答案】B

【解析】计算机病毒本质上是一组计算机指令代码或者程序代码，它存在的目的是影响计算机的正常工作，不仅可以感染可执行文件，还可以感染 Word 文档等，从而破坏计算机中的数据和硬件设备。

2.（2020 年多项选择题）为了预防计算机病毒和降低被黑客攻击的风险，下列做法正确的是_____。

A. 不打开来历不明的电子邮件　　　　B. 长期使用同一密码

C. 安装正版的杀毒软件和防火墙软件　D. 经常升级操作系统的安全补丁

【答案】ACD

【解析】密码设置应遵循的原则：至少应由 8 个字符组成；应包含大小写字母、数字、特殊字符等；应定期更换。

3.（2019 年单项选择题）下列属于计算机病毒特点的是_____。

A. 交互性　　　　　　　　　　　　　B. 集成性

C. 隔离性　　　　　　　　　　　　　D. 破坏性

【答案】D

【解析】计算机病毒具有如下特点：可执行性、破坏性、传染性、潜伏性、针对性衍生性和抗反病毒软件性。

4.（2018 年多项选择题）下列属于计算机病毒的主要特点的是_____。

A. 交互性　　　　　　　　　　　　　B. 潜伏性

C. 实时性　　　　　　　　　　　　　D. 传染性

【答案】BD

【解析】交互性和实时性是多媒体技术的特点。

考点11　防火墙的概念、功能及类型

1. 防火墙的概念

防火墙是用于在企业内网和因特网之间实施安全策略的一个系统或一组系统。它决定网络内部服务中哪些可被外界访问，外界的哪些人可以访问哪些内部服务，同时还决定内部人员可以访问哪些外部服务。

2. 防火墙的优点和缺点

防火墙的优点：防火墙能强化安全策略；防火墙能有效地记录 Internet 上的活动；防火墙能限制暴露用户点；防火墙是一个安全策略的检查站。

防火墙的缺点：不能防范恶意的知情者；不能防范不通过它的链接；不能防备全部的威胁；不能防范病毒。

3. 类型

按照防火墙保护网络使用方法的不同，可将其分为三种类型，即网络层防火墙、应用层防火墙和链路层防火墙。

真题再现

1.（2022 年多项选择题）下列关于防火墙的说法，正确的是_____。
  A. 防火墙主要检测系统内违背安全策略的行为
  B. 防火墙不能够防范不通过它的链接
  C. 防火墙能够对网络访问进行日志记录
  D. 既有硬件防火墙也有软件防火墙
  【答案】BCD
  【解析】防火墙指的是一个由软件和硬件设备组合而成，在内部网和外部网之间构造的保护屏障，从而保护内部网免受非法用户的侵入。防火墙无法针对内部的网络问题进行扫描或者做出反应，不能阻止来自内部的威胁。

2.（2019 年多项选择题）防火墙的局限性表现在_____。
  A. 不能强化安全策略　　　　　　B. 不能限制暴露用户点
  C. 不能防备全部威胁　　　　　　D. 不能防范不通过它的链接
  【答案】CD
  【解析】防火墙的缺点：不能防范恶意的知情者；不能防范不通过它的链接；不能防备全部的威胁；不能防范病毒。

3.（2019 年填空题）按照防火墙保护网络使用方法的不同，可将其分为网络层防火墙、_____防火墙和链路层防火墙。
  【答案】应用层防火墙
  【解析】按照防火墙保护网络使用方法的不同，可将其分为三种类型，即网络层防火墙、应用层防火墙和链路层防火墙

考点12 Windows 10操作系统安全

1. Windows 10 系统安装的安全

操作系统的安全从开始安装时就应该考虑，以下是应注意的几点：选择 NTFS 文件格式来分区；对于不常用的组件建议不启用；建议建立多个磁盘分区，其中一个为系统分区，其他为应用程序分区。

2. 系统账户的安全

新建一个标准账户，使用标准账户而不是 Administrator 超级用户登录。标准账户可以防止用户做出会对计算机的所有用户造成影响的更改（如删除计算机工作所需要的文件），从而保护计算机。对于没有特殊要求的计算机用户，最好禁用 Guest 账户。此外，对于其他用户账户，一般不要将其加入 Administrators 用户组中，如果要加入，一定也要设置一个足够安全的密码。在设置账户密码时，为了保证密码的安全性，一方面要注意将密码设置为 8 位以上的字母和数字符号组合体，同时对密码策略进行必要的设置。

3. 应用安全策略

安全策略包括安装杀毒软件、使用防火墙、更新和安装系统补丁、停止不必要的服务。

4. 网络安全策略

①IE 浏览器的安全。最好把 IE 浏览器升级到最新版本；设置 IE 的安全级别；屏蔽插件和脚本，清除临时文件。

②在设置共享时要注意设置相应的权限来提高安全性，同时在使用完共享后及时关闭共享。

③要注意对邮件的安全扫描，不要查看来历不明邮件中的附件。

▲真题再现▲

1.（2019 年单项选择题）Windows 10 操作系统在逻辑设计上的缺陷或错误称为_____。

　　A. 系统垃圾　　　　　B. 系统补丁　　　　　C. 系统漏洞　　　　　D. 木马病毒

【答案】C

【解析】系统漏洞是指应用软件或操作系统软件在逻辑设计上的缺陷或错误，可能被不法者利用，通过网络植入木马、病毒等方式来攻击或控制整个计算机，窃取计算机中的重要资料和信息，甚至破坏系统。

2.（2019 年多项选择题）为实现 Windows 10 操作系统的安全，应采取的安全策略是_____。

　　A. 更新和安装系统补丁　　　　　　　B. 使用防火墙
　　C. 清除临时文件　　　　　　　　　　D. 屏蔽插件和脚本

【答案】AB

【解析】操作系统的应用安全策略主要有安装杀毒软件、使用防火墙、更新和安装系统补丁和停止不必要的服务。

考点13　电子商务和电子政务的安全

1. 电子商务采用的主要安全技术

（1）加密技术

具体内容参本章考点9。

（2）数字签名

数字签名是以密码学的方法对数据文件作用而产生的一组代表签名者身份与数据完整性的数据信息，通常附加在数据文件的后面。数据文件的接收者可以利用签名者的公钥作用于数字签名，以验证数据文件的真实性、完整性。一套数字签名通常定义两种互补的运算，一个用于签名，另一个用于验证。利用数字签名技术可以保证信息传输的完整性、发送者的身份认证、防止交易中抵赖行为的发生。

（3）认证中心（CA）

CA 是 Certificate Authority 的缩写。认证是电子商务的一个核心环节，是在电子交易中承担网上安全电子交易认证服务、签发数字证书、确认用户身份等工作的具有权威性和公正性的第三方服务机构。

（4）安全套接层（SSL）

SSL（Secure Sockets Layer）是由著名的 Netscape 公司开发的，现在被广泛用于 Internet 上的身份认证与 Web 服务器和用户端浏览器之间的数据安全通信。制定 SSL 协议的宗旨是为通信双方提供安全可靠的通信协议服务，它通过数字签名和数字证书可以实现浏览器和 Web 服务器双方的身份认证。

目前，常用的 HTTPS 协议是由 HTTP 加上 TLS/SSL 协议构建的可进行加密传输、身份认证的网络协议，主要通过数字证书、加密算法、非对称密钥等技术完成互联网数据传输加密，实现互联网传输安全保护。

（5）安全电子交易（SET）

SET（Secure Electronic Transaction）是一种应用于因特网环境下，以信用卡为基础的安全电子交付协议，它给出了一套电子交易的过程规范。通过 SET 协议可以实现电子商务交易中的加密、认证、密钥管理机制等，保证了在因特网上使用信用卡进行在线购物的安全。

（6）Internet 电子邮件的安全协议

2. 电子政务的安全问题

电子政务主要由政府部门内部的数字化办公、政府部门之间通过计算机网络而进行的信息共享和适时通信、政府部门通过网络与公众进行的双向交流三部分组成。从安全威胁的来源来看，可以分为内外两个部分。所谓"内"，是指政府机关内部，而"外"，则是指社会环境。国务院办公厅明确把信息网络分为内网（涉密网）、外网（非涉密网）和因特网三类，而且明确规定内网和外网要物理隔离。

根据国家信息化领导小组提出的"坚持积极防御、综合防范"的方针，建议从以下三方面解决好我国电子政务的安全问题，即"一个基础（法律制度），两根支柱（技术、管理）"。电子政务的安全技术可以区别地借鉴电子商务在此方面的成功经验，加密技术、数字签名、认证中心、安全认证协议等安全技术同样适用于电子政务。

考点 14　信息检索的基本概念、分类和基本流程

1. 信息检索的基本概念

信息检索是从大规模非结构化数据（通常是文本）的集合（通常保存在计算机或网络中）中找出满足用户信息需求的资料（通常是文档）的过程。

2. 信息检索的分类

1）按存储与检索对象划分

（1）文献检索

文献检索（Document Retrieval）是以文献为查找对象，从各种文献中查找用户所需要的信息内容，如"设计人行天桥的参考文献有哪些？"

（2）数据检索

数据检索（Data Retrieval）是利用检索工具（工具书、数据库）查找用户所需要的数据、公式、图表等信息，检索结果是数据，如"1 韩元＝？美元"。

（3）事实检索

事实检索（Fact Retrieval）是利用检索工具从存储事实的信息系统中查找出特定的事实，检索结果是事实，如"中国最古老的桥？"

2）按检索方式划分

（1）手工检索

手工检索（Manual Retrieval）是指人们利用卡片目录、文摘、索引等检索工具，通过手工查找进行的信息检索。手工检索费时、费力，检索效率低。

（2）计算机检索

计算机检索（Computer-based Retrieval）是指人们利用数据库、计算机软件、网络技术和通信系统进行的信息检索。与手工检索相比，计算机检索速度快、效率高、查全率高、不受时空限制、检索结果多样，是目前主流的信息检索方式。

3）按检索数据的规模划分

（1）大规模检索

大规模检索以 Web 检索为代表。

（2）中等规模检索

中等规模检索通常指面向企业、机构和特定领域的检索。

（3）小规模检索

小规模检索通常指个人信息检索，如邮件分类检索。

3. 信息检索的基本流程

信息检索的基本流程如图 9-5 所示。

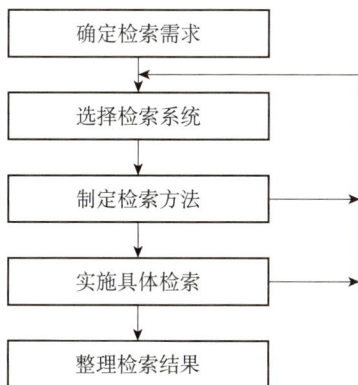

图 9-5　信息检索的基本流程

第一步，"确定检索需求"指的是要明确究竟要查找什么信息内容，信息的类型和格式是什么，尤其是要把相关的专业术语和技术都弄清楚。

第二步，"选择检索系统"指的是从众多的检索系统中挑选出与检索需求相适应的检索系统，注意选出的检索系统可能不止一个。

第三步，"制定检索方法"指的是根据检索需求预先制定检索的具体步骤和方法，确定检索词，编写检索表达式，也就是制定检索策略。

第四步，"实施具体检索"指的是在检索系统中按照预先制定的检索步骤进行检索。

第五步，"整理检索结果"指的是将检索出的信息进行分析、列表、合并、排版及加上必要的评述。该步骤有时也称为管理和评价检索结果。

克兰弗登提出了六项检索系统性能的评价指标，包括收录范围、查全率、查准率、响应时间、用户负担和输出形式。其中，最常用的是查全率 R（Recall）和查准率 P（Precision）。

（1）查全率

查全率是衡量某一检索系统从文献集合中检索出相关文献成功度的一项指标，即检索出的相关文献量与检索系统中相关文献总量的百分比。

查全率的计算公式为：查全率 =（检索出的相关文献量 / 系统中的相关文献总量）× 100%。

（2）查准率

查准率是衡量某一检索系统的信号噪声比的一项指标，即检索出的相关文献量与检索出的文献总量的百分比。

查准率的计算公式为：查准率 =（检索出的相关文献量 / 检索出的文献总量）× 100%。

4. 信息检索的方法

1）布尔逻辑检索

布尔逻辑检索，是指利用布尔检索运算符连接各个检索词，然后由计算机进行相应逻辑运算，以检索出所需信息的方法。该方法的使用面最广，使用频率最高。常用的布尔逻辑检索有逻辑与、逻辑或和逻辑非三种。

（1）逻辑与

逻辑与用"AND"或"*"表示，是对具有交叉关系和限定关系的一种组配。

如果用 AND 连接检索词 A 和检索词 B，则检索式表示为 A AND B（或 A*B），即表示让系统检索同时包含检索词 A 和检索词 B 的信息。

逻辑"与"的作用是缩小检索范围，提高检索的查准率。

例如，我们以检索词"人工智能"和"无人驾驶"为例进行说明。"人工智能"AND"无人驾驶"，表示同时含有这两个检索词的文献被选中。

（2）逻辑或

逻辑或用"OR"或"+"表示，是对具有并列关系的概念的一种组配。

如果用 OR 连接检索词 A 和检索词 B，则检索式表示为 A OR B（或 A+B），即表示让系统搜索包括检索词 A、B 之一，或同时包括检索词 A 和检索词 B 的信息。

逻辑或的作用是扩大检索范围，提高检索的查全率。

例如，"人工智能"OR"无人驾驶"，表示含有其中一个或同时含有两个检索词的文献被选中。

（3）逻辑非

逻辑非用"NOT"或"-"表示，是对具有排斥关系的概念的一种组配。

如果用 NOT 连接检索词 A 和检索词 B，则检索式表示为 A NOT B（或 A-B），即表示检索含有检索词 A 而不含检索词 B 的信息，即将包含检索词 B 的信息集合排除掉。

逻辑非的作用是排除不必要的概念，减少检索结果，提高查准率。

例如，"人工智能"NOT"无人驾驶"，表示含有"人工智能"检索词但不含有"无人驾驶"检索词的文献被选中。

与、或、非三种常用布尔逻辑检索的符号、概念、作用、示例汇总见表9-6.

表 9-6　三种常用布尔逻辑检索

名称	符号	概念	作用	示例
逻辑与	AND 或 *	对具有交叉关系和限定关系的一种组配	缩小检索范围，提高检索的查准率	"人工智能"AND"无人驾驶"，表示同时含有这两个检索词的文献被选中
逻辑或	OR 或 +	对具有并列关系的概念的一种组配	扩大检索范围，提高检索的查全率	"人工智能"OR"无人驾驶"，表示含有其中一个或同时含有两个检索词的文献被选中
逻辑非	NOT 或 -	对具有排斥关系的概念的一种组配	排除不必要的概念，减少检索结果，提高查准率	"人工智能"NOT"无人驾驶"，表示含有"人工智能"检索词但不含有"无人驾驶"检索词的文献被选中

2）截词检索

截词检索就是利用检索词的词干或不完整的词形查找信息的一种检索方法。严格意义上它只适用于西文文献信息的检索。

具体检索时，系统将检索者输入的词干或不完整的词形发送到数据库中进行查找，凡与之相匹配的字符串，不论其后和其前是何字母，均被选中。

（1）截词所用符号

截断常使用截断符号，各检索系统所使用的截断符号有所不同，一般有"?""$""#""*"等。

（2）截词方式分类

①按截断的字符数量分类。

● 有限截断——指明具体截去的字符数。

● 无限截断——不指明具体截去的字符数。

②按截断的位置分类。

● 前截断。截去某个词的前部，使词的后方一致，也称后方一致检索。例如，输入"*magnetic"，能够检索出含有 magnetic、electromagnetic、paramagnetic、thermomagnetic 等词的记录。

● 后截断。截去某个词的后部，使词的前方一致，也称前方一致检索。例如，输入"geolog*"，将会把含有 geological、geologic、geologist、geologize、geology 等词的记录检索出来。

● 中截断。截去某个词的中间部分，使词的两边一致，也称两边一致检索。例如，

输入 "organi? ation"，可以检索出 organization、organisation 等；输入 "f??t"，可检索出 foot、feet 等。

3）位置检索

位置检索是用一些特定的算符（位置算符）来表达一个检索词与另一检索词之间的顺序和词间距的检索。

位置算符主要有 "（W）""（nw）""（N）""（nN）""（F）" 及 "（S）"。

（1）（W）算符

"W" 含义为 "With"，表示用此符号连接的两个检索词必须按原次序紧挨着，词序不能颠倒，中间不得插入其他词、字母或代码，但允许有空格或标点符号，也可用（ ）表示。

例如，teaching（w）method 仅表示 "teaching method" 这个词组，其中 teaching 和 method 两词次序不能颠倒。

（2）（nW）算符

"W" 的含义为 "Word"，表示用此符号连接的两个检索词中间最多有 n 个其他词，但这两个词之间的顺序不可颠倒。

例如，wear（1W）materials，可检索出 wear of materials 和 wear materials。

（3）（N）算符

"N" 的含义为 "Near"，表示其两侧的检索词必须紧密相连，除空格和标点符号外，不得插入其他词或字母，两词的词序可以颠倒。

例如，money（N）supply，可检索出 money supply 和 supply money 两个词组。

（4）（nN）算符

（nN）算符表示两个检索词中间最多可以容纳 n 个词，并且词序可以颠倒。

例如，economic（2N）recovery，可检索出 economic recovery 和 recovery of the economy 等词组。

（5）（F）算符

"F" 的含义为 "Field"，表示算符两侧的检索词必须在同一字段（如同在题目字段 或文摘字段）中出现，词序不限，夹在两词之间的词的个数也不限。

例如，environmental（F）impact，系统会检索同时出现 "environmental"、"impact" 两个词的字段记录。

（6）（S）算符

"S" 是 "Sub-field/Sentence" 的缩写，表示在此运算符两侧的检索词只要出现在记录的同一个子字段内（例如，在文摘中的一个句子就是一个子字段），此信息即被选中。要求被连接的检索词必须同时出现在记录的同一句子（同一子字段）中，不限制它们在此子字段中的相对次序，中间插入词的数量也不限。

例如，high（W）strength（S）steel，表示只要在同一句子（同一子字段）中检索出含有 "high strength 和 steel" 形式的记录均被选中。

4）限制检索

限制检索是指通过限制检索范围，缩小检索结果，达到精确检索的方法，主要有限定字段检索和限定范围检索。

①限定字段检索是将检索词限定在特定的字段中。常见的检索词有题名（TI）、关键词（KW）、主题词（DE）、文摘（AB）、全文（FT，）、作者（AU）、期刊名称（JN）、语种（LA）、出版国家（CO）、出版年份（PY）等。字段检索表达方式一般有前缀和后缀两种。

● 后缀方式。将检索词放在字段代码之前，之后用字段限定符号"in 或 /"。例如，Furniture/TI Furniture in TI 即家具一词出现在题目中。

● 前缀方式。将检索词放在所限定的字段代码之后，如放在作者（AU）、期刊名称（JN）、出版年份（PY）、语种（LA）等字段后。例如，AU=Evans, A., LA=Chinese 等。

②限定范围检索是通过使用限定符来限制信息检索范围，以达到优化检索的方法。不同的检索系统有不同的限定符，常用的有 =、<=、>=、<、>、: 等。例如，PY>=2015，即限定出版年份为 2015 及以后的文献；出版年份 =2016：2023，即 2016 年至 2023 年的文章。

5）全文检索

全文搜索是指直接对原文进行检索，从而更加深入到语言细节中去。全文检索通常用在全文数据库和搜索引擎中，使用全文检索可能会提高查全率，但也可能会降低查准率。

6）加权检索

不在于是否检索到某篇文献，而是以检索出的文献的权值总和是否达到或超过需求的阈值作为评判，从而决定该文献是否被检索出。并不是所有信息系统都提供该检索方法。

7）自然语言检索

自然语言检索又被称为智能检索（Intelligent Search），直接采用自然语言中的字、词、句进行提问式检索，同一般口语一样。该方法特别适合不太熟悉网络信息检索技术的人士使用。

信息检索常用技术（方法）如图 9-6 所示。

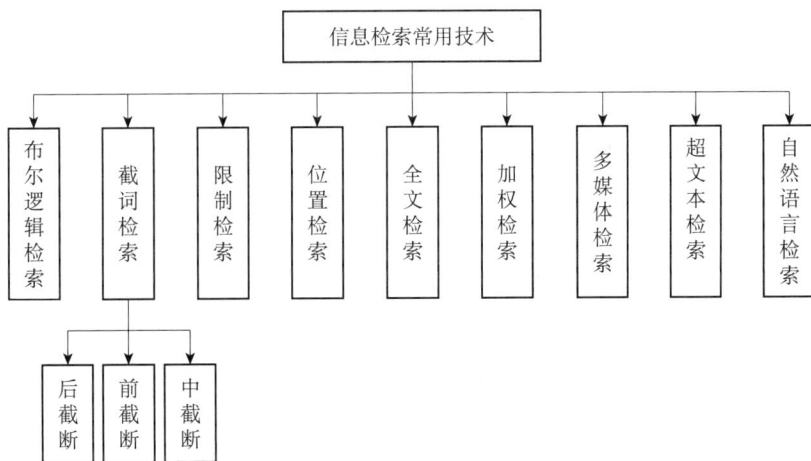

图 9-6　信息检索常用技术

5. 使用搜索引擎检索信息

所谓搜索引擎，就是根据用户需求与一定算法，运用特定策略从互联网检索出指定信息反馈给用户的一门检索技术。

搜索引擎是应用于互联网上的一门检索技术，它旨在提高人们获取信息的速度，为人们提供更好的网络使用环境。

搜索引擎是一种特殊的互联网资源，它搜集了大量的各种类型的网上资源的线索，使用专门的搜索软件，依据用户提出的要求进行查找。

搜索引擎按工作方式分 3 种类型，即全文搜索引擎、目录搜索引擎和元搜索引擎。

（1）全文搜索引擎

全文搜索引擎是通过从互联网上提取的各个网站的信息（以网页文字为主）而建立的数据库，检索与用户查询条件匹配的相关记录，然后按一定的排列顺序将结果返回给用户，因此是真正的搜索引擎。

国内外著名的全文搜索引擎有谷歌（Google）、百度（Baidu）等。

（2）目录搜索引擎

目录搜索引擎虽然有搜索功能，但在严格意义上算不上是真正的搜索引擎，仅仅是按目录分类的网站链接列表而已。用户完全可以不用进行关键词查询，仅靠分类目录也可找到需要的信息。

国内外代表性的目录搜索引擎有 About、搜狐（SOHU）、新浪（Sina）、网易（NetEase）等。

（3）元搜索引擎

元搜索引擎又称多元搜索引擎，也称搜索引擎之母。这里的"元"有"总和""超越"之义，在接受用户查询请求时，元搜索引擎将用户的请求经过转换处理后，交给多个独立搜索引擎进行搜索，并将结果返回给用户。

国内外代表性的元搜索引擎有 InfoSpace、360 等。

6. 检索数字信息资源

中国知网（简称知网）是中国知识基础设施工程（China National Knowledge Infrastructure，CNKI）的资源系统（网址 https：//www.cnki.net/），为清华同方知网技术有限公司和中国学术期刊（光盘版）电子杂志社共同创办的网络知识平台，是世界上最大的连续动态更新的学术文献数据库。该库深度集成整合了学术期刊、学位论文、会议论文、报纸、年鉴、专利、国内外标准、科技成果等中外文资源，并且每日进行数据更新。

中国知网首页界面如图 9-7 所示。

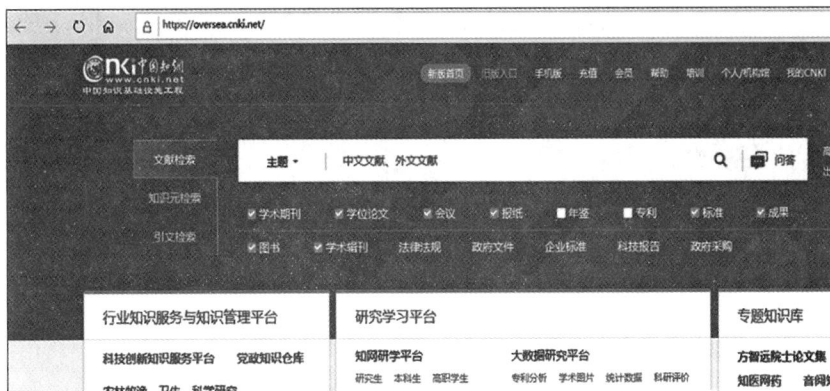

图 9-7 中国知网首页界面

1）文献检索方法

（1）快速检索

进入知网首页后，单击"文献检索"、"知识元检索"或"引文检索"按钮，即进入相关类别的检索，"文献检索"是打开知网首页自动进入的。

单击搜索框中的下拉按钮，根据需要选取"主题""篇关摘""关键词""篇名""全文""作者"等检索字段，并"勾选"要进行搜索的"学术期刊""学位论文""会议""报纸"等数据库，确定在单个或多个数据库检索你想搜索的信息。以上步骤完成后，即可进行快速搜索。

例如，应用"文献检索"，在"学术期刊""学位论文"两个数据库中检索以"人工智能"为主题的文献，检索结果如图 9-8 所示。

图 9-8 以"人工智能"为主题的检索结果

（2）高级检索

所谓高级检索是指对检索字段设置的约束条件精准检索后而进行的。中国知网中，约束条件包括"主题""作者""文献来源"及其逻辑关系，还有"OA 出版""网络首发""增强出版""基金文献""中英文扩展""同义词扩展"。同时，对于"主题""作者""文献来源"这些约束条件，既可以增加也可以减少，既可以设置成"精确"匹配，也可以设置成"模糊"匹配。

例如，如果将"大数据技术"的高级搜索设置成如图9-9所示，相应搜索结果如图9-10所示。

图 9-9 "大数据技术"的高级搜索设置

图 9-10 搜索结果

2）世界著名的文献检索系统

① EI——美国《工程索引》（The Engineering Index），一个主要收录工程技术期刊文献和会议文献的大型检索工具。

② SCI——美国《科学引文索引》（Science Citation Index），世界著名的期刊文献检索工具，收录范围包括数、理、化、农、林、医、生命科学、天文、地理、环境、材料、工程技术等自然科学各学科。

③ ISTP——美国《科学技术会议录索引》（Index to Scientific & Technical Proceedings，ISTP），收录1990年以来每年的国际科技学术会议论文。

④ SSCI——美国《社会科学引文索引》（Social Science Citation Index），美国科学情报研究所建立的综合性社科文献数据库。

考点15 信息伦理

信息伦理是指涉及信息开发、信息传播、信息管理和利用等方面的伦理要求、伦理准则、伦理规约，以及在此基础上形成的新型的伦理关系。

信息伦理对每个社会成员的道德规范要求是普通的，在信息交流自由的同时，每个人都必须承担同等的道德责任，共同维护信息伦理秩序。

1. 信息伦理的准则与规范

（1）底线原则

①无害原则。

②互利原则。

③公正原则。

④平等原则

（2）自律原则

①自尊原则。

②诚信原则。

③自主原则。

④慎独原则。

2. 信息伦理的两大组成部分

信息伦理的两大组成部分见表9-7。

表 9-7 信息伦理的两大组成部分

计算机伦理	网络伦理
计算机伦理是计算机从业人员应遵守的职业道德准则和规范的总和，计算机伦理学侧重于利用计算机的个体性行为或区域行为的伦理研究	网络伦理是指人们在网络空间中的行为应遵守的道德准则和规范的总和，网络伦理学主要关注可能有不同文化背景的网络信息传播者和网络信息利用者的行为
研究／关注点	
隐私保护	网络诈骗、网络攻击
计算机犯罪	虚假信息散布
知识产权	国家安全问题
软件盗版	隐私权的侵犯
计算机病毒	不良信息的充斥
黑客	网络知识产权的侵犯
行业行为规范	网络游戏挑战伦理底线

3. 信息技术自主可控

在信息技术领域中，自主可控技术是指独立自主研发、拥有自主知识产权、可自由控制和管理的技术。

Part II 实战训练

一、单项选择题（在每小题列出的四个备选项中只有一个是符合题目要求的）

1.（考点1）计算机网络是_____相结合的产物。

    A. 计算机技术与通信技术   B. 计算机技术与信息技术

    C. 计算机技术与电子技术   D. 信息技术与通信技术

2.（考点1）关于计算机网络资源共享的描述准确的是_____。

    A. 共享线路   B. 共享硬件

    C. 共享数据和软件   D. 共享硬件、数据、软件

3.（考点3）网络可以通过无线的方式进行连网，以下不属于无线传输介质的是_____。

    A. 微波   B. 无线电波

    C. 光缆   D. 红外线

4.（考点4）HTTP协议是_____。

    A. 邮件传输协议   B. 传输控制协议

    C. 统一资源定位器   D. 超文本传输协议

5.（考点6）匿名FTP是_____。

    A. Internet中一种匿名信的名称   B. 在Internet上没有主机地址的FTP

    C. 允许用户匿名登录并下载文件的FTP   D. 用户之间能够进行传送文件的FTP

6.（考点3）下面不属于网络通信设备的是_____。

    A. 路由器   B. 扫描仪

    C. 交换机   D. 中继器

7.（考点3）从物理连接上讲，计算机网络由计算机系统、通信链路和_____组成。

    A. 网络协议   B. 服务器

    C. 客户机   D. 网络节点

8.（考点1）简单地说，物联网是_____。

    A. 互联网的一种

    B. 通过信息传感设备将物品与互联网相连接，以实现对物品进行智能化管理的网络

    C. 指一个生产企业的产品销售计划

    D. 一种协议

9.（考点3）计算机网络按_____不同可以分为局域网、城域网和广域网。

    A. 拓扑结构   B. 使用性质

    C. 覆盖范围   D. 传输介质

10.（考点3）下列不属于通信子网设备的是_____。

    A. 路由器   B. 主机

    C. 调制解调器   D. 交换机

11.（考点 3）在常用的传输介质中，带宽最宽、信号传输衰减最小、抗干扰能力最强的是
　　　　　。

    A. 双绞线   B. 无线信道

    C. 同轴电缆   D. 光纤

12.（考点 4）下面　　　　　协议运行在 TCP/IP 参考模型的网际层。

    A. HTTP   B. SMTP

    C. TCP   D. IP

13.（考点 4）TCP/IP 协议中 TCP 协议负责　　　　　。

    A. 音频传输   B. 数据传输的可靠性

    C. 视频传输   D. 文本传输

14.（附加题）ISP 的中文名称为　　　　　。

    A.Internet 软件提供商   B.Internet 应用提供商

    C.Internet 服务提供商   D.Internet 访问提供商

15.（考点 2）调制解调器（MODEM）的功能是实现　　　　　。

    A. 数字信号的编码   B. 数字信号的整形

    C. 模拟信号的放大   D. 模拟信号与数字信号的相互转换

16.（考点 4）FTP 的中文意义是　　　　　。

    A. 高级程序设计语言   B. 域名

    C. 文件传输协议   D. 网址

17.（考点 3）将处于不同地理位置的局域网相互连接起来,使用的网络硬件设备是　　　　　。

    A. 调制解调器   B. 路由器

    C. 集线器   D. 网卡

18.（考点 5）中国的顶级域名是　　　　　。

    A. cn   B. ch

    C. chn   D. china

19.（考点 4）Internet 上的网络协议统称为 Internet 协议簇，其中传输控制协议是　　　　　。

    A. IP   B. ICMP

    C. TCP   D. UDP

20.（考点 2）数据通信的信道传输速率中单位用 bps 表示，bps 的含义是　　　　　。

    A. bits per Second   B. baud per Second

    C. bytes per Second   D. billon per Second

21.（考点 5）下列关于 IP 地址的说法中错误的是　　　　　。

    A. 一个 IP 地址只能标识网络中的唯一的一台计算机

    B. IP 地址一般用点分十进制表示

    C. 地址 205.106.256.36 是一个合法的 IP 地址

单选–21讲解

D. 同一个网络中不能有两台计算机的 IP 地址相同

22.（考点 7）超文本的含义是_____。

    A. 该文本中包含有图像   B. 该文本中包含有声音

    C. 该文本中包含有二进制字符   D. 该文本中有链接到其他文本的链接点

23.（考点 1、3）下列有关计算机网络叙述错误的是_____。

    A. 利用 Internet 可以使用远程的超级计算中心的计算机资源

    B. 计算机网络是在通信协议控制下实现的计算机互联

    C. 建立计算机网络的最主要目的是实现资源共享

    D. 以接入的计算机多少可以将网络划分为广域网、城域网和局域网

24.（考点 1）_____被认为是 Internet 的前身。

    A. 万维网   B. ARPANET

    C. HTTP   D. APPLE

25.（考点 3）LAN 通常是指_____。

    A. 广域网   B. 局域网

    C. 资源子网   D. 万维网

26.（考点 3）以下_____不是网络拓扑结构。

    A. 总线型   B. 星形

    C. 开放型   D. 环形

27.（考点 4）中国教育和科研计算机网的缩写为_____。

    A. ChinaNet   B. CERNET

    C. CSTNet   D. ChinaGBN

28.（考点 5）在 Internet 中，主机的 IP 地址与域名的关系是_____。

    A. IP 地址是域名中部分信息的表示   B. 域名是 IP 地址中部分信息的表示

    C. IP 地址和域名是等价的   D. IP 地址和域名分别表达不同含义

29.（考点 4）HTTP 协议属于 TCP/IP 协议分层模型中的_____。

    A. 网络接口层   B. 应用层

    C. 传输层   D. 网际层

30.（考点 5）www.njtu.edu.cn 是 Internet 上一台计算机的_____。

    A. 域名   B. IP 地址

    C. 非法地址   D. 协议名称

31.（考点 5）IPv4 地址由_____位二进制数组成。

    A. 16   B. 32

    C. 64   D. 128

32.（考点 5）域名 www.hainan.gov.cn 中的 gov、cn 分别表示_____。

    A. 政府部门、中国   B. 商业组织、美国

    C. 商业组织、中国   D. 科研组织、中国

33.（考点2）在同一个信道上的同一时刻，能够进行双向数据传送的通信方式是_____。

A. 半双工
B. 全双工
C. 单工
D. 上述三种均不是

34.（考点5）IP 地址 210.45.165.244 属于_____地址。

A. C 类
B. B 类
C. D 类
D. A 类

35.（考点3）在一种网络中，超过一定长度，传输介质中的数据信号就会衰减。如果传输距离比较长，就需要安装_____设备。

A. 中继器
B. 集线器
C. 路由器
D. 网桥

36.（考点7）互联网上的服务都是基于某种协议，WWW 服务基于的协议是_____。

A. SNMP
B. HTTP
C. SMTP
D. TELNET

37.（考点5）Internet 中使用域名代替 IP 地址主要是为了便于记忆，有关域名的叙述中正确的是_____。

A. 设某 Web 服务器的域名是 www.whitehouse.gov，其中 gov 代表美国

B. 服务器域名不需要翻译为 IP 地址

C. 一般规定：CN 代表中国，COM 代表教育机构

D. 某服务器的域名是 teach.zj.edu.cn，其中 edu 代表教育机构

38.（考点6）下列哪种不是接入 Internet 的方式_____。

A. LAN
B. PSTN
C. ADSL
D. HTTP

39.（考点3）如果一台计算机要拨号入网，需要的连接设备是_____。

A. 路由器
B. 网卡
C. 专用电缆
D. 调制解调器

40.（考点3）各节点都与中心节点连接，呈辐射状排列在中心节点周围，这种结构是_____。

A. 总线型拓扑结构
B. 星形拓扑结构
C. 环形拓扑结构
D. 网状拓扑结构

41.（考点1）关于 Internet，下列说法不正确的是_____。

A. Internet 是全球性的国际网络
B. Internet 起源于美国
C. 通过 Internet 可以实现资源共享
D. Internet 不存在网络安全问题

42.（考点5）用于解析域名的协议是_____。

A. HTTP
B. DNS
C. FTP
D. SMTP

43.（考点6）在互联网上，用来发送电子邮件的协议是_____。

A. HTTP
B. SMTP

C. NFS

D. POP3

44.（考点3）下列选项中，_____是将单个计算机连接到网络上的设备。

A. 显示卡

B. 网卡

C. 路由器

D. 网关

45.（附加题）如果想为多个收件人发送一封邮件，需要用_____将它们的地址分隔。

A. 空格

B."&"符号

C. 句号

D. 逗号或分号

46.（考点6）被译为万维网的是_____。

A. INTERNET

B. PPP

C. TCP/IP

D. WWW

47.（考点6）在因特网上，可以将一台计算机作为另一台主机的远程终端，此服务称为_____。

A. BBS

B. E-mail

C. Telnet

D. FTP

48.（考点6）通常所说的 ADSL 是指_____。

A. 上网方式

B. 网络服务商

C. 电脑品牌

D. 网页制作技术

49.（考点7）WWW 的描述语言是_____。

A. FTP

B. E-Mail

C. BBS

D. HTML

50.（考点3）目前实际存在和使用的广域网（如因特网）主要采用_____拓扑结构。

A. 总线型

B. 星形

C. 网状

D. 环形

51.（考点8）在 HTML 中，标记 <body bgcolor=#n></body> 中的 n 为_____。

A. 十位十六进制数

B. 六位十进制数

C. 六位八进制数

D. 六位十六进制数

52.（考点8）在 HTML 中用于图片的文字说明的标记为_____。

A. alt 属性

B. border 属性

C. width 属性

D. height 属性

53.（附加题）浏览网页时，通常看不到起布局作用的表格边框，这是在制作时将下列_____数值调整为 0。

A. 单元格的间距

B. 宽度与高度

C. 表格边框的颜色

D. 表格边框的粗细

54.（考点6）在计算机网络中，通常把提供并管理共享资源的计算机称为_____。

A. 集线器

B. 服务器

C. 网关

D. 网桥

55.（考点8）以下 HTML 标记中，没有对应的结束标记的是_____。

A.

B. <html>

C. <title>

D. <body>

56.（考点6）域名为 BBS.szptt.net.cn 的站点一般是指_____。

A. 文件传输站点

B. 视频点播站点

C. 电子布告栏站点　　　　　　　　　　　　D. 电子邮件中对方的地址

57.（考点 4）有关 Internet，叙述比较准确的是_____。

A.Internet 就是 WWW

B.Internet 就是"信息高速公路"

C.Internet 是采用 TCP/IP 协议，由许多局域网和广域网互联组成的互联网络

D.Internet 就是局域网互联

58.（考点 6）http: //www.sohu.com 中，http 表示_____。

　　A. 协议名　　　　　　B. 服务器域名　　　　　　C. 端口　　　　　　D. 文件名

59.（考点 7）下面_____命令用于测试网络是否连通。

　　A. telnet　　　　　　B. ipconfig　　　　　　C. ping　　　　　　D. ftp

60.（考点 9、10）网络的不安全因素有_____。

　　A. 非授权用户的非法存取和电子窃听　　　B. 计算机病毒入侵

　　C. 网络黑客　　　　　　　　　　　　　　　D. 以上都是

61.（考点 13）数字签名的主要作用是_____。

　　A. 完成检错和纠错功能　　　　　　　　　B. 抗篡改和传输失败

　　C. 保障信息不可否认　　　　　　　　　　D. 保障信息准确可信

62.（考点 6）在 Internet 中，URL 的含义是_____。

　　A. 传输控制协议　　　　　　　　　　　　B. 统一资源定位器

　　C. 邮件传输协议　　　　　　　　　　　　D. 超级链接

63.（附加题）下列专门用于浏览网页的应用软件是_____。

　　A.Word　　　　　　B. Outlook express　　　　C. FrontPage　　　　D. Internet Explorer

64.（考点 5）IP 地址由网络号和主机号两部分组成，用于表示 B 类地址的主机地址长度是_____位二进制数。

　　A. 8　　　　　　　　B. 16　　　　　　　　C. 24　　　　　　　　D. 32

65.（考点 5）目前大量使用的 IP 地址中，_____地址的每一个网络的主机个数最多。

　　A. D 类　　　　　　B. C 类　　　　　　　C. B 类　　　　　　　D. A 类

66.（考点 5）A 类 IP 地址网络的子网掩码地址为_____。

　　A. 255.255.0.0　　B. 255.255.255.255　　C. 255.255.255.0　　D. 255.0.0.0

67.（考点 14）以下关于信息检索的叙述中，正确的是_____。

　　A. 按检索方式划分，可将信息检索分为手工检索和文献信息检索

　　B. 逻辑非的作用是扩大检索范围，提高检索的查全率

　　C. 截词检索中所使用的符号不可以是"？"和"*"

　　D. 搜索引擎按工作方式分为 3 种，分别是全文搜索引擎、目录索引搜索引擎和元搜索引擎

68.（考点 5、6、7）在下列关于网络知识的叙述中正确的是_____。

　　A. 121.260.23.233 是一个合法、有效的 IP 地址

B. Outlook Express 是一个电子邮件收发软件

C. 显示网页中的图片、动画等多媒体信息，不会影响网页的浏览速度

D. 在 Internet 上专门供用户进行数据存储的网站，被称为搜索引擎

69.（考点 5）C 类 IP 地址的每个网络可容纳 _____ 台主机。

    A. 254   B. 100 万   C. 65535   D. 1700 万

70.（考点 7）C/S 结构指的是 _____。

    A. 计算 / 服务结构   B. 客户机 / 服务器结构

    C. 消费 / 资源结构   D. 浏览器 / 服务器结构

71.（考点 5）下列关于域名正确的说法是 _____。

    A. 一个域名只能对应一个 IP 地址   B. 一个 IP 地址只能对应一个域名

    C. 没有域名主机不可能上网   D. 域名可以任意取

72.（考点 5）下列各选项中，不能作为 IP 地址的是 _____。

    A.202.96.0.1   B.202.110.7.2

    C.112.256.23.8   D.159.226.1.18

73.（考点 5）已知子网掩码 255.255.255.224，与 IP 地址 10.110.12.29 属于同一子网的主机 IP 地址是 _____。

    A. 10.110.12.34   B. 10.110.12.33

    C. 10.110.12.32   D. 10.110.12.31

单选-73讲解

74.（考点 8）网页制作中，下面 _____ 是换行符标签。

    A. <body>   B. <font>   C.
          D. <p>

75.（考点 8）HTML 中页面的标题格式有六种，其中字体最大的是 _____。

    A. h1   B. h3   C. h5   D. h6

76.（附加题）在 DreamWeaver 的文本编辑中，文本换行的快捷键是 _____。

    A. Enter   B. Ctrl+Enter   C. Shift+Enter   D. Alt+Enter

77.（考点 9）合法接收者从密文恢复出明文的过程称为 _____。

    A. 解密   B. 破译   C. 加密   D. 逆序

78.（考点 9）_____ 对计算机安全不会造成危害。

    A. 黑客攻击   B. 盗用别人账户密码

    C. 计算机病毒   D. 对数据加密

79.（考点 9）下列 _____ 现象不属于计算机犯罪行为

    A. 利用计算机网络窃取他人信息资源   B. 攻击他人的网络服务

    C. 私自删除他人计算机内重要数据   D. 消除自己计算机中的病毒

80.（考点 13）认证中心技术是为保证电子商务安全所采用的一项重要技术，它的主要目的是 _____。

    A. 对敏感信息进行加密   B. 公开密钥

    C. 加强数字证书和密钥的管理工作   D. 对信用卡交易进行规范

81.（考点 12）为了保护计算机内的信息安全，采取的措施错误的有_____。

A. 随意从网上下载软件
B. 不打开来历不明的电子邮件
C. 安装杀毒软件
D. 对数据做好备份

82.（考点 9）以下符合网络道德规范的是_____。

A. 破解别人秘密，但未破坏其数据
B. 通过网络向他人的计算机传播病毒
C. 在自己的计算机上演示病毒，以观察其执行过程
D. 利用互联网进行"人肉搜索"

83.（考点 10）下列关于计算机病毒叙述错误的是_____。

A. 计算机病毒具有潜伏性
B. 计算机病毒是人为编制的计算机程序
C. 计算机病毒对设置密码较复杂的文件感染的几率很低
D. 杀毒软件要不断地升级病毒库并时常查杀才能有效地保证计算机安全

84.（考点 10）计算机病毒不具有的特点是_____。

A. 针对性　　　　B. 潜伏性　　　　C. 传染性　　　　D. 广泛性

85.（考点 11）下列关于防火墙的说法，正确的是_____。

A. 防火墙的主要功能是查杀病毒
B. 防火墙虽然能够提高网络的安全性，但不能保证网络绝对安全
C. 只要安装了防火墙，则系统就不会受到黑客的攻击
D. 防火墙只能检查外部网络访问内网的合法性

86.（考点 10）下列说法错误的是_____。

A. 用杀毒软件将一张 U 盘杀毒后，该 U 盘就没有病毒了
B. 计算机病毒在某种条件下被激活了之后，才开始起干扰和破坏作用
C. 计算机病毒是人为编制的计算机程序
D. 尽量做到专机专用或安装正版软件，是预防计算机病毒的有效措施

87.（考点 12）为了保证内部网络的安全，下面的做法中无效的是_____。

A. 制定安全管理制度
B. 在内部网与因特网之间加防火墙
C. 给使用人员设定不同的权限
D. 购买高性能计算机

88.（考点 12）系统安全主要是指_____。

A. 应用系统安全
B. 硬件系统安全
C. 数据库系统安全
D. 操作系统安全

89.（考点 13）在电子商务的安全技术中，实现对原始报文的鉴别和不可抵赖性是_____技术的特点。

A. 认证中心
B. 数字签名
C. 安全电子交易规范
D. 虚拟专用网

90. （考点 13）电子政务的安全要从三个方面解决，即"一个基础，两根支柱"，其中的一个基础指的是 _____。

A. 法律制度　　　　B. 技术　　　　　　C. 管理　　　　　　D. 人员

二、填空题

1. （考点 1）计算机网络最本质的功能是实现_____。

2. （考点 7）HTML 的中文全称为_____。

3. （考点 5）IPv6 的地址长度从 IPv4 的 32 位扩展为_____位。

4. （考点 15）_____是指涉及信息开发、信息传播、信息管理和利用等方面的伦理要求、伦理准则、伦理规约，以及在此基础上形成的新型的伦理关系。

5. （考点 3）LAN、MAN 和 WAN 分别代表的是_____、城域网和广域网。

6. （考点 4）在 Internet 中网络互联是通过_____协议实现的。

7. （考点 14）常用的布尔逻辑检索有逻辑与、_____和逻辑非三种。

8. （考点 3）从逻辑功能上看，可以把计算机网络分成通信子网和_____两个子网。

9. （考点 3）计算机网络按网络的使用性质的不同，可分为公用网和_____。

10. （考点 1）_____是新一代信息技术的重要组成部分，英文名称是 "The Internet of things"

11. （考点 4）我国四大主干网络中，CSTNet 是指_____。

12. （考点 5）_____是判断任意两台计算机的 IP 地址是否属于同一子网的依据。

13. （考点 6）Internet 的电子邮箱地址组成为：用户名 @_____。

14. （考点 6）流媒体数据流具有三个特点：连续性、实时性和_____。

15. （考点 7）网站是一组相关网页和有关文件的集合，一般有一个特殊的网页作为浏览的起始点，称为_____。

16. （考点 7）浏览器和服务器之间通过_____协议进行通信。

17. （考点 7）CSS 中文名为_____，主要用来对网页数据进行编排、格式化、显示、特效处理等。

18. （考点 8）网页制作中，_____标记可以将图片插入网页中，用于设置图片的大小及相邻文字的排列方式。

19. （附加题）网页的布局一般使用表格或_____来实现。

20. （考点 9）信息安全包括四大要素：技术、制度、流程和_____。

21. （考点 9）_____是用来约束网络从业人员的言行，指导他们的思想的一整套道德规范。

22. （考点 9）信息安全技术中，VPN 技术的中文名称为_____技术。

23. （考点 10）_____是目前病毒传播的首要途径。

24. （考点 11）按照防火墙保护网络使用方法的不同，可将其分为三种类型：_____、应用层防火墙和链路层防火墙。

25. （考点 9）国际标准化组织已明确将信息安全定义为"信息的完整性、可用性、保密性和_____"。

一、单项选择题

1	2	3	4	5	6	7	8	9	10	11	12	13	14	15
A	D	C	D	C	B	D	B	C	B	D	D	B	C	D

16	17	18	19	20	21	22	23	24	25	26	27	28	29	30
C	B	A	C	A	C	D	D	B	B	C	B	C	B	A

31	32	33	34	35	36	37	38	39	40	41	42	43	44	45
B	A	B	A	A	B	D	D	D	B	D	B	B	B	D

46	47	48	49	50	51	52	53	54	55	56	57	58	59	60
D	C	A	D	C	D	A	D	B	A	C	C	A	C	D

61	62	63	64	65	66	67	68	69	70	71	72	73	74	75
C	B	D	B	D	D	D	B	A	B	A	C	D	C	A

76	77	78	79	80	81	82	83	84	85	86	87	88	89	90
C	A	D	D	C	A	C	C	D	B	A	D	D	B	A

二、填空题

1. 资源共享
2. 超文本标记语言
3. 128
4. 信息伦理
5. 局域网
6. TCP/IP
7. 逻辑或
8. 资源子网
9. 专用网
10. 物联网
11. 中国科技信息网
12. 子网掩码
13. 电子邮件服务器名
14. 时序性
15. 主页
16. 超文本传输或 HTTP
17. 层叠样式表
18. <img>
19. 框架
20. 人
21. 计算机网络道德
22. 虚拟专用网
23. 网络
24. 网络层防火墙
25. 可靠性

第十章　新一代信息技术

Part I　考点直击

考点 1　虚拟现实

　　虚拟现实（VR，Virtual Reality），又称虚拟环境或人工环境，是指利用计算机模拟产生一个三维空间的虚拟世界，提供使用者关于视觉、听觉、触觉等感官的模拟，让使用者如身临其境一般，可以及时没有限制地观察三维空间内的事物，并与之交互。VR 是一种先进的数字化人机接口技术。

1. 虚拟现实的特征

　　①沉浸性，是虚拟现实技术最主要的特征。又称临场感，是指用户感到作为主角存在于该虚拟环境中的真实程度，即让用户觉得自己是计算机系统所创建的虚拟环境的一部分，使其由观察者变为参与者，从而能投入于计算机实践并沉浸其中。

　　②交互性，是指用户对虚拟环境内物体的可操作程度及用户从该虚拟环境中得到反馈的自然程度。而这种交互的产生，需要借助于各种专用的三维交互设备。例如，船舶结构虚拟装配系统中借助三维鼠标，用户便可以感受在虚拟船舶内走动并可以拆装设备。

　　③构想性/想象性，强调虚拟现实技术广阔的想象空间，可拓宽人类认知范围，不仅

可再现真实存在的环境，也可以随意构想客观不存在的甚至是不可能发生的环境。

④多感知性，所谓多感知性是指除了一般计算机技术所具有的视觉感知以外，还有听觉、触觉、甚至包括味觉等感知。

2. 虚拟现实系统的分类

①桌面式虚拟现实系统。

②沉浸式虚拟现实系统。

③增强式虚拟现实系统。

④分布式虚拟现实系统。

3. 虚拟现实系统的组成

①计算机。

②输入 / 输出设备。

③ VR 软件。

④虚拟环境数据库。

4. 虚拟现实技术的应用

（1）在教育中的应用

如今，虚拟现实技术已经成为促进教育发展的一种新型手段。传统的教育只是一味地给学生灌输知识，而现在利用虚拟现实技术可以帮助学生打造生动、逼真的学习环境，使学生通过真实感受来增强记忆，相比于被动性灌输，利用虚拟现实技术进行自主学习更容易让学生接受，这种方式更容易激发学生的学习兴趣。

（2）在医学方面的应用

医学专家们利用计算机，在虚拟空间中模拟出人体组织和器官，让学生在其中进行模拟操作，并且能让学生感受到手术刀切入人体肌肉组织、触碰到骨头的感觉，使学生能够更快地掌握手术要领。而且，主刀医生们在手术前，也可以建立一个病人身体的虚拟模型，在虚拟空间中先进行一次手术预演，这样能够大大提高手术的成功率，让更多的病人得以痊愈。

（3）在工程设计领域的应用

由于航空航天是一项耗资巨大、非常繁琐的工程，所以，人们利用虚拟现实技术和计算机的统计模拟，在虚拟空间中重现了现实中的航天飞机与飞行环境，使飞行员在虚拟空间中进行飞行训练和实验操作，极大地降低了实验经费和实验的危险系数。

（4）在影视娱乐领域的应用

近年来，由于虚拟现实技术在影视制作方面的广泛应用，其在影视行业中的影响力越来越大，VR 影视可以让观影者体会到置身于真实场景之中的感觉，让体验者沉浸在所创造的 VR 全景环境中。

（5）在军事方面的应用

利用虚拟现实技术，人们能将原本平面的地图变成一幅三维立体的地形图，再通过全息技术将其投影出来，这有助于进行军事演习等训练。另外，在战士训练期间，可以利用虚拟现实技术模拟无人机的飞行、射击等场景。战争期间，军人也可以通过眼镜、头盔等设备操控无人机进行侦察和暗杀任务，以减小人员伤亡。

（6）在商业领域的应用

如 VR 体验商品、VR 看房等。

考点 2　增强现实

增强现实（AR，Augmented Reality）技术是一种将虚拟信息与真实世界巧妙融合的技术，广泛运用了多媒体、三维建模、实时跟踪及注册、智能交互、传感等多种技术手段，将计算机生成的文字、图像、三维模型等虚拟信息模拟仿真后，应用到真实世界中，两种信息互为补充，从而实现对真实世界的"增强"。

增强现实与虚拟现实的区别：虚拟现实使用虚拟世界来取代用户的真实世界，而增强现实可以为真实世界提供额外的数字支持，将数字对象无缝集成到用户的现实世界当中。

增强现实技术的应用包括以下几个方面。

（1）在辅助驾驶中的应用

利用 AR 技术可以在数字液晶仪表盘上通过虚实结合的融合计算将车辆状态、驾驶引导、环境感知等信息进行叠加融合。

（2）在娱乐中的应用

增强现实技术在游戏和娱乐中的应用同样很多。加拿大麦吉尔大学研究人员开发出一种很神奇的地板砖，这些地砖可以模仿沙地、雪地、草地的环境（包括视觉、听觉、感觉等）。这个地板砖系统是由虚浮在一个平台上的一些可变形的盘子组成的，在盘子和平台之间有很多用于感知用户脚部力量的传感器。这些盘子可以震动，以模拟步入不同环境中的感觉。该系统还有一个从上到下的投影与一个扬声器，用于给出视觉与听觉的反馈。

（3）在医疗中的应用

医生们如今可以利用 AR 技术作为外科手术的可视化和培训设备。使用磁共振成像、计算机断层扫描、超声波图像诊断等非侵入式传感器，医生已经可以实时收集一个病人的三维影像数据集，这些数据集可以实时得到渲染，并和病人实体进行结合。从效果上来看，这会让医生得到病人体内的 X 射线视图。在最低创伤外科手术（小刀口或者不需要刀口的手术，从而减小创伤）中，AR 技术将变得尤其有用。因为在一般的最低创伤外科手术中，医生很难看到病人体内的状况，这使得手术变得尤其困难。AR 技术却能在这时提供体内视图，而完全不需要刀口。

考点3 云计算

云计算（Cloud Computing）是一种按使用量付费的模式。这种模式提供可用的、便捷的、按需的网络访问，进入可配置的计算资源共享池（资源包括网络、服务器、存储、应用软件、服务），这些资源能够被快速提供，只需投入很少的管理工作，或与服务供应商进行很少的交互。

"云"是网络、互联网的一种比喻说法，即互联网与建立互联网所需要的底层基础设施的抽象体。"计算"当然不是指一般的数值计算，指的是一台足够强大的计算机提供的计算服务（包括各种功能、资源、存储）。"云计算"可以理解为：网络上足够强大的计算机为用户提供的服务，只是这种服务是按用户的使用量进行付费的。

1. 云计算的特点

①大规模。"云"具有相当的规模，Google 云已经拥有 100 多万台服务器，Amazon 云、IBM 云、微软云、Yahoo 云等也均拥有几十万台服务器。企业私有云一般拥有数百上千台服务器。"云"能赋予用户前所未有的计算能力。

②虚拟化。云计算支持用户在任意位置、使用各种终端获取应用服务。用户所请求的资源来自"云"，而不是固定的有形的实体。应用在"云"中某处运行，但实际上用户无须了解、也不用担心应用运行的具体位置。只需要一台笔记本或者一部手机，就可以通过网络服务来实现我们需要的一切，甚至包括超级计算这样的任务。

③高可靠性。"云"使用了数据多副本容错、计算节点同构可互换等措施来保障服务的高可靠性，使用云计算比使用本地计算机可靠。

④通用性强。云计算不针对特定的应用，在"云"的支撑下可以构造出千变万化的应用，同一个"云"可以同时支撑不同的应用运行。

⑤可伸缩性。"云"的规模可以动态伸缩，满足应用和用户规模增长的需要。

⑥按需服务。"云"是一个庞大的资源池，用户按需购买，像自来水、电和煤气那样计费。

⑦极其廉价。"云"的特殊容错措施使得可以采用极其廉价的节点来构成云；"云"的自动化管理使数据中心管理成本大幅降低；"云"的公用性和通用性使资源的利用率大幅提升；"云"设施可以建在电力资源丰富的地区，从而大幅降低能源成本。

2. 云计算的服务形式

云计算可以认为包括以下几个层次的服务：基础设施即服务（IaaS），平台即服务（PaaS）和软件即服务（SaaS）。

IaaS（Infrastructure as a Service）：基础设施即服务。消费者通过 Internet 可以从完善

的计算机基础设施获得服务，如网络服务器、网络存储器等。该服务主要面向企业用户。

PaaS（Platform as a Service）：平台即服务。也称为云计算操作系统，提供给终端用户基于互联网的应用开发环境，包括应用编程接口和运行平台等，并且支持应用从创建到运行整个生命周期所需的各种软硬件资源和工具。该服务主要面向开发人员。

SaaS（Software as a Service）：软件即服务。它是一种通过 Internet 提供软件的模式，用户无须购买软件，而是向提供商租用基于 Web 的软件。该服务主要面向消费者。

3.云计算的分类

①公有云：通常指第三方提供商为用户提供的能够使用的云，由云服务提供商运营，为最终用户提供各种 IT 资源，可以支持大量用户的并发请求，是目前最主流、最受欢迎的一种云计算部署模式。

②私有云。组织机构建设的专供自己使用的云平台。

③混合云。由私有云及外部云提供商构建的混合云计算模式。

> **真题再现**
>
> 1.（2023 年单项选择题）要实现按需配置资源（包括 CPU、存储空间等），为用户提供服务，下列信息技术中最适合采用的是_____。
>
>   A. 云计算　　　　　　　　　　　B. 大数据
>   C. 移动互联　　　　　　　　　　D. 区块链
>
>   【答案】A
>   【解析】云计算是一种通过互联网提供动态可扩展的计算资源和服务的技术。它将计算和存储等资源虚拟化，并以按需使用和按使用量付费的方式进行交付。
>
> 2.（2022 年单项选择题）下列有关云计算的说法，错误的是_____。
>
>   A. 云计算是一个虚拟的计算资源池
>   B. 云计算服务中由第三方提供商完全承载和管理的是私有云
>   C. 云计算具有高可靠性、按需服务、高可扩展性等特点
>   D. 云计算是一种按使用量付费的模式
>
>   【答案】B
>   【解析】云计算服务中由第三方提供商完全承载和管理的是公有云。与公有云不同，私有云不对公众开放，大多在企业的防火墙内工作，并且企业 IT 人员能对其数据、安全性和服务质量进行有效的控制。

考点 4　物联网

1.物联网的概念

物联网其英文名称为 The Internet of Things（IOT），即物物相连的网络。物联网是在互联网的基础上利用 RFID（无线射频识别）技术、红外感应器、全球定位系统及激光扫

描器等信息传感设备将物品与互联网进行连接，实现信息交换和通信，从而实现智能化定位、智能化识别、跟踪、监控和管理的网络。特别注意的是物联网中的"物"，不是普通意义的万事万物，这里的"物"要满足以下条件：

①要有相应信息的接收器。

②要有数据传输通路。

③要有一定的存储功能。

④要有处理运算单元（CPU）。

⑤要有操作系统。

⑥要有专门的应用程序。

⑦要有数据发送器。

⑧遵循物联网的通信协议。

⑨在网络中有可被识别的唯一编号。

2. 物联网的特征

①全面感知，即利用 RFID、传感器等技术获取物体的深度信息。

②可靠传输，通过电信网与互联网，将物体的信息数据传输出去。

③智能处理，运用云计算、模糊识别等各种智能计算技术，对海量的数据和信息进行分析和处理，对物体实行智能化的控制。

3. 物联网的体系结构

物联网的体系结构通常分为四层，即感知层、网络层、服务管理层和应用层。另一种分法是把服务管理层并入应用层，即分为感知层、网络层和应用层三层。

1）感知层

感知层主要是采集物品在物理世界中产生的各种数据信息，主要由温度感应器、声音感应器、振动感应器、压力感应器、终端、RFID 标签和读写器、二维码标签和读写器、传感器网络等各种类型的采集和控制模块组成。

感知层常用的关键技术有如下几种。

（1）传感器技术

传感器是一种能把特定的被测信号，按一定规律转换成某种可用信号输出的器件或装置。

传感器处于研究对象与检测系统的接口位置，是感知、获取与检测信息的窗口，它是物联网采集信息的终端工具，提供物联网系统赖以进行决策和处理所必需的原始数据。传感器按被测量的性质可用分为温度传感器、湿度传感器、烟雾传感器、压力传感器、位移传感器、流量传感器、液位传感器、力传感器等。例如，我们利用温湿度传感器和烟雾传感器等，可以对机房环境进行实时数据采集和监测。

（2）RFID 技术

RFID 技术是一种非接触式的自动识别技术，由电子标签、阅读器和天线三个基本部分组成。

RFID 技术的工作原理为：阅读装置发出射频信号，装有无源电子标签（即非接触 IC 卡）的设备进入其磁场范围内时（其距离可以达到 10m），电子标签对感应到的射频信号做出反应，并将反馈电磁信号发射出去，阅读装置收集到反馈回来的电磁信号，进行简单处理后传递给数据交换与管理系统进行数据分析处理。例如，RFID 技术在智能交通领域的主要应用有电子不停车收费系统、铁路车号车次识别系统、智能停车场管理系统、公交"一卡通"乘车系统、地铁 / 轻轨收费系统。

（3）条形码和二维码技术

条形码是将宽度不等的多个黑条和空白，按照一定的编码规则排列，用以表达一组信息的图形标识符。常见的条形码是由反射率相差很大的黑条（简称条）和白条（简称空）排成的平行线图案。

二维码通过黑白相间的图形记录信息，这些黑白相间的图形按照特定的规律分布在二维平面上，图形与计算机中的二进制数相对应，人们通过对应的光电识别设备就能将二维码输入计算机进行数据的识别和处理。

（4）定位技术

定位主要有卫星定位系统、蜂窝基站定位和无线室内环境定位。

● 卫星定位系统。目前，世界上共有四个卫星导航定位系统，它们分别是美国的全球定位（GPS）系统、中国的北斗（COMPASS）系统、俄罗斯的格洛纳斯（GLONASS）系统、欧洲的伽利略（GALILEO）系统。

● 蜂窝基站定位。蜂窝基站定位主要应用于移动通信中的蜂窝网络。

● 无线室内环境定位。利用已有的铺设好的网络如蓝牙网络、Wi-Fi 网络、ZigBee 传感网络等来进行定位，非常经济实惠。

2）网络层

网络层负责感知信息或控制信息的传输。该层能够实现大范围信息沟通，通过已经存在的移动网络、互联网等通信系统，将感知层得到的数据信息传到地球各个地方，实现地球范围内的远距离通信。

3）服务管理层

服务管理层对感知层通过网络层传输的信息进行动态汇集、存储、分解、合并等智能处理，并为应用层提供物理世界所对应的动态呈现等。

4）应用层

应用层由各种应用服务器组成。该层的主要任务是在感知层和网络层的工作完成之后汇总获得的所有关于物品的信息，然后对信息进行再加工，进一步提高信息的综合利用。

▲ **真题再现** ▲

1.（2023 年多项选择题）下列关于物联网的描述，正确的有_____。

A. 物联网是继互联网之后的一种全新的网络类型，二者相互独立

B. 物联网是大数据的重要来源之一

C. 云计算增强了物联网的数据存储和处理能力

D. RFID 技术、GPS 定位技术等都是物联网常用的技术

【答案】BCD

【解析】物联网即万物相连的互联网，是在互联网基础上的延伸和扩展的网络，将各种信息传感设备与网络结合起来而形成的一个巨大网络，实现任何时间、任何地点，人、机、物的互联互通。

2.（2021 年填空题）物联网中能感知被测量，并按照一定规律转换成可用输出信号的器件是_____。

【答案】传感器

【解析】传感器是一种能把特定的被测信号，按一定规律转换成某种可用信号输出的器件或装置。传感器处于研究对象与检测系统的接口位置，是感知、获取与检测信息的窗口，它是物联网采集信息的终端工具，提供物联网系统赖以进行决策和处理所必需的原始数据。

3.（2022 年判断题）RFID 是物联网的关键技术之一。

A. 正确   B. 错误

【答案】A

【解析】RFID 技术是一种非接触式的自动识别技术，由电子标签、阅读器和天线三个基本部分组成。在物联网中，RFID 电子标签携带的信息相当于使物体拥有网络上的虚拟"身份"，通过 RFID 读写器读取 RFID 标签上的信息，可以在网络上实时查询和动态跟踪标签所贴附物品的属性、特征及其他信息。

考点5 大数据

大数据是指无法在一定时间范围内用常规软件工具进行捕捉、管理和处理的数据集合。

（1）大数据的特征——5V

①规模庞大——Volume，数据的采集、计算、存储量庞大

②类型繁多——Variety，种类（结构化、半结构化和非结构化）、来源（网络日志、音频、视频、图片等）多样化。

③价值密度低——Value，数据价值密度相对较低，而收集、存储和分析大数据的成本很高，

④处理速度快——Velocity，数据增长速度快、处理速度快、获取数据速度快

⑤可信度高——Veracity，数据准确、可信赖。

（2）大数据对思维方式带来的转变

①全样而非抽样。在过去，数据存储和处理能力有限，所以在科学分析中一般采用抽

样的方法，而现在，有了大数据技术的支持，科学分析可以直接针对全样数据进行分析而不是抽样数据。

②效率而非精确。在科学分析中如果采用抽样分析，则分析需要做到精确，否则分析后的结果误差就会被放大，为了保证误差在可控范围内，就必须确保分析结果的精确性，因此传统的分析往往更注重算法的精确性，算法的效率则在其次。而大数据时代的科学分析采用全样分析，就不存在抽样分析过程误差被放大的情况，因此数据分析的效率就成为了关注的核心。

③相关而非因果。过去，数据分析的目的，一是为了解释事物背后的发展机理，二是用来预测未来可能发生的事件，通过观察数据了解事件发生的因果。而大数据时代，因果关系不再那么重要了，因为数据量庞大，人们更多是关注事物的相关性。例如，淘宝购物中推送与你购买了相同商品的人又买了其他什么商品的消息，而不是告诉你为什么其他人还购买了某件商品。

▶ **真题再现** ◀

1.（2023年填空题）大数据包括文本、图片、音频、视频、日志、文档等数据类型，这体现了大数据特征中的_____。

【答案】多样性或 Variety

【解析】大数据的类型是多种多样的，有以关系型数据库中的数据为代表的结构化数据，也有以日志型数据为代表的半结构化数据，同时也包含以音频和视频等为代表的多媒体等非结构化数据。

2.（2022年多项选择题）下列选项中能够体现大数据应用的有_____。

A. 广告精准推送   B. 系统个性化推荐

C. 智慧城市   D. 条形码

【答案】ABC

【解析】条形码属于物联网感知层的应用技术。

3.（2021年单项选择题）大数据带来了思维方式的转变，下列不能体现大数据思维的是_____。

A. 全样而非抽样   B. 具体而非抽象

C. 效率而非精确   D. 相关而非因果

【答案】B

【解析】大数据对思维方式带来的转变有三个，即全样而非抽样、效率而非精确、相关而非因果。

考点 6   区块链

区块链是一个分布式账本，一种通过去中心化、去信任的方式集体维护一个可靠数据库的技术方案。从数据的角度来看，区块链是一种几乎不可能被更改的分布式数据库。这里的

"分布式"不仅体现为数据的分布式存储，也体现为数据的分布式记录（即由系统参与者共同维护）。从技术的角度来看，区块链并不是一种单一的技术，而是多种技术整合的结果。

区块链的概念源于比特币。区块链是一种去中心化的分布式账本数据库。这涉及两个概念：一是去中心化，与传统中心化的方式不同，这里是没有中心，或者说人人都是中心；二是分布式账本数据库，记载方式不只是将账本数据存储在每个节点，而且每个节点会同步共享复制整个账本的数据库。做一个简单比喻，假如你们家里有个账本，让你来记账，你想用点零花钱，又不想被父母知道，可能账本上的记录会少十几元。利用区块链技术以后，相当于用全家总动员的方式记账，你在记账，父亲、母亲也在记账，全家都能看到总账，谁也不能改。也就是说，区块链这个分布式的数字账本记录了所有发生并经过系统一致认可的交易。

1. 区块链的特征

①开放共识。任何人都可以参与到区块链网络，每一台设备都能作为一个节点，每个节点都允许获得一份完整的数据库拷贝。节点间基于一套共识机制，通过竞争计算共同维护整个区块链。任一节点失效，其余节点仍能正常工作。

②去中心，去信任。区块链由众多节点共同组成一个端到端的网络，不存在中心化的设备和管理机构。节点之间数据交换通过数字签名技术进行验证，无须互相信任，只要按照系统既定的规则进行，节点之间不能也无法欺骗其他节点。

③交易透明，双方匿名。区块链的运行规则是公开透明的，所有的数据信息也是公开的，因此每一笔交易都对所有节点可见。由于节点与节点之间是去信任的，因此节点之间无须公开身份，每个参与的节点都是匿名的。

④不可篡改，可追溯。单个甚至多个节点对数据库的修改无法影响其他节点的数据库，除非能控制整个网络中超过 51% 的节点同时修改，这几乎不可能发生。区块链中的每一笔交易都通过密码学方法与相邻两个区块串联，因此可以追溯到任何一笔交易的前世今生。

2. 区块链的分类

①公有链。无官方组织及管理机构，无中心服务器，参与的节点按照系统规则自由接入网络、不受控制，节点间基于共识机制开展工作。

②私有链。建立在某个企业内部，系统的运作规则根据企业要求进行设定、修改，甚至是读取权限仅限于少数节点，同时仍保留着区块链的真实性和部分去中心化的特性。

③联盟链。由若干机构联合发起，介于公有链和私有链之间，兼具部分去中心化的特性。

真题再现

（2020 年单项选择题）下列有关区块链的描述中，说法错误的是_____。

A. 区块链采用分布式数据存储　　B. 区块链中数据签名采用对称加密

C. 区块链中的信息难以篡改，可以追溯　　D. 比特币是区块链的典型应用

【答案】B

【解析】区块链中数据签名采用是的非对称加密技术。在非对称加密技术中加密密钥和解密密钥不同。

考点 7　人工智能

1. 人工智能的概念

人工智能的英文缩写为 AI。它是研究、开发用于模拟、延伸和扩展人的智能的理论、方法、技术及应用系统的一门新的技术科学。人工智能是计算机科学的一个分支，它企图了解智能的实质，并生产出一种新的能与人类智能相似的方式做出反应的智能机器，该领域的研究包括智能机器人、模式识别、自然语言理解和专家系统等。

2. 人工智能的主要应用领域

（1）自然语言理解

自然语言理解是研究如何让计算机"听懂"人类自然语言及其表达思想。研究自然语言理解的目的是提高人机交互信息的能力，使人更容易以自然的方式与计算机进行沟通。人类的自然语言包括口头语言和文字语言两种形式，自然语言的理解也就分为书面语言的理解、口语（声音）的理解及手书文字的识别。目前，自然语言理解的研究主要集中在手书文字识别（如手机手写输入）、书面语句的理解、机器翻译（如在线翻译网站）、口语的理解和自然语言接口（如手机的语音拨号、短信阅读）等方面。

（2）专家系统

一般地，专家系统是一个智能计算机程序系统，其内部具有大量专家水平的某个领域知识与经验，能够利用人类专家的知识和解决问题的方法来解决该领域的问题。发展专家系统的关键是表达和运用专家知识，即来自人类专家的并已被证明对解决有关领域内的典型问题是有用的事实和过程。

（3）模式识别

模式识别是对表征事物或现象的各种形式的（数值的、文字的和逻辑关系的）信息进行处理和分析，以对事物或现象进行描述、辨认、分类和解释的过程，是人工智能的重要组成部分。例如，每个人的指纹是唯一的，依靠这种唯一性，利用指纹识别技术就可以将一个人同他的指纹对应起来，通过将他的指纹和预先保存的指纹进行比较，便可以验证他的真实身份。

真题再现

（2021 年单项选择题）下列关于人工智能的说法，错误的是_____。

A. 计算机视觉、自然语言理解属于人工智能研究领域

B. AlphaGo 战胜围棋世界冠军李世石是人工智能的具体应用

C. 人工智能的研究目标是机器完全取代人类

D. 人工智能技术必须尊重和保护人的隐私、身份认同、能动性和平等性

【答案】C

【解析】人工智能是研究、开发用于模拟、延伸和扩展人的智能的理论、方法、技术及应用系统的一门新的技术科学。人工智能研究的主要目标是使机器能够胜任一些通常需要人类智能才能完成的复杂工作。

考点 8　量子信息

1. 量子的基本概念

量子是现代物理的重要概念。一个物理量如果存在最小的不可分割的基本单位，则这个物理量是量子化的，并把最小单位称为量子。

量子是一种状态，是微观粒子的一种状态，并非实物，"量"即数量，"子"即不可再分。

测量量子的同时也会对量子带来扰动。

量子的两个主要特征如下。

（1）量子叠加

在经典物理学中，一个物体只能处于一个确定状态，如一个球可以处于静止或运动状态，但不能同时处于两种状态。

在量子力学中一个粒子可以同时处于多个状态之间，这种现象被称为量子叠加。

（2）量子纠缠

量子纠缠是粒子在由两个或两个以上粒子组成的系统中相互影响的现象。即使相距遥远，一个粒子的行为将会影响另一个粒子的状态。当其中一个粒子被操作而状态发生变化，另一个粒子也会即刻发生相应的状态变化。

2. 量子信息技术

量子信息（QI，Quantum Information）技术是量子物理与信息技术相结合的战略性前沿技术，主要包括量子计算、量子通信、量子雷达、量子探测等领域。

量子信息技术学迅速发展成为一门新兴交叉学科，主要是以量子力学基本原理为基础，利用量子系统的各种相关特性进行编码、计算和信息传输的信息科学。

在量子力学中，量子信息是关于量子系统"状态"所带有的物理信息，是利用量子系统的各种相干特性（如量子并行、量子纠缠和量子不可克隆等），进行计算、编码和信息传输的全新信息方式。

量子信息最常见的单位是量子比特（qubit），是一个两态量子系统。但与经典计算机使用二进制比特不同，qubit 可以处于 0、1、0 与 1 叠加等多种可能态之间，在计算时可以同时处理多个数据。

量子比特是量子信息中承载信息的基本单元，具有叠加特性。对量子比特进行计算、传输、测量等操作是量子信息和量子计算机的核心基础。

3. 量子信息技术的应用领域

（1）量子通信

利用物理实体粒子（如光子、原子、分子、离子）的某个物理量的量子态作为信息编码的载体，通过量子信道将该量子态进行传输，从而达到传递信息的目的。

"墨子号"是中国研制的首颗空间量子科学实验卫星。

（2）量子计算

量子计算主要研究量子计算机和适合于量子计算机的量子算法。量子计算的相关介绍如下：

①量子计算机（Quantum Computer）是一类遵循量子力学特性/规律进行高速数学和逻辑运算、存储及处理量子信息的物理装置。

②量子计算机是对经典计算机的补充，并非替代。

③擅长大规模数值运算/数据处理、并行运算，也并不是所有算法都适合于量子计算机。

④量子计算机的特点：运行速度较快、处置信息能力较强、应用范围较广等。与一般计算机比较起来，信息处理量越多，对于量子计算机实施运算也就越加有利，也就更能确保运算具备精准性。

⑤量子计算机的计算基础是量子比特。

⑥2016年8月，美国马里兰大学发明世界上第一台由5量子比特组成的可编程量子计算机。

（3）量子雷达

量子雷达属于一种新概念雷达，是将量子信息技术引入经典雷达探测领域，提升雷达的综合性能。

（4）量子博弈

量子博弈是Eisert等人在1999年提出的，游戏者可以利用量子规律摆脱所谓的囚徒困境，防止某一玩家因背叛而获利。

考点9 元宇宙

1. 元宇宙的基本概念

清华大学沈阳教授认为：元宇宙（Metaverse）是整合多种新技术而产生的新型虚实相融的互联网应用和社会形态，它基于扩展现实技术提供沉浸式体验，以及数字孪生技术生成现实世界的镜像，通过区块链技术搭建经济体系，将虚拟世界与现实世界在经济系统、社交系统、身份系统上密切融合，允许每个用户进行内容生产和编辑。

北京大学陈刚教授、董浩宇博士认为：元宇宙是利用科技手段进行链接与创造的，与现实世界映射与交互的虚拟世界，具备新型社会体系的数字生活空间。

元宇宙是人类运用数字技术构建的，由现实世界映射或超越现实世界，可与现实世界交互的虚拟世界，具备新型社会体系的数字生活空间。

元宇宙本身并不是新技术，而是集成了一大批现有技术，包括5G、云计算、人工智能、虚拟现实、区块链、数字货币、物联网、人机交互等。

元宇宙（Metaverse）是利用科技手段进行链接与创造的，与现实世界映射与交互的虚拟世界，具备新型社会体系的数字生活空间。

元宇宙是数字世界与物理世界的融合、数字经济与实体经济的融合、数字生活与社会生活的融合。

元宇宙的出现是为数字技术的发展所驱动的，同时也为人类想象边界的拓展所牵引。

元宇宙是基于数字技术实现的对现实物理世界的拓展，是平行于现实世界的全真数字虚拟 3D 空间，而不是真实的平行世界。如果认为元宇宙是现实物理世界的平行世界，那么这个平行世界将发展出自己独有的经济体系、治理体系、货币体系、金融体系等，将会成为黑洞一样的存在，造成人类生产生活和治理的割裂。

AR、VR、MR、XR 等技术只是人类进入元宇宙的可能入口之一，最多只是其中一个表层环节，不是元宇宙的主体。

2. 元宇宙的应用场景

元宇宙的应用场景有：

①游戏。

②社交。

③沉浸式商务。

④学习和教育。

⑤沉浸式剧院和直播。

⑥旅游。

3. 元宇宙的八大要素

元宇宙的八大要素如下：

①身临其境感（Feeling of Presence）。

②虚拟形象（Avatar）。

③家庭空间（Home Space）。

④远距离传输（Teleporting）。

⑤互操作性（Interoperability）。

⑥隐私安全（Privacy and Safety）。

⑦虚拟物品（Virtual Goods）。

⑧自然界面（Natural Interfaces）。

4. 元宇宙的支撑技术

元宇宙的支撑技术可以用"BIGANT（大蚂蚁）"来概括，B 指区块链技术，I 指交互技术，G 指电子游戏技术，A 指人工智能，N 指网络及运算技术，T 指物联网技术，如图 10-1 所示。

图 10-1　元宇宙支撑技术

5. 元宇宙的特征

元宇宙的特征如下：

①逼真的沉浸体验：眼、耳、鼻、舌、身。

②完整的世界体系：社会环境、治理体系。

③巨大的经济价值："地产经济""数字艺术品"。

④新的运行规则：去中心化。

⑤潜在的不确定性：治理之争。

6. 元宇宙面临的挑战

（1）如何确立运行的基本框架

元宇宙是现实经济社会的场景模拟，其中涉及价值观念、制度设计和法律秩序等一系列基本框架选择问题。

（2）如何避免形成高度垄断

元宇宙场景的实现，需要巨大的人力和物力投入等，因此元宇宙具有一种内在垄断基因。

（3）如何维系现实世界和元宇宙之间的正面互动关系

元宇宙是把双刃剑，谨防人们沉浸在元宇宙场景中不能自拔，要发挥元宇宙的积极作用。

（4）如何保护隐私和数据安全

元宇宙的发展，需要搜集人们更多的个人信息，保护个人隐私和数据安全将是一个非常大的挑战。

一、单项选择题

1.（考点 1）下列属于虚拟现实技术应用的是_____。

    A.可视电话   B.工业机器人

    C.汽车碰撞仿真系统   D.多媒体教学系统

单选-1讲解

2.（考点 5）下列关于大数据特点的说法中，错误的是_____。

    A.数据规模大   B.数据类型多样

    C.数据处理速度快   D.数据价值密度高

3.（考点 3）云计算通过提供动态易扩展且通常为_____的资源来实现基于网络的相关服务。

    A.分布式   B.虚拟化

    C.共享式   D.公用的基础设施

4.（考点 3）下列关于公有云和私有云描述不正确的是_____。

    A.公有云是云服务提供商通过自己的基础设施直接向外部用户提供服务

    B.公有云能够以低廉的价格，提供有吸引力的服务给最终用户，创造新的业务价值

    C.私有云是为企业内部使用而构建的计算架构

    D.构建私有云比使用公有云更便宜

5.（考点 1）下列关于虚拟现实的说法不正确的是_____。

    A.虚拟现实系统既要有硬件平台的支持，也需要软件系统的支持

    B.虚拟现实是一种新的人机界面形式，它为用户提供一种沉浸和多感觉通道的体验

    C.只要软件做得好，人眼通过普通的显示器，便能够感受到虚拟现实的三维真实画面

    D.虚拟现实通过计算机能生成逼真的具有视听等感觉的三维环境

6.（考点 7）下列应用中，体现了人工智能技术的是_____。

    A.使用手机远程控制电器   B.使用手机扫描二维码进行付款

    C.AlphaGo 与棋手对弈   D.使用通信软件与家人视频通话

7.（考点 4）下列关于物联网和互联网的说法中，错误的是_____。

    A.互联网着重信息的互联互通和共享，解决的是人与人的信息沟通问题

    B.互联网和物联网是完全独立的两个网络系统

    C.物联网通过人与人、人与物、物与物的相联，解决的是信息化的智能管理和决策控制问题

    D.物联网应用系统将根据需要选择无线传感器网络或 RFID 应用系统接入互联网

8.（考点 1、2）关于虚拟现实与增强现实描述正确的是_____。

    A.增强现实是一种利用计算机模拟现实立体环境的技术

    B.虚拟现实可将计算机生成的文字、图像、三维模型等虚拟信息模拟仿真后，应用到真实世界中

第十章 新一代信息技术

C. 虚拟现实是纯虚拟的，增强现实是虚实结合

D. 以上都不对

9.（考点 6）区块链的特征不包括_____。

A. 中心化   B. 去信任

C. 不可篡改   D. 匿名性

单选-8讲解

10.（考点 5）以下关于大数据的叙述中，_____是不恰当的。

A. 大数据是仅靠现有数据库管理工具或传统数据处理系统很难处理的大型而复杂的数据集

B. 大数据具有数据体量巨大、数据类型繁多、处理速度快等特性

C. 大数据的战略意义是实现数据的增值

D. 大数据研究中，数据之间的因果关系比关联关系更重要

单选-10讲解

二、填空题

1.（考点 2）AR 是指_____技术。

2.（考点 1）虚拟现实最主要的特征是_____。

3.（考点 3）在云计算中，基本的服务类型包括基础设施即服务、平台即服务和_____。

4.（考点 4）物联网的体系结构通常分为_____、网络层、服务管理层和应用层。

5.（考点 6）区块链包括公有链、私有链和_____三类。

一、单项选择题

1	2	3	4	5	6	7	8	9	10
C	D	B	D	C	C	B	C	A	D

二、填空题

1. 增强现实   2. 沉浸性   3. 软件即服务   4. 感知层   5. 联盟链